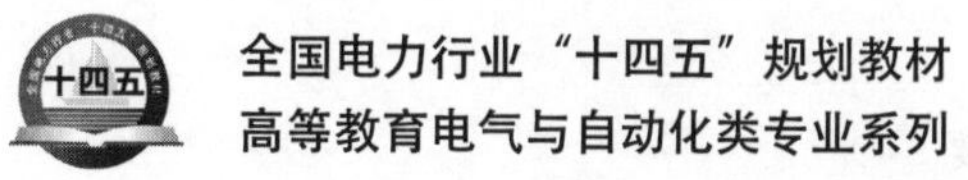

AUTOMATIC CONTROL PRINCIPLE

自动控制理论

鲍 海 董 雷 徐衍会 编
毛维杰 主审

中国电力出版社
CHINA ELECTRIC POWER PRESS

内 容 提 要

全书共分为七章，主要内容包括自动控制系统的基本概念、拉普拉斯变换理论、线性动态系统的数学模型、线性动态系统的时域分析方法、根轨迹法、控制系统的频域分析方法和自动控制系统的设计与校正的基本方法。

为了便于学生学习与理解，书中引入了大量例题、习题与详解，多种方法对比的题解；为方便教师授课，本书还配套教学课件、拓展例题、习题详解等丰富的数字化教学资源，可以通过扫描书中二维码获取。

本书主要作为电气工程及其自动化专业的教材，也可作为自动化专业、机电一体化技术和生产过程自动化技术等自动控制类专业教学用书，还可为从事自动化工程的技术人员提供参考。

图书在版编目（CIP）数据

自动控制理论/鲍海，董雷，徐衍会编．—北京：中国电力出版社，2023.3

ISBN 978－7－5198－6579－5

Ⅰ.①自…　Ⅱ.①鲍…②董…③徐…　Ⅲ.①自动控制理论－教材　Ⅳ.①TP13

中国版本图书馆 CIP 数据核字（2022）第 080146 号

出版发行：中国电力出版社
地　　址：北京市东城区北京站西街 19 号（邮政编码 100005）
网　　址：http://www.cepp.sgcc.com.cn
责任编辑：乔　莉（010－63412535）
责任校对：黄　蓓　郝军燕
装帧设计：赵丽媛　王红柳
责任印制：吴　迪

印　　刷：三河市航远印刷有限公司
版　　次：2023 年 3 月第一版
印　　次：2023 年 3 月北京第一次印刷
开　　本：787 毫米×1092 毫米　16 开本
印　　张：15.75
字　　数：333 千字
定　　价：49.00 元

前言

本书的编写目的是应对教学时间大幅缩减的教学环境。经典控制理论的教学时间从 200 学时降到 40 学时，但授课内容却没有明显地压缩。在这种情况下，课上只能介绍概念的定义和定理的内容，而不能展开讲解它们的来历，以及如何对其进行推演和证明等相关内容。如此教学方式违背了追本溯源的理念，因此在书中补充了相关定义、定理的数学证明等内容，并且增添了大量的例题详解，作为学生课后学习参考。一者便于学生加深对所学知识的理解，二者利于学生掌握控制理论相关问题的解决思路，三者引导学生运用已学的数学方法解决工程实际问题。

本书编写的指导原则是简化概念的语言叙述，增加定理、定义的数学证明，尽量以相对直接、严谨的方式对概念进行讲述；在各章中补充了大量的例题详解，便于读者对概念的理解，也有助于读者掌握解题的思路和方法；补充实验法获取系统频率特性的内容，并以例题形式展示求解的全过程，展示了控制理论与实验紧密结合的特点。

本书以经典控制理论为主体，增加了状态空间模型和李雅普诺夫稳定性等现代控制理论的内容，为控制系统稳定性分析提供了坚实的数学理论基础。为了达到理论溯源的目标，引入利用克莱姆法则推导梅森公式的相关内容，讲明梅森公式的来历；增加了根轨迹曲线方程求解的内容，为绘制根轨迹图形提供了理论依据。同时，在例题中运用了牛顿一拉夫逊、试凑求解高阶方程的根和线性插值等数学方法，为学生求解控制问题提供了经典范例。

本书在专业知识传授和专业能力培养的基础上，紧紧围绕立德树人这一根本任务，融入求真务实的思政理想，力求将思政教育内容以幽默诙谐的语言与润物细无声的方式自然和谐地融入教材中，旨在提高学生的学习主动性，实现价值观的引领，全方位提升学生的素质与能力。

本书第一至三章、第五章和第七章由华北电力大学鲍海编写，第四章由华北电力大学徐衍会编写，第六章由华北电力大学董雷编写。本书承蒙浙江大学毛维杰教授审核，提出了宝贵的修改意见，在此表示衷心的感谢。

限于编者水平，书中疏漏之处敬请读者批评指正。

编者

2022 年 4 月

目 录

第一章　控制系统概述

在当今社会的生产、生活中，如工业、农业、国防、科技、经济、医学等领域乃至日常生活，自动控制技术都得到了空前广泛的应用。自动控制技术在给人们带来便利的同时，也提高了人们的生活品质，为此，工程技术人员、科学工作者和大学生都应该具备自动控制技术的相关知识。

第一节　自动控制理论的发展

一、自动控制理论的发展史

自动控制理论是从实践中逐步演化而来的。1788 年，詹姆斯・瓦特（James watt）设计了用于蒸汽机车速度控制的离心调节器，它是自动控制领域的第一个重大成果。1868 年，麦克斯维尔（J. C. Maxwell）以离心式调速器为背景发表了《论调速器》，文章对反馈系统的稳定性问题进行研究。1875 年，赫尔维茨（A. Hurwitz）提出运动方程稳定性与方程系数的关系。1884 年，劳斯（E. J. Routh）提出运动方程系数的排列表，并进行稳定性判断，被并称为劳斯 - 赫尔维茨（Routh - Hurwitz）判据。1892 年，李雅普诺夫（Lyapunov）发表了《论运动稳定性的一般问题》的博士论文，给出了平衡状态稳定定义和稳定判据。20 世纪初期，PID 控制器出现，并获得了广泛的应用。1922 年，迈纳斯基（Minorsky）研制出船舶操纵自动控制器，证明了如何从微分方程中确定系统的稳定性。1932 年，奈奎斯特（Nyquist）提出根据系统对稳态正弦输入的开环响应，判断闭环系统稳定性的方法。1934 年，黑曾（Hazen）提出了伺服机构的概念进行位置控制，能够依据雷达信号对火炮射击诸元进行自动调整。20 世纪 40 年代，贝尔实验室提出频率响应法为工程技术人员设计满足性能指标的控制系统提供了一种可行方法。1948 年，伊凡思（W. R. Evans）提出了根轨迹方法，用于描述特征根随参数变化的规律。同年，维纳（Wiener）发表《控制论》，以传递函数为基础，研究单输入单输出线性定常系统的分析与设计问题，建立了完整的控制理论体系，称为经典控制理论，或古典控制理论。

20 世纪 50 年代，在庞特里亚金极大值原理的基础上，人们对最优系统展现出巨大的热情。20 世纪 60 年代，计算机的出现为复杂系统的时域分析提供了技术基础，于是出现了采用状态变量分析系统时域特性的方法，称为现代控制理论。在引入了能观能控性、状态实现等概念后，现代控制理论有了完整的理论基础。从 20 世纪 60 年代至 80 年代，出现了针对确定系统和随机系统的最优控制，对复杂系统的自适应控制和自学习控制等。20 世纪 80 年代后期，出现了鲁棒控制。

二、自动控制系统的术语及其定义

在讨论控制系统之前，需要对一些术语的定义加以介绍。

（1）自动控制：是指无须人参与，通过对某一对象施加合乎目标要求的作用，以使其产生希望的行为或变化。

（2）对象：是由一些机器零件组合在一起，能够完成某种特定操作的设备，如电动机、加热炉等。

（3）系统：是由一些相互联系又相互制约部件组成，能够完成一定的任务的有机整体。系统不限于物理系统，也可以是经济系统等。

（4）过程：是指一种自然的逐渐进行的运动或发展。本书中称任何被控制的运动状态为过程。

（5）被控变量：是指一种能够测量且可以调节的量值。通过调节被控变量可以使系统达到希望的行为或目标。

（6）扰动：是指引起被控变量发生不期望变化的各种内部或外部因素。

（7）反馈控制：是一种基本的控制规律，它能够在扰动的作用下，自动减小输出量与输入量的偏差，使系统达到希望的行为或目标的控制方式。

（8）自动控制系统：是指为了实现某一目标，由控制器、被控对象、测量环节和比较器件等部件有机地连接而成，实施自动控制的整体。

第二节　开环控制和闭环控制

一、开环控制系统

开环控制系统是指系统的输出量对控制作用没有影响的系统，如图 1-1 所示。

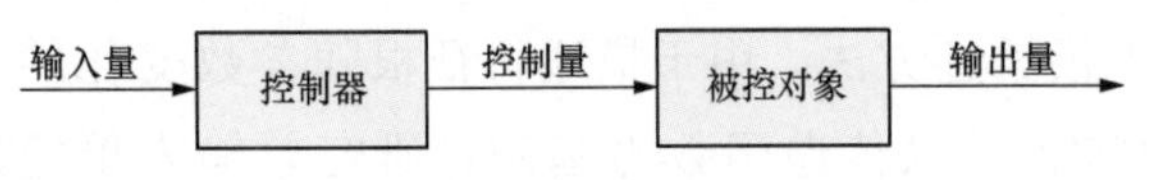

图 1-1　开环控制系统

开环控制系统的信号传输特点是：控制器与被控对象间仅存在正向的控制作用。开环控制系统的输入量直接作用于控制器，得到相应的控制量，并由控制量作为被控对象的输入，得到系统的输出量。开环控制系统的精度取决于被控对象中元器件的精度，在扰动影响不大，且精度要求不高的情况下，可以采用开环控制方式。

二、闭环控制系统

闭环控制系统是指以系统输出量与输入量的偏差作为调节手段，并始终保持两者预定关系的系统，如图 1-2 所示。

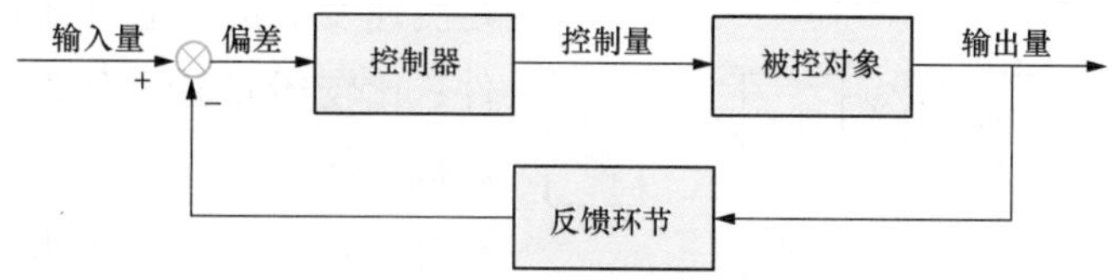

图 1-2　闭环控制系统

图中，反馈环节的主要作用为检测输出量和将检测结果转换成与输入量同量纲的量；比较器用于获得输入量与输出反馈量之差；偏差为输入量与反馈量之差，表明输出量与预定目标的接近程度。闭环控制系统的信号传输特点是控制器与被控对象间不仅存在正向控制作用，而且存在反馈作用，即系统输出量对控制量有直接影响。当系统输出量小于系统输入量时，系统偏差大于零，控制器输出正向调控量，促使被控对象的输出增大；当系统输出量大于系统输入量时，系统偏差小于零，控制器输出负向调控量，使被控对象的输出减小。若为稳定系统，当系统达到稳态运行时，输出量与输入量之差为零，称为无差系统；输出量与输入量间存在恒定的有界偏差值，称为有差系统。闭环控制系统的精度，取决于反馈环节的检测精度和给定精度。

三、实例

现以图 1 3 所示的电风扇串联电感调速系统为例，说明开环控制系统的工作过程。

图中，$u(t)$ 为电源电压；C 为启动电容；包含两个绕组 r1、r2 的圆表示电风扇的电动机；L 为多触点可调电感；K 为可调挡位。

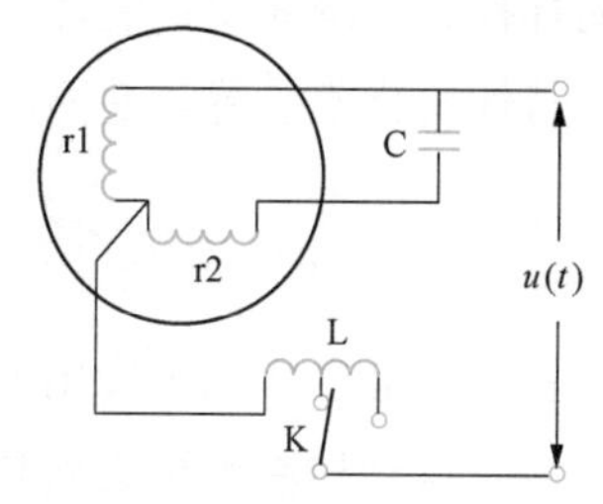

图 1-3　电风扇串联电感调速系统

电风扇有两个绕组，一个用于启动，称为副绕组，用 r2 表示，另一个用于运行，称为主绕组，用 r1 表示，且两个绕组呈 90°排列。可调电感与主绕组串联连接，当挡位开关连通可调电感中一个触点时，电感与主绕组呈现分压状态。随着挡位的变化，电感数值就会发生变化，主绕组得到的电压就不同，电动机的转速也就不同，从而达到调速的目的。用框图描述这个调速过程，如图 1-4 所示。

图 1-4　电风扇串联电感调速系统的框图

再以图 1-5 所示的直流电动机晶闸管调压调速方式对直流电动机调速为例，说明闭环控制系统的工作过程。

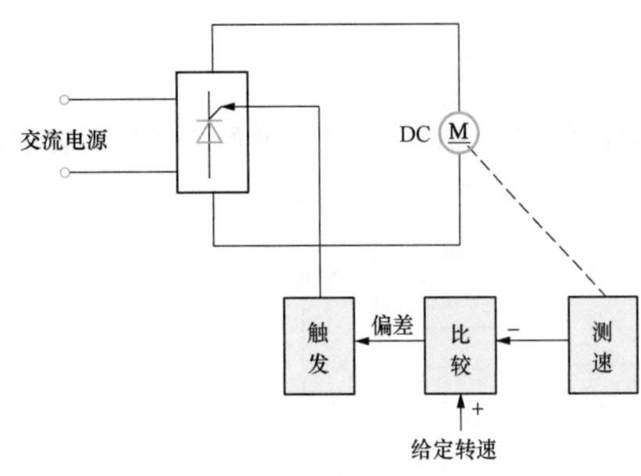

图 1-5　直流电动机晶闸管调压调速原理图

图中，交流电源连接的带有晶闸管图形的方框代表桥式整流结构；M 为直流电动机；从直流电动机引出的虚线表示与电动机转子相连的同轴连杆；测速环节可以是测速发电机，也可以是编码盘等测速器件；比较环节实际上就是加法器，可以是模拟器件，也可以用计算机；触发环节根据给定转速与实际转速的差值，调整晶闸管的触发角度，通过脉冲变压器向晶闸管发送开通指令。由于触发角度不同，导致整流的输出波形发生变化，从而使整流后的平均电压发生变化，实现直流电动机的调压调速。在这个调速过程中，整流桥输出电压的均值，是按照给定转速与实际转速的偏差进行调整的。当系统达到稳态运行时，电动机的转速将与给定转速十分接近，在添加相应的控制环节后，电动机的转速甚至可以等于给定转速。图 1-5 的控制框图如图 1-6 所示。

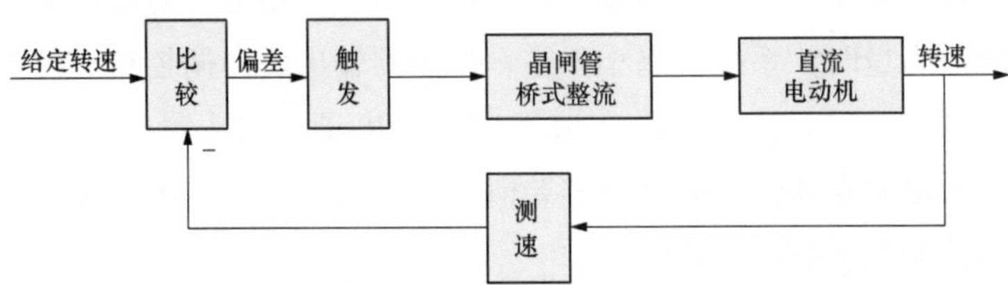

图 1-6　直流电动机晶闸管调压调速的控制框图

从上面的介绍可知，开环控制系统结构简单，一般不涉及稳定性问题，而且响应速度比闭环控制系统要快；闭环控制系统的稳态误差要比开环控制系统小，抗干扰能力强，对元件特性变化不敏感，并能改善系统的响应特性。

四、 自动控制系统的性能要求

一个能够在实际中应用的自动控制系统，应当具备以下性质：

(1) 自动控制系统必须是稳定的。稳定性是保证控制系统正常运行的先决条件。一个稳定控制系统的控制量，在受到扰动或者输入改变的影响后，其偏离值随时间增长而逐渐减小，不会出现发散响应的情况。

(2) 能够快速跟踪系统参考输入的变化，且超调量不宜过大。为了能够更好地完成控制任务，控制系统仅满足稳定性是不够的，还需要对系统的过渡过程的形式和响应快慢提出要求。一般来说，系统响应速度越快，系统的超调量就会越大，然而过大的超调量会引发许多负向的影响。因此，在追求系统快速响应能力的同时，必须对系统的超调量进行必要的约束。

（3）系统的稳态误差应该尽可能地小。过渡过程结束后，系统便进入了稳态运行状态，此时，最理想的状态是系统响应与期望数值一致。但是，由于误差的存在，导致系统响应与期望数值间存在一定的差值，称之为稳态误差，稳态误差成为衡量控制系统精度的重要标志。稳态误差越接近于零，系统的精度就越高。

（4）系统应该具备一定的抑制干扰的能力。控制系统的运行环境一定存在某种或某些干扰，这些干扰信号会对系统输出产生影响。在绝大多数情况下，干扰引起的输出响应是不希望的。因此，在设计系统时，应针对干扰信号的特点，选择抑制措施，尽可能地将干扰的影响降到最低。

第二章　拉普拉斯变换

控制理论的研究对象为微分方程描述的动态系统。即使是由线性定常微分方程描述的最简单的动力系统，根据微分方程直接洞悉控制系统的响应性质，判定系统的稳定性，乃至对系统进行必要的校正工作，都是非常困难的。然而，这些工作又是必不可少的，因此需要引入数学方法，将描述控制对象的微分方程转化为代数方程。这样易于分析与校正，当一切处理完毕后，可以通过反变换返回到微分方程。这种数学方法就是拉普拉斯变换。

由于拉普拉斯变换属于复变函数范畴，因此本书从复变函数入手，进行必要的知识梳理。

第一节　复　变　函　数

一、复变函数的基本概念

自变量为复数 $s=\sigma+\mathrm{j}\omega$ 的函数 $F(s)$，称为复变函数。$F(s)$ 可以写成如下形式

$$F(s)=F_{\mathrm{x}}+\mathrm{j}F_{\mathrm{y}}$$

式中：F_{x} 和 F_{y} 为实数，F_{x} 称为实部，$\mathrm{j}F_{\mathrm{y}}$ 称为虚部。

$F(s)$ 的辐角为 $\arctan\dfrac{F_{\mathrm{y}}}{F_{\mathrm{x}}}$，正值辐角定义为复数构成的矢量与正实轴逆时针夹角。$F(s)$ 的共轭复数为

$$F^{*}(s)=F_{\mathrm{x}}-\mathrm{j}F_{\mathrm{y}}$$

对于线性控制系统，复变函数通常为 s 的单值函数，即给定一个 s 值，函数值是唯一的。

二、复变函数的导数

如果一个复变函数 $F(s)$，在某一区域内存在导数，那么其导数可以写为

$$\frac{\mathrm{d}F(s)}{\mathrm{d}s}=\lim_{\Delta s\to 0}\frac{F(s+\Delta s)-F(s)}{\Delta s}=\lim_{\Delta s\to 0}\frac{\Delta F}{\Delta s}$$

这里 $\Delta s=\Delta\sigma+\mathrm{j}\Delta\omega$。不难看出，$\Delta s$ 可以沿无穷多的路径趋近于零。这与实变函数求导有所不同，因此复变函数的求导需要引入必要的限制，即柯西—黎曼条件（Cauchy - Riemann）条件。柯西—黎曼条件的内容是，当沿着实轴 $\Delta s=\Delta\sigma$ 和沿着虚轴 $\Delta s=\mathrm{j}\Delta\omega$ 求得的

导数相等时，对于任意路径 $\Delta s=\Delta\sigma+\mathrm{j}\Delta\omega$ 求得的导数才是唯一的，此时导数是存在的。

设 $F(s)$ 在 $s(\sigma,\omega)$ 处可导，根据导数定义有下面极限

$$\frac{\mathrm{d}F(s)}{\mathrm{d}s}=\lim_{\Delta s\to 0}\frac{F(s+\Delta s)-F(s)}{\Delta s}$$

存在。

令 $\Delta s=\Delta\sigma+\mathrm{j}\Delta\omega$，$F(s)=F_x(\sigma,\omega)+\mathrm{j}F_y(\sigma,\omega)$，则有

$$F(s+\Delta s)=F_x(\sigma+\Delta\sigma,\omega+\Delta\omega)+\mathrm{j}F_y(\sigma+\Delta\sigma,\omega+\Delta\omega)$$

于是，可得

$$F(s+\Delta s)-F(s)=F_x(\sigma+\Delta\sigma,\omega+\Delta\omega)-F_x(\sigma,\omega)+\mathrm{j}[F_y(\sigma+\Delta\sigma,\omega+\Delta\omega)-F_y(\sigma,\omega)]$$

取

$$\Delta F_x=F_x(\sigma+\Delta\sigma,\omega+\Delta\omega)-F_x(\sigma,\omega)$$
$$\Delta F_y=F_y(\sigma+\Delta\sigma,\omega+\Delta\omega)-F_y(\sigma,\omega)$$

则有

$$F(s+\Delta s)-F(s)=\Delta F_x+\mathrm{j}\Delta F_y$$

因此

$$\frac{\mathrm{d}F(s)}{\mathrm{d}s}=\lim_{\Delta\sigma+\mathrm{j}\Delta\omega\to 0}\frac{F_x(\sigma+\Delta\sigma,\omega+\Delta\omega)-F_x(\sigma,\omega)+\mathrm{j}[F_y(\sigma+\Delta\sigma,\omega+\Delta\omega)-F_y(\sigma,\omega)]}{\Delta\sigma+\mathrm{j}\Delta\omega}$$

由于 $F(s)$ 在 s 处可导，所以 $F(s)$ 的实部 $F_x(\sigma,\omega)$ 和虚部 $F_y(\sigma,\omega)$ 在点 $s(\sigma,\omega)$ 处必可微；导数 $\frac{\mathrm{d}F(s)}{\mathrm{d}s}$ 定义中极限的存在与 Δs 趋近于 0 的方式无关。任取两条不同路径，它们的极限值应该是相同的。

当沿着实轴方向取路径时，$\Delta\sigma\to 0$，$\Delta\omega=0$，导数为

$$\frac{\mathrm{d}F(s)}{\mathrm{d}s}=\lim_{\Delta\sigma\to 0}\frac{F_x(\sigma+\Delta\sigma,\omega)-F_x(\sigma,\omega)+\mathrm{j}[F_y(\sigma+\Delta\sigma,\omega)-F_y(\sigma,\omega)]}{\Delta\sigma}=\frac{\partial F_x}{\partial\sigma}+\mathrm{j}\frac{\partial F_y}{\partial\sigma}$$

再沿着虚轴方向取路径，此时 $\Delta\sigma=0$，$\Delta\omega\to 0$，导数为

$$\frac{\mathrm{d}F(s)}{\mathrm{d}s}=\lim_{\mathrm{j}\Delta\omega\to 0}\frac{F_x(\sigma,\omega+\Delta\omega)-F_x(\sigma,\omega)+\mathrm{j}[F_y(\sigma,\omega+\Delta\omega)-F_y(\sigma,\omega)]}{\mathrm{j}\Delta\omega}=-\mathrm{j}\frac{\partial F_x}{\partial\omega}+\frac{\partial F_y}{\partial\omega}$$

由于沿两个路径求得的极限相等，因此有

$$\frac{\partial F_x}{\partial\sigma}+\mathrm{j}\frac{\partial F_y}{\partial\sigma}=-\mathrm{j}\frac{\partial F_x}{\partial\omega}+\frac{\partial F_y}{\partial\omega}$$

即

$$\frac{\partial F_x}{\partial\sigma}=\frac{\partial F_y}{\partial\omega}$$
$$\frac{\partial F_y}{\partial\sigma}=-\frac{\partial F_x}{\partial\omega} \tag{2-1}$$

此时，导数 $\frac{\mathrm{d}F(s)}{\mathrm{d}s}$ 被唯一确定。

于是，可得复变函数 $F(s)$ 在 s 处可导的充分必要条件是，复变函数 $F(s)$ 的实部与虚部在点 s 处可微，且满足柯西—黎曼条件。如果函数 $F(s)$ 在点 s_0 的某个邻域内的每一点可导，则称 $F(s)$ 在 s_0 点解析，$F(s)$ 在区域 $\boldsymbol{D}$ 内的每一点解析，就称 $F(s)$ 在 $\boldsymbol{D}$ 内解析。鉴于此，柯西—黎曼条件成为判定复变函数解析性的判据。

那么，对于一个解析的复变函数如何求其导数呢？下面以函数 $F(s)=\frac{1}{s+1}$ 为例，推演导数的求解过程。

取 $s=\sigma+\mathrm{j}\omega$，有

$$F(\sigma+\mathrm{j}\omega)=\frac{1}{\sigma+\mathrm{j}\omega+1}=F_{\mathrm{x}}+\mathrm{j}F_{\mathrm{y}}$$

式中

$$F_{\mathrm{x}}=\frac{\sigma+1}{(\sigma+1)^2+\omega^2}$$

$$F_{\mathrm{y}}=\frac{-\omega}{(\sigma+1)^2+\omega^2}$$

可以看出，除了 $s=-1$（即 $\sigma=-1$，$\omega=0$）外，$F(s)$ 的导数为

$$\begin{cases}\dfrac{\partial F_{\mathrm{x}}}{\partial\sigma}=\dfrac{\partial F_{\mathrm{y}}}{\partial\omega}=\dfrac{\omega^2-(\sigma+1)^2}{[(\sigma+1)^2+\omega^2]^2}\\[2ex]\dfrac{\partial F_{\mathrm{y}}}{\partial\sigma}=-\dfrac{\partial F_{\mathrm{x}}}{\partial\omega}=\dfrac{2\omega(\sigma+1)}{[(\sigma+1)^2+\omega^2]^2}\end{cases}\tag{2-2}$$

可见函数 $F(s)$ 满足柯西—黎曼条件。因此，除了 $s=-1$ 外，在整个 s 平面上 $F(s)=\frac{1}{s+1}$ 都是解析的，导数为

$$\frac{\mathrm{d}F(s)}{\mathrm{d}s}=\frac{\partial F_{\mathrm{x}}}{\partial\sigma}+\mathrm{j}\frac{\partial F_{\mathrm{y}}}{\partial\sigma}=-\mathrm{j}\frac{\partial F_{\mathrm{x}}}{\partial\omega}+\frac{\partial F_{\mathrm{y}}}{\partial\omega}$$

代入到式（2-2）中，有

$$\begin{aligned}\frac{\mathrm{d}F(s)}{\mathrm{d}s}&=\frac{\omega^2-(\sigma+1)^2}{[(\sigma+1)^2+\omega^2]^2}+\mathrm{j}\frac{2\omega(\sigma+1)}{[(\sigma+1)^2+\omega^2]^2}\\&=-\frac{[(\sigma+1)-\mathrm{j}\omega]^2}{\{[(\sigma+1)+\mathrm{j}\omega]\times[(\sigma+1)-\mathrm{j}\omega]\}^2}\\&=-\frac{1}{[(\sigma+1)+\omega]^2}\\&=-\frac{1}{(s+1)^2}\end{aligned}$$

从这个示例可以看出，解析函数的导数可以通过 $F(s)$ 对 s 的微分直接求解，即

$$\frac{\mathrm{d}F(s)}{\mathrm{d}s}=-\frac{1}{(s+1)^2}$$

对于这个例子，在 s 平面上使函数 $F(s)$ 解析的点称为寻常点，使函数 $F(s)$ 非解析的点

称为奇点，使函数 $F(s)$ 或其导数趋于无穷大的奇点称为极点。

若函数为 $F(s)=\frac{1}{(s+p)^n}$，（$n=1，2，3，\cdots$），当 $s=-p$ 时，称为 n 阶极点。又如 $F(s)=\frac{s+z}{s+p}$，使函数 $F(s)$ 等于零的点（即 $s=-z$）称为零点。

第二节 拉普拉斯变换定义

$f(t)$ 为 t 的函数，且当 $t<0$ 时 $f(t)=0$，若积分

$$\int_0^{\infty} f(t)\mathrm{e}^{-st}\mathrm{d}t，\ t\geqslant 0$$

在复平面上的某一区域内收敛于 $F(s)$，则称

$$F(s)=\int_0^{\infty} f(t)\mathrm{e}^{-st}\mathrm{d}t，\ t\geqslant 0 \tag{2-3}$$

$F(s)$ 为函数 $f(t)$ 的拉普拉斯变换或象函数，简写为

$$F(s)=\mathscr{L}[f(t)] \tag{2-4}$$

式中，$s=\sigma+\mathrm{j}\omega$。

从式（2-3）和式（2-4）的定义可以看出，如果拉普拉斯积分收敛，则函数 $f(t)$ 的拉普拉斯变换存在。为了明确拉普拉斯变换存在的条件，有必要深入了解拉普拉斯变换存在的数学机理。拉普拉斯变换存在定理表述为：

若函数 $f(t)$ 满足下列条件：

（1）在 $t>0$ 的任意有限区间上分段连续；

（2）当 $t<0$ 时，$f(t)=0$；

（3）存在常数 $M>0$ 与 $\sigma_0>0$[σ_0 为函数 $f(t)$ 的增长指数]，使得

$$|f(t)|<M\mathrm{e}^{\sigma_0 t}，\ t>0$$

当 $\mathrm{Re}(s)>\sigma_0$ 时，$f(t)$ 的拉普拉斯变换存在。

证明 当 $\mathrm{Re}(s)>\sigma_0$ 时，有

$$\int_0^{\infty}|f(t)|\mathrm{e}^{-st}\mathrm{d}t\leqslant\int_0^{\infty}M\mathrm{e}^{-(s-\sigma_0)t}\mathrm{d}t=\frac{M}{s-\sigma_0}$$

于是 $F(s)=\int_0^{\infty} f(t)\mathrm{e}^{-st}\mathrm{d}t$ 在 $\mathrm{Re}(s)>\sigma_0$ 上绝对一致收敛，且 $F(s)$ 存在。

如果存在一个正实数 σ，使得 $\mathrm{e}^{-\sigma t}|f(t)|$ 在 t 趋于无穷大时，其值趋近于零，则称函数 $f(t)$ 为指数级的。如果当 $\sigma>\sigma_0$ 时，函数 $\mathrm{e}^{-\sigma t}|f(t)|$ 的极限趋近于零；当 $\sigma<\sigma_0$ 时，函数 $\mathrm{e}^{-\sigma t}|f(t)|$ 的极限趋于无穷大，则 σ_0 称为增长指数。

对于函数 $f(t)=A\mathrm{e}^{-at}$，当 $\sigma>-a$ 时，极限 $\lim\limits_{t\to\infty}\mathrm{e}^{-\sigma t}|A\mathrm{e}^{-at}|$ 趋近于零。此时，增长指数 $\sigma_0=-a$。只有当 s 的实部大于增长指数，积分 $F(s)=\int_0^{\infty} f(t)\mathrm{e}^{-st}\mathrm{d}t$ 才是收敛的。

从象函数的角度来看，增长指数相当于函数 $F(s)$ 在 s 平面最右边极点的实部。例如，函数 $F(s)=\dfrac{K(s+3)}{(s+1)(s+2)}$，其增长指数为 -1。

对于 t、$\sin\omega t$、$\cos\omega t$ 这样的函数，其增长指数等于零；对于 e^{-at}、te^{-at}、$e^{-at}\sin\omega t$ 这样的函数，其增长指数等于 $-a$。但是对于那些比指数函数增加得更快的函数，如函数 e^{t^2}、te^{t^2}，则找不到合适增长指数，因此不能进行拉普拉斯变换。

如果定义在有限的时间区间内 $0\leqslant t\leqslant T$，($T<\infty$)，函数 e^{t^2}、te^{t^2} 可以进行拉普拉斯变换。应当指出，可以物理实现的信号，总是具有相应的拉普拉斯变换。

［例 2-1］ 依据定义求解下列函数的拉普拉斯变换。

(1) 求指数函数 $f(t)=\begin{cases}0, & t<0\\ Ae^{-at}, & t\geqslant 0\end{cases}$ (A 和 a 为常数) 的拉普拉斯变换。

(2) 求阶跃函数 $f(t)=\begin{cases}0, & t<0\\ A, & t\geqslant 0\end{cases}$ (A 为常数) 的拉普拉斯变换。

(3) 试求斜坡函数 $f(t)=\begin{cases}0, & t<0\\ At, & t\geqslant 0\end{cases}$ (A 为常数) 的拉普拉斯变换。

(4) 试求正弦函数 $f(t)=\begin{cases}0, & t<0\\ A\sin\omega t, & t\geqslant 0\end{cases}$ (A 和 ω 为常数) 的拉普拉斯变换。

解 (1) 指数函数的拉普拉斯变换为

$$F(s)=\mathscr{L}[Ae^{-at}]=\int_0^\infty Ae^{-at}e^{-st}\,dt=\int_0^\infty Ae^{-(s+a)t}\,dt=-\frac{A}{s+a}e^{-(s+a)t}\Big|_0^\infty=\frac{A}{s+a}$$

应当注意，指数函数的拉普拉斯变换会在复平面上产生一个极点，在此极点之外，积分 $\int_0^\infty f(t)e^{-st}\,dt$ 是绝对收敛的。

(2) 阶跃函数的拉普拉斯变换为

$$F(s)=\mathscr{L}[A]=\int_0^\infty Ae^{-st}\,dt=\frac{A}{s}$$

可以看出，阶跃函数的拉普拉斯变换，在除 $s=0$ 以外的整个复平面都是存在的。同时，函数 A 可以看成 Ae^{-at} 在 $a=0$ 时的特殊情况，其拉普拉斯变换的结果与上面的结果一致。

(3) 斜坡函数的拉普拉斯变换为

$$F(s)=\mathscr{L}[At]=\int_0^\infty At\,e^{-st}\,dt=At\frac{e^{-st}}{-s}\Big|_0^\infty-\int_0^\infty\frac{Ae^{-st}}{-s}\,dt=\frac{A}{s}\int_0^\infty e^{-st}\,dt=\frac{A}{s^2}$$

(4) 正弦函数的拉普拉斯变换为

依据欧拉定理，有

$$A\sin\omega t=A\frac{e^{j\omega t}-e^{-j\omega t}}{2j}$$

于是，可得

$$F(s)=\mathscr{L}[A\sin\omega t]=\frac{A}{2\mathrm{j}}\int_0^{\infty}(\mathrm{e}^{\mathrm{j}\omega t}-\mathrm{e}^{-\mathrm{j}\omega t})\mathrm{e}^{-st}\mathrm{d}t=\frac{A}{2\mathrm{j}}\left(\frac{1}{s-\mathrm{j}\omega}-\frac{1}{s+\mathrm{j}\omega}\right)=\frac{A\omega}{s^2+\omega^2}$$

由上述四个例子可以看出，根据拉普拉斯变换定义可以求得函数 $f(t)$ 的象函数。但对于复杂的函数 $f(t)$，按照定义求解会很困难，为此需要引入一些拉普拉斯变换的性质，以简化象函数的求解工作。

第三节　拉普拉斯变换的性质

为了叙述方便，做出如下假设：

(1) 假定在这些性质中，凡是要求拉普拉斯变换的函数，都满足拉普拉斯变换存在定理中的条件，并且把这些函数的增长指数统一地取为 c；

(2) 用 $F(s)=\mathscr{L}[f(t)]$ 表示函数 $f(t)$ 可以进行拉普拉斯变换，$F(s)$ 表示拉普拉斯变换的结果。

一、线性性质

若 $F_1(s)=\mathscr{L}[f_1(t)]$，$F_2(s)=\mathscr{L}[f_2(t)]$，又 α、β 为常数，则有

$$F(s)=\mathscr{L}[\alpha f_1(t)+\beta f_2(t)]=\alpha\mathscr{L}[f_1(t)]+\beta\mathscr{L}[f_2(t)]=\alpha F_1(s)+\beta F_2(s) \tag{2-5}$$

[例 2-2] 试求余弦函数

$$f(t)=\begin{cases}0, & t<0\\ A\cos\omega t, & t\geqslant 0, \ \omega 为常数\end{cases}$$

的拉普拉斯变换。

解 依据欧拉定理，有

$$\cos\omega t=\frac{\mathrm{e}^{\mathrm{j}\omega t}+\mathrm{e}^{-\mathrm{j}\omega t}}{2}$$

根据拉普拉斯变换的线性性质，得到

$$F(s)=\mathscr{L}\left[\frac{\mathrm{e}^{\mathrm{j}\omega t}+\mathrm{e}^{-\mathrm{j}\omega t}}{2}\right]=\frac{1}{2}\left\{\mathscr{L}[\mathrm{e}^{\mathrm{j}\omega t}]+\mathscr{L}[\mathrm{e}^{-\mathrm{j}\omega t}]\right\}=\frac{1}{2}\left(\frac{1}{s-\mathrm{j}\omega}+\frac{1}{s+\mathrm{j}\omega}\right)=\frac{s}{s^2+\omega^2}$$

二、微分性质

1. 实微分定理

若 $F(s)=\mathscr{L}[f(t)]$，则有

$$\mathscr{L}\left[\frac{\mathrm{d}}{\mathrm{d}t}f(t)\right]=sF(s)-f(0) \tag{2-6}$$

式中：$f(0)$ 为 $f(t)$ 在 $t=0$ 的初始值。

证明 根据拉普拉斯变换定义，有

$$\mathscr{L}\left[\frac{\mathrm{d}}{\mathrm{d}t}f(t)\right]=\int_0^{\infty}\left[\frac{\mathrm{d}}{\mathrm{d}t}f(t)\right]\mathrm{e}^{-st}\,\mathrm{d}t=f(t)\mathrm{e}^{-st}\Big|_0^{\infty}-\int_0^{\infty}f(t)\left[\frac{\mathrm{d}}{\mathrm{d}t}\mathrm{e}^{-st}\right]\mathrm{d}t$$
$$=-f(0)+s\int_0^{\infty}f(t)\mathrm{e}^{-st}\,\mathrm{d}t=-f(0)+sF(s)$$

即

$$\mathscr{L}\left[\frac{\mathrm{d}}{\mathrm{d}t}f(t)\right]=sF(s)-f(0)$$

值得注意的是，$f(0^-)$ 和 $f(0^+)$ 的值可能相同，也可能不同。当函数 $f(t)$ 在 $t=0$ 处具有间断点时，$f(0^-)$ 和 $f(0^+)$ 的值不同。若 $f(0^-)\neq f(0^+)$，微分性质的方程将改为

$$\mathscr{L}_+\left[\frac{\mathrm{d}}{\mathrm{d}t}f(t)\right]=sF(s)-f(0^+)$$

$$\mathscr{L}_-\left[\frac{\mathrm{d}}{\mathrm{d}t}f(t)\right]=sF(s)-f(0^-)$$

函数 $f(t)$ 二阶导数的拉普拉斯变换为

$$\mathscr{L}\left[\frac{\mathrm{d}^2}{\mathrm{d}t^2}f(t)\right]=s^2F(s)-sf(0)-\dot{f}(0) \tag{2-7}$$

式中：$\dot{f}(0)$ 为$\frac{\mathrm{d}f(t)}{\mathrm{d}t}$在 $t=0$ 时的值。

证明 取 $g(t)=\frac{\mathrm{d}}{\mathrm{d}t}f(t)$，根据实微分定理，有

$$\mathscr{L}\left[\frac{\mathrm{d}^2}{\mathrm{d}t^2}f(t)\right]=\mathscr{L}\left[\frac{\mathrm{d}}{\mathrm{d}t}g(t)\right]=s\mathscr{L}[g(t)]-g(0)s\mathscr{L}\left[\frac{\mathrm{d}}{\mathrm{d}t}f(t)\right]-\dot{f}(0)$$
$$=s^2F(s)-sf(0)-\dot{f}(0)$$

采用类似的方法，可以求解函数 $f(t)n$ 阶导数的拉普拉斯变换为

$$\mathscr{L}\left[\frac{\mathrm{d}^n}{\mathrm{d}t^n}f(t)\right]=s^nF(s)-s^{n-1}f(0)-s^{n-2}\dot{f}(0)-\cdots-sf^{(n-2)}(0)-f^{(n-1)}(0) \tag{2-8}$$

式中，$f^{(n-1)}(0)$ 代表函数 $f(t)$ 的 $n-1$ 阶导数在 $t=0$ 时的值。若函数 $f(t)$ 及其各阶导数的所有初始值全等于零，则有下式成立。

$$\mathscr{L}\left[\frac{\mathrm{d}^n}{\mathrm{d}t^n}f(t)\right]=s^nF(s) \tag{2-9}$$

[例 2-3] 已知正弦函数 $f(t)=\begin{cases}0, & t<0\\ \sin\omega t, & t\geqslant 0\end{cases}$（$\omega$ 为常数）的拉普拉斯变换为

$$F(s)=\mathscr{L}[\sin\omega t]=\frac{\omega}{s^2+\omega^2}$$

试求余弦函数 $\cos\omega t$ 的拉普拉斯变换。

解 $\mathscr{L}[\cos\omega t]=\mathscr{L}\left[\frac{1}{\omega}\left(\frac{\mathrm{d}}{\mathrm{d}t}\sin\omega t\right)\right]=\frac{1}{\omega}[sF(s)-f(0)]=\frac{1}{\omega}\left(\frac{s\omega}{s^2+\omega^2}-0\right)=\frac{s}{s^2+\omega^2}$

2. 复微分定理

若 $F(s)=\mathscr{L}[f(t)]$，则有

$$\mathscr{L}[tf(t)]=-\frac{\mathrm{d}}{\mathrm{d}s}F(s) \tag{2-10}$$

证明 根据拉普拉斯变换定义，有

$$F(s)=\mathscr{L}[f(t)]=\int_0^{\infty}f(t)\mathrm{e}^{-st}\mathrm{d}t$$

等式两端取关于 s 的导数，有

$$\frac{\mathrm{d}}{\mathrm{d}s}F(s)=\frac{\mathrm{d}}{\mathrm{d}s}\int_0^{\infty}f(t)\mathrm{e}^{-st}\mathrm{d}t=\int_0^{\infty}\frac{\mathrm{d}}{\mathrm{d}s}[f(t)\mathrm{e}^{-st}]\mathrm{d}t=\int_0^{\infty}[-tf(t)]\mathrm{e}^{-st}\mathrm{d}t$$

$$=-\int_0^{\infty}[tf(t)]\mathrm{e}^{-st}\mathrm{d}t=-\mathscr{L}[tf(t)]$$

即

$$\mathscr{L}[tf(t)]=-\frac{\mathrm{d}}{\mathrm{d}s}F(s)$$

类似地，可以得到

$$\mathscr{L}[t^nf(t)]=(-1)^n\frac{\mathrm{d}^n}{\mathrm{d}s^n}F(s) \tag{2-11}$$

［例 2-4］ 试求函数 $t\sin\omega t$ 的拉普拉斯变换。

解 依复微分定理，有

$$\mathscr{L}[t\sin\omega t]=-\frac{\mathrm{d}}{\mathrm{d}s}\left(\frac{\omega}{s^2+\omega^2}\right)=\frac{2\omega s}{(s^2+\omega^2)^2}$$

三、积分性质

1. 实积分定理

若 $F(s)=\mathscr{L}[f(t)]$，则有

$$\mathscr{L}\left[\int f(t)\mathrm{d}t\right]=\frac{F(s)}{s}+\frac{H(0)}{s} \tag{2-12}$$

式中：$H(0)$ 为 $t=0$ 时 $\int f(t)\mathrm{d}t$ 的值。

证明 根据拉普拉斯变换定义，积分函数的拉普拉斯变换如下

$$\mathscr{L}\left[\int f(t)\mathrm{d}t\right]=\int_0^{\infty}\left[\int f(t)\mathrm{d}t\right]\mathrm{e}^{-st}\mathrm{d}t \tag{2-13}$$

设定变量

$$u=\int f(t)\mathrm{d}t，\mathrm{d}u=f(t)\mathrm{d}t$$

$$\mathrm{d}v=\mathrm{e}^{-st}，v=\frac{\mathrm{e}^{-st}}{-s}$$

将设定的变量代入积分等式（2-13）中，可得

$$\mathscr{L}\left[\int f(t)\mathrm{d}t\right]=\frac{\mathrm{e}^{-st}}{-s}\int f(t)\mathrm{d}t\Big|_0^{\infty}+\frac{1}{s}\int_0^{\infty}f(t)\mathrm{e}^{-st}\mathrm{d}t=\frac{F(s)}{s}+\frac{H(0)}{s}$$

如果 $f(t)$ 在 $t=0$ 处包含一个脉冲函数，则 $H(0_+)\neq H(0_-)$。于是，有

$$\mathscr{L}_+\left[\int f(t)\mathrm{d}t\right]=\frac{F(s)}{s}+\frac{H(0_+)}{s}$$

$$\mathscr{L}_-\left[\int f(t)\mathrm{d}t\right]=\frac{F(s)}{s}+\frac{H(0_-)}{s}$$

如果 $f(t)$ 为指数级的，则定积分 $\int_0^t f(t)\mathrm{d}t$ 的拉普拉斯变换为

$$\mathscr{L}\left[\int_0^t f(t)\mathrm{d}t\right]=\frac{F(s)}{s}$$

重复应用 $\mathscr{L}\left[\int_0^t f(t)\mathrm{d}t\right]=\frac{F(s)}{s}$，可得

$$\mathscr{L}\left[\int_0^t\cdots\int_0^t f(t)(\mathrm{d}t)^n\right]=\frac{F(s)}{s^n} \tag{2-14}$$

[例2-5] 试求幂函数

$$f(t)=t^n，n \text{为正整数}$$

的拉普拉斯变换。

解 由于

$$t=\int_0^t 1\mathrm{d}x$$

$$t^2=\int_0^t 2x\mathrm{d}x$$

$$t^3=\int_0^t 3x^2\mathrm{d}x$$

$$\vdots$$

$$t^n=\int_0^t nx^{n-1}\mathrm{d}x$$

根据拉普拉斯变换定义，有

$$\mathscr{L}[t]=\mathscr{L}\left[\int_0^t 1\mathrm{d}x\right]=\frac{1}{s}\mathscr{L}[1]=\frac{1}{s^2}$$

$$\mathscr{L}[t^2]=\mathscr{L}\left[\int_0^t 2x\mathrm{d}x\right]=\frac{2}{s}\mathscr{L}[t]=\frac{2}{s}\times\frac{1}{s^2}=\frac{2}{s^3}$$

$$\mathscr{L}[t^3]=\mathscr{L}\left[\int_0^t 3x^2\mathrm{d}x\right]=\frac{3}{s}\mathscr{L}[t^2]=\frac{3}{s}\times\frac{2}{s^3}=\frac{3!}{s^4}$$

$$\vdots$$

$$\mathscr{L}[t^n]=\mathscr{L}\left[\int_0^t nx^{n-1}\mathrm{d}x\right]=\frac{n}{s}\mathscr{L}[t^{n-1}]=\frac{n!}{s^{n+1}}$$

2. 复积分定理

若 $F(s)=\mathscr{L}[f(t)]$，则有

$$\mathscr{L}\left[\frac{f(t)}{t}\right]=\int_{s}^{\infty}F(s)\mathrm{d}s \tag{2-15}$$

证明 根据拉普拉斯变换定义，有

$$\mathscr{L}\left[\frac{f(t)}{t}\right]=\int_{0}^{\infty}\frac{f(t)}{t}\mathrm{e}^{-st}\mathrm{d}t=\int_{0}^{\infty}f(t)\left[\int_{s}^{\infty}\mathrm{e}^{-st}\mathrm{d}s\right]\mathrm{d}t=\int_{s}^{\infty}\left[\int_{0}^{\infty}f(t)\mathrm{e}^{-st}\mathrm{d}t\right]\mathrm{d}s=\int_{s}^{\infty}F(s)\mathrm{d}s$$

采用类似的方法可得

$$\mathscr{L}\left[\frac{f(t)}{t^{n}}\right]=\int_{s}^{\infty}\cdots\int_{s}^{\infty}F(s)(\mathrm{d}s)^{n} \tag{2-16}$$

[例2-6] 试求函数

$$f(t)=\int_{0}^{\infty}\frac{\sin t}{t}\mathrm{d}t$$

的拉普拉斯变换。

解 由于

$$H(t)=\int\frac{\sin t}{t}\mathrm{d}t=t-\frac{t^{3}}{3\times 3!}+\frac{t^{5}}{5\times 5!}-\frac{t^{7}}{7\times 7!}+\cdots$$

当 $t=0$ 时，$H(0)=0$，说明 $H(t)$ 的初始值为 0。

根据实积分定理，有

$$\mathscr{L}[f(t)]=\mathscr{L}\left[\int_{0}^{\infty}\frac{\sin t}{t}\mathrm{d}t\right]=\frac{1}{s}\mathscr{L}\left[\frac{\sin t}{t}\right]$$

根据复积分定理，有

$$\mathscr{L}\left[\frac{\sin t}{t}\right]=\int_{s}^{\infty}\mathscr{L}[\sin t]\mathrm{d}s=\int_{s}^{\infty}\frac{1}{s^{2}+1}\mathrm{d}s=\frac{\pi}{2}-\arctan s$$

故

$$\mathscr{L}\left[\int_{0}^{\infty}\frac{\sin t}{t}\mathrm{d}t\right]=\frac{1}{s}\left(\frac{\pi}{2}-\arctan s\right)$$

四、初值定理

如果函数 $f(t)$ 和 $\dot{f}(t)$ 是可以进行拉普拉斯变换的，令 $F(s)=\mathscr{L}[f(t)]$，在 $\lim\limits_{s\to\infty}sF(s)$ 存在的前提下，有

$$f(0^{+})=\lim_{s\to\infty}sF(s) \tag{2-17}$$

证明 依实微分定理，有

$$sF(s)-f(0^{-})=\mathscr{L}\left[\frac{\mathrm{d}}{\mathrm{d}t}f(t)\right]=\int_{0^{-}}^{\infty}\frac{\mathrm{d}}{\mathrm{d}t}f(t)\mathrm{e}^{-st}\mathrm{d}t$$

$$=\int_{0^-}^{0^+}\frac{\mathrm{d}}{\mathrm{d}t}f(t)\mathrm{e}^{-st}\mathrm{d}t+\int_{0^+}^{\infty}\frac{\mathrm{d}}{\mathrm{d}t}f(t)\mathrm{e}^{-st}\mathrm{d}t$$

$$=f(0^+)-f(0^-)+\int_{0^+}^{\infty}\frac{\mathrm{d}}{\mathrm{d}t}f(t)\mathrm{e}^{-st}\mathrm{d}t$$

整理后，得到

$$sF(s)=f(0^+)+\int_{0^+}^{\infty}\frac{\mathrm{d}}{\mathrm{d}t}f(t)\mathrm{e}^{-st}\mathrm{d}t$$

对上式求极限

$$\lim_{s\to\infty}[sF(s)]=\lim_{s\to\infty}[f(0^+)]+\lim_{s\to\infty}\left[\int_{0^+}^{\infty}\frac{\mathrm{d}}{\mathrm{d}t}f(t)\mathrm{e}^{-st}\mathrm{d}t\right]$$

由于

$$\lim_{s\to\infty}\left[\int_{0^+}^{\infty}\frac{\mathrm{d}}{\mathrm{d}t}f(t)\mathrm{e}^{-st}\mathrm{d}t\right]=\int_{0^+}^{\infty}\frac{\mathrm{d}}{\mathrm{d}t}f(t)\left[\lim_{s\to\infty}\mathrm{e}^{-st}\right]\mathrm{d}t=0$$

因此，有

$$\lim_{s\to\infty}[sF(s)]=\lim_{s\to\infty}[f(0^+)]=f(0^+)$$

应当指出，初值定理并不能给出严格的 $t=0$ 时刻的 $f(t)$ 值，但是能够给出时间略大于零的 $f(t)$ 的值。

五、终值定理

如果函数 $f(t)$ 和 $\dot{f}(t)$ 是可以进行拉普拉斯变换的，令 $F(s)=\mathscr{L}[f(t)]$，在 $\lim\limits_{t\to\infty}f(t)$ 存在的前提下，有下式成立

$$\lim_{t\to\infty}f(t)=\lim_{s\to 0}sF(s) \tag{2-18}$$

证明 根据实微分定理，有

$$\int_{0}^{\infty}\left[\frac{\mathrm{d}}{\mathrm{d}t}f(t)\right]\mathrm{e}^{-st}\mathrm{d}t=sF(s)-f(0)$$

等式两端同时求极限，可得

$$\lim_{s\to 0}\int_{0}^{\infty}\left[\frac{\mathrm{d}}{\mathrm{d}t}f(t)\right]\mathrm{e}^{-st}\mathrm{d}t=\lim_{s\to 0}[sF(s)-f(0)]$$

方程左边算式变为

$$\lim_{s\to 0}\int_{0}^{\infty}\left[\frac{\mathrm{d}}{\mathrm{d}t}f(t)\right]\mathrm{e}^{-st}\mathrm{d}t=\int_{0}^{\infty}\lim_{s\to 0}[\mathrm{e}^{-st}]\frac{\mathrm{d}}{\mathrm{d}t}f(t)\mathrm{d}t=\int_{0}^{\infty}\frac{\mathrm{d}}{\mathrm{d}t}f(t)\mathrm{d}t=\lim_{t\to\infty}\int_{0}^{t}\frac{\mathrm{d}}{\mathrm{d}t}f(t)\mathrm{d}t$$

$$=\lim_{t\to\infty}[f(t)-f(0)]$$

于是，上述极限方程变为

$$\lim_{t\to\infty}[f(t)-f(0)]=\lim_{s\to 0}[sF(s)-f(0)]$$

由于 $f(0)$ 只是一个数值，因此有

$$\lim_{t\to\infty}[f(t)]-f(0)=\lim_{s\to 0}[sF(s)]-f(0)$$

故可得

$$\lim_{t\to\infty}[f(t)]=\lim_{s\to 0}[sF(s)]$$

终值定理描述了函数 $f(t)$ 的稳态值与 $sF(s)$ 在 $s=0$ 附近的关系，应用终值定理，可以根据象函数 $F(s)$ 直接求出原函数 $f(t)$ 在 $t\to\infty$时稳态值。

[例 2-7] 已知

$$\mathscr{L}[f(t)]=\frac{1}{s+a},\quad a>0$$

试求 $f(0)$、$f(\infty)$。

解 根据初值定理，有

$$f(0)=\lim_{s\to\infty}sF(s)=\lim_{s\to\infty}\frac{s}{s+a}=1$$

根据终值定理，有

$$f(\infty)=\lim_{s\to 0}sF(s)=\lim_{s\to 0}\frac{s}{s+a}=0$$

注意，只有在$\lim\limits_{t\to\infty}f(t)$ 存在时，才能应用终值定理。对于 $f(t)=\sin\omega t$ 这类函数，由于$\lim\limits_{t\to\infty}f(t)$ 不存在，因此终值定理不适用于这类函数。

六、（时间）尺度变化性质

若 $F(s)=\mathscr{L}[f(t)]$，则有

$$\mathscr{L}[f(at)]=\frac{1}{a}F\left(\frac{s}{a}\right)\tag{2-19}$$

证明 根据拉普拉斯变换定义，有

$$\mathscr{L}[f(at)]=\int_0^\infty e^{-st}f(at)\mathrm{d}t=\frac{1}{a}\int_0^\infty e^{-s(at)/a}f(at)\mathrm{d}(at)$$

取 $\beta=at$，上式变为

$$\mathscr{L}[f(at)]=\frac{1}{a}\int_0^\infty e^{-s(\beta)/a}f(\beta)\mathrm{d}(\beta)=\frac{1}{a}F\left(\frac{s}{a}\right)$$

或

$$\mathscr{L}\left[f\left(\frac{t}{a}\right)\right]=aF(as)$$

在对物理系统进行分析时，有时需要改变时间尺度，或者对给定的时间函数标准化，应用（时间）尺度变化性质，可以对不同的系统进行尺度一致性处理。

[例 2-8] 试求函数

$$f(t)=at,\quad a>0$$

的拉普拉斯变换。

解 由于

$$\mathscr{L}[t]=\frac{1}{s^2}$$

根据时间尺度变化性质可得

$$\mathscr{L}[at]=\frac{1}{a}\times\frac{1}{\left(\frac{s}{a}\right)^2}=\frac{a}{s^2}$$

七、位移性质

1. 第一位移定理（时域移位定理）

若 $F(s)=\mathscr{L}[f(t)]$，且当 $t<0$ 时，$f(t)=0$，则有

$$\mathscr{L}[f(t-a)]=\mathrm{e}^{-as}F(s) \tag{2-20}$$

证明

$$\mathscr{L}[f(t-a)]=\int_0^{\infty}f(t-a)\mathrm{e}^{-st}\mathrm{d}t=\int_0^{a}f(t-a)\mathrm{e}^{-st}\mathrm{d}t+\int_a^{\infty}f(t-a)\mathrm{e}^{-st}\mathrm{d}t$$

取 $u=t-a$，由于

$$\int_0^{a}f(t-a)\mathrm{e}^{-st}\mathrm{d}t=0$$

则

$$\begin{aligned}\mathscr{L}[f(t-a)]&=\int_a^{\infty}f(t-a)\mathrm{e}^{-st}\mathrm{d}t=\int_0^{\infty}f(u)\mathrm{e}^{-s(u+a)}\mathrm{d}u\\&=\mathrm{e}^{-as}\int_0^{\infty}f(u)\mathrm{e}^{-us}\mathrm{d}u=\mathrm{e}^{-as}F(s)\end{aligned}$$

第一位移定理说明，当函数 $f(t)$ 进行时间平移 a 后，其拉普拉斯变化结果相当于用 e^{-as} 乘以平移前函数 $f(t)$ 的拉普拉斯变换 $F(s)$。

［例 2-9］ 试求函数

$$u(t-\tau)=\begin{cases}0, & t<\tau\\1, & t>\tau\end{cases}$$

的拉普拉斯变换。

解 由于

$$\mathscr{L}[u(t)]=\frac{1}{s}$$

根据第一位移定理，有

$$\mathscr{L}[u(t-\tau)]=\mathrm{e}^{-\tau s}\frac{1}{s}$$

2. 第二位移定理（频域移位定理）

若 $F(s)=\mathscr{L}[f(t)]$，对于任意常数 a，则有

$$\mathscr{L}[e^{at}f(t)] = F(s-a) \tag{2-21}$$

证明 根据拉普拉斯变换定义，有

$$\mathscr{L}[e^{at}f(t)] = \int_0^{\infty} e^{at}f(t)e^{-st}dt = \int_0^{\infty} f(t)e^{-(s-a)}dt = F(s-a)$$

第二位移定理说明，一个函数乘以指数函数 e^{at} 后的拉普拉斯变换等于其象函数移位 a。

[例 2-10] 试求函数

$$f(t) = e^{at}\sin kt,\quad a、k \text{ 为常数}$$

的拉普拉斯变换。

解 由于

$$\mathscr{L}[\sin kt] = \frac{k}{s^2+k^2}$$

根据第二位移定理，有

$$\mathscr{L}[e^{at}\sin kt] = \frac{k}{(s-a)^2+k^2}$$

八、卷积定理

若 $F(s)=\mathscr{L}[f(t)]$，$G(s)=\mathscr{L}[g(t)]$，则

$$\mathscr{L}[f(t)*g(t)] = F(s)G(s) \tag{2-22}$$

证明 设 $f(t)$、$g(t)$ 的增长指数分别为 σ_1 和 σ_2，当取 $\mathrm{Re}(s)>\max(\sigma_1,\sigma_2)$ 时，有

$$\begin{aligned}\mathscr{L}[f(t)*g(t)] &= \int_0^{\infty}[f(t)*g(t)]e^{-st}dt = \int_0^{\infty}\left[\int_0^{\infty}f(\tau)g(t-\tau)d\tau\right]e^{-st}dt \\ &= \int_0^{\infty}f(\tau)\left[\int_{\tau}^{\infty}g(t-\tau)e^{-st}dt\right]d\tau\end{aligned}$$

取 $t=u+\tau$，由于

$$\left[\int_{\tau}^{\infty}g(t-\tau)e^{-st}dt\right] = \left[\int_0^{\infty}g(u)e^{-s(u+\tau)}du\right] = e^{-s\tau}G(s)$$

因此

$$\mathscr{L}[f(t)*g(t)] = \int_0^{\infty}f(\tau)e^{-s\tau}G(s)d\tau = G(s)\int_0^{\infty}f(\tau)e^{-s\tau}d\tau = F(s)G(s)$$

这个定理说明，两个时域函数卷积的拉普拉斯变换等于它们各自的拉普拉斯变换的乘积。

[例 2-11] 试求函数

$$f_1(t) = t,\quad f_2(t) = \sin t$$

的卷积的拉普拉斯变换。

解

$$\mathscr{L}[t * \sin t] = \mathscr{L}[t] \cdot \mathscr{L}[\sin t] = \frac{1}{s^2} \cdot \frac{1}{s^2+1} = \frac{1}{s^2(s^2+1)}$$

第四节　拉普拉斯逆变换

一、拉普拉斯逆变换公式

从拉普拉斯变换 $F(s)$ 求时间函数 $f(t)$，称为拉普拉斯逆变换。逆变换的公式为

$$f(t) = \frac{1}{2\pi \mathrm{j}}\int_{\sigma-\mathrm{j}\infty}^{\sigma+\mathrm{j}\infty} F(s)\mathrm{e}^{st}\mathrm{d}s，\ t > 0 \tag{2-23}$$

简写为

$$f(t) = \mathscr{L}^{-1}[F(s)] \tag{2-24}$$

式中，沿着任一直线 $\mathrm{Re}(s)=\sigma>\sigma_0$ 做积分，σ_0 是 $f(t)$ 的增长指数。为了保证积分路径位于所有奇点的右侧，应该将 σ 的取值比 $F(s)$ 所有奇点的实部都大。

二、利用留数理论计算象函数的原函数

利用拉普拉斯逆变换公式直接计算象函数的原函数，通常是比较困难的。当象函数 $F(s)$为有理函数形式时，可以采用留数方法计算象函数的原函数，将复杂的积分运算变为简单的代数运算，这种计算方式更加简单。

留数定理：若 s_1，s_2，…，s_n 为函数 $F(s)$ 的所有奇点，取 $\beta>\mathrm{Re}(s_i)$，$i=1$，2，…，n，且当 $s\to\infty$时，$F(s)\to 0$，则有

$$\frac{1}{2\pi \mathrm{j}}\int_{\beta-\mathrm{j}\infty}^{\beta+\mathrm{j}\infty} F(s)\mathrm{e}^{st}\mathrm{d}s = \sum_{k=1}^{n} \underset{s=s_k}{\mathrm{Res}}[F(s)\mathrm{e}^{st}]$$

即

$$f(t) = \sum_{k=1}^{n} \underset{s=s_k}{\mathrm{Res}}[F(s)\mathrm{e}^{st}]，\ t>0 \tag{2-25}$$

证明　图 2-1 中，闭曲线 $C=C_R+L$，在 $\mathrm{Re}(s)<\beta$ 的区域内，C_R 是半径为 R 的圆弧；L 是一条直线。当 R 充分大时，可以使 $F(s)$ 的所有奇点包含在闭曲线 C 围成的区域内。由于 e^{st}在全平面上解析，所以 $F(s)\mathrm{e}^{st}$ 的奇点就是 $F(s)$ 的奇点。根据留数定理可得

$$\oint_C F(s)\mathrm{e}^{st}\mathrm{d}s = 2\pi \mathrm{j}\sum_{k=1}^{n} \underset{s=s_k}{\mathrm{Res}}[F(s)\mathrm{e}^{st}]$$

于是，有

$$\sum_{k=1}^{n} \underset{s=s_k}{\mathrm{Res}}[F(s)\mathrm{e}^{st}] = \frac{1}{2\pi \mathrm{j}}\left[\int_{\beta-\mathrm{j}R}^{\beta+\mathrm{j}R} F(s)\mathrm{e}^{st}\mathrm{d}s + \int_{C_R} F(s)\mathrm{e}^{st}\mathrm{d}s\right]$$

当$R \to \infty$时，求上式右端的极限。根据复变函数论中的约当引理，当$t>0$，有

$$\lim_{R \to \infty}\left[\int_{C_R} F(s)e^{st}ds\right]=0$$

于是，可得

$$\sum_{k=1}^{n}\underset{s=s_k}{\text{Res}}[F(s)e^{st}]=\frac{1}{2\pi j}\int_{\beta-jR}^{\beta+jR}F(s)e^{st}ds，\ t>0$$

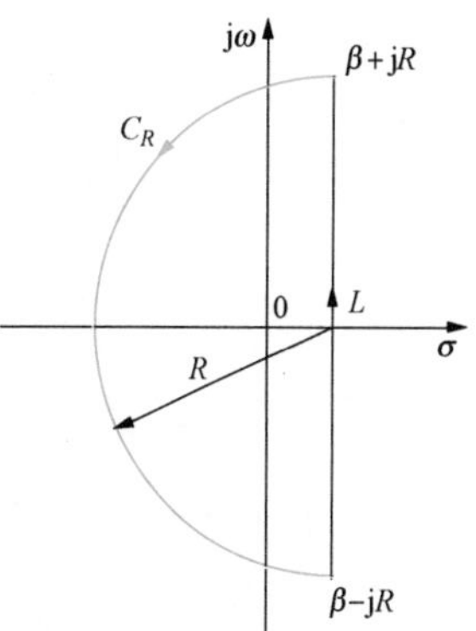

图 2-1 闭曲线

若$F(s)$为有理函数，即$F(s)=\dfrac{A(s)}{B(s)}$，其中，$A(s)$、$B(s)$为不可约多项式，且$B(s)$的阶次比$A(s)$的阶次高。此时$F(s)$满足留数法求解原函数定理所要求的条件。下面根据不同的情况讨论具体的计算方法。

情况一：若$F(s)$有n个单极点$s_1,s_2,\cdots,s_n$，根据留数的计算方法，有

$$\underset{s=s_k}{\text{Res}}[F(s)e^{st}]=F(s_k)(s-s_k)e^{s_kt}，\ k=1,2\cdots n$$

因此

$$f(t)=\sum_{k=1}^{n}\underset{s=s_k}{\text{Res}}[F(s)e^{st}]=\sum_{k=1}^{n}F(s_k)(s-s_k)e^{s_kt}，\ t>0 \qquad (2-26)$$

情况二：若s_1是$F(s)$的一个m阶极点，s_i是$F(s)$的单极点（$i=m+1$，$m+2$，…，n），根据留数的计算方法，重根的留数计算方法如下

$$\underset{s=s_k}{\text{Res}}[F(s)e^{st}]=\frac{1}{(m-1)!}\lim_{s\to s_1}\frac{d^{m-1}}{ds^{m-1}}[(s-s_1)^mF(s)e^{st}]$$

因此

$$f(t)=\sum_{i=m+1}^{n}F(s_i)(s-s_i)e^{s_it}+\frac{1}{(m-1)!}\lim_{s\to s_1}\frac{d^{m-1}}{ds^{m-1}}[(s-s_1)^mF(s)e^{st}]，\ t>0 \qquad (2-27)$$

式（2-26）和式（2-27）都称为海维赛（Heaviside）展开式。

[例 2-12] 试求函数

$$F(s)=\frac{s}{s^2+1}$$

的拉普拉斯逆变换。

解 （1）方法一：留数法。

由于

$$s^2+1=(s+j)(s-j)$$

故函数$F(s)$有$s_1=j$和$s_2=-j$两个极点。

根据留数计算方法，有

$$f(t)=\underset{s=j}{\text{Res}}[F(s)e^{st}]+\underset{s=-j}{\text{Res}}[F(s)e^{st}]$$

$$= \frac{s}{(s+\mathrm{j})(s-\mathrm{j})}(s-\mathrm{j})\mathrm{e}^{st}\Big|_{s=\mathrm{j}} + \frac{s}{(s+\mathrm{j})(s-\mathrm{j})}(s+\mathrm{j})\mathrm{e}^{st}\Big|_{s=-\mathrm{j}}$$

$$= \frac{\mathrm{j}}{2\mathrm{j}}\mathrm{e}^{\mathrm{j}t} + \frac{-\mathrm{j}}{-2\mathrm{j}}\mathrm{e}^{-\mathrm{j}t}$$

$$= \frac{1}{2}(\mathrm{e}^{\mathrm{j}t} + \mathrm{e} - \mathrm{j}t)$$

$$= \cos t$$

（2）方法二：部分分式法。

由

$$F(s) = \frac{s}{s^2+1} = \frac{C_1}{s+\mathrm{j}} + \frac{C_2}{s-\mathrm{j}}$$

可得

$$C_1 = C_2 = \frac{1}{2}$$

故

$$F(s) = \frac{1}{2}\left[\frac{1}{s+\mathrm{j}} + \frac{1}{s-\mathrm{j}}\right]$$

因此，有

$$f(t) = \mathscr{L}^{-1}[F(s)] = \frac{1}{2}\mathscr{L}^{-1}\left[\frac{1}{s+\mathrm{j}} + \frac{1}{s-\mathrm{j}}\right] = \frac{1}{2}[\mathrm{e}^{-\mathrm{j}t} + \mathrm{e}^{\mathrm{j}t}] = \cos t$$

第五节　应用拉普拉斯变换求解常系数微分方程

应用拉普拉斯变换求解常系数微分方程的基本做法是，将其转化为象函数的代数方程，再根据此代数方程求出象函数，最后取象函数的逆变换得到微分方程的解。由于拉普拉斯变换已经自动包含了微分方程的初值，因此没有必要再根据初始条件求积分常数。这是拉普拉斯变换方法与经典方法求解常系数微分方程的不同之处。

［例 2 - 13］ 试求方程

$$\frac{\mathrm{d}^3}{\mathrm{d}t^3}x(t) + 3\frac{\mathrm{d}^2}{\mathrm{d}t^2}x(t) + 3\frac{\mathrm{d}}{\mathrm{d}t}x(t) + x(t) = 1$$

满足初始条件 $x(0) = \dot{x}(0) = \ddot{x}(0) = 0$ 的解。

解 设 $\mathscr{L}[x(t)] = X(s)$，对给定的微分方程求取拉普拉斯变换，有

$$\mathscr{L}\left[\frac{\mathrm{d}^3}{\mathrm{d}t^3}x(t) + 3\frac{\mathrm{d}^2}{\mathrm{d}t^2}x(t) + 3\frac{\mathrm{d}}{\mathrm{d}t}x(t) + x(t)\right] = \mathscr{L}[1]$$

即

$$\mathscr{L}\left[\frac{\mathrm{d}^3}{\mathrm{d}t^3}x(t)\right] + \mathscr{L}\left[3\frac{\mathrm{d}^2}{\mathrm{d}t^2}x(t)\right] + \mathscr{L}\left[3\frac{\mathrm{d}}{\mathrm{d}t}x(t)\right] + \mathscr{L}[x(t)] = \mathscr{L}[1]$$

由于

$$\mathscr{L}\left[\frac{\mathrm{d}^3}{\mathrm{d}t^3}x(t)\right]=s^3X(s)-s^2x(0)-s\dot{x}(0)-\ddot{x}(0)=s^3X(s)$$

$$\mathscr{L}\left[3\frac{\mathrm{d}^2}{\mathrm{d}t^2}x(t)\right]=3[s^2X(s)-sx(0)-\dot{x}(0)]=3s^2X(s)$$

$$\mathscr{L}\left[3\frac{\mathrm{d}}{\mathrm{d}t}x(t)\right]=3[sX(s)-x(0)]=3sX(s)$$

$$\mathscr{L}[x(t)]=X(s)$$

$$\mathscr{L}[1]=\frac{1}{s}$$

因此，有

$$s^3X(s)+3s^2X(s)+3sX(s)+X(s)=\frac{1}{s}$$

整理后，得

$$X(s)=\frac{1}{s(s^3+3s^2+3s+1)}=\frac{1}{s(s+1)^3}$$

象函数的部分分式结果为

$$X(s)=\frac{1}{s(s^3+3s^2+3s+1)}=\frac{1}{s(s+1)^3}=\frac{1}{s}-\frac{1}{s+1}-\frac{1}{(s+1)^2}-\frac{1}{(s+1)^3}$$

于是，有

$$x(t)=\mathscr{L}^{-1}[X(s)]=\mathscr{L}^{-1}\left[\frac{1}{s}-\frac{1}{s+1}-\frac{1}{(s+1)^2}-\frac{1}{(s+1)^3}\right]$$

$$=1-\mathrm{e}^{-t}-t\mathrm{e}^{-t}-\frac{1}{2}t^2\mathrm{e}^{-t}$$

[例 2-14] 试求微分方程

$$\dot{x}(t)+2x(t)=0$$

满足初始条件 $x(0)=3$ 的解。

解 设 $\mathscr{L}[x(t)]=X(s)$，对给定的微分方程求取拉普拉斯变换，有

$$\mathscr{L}[\dot{x}(t)+2x(t)]=0$$

$$sX(s)-x(0)+2X(s)=0$$

$$sX(s)+2X(s)-3=0$$

即

$$(s+2)X(s)=3$$

解得象函数为

$$X(s)=\frac{3}{s+2}$$

于是原函数 $x(t)$ 为

$$x(t)=\mathscr{L}^{-1}[X(s)]=\mathscr{L}^{-1}\left[\frac{3}{s+2}\right]=3e^{-2t}$$

更多的例题请扫描二维码学习。

第二章拓展例题及详解

习 题

2-1 试求函数

$$F(s)=\frac{1}{1-e^{-s}}$$

的极点。

2-2 试求冲激函数

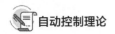

$$\delta(t)=\begin{cases}0, & t\neq 0\\ \infty, & t=0\end{cases}$$

的拉普拉斯变换。

2-3 试求下列函数的拉普拉斯变换。

(1) $f(t)=\cos(\omega t+\theta)$

(2) $f(t)=\frac{t}{2a}\sin at$

(3) $f(t)=1-te^{t}$

(4) $f(t)=e^{-2t}\sin 4t$

(5) $f(t)=t\cos\omega t$

(6) $f(t)=te^{-t}\sin 2t$

(7) $f(t)=u(t-1)u(t-2)$

(8) $f(t)=(t^2+1)^2$

2-4 试求函数

$$f(t)=\begin{cases}0, & t>\pi\\ \sin t, & 0\leqslant t\leqslant\pi\end{cases}$$

的拉普拉斯变换。

2-5 试求图 2-2 所示函数 $f(t)$ 的拉普拉斯变换。

2-6 试求图 2-3 所示函数 $f(t)$ 的拉普拉斯变换。

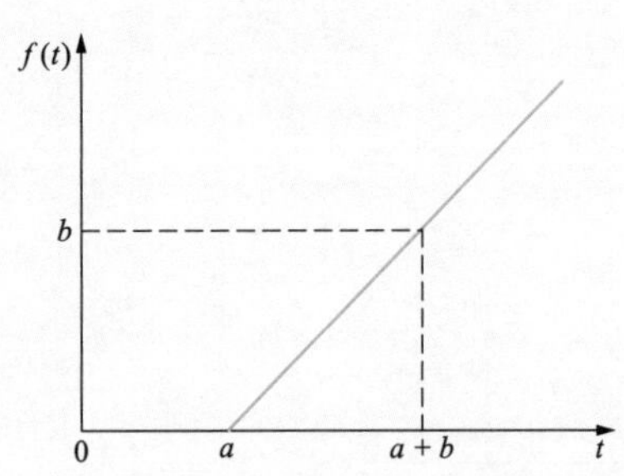

图 2-2 题 2-5 函数 $f(t)$ 的图形

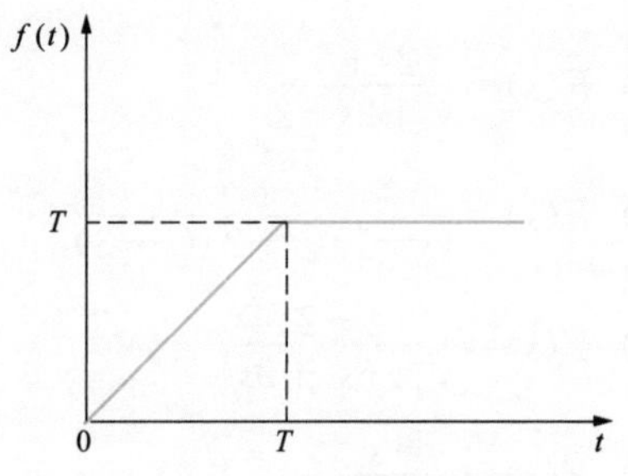

图 2-3 题 2-6 函数 $f(t)$ 的图形

2-7 试求图 2-4 所示函数 $f(t)$ 的拉普拉斯变换。

2-8 试求图 2-5 所示函数 $f(t)$ 的拉普拉斯变换。

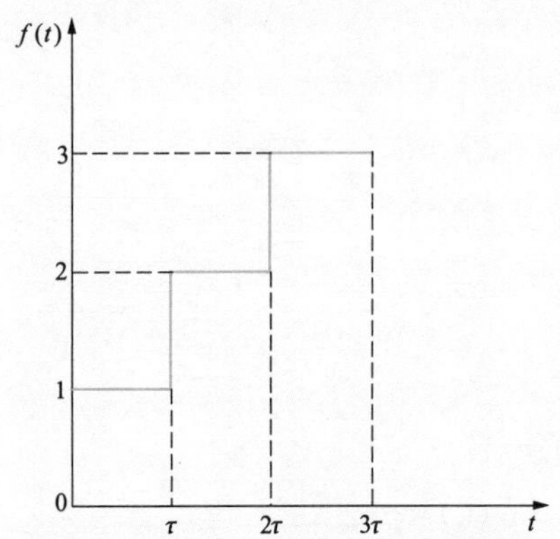

图 2-4 题 2-7 函数 $f(t)$ 的图形

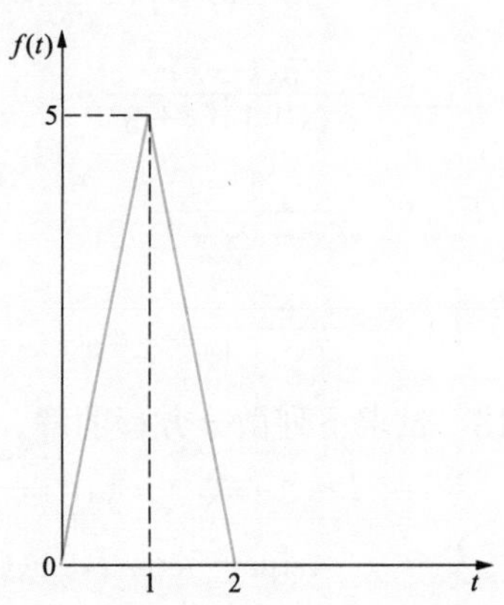

图 2-5 题 2-8 函数 $f(t)$ 的图形

2-9 试求图 2-6 所示周期函数 $f(t)$ 的拉普拉斯变换。

2-10 已知函数 $f(t)$ 的拉普拉斯变换为

$$F(s)=\frac{2s+1}{s^2+s+1}$$

试求 $\dot{f}(t)$ 的初始值。

2-11 已知函数 $f(t)$ 的拉普拉斯变换为

图 2-6 题 2-9 周期函数 $f(t)$ 的图形

$$F(s)=\frac{5}{s(s+2)}$$

试用终值定理求出 $f(t)$ 的终值，并通过取 $F(s)$ 的拉普拉斯逆变换，令 $t\to\infty$，证明上述结果。

2-12 试求下列函数的拉普拉斯逆变换。

(1) $F(s)=\dfrac{4s-2}{s^2+16}$

(2) $F(s)=\dfrac{2s+5}{s^2+2s+2}$

(3) $F(s)=\dfrac{1}{(s-1)(s-2)(s-3)}$

(4) $F(s)=\dfrac{s^2+2}{s^3+6s^2+9s}$

(5) $F(s)=\dfrac{s}{(s^2-1)^2}$

(6) $F(s)=\dfrac{2}{s(s^2+4)}$

(7) $F(s)=\dfrac{s^4+2s^3+3s^2+4s+5}{s(s+1)}$

(8) $F(s)=\dfrac{5(s+2)}{s^2(s+1)(s+3)}$

(9) $F(s)=\dfrac{1}{s(s^2+2s+2)}$

(10) $F(s)=\dfrac{e^{-s}}{s(s^2+1)}$

2-13 试求下列微分方程的解。

(1) $\ddot{y}+2\dot{y}-3y=e^{-t}$，$y(0)=0$，$\dot{y}(0)=1$

(2) $\ddot{y}-y=4\sin t+5\cos 2t$，$y(0)=-1$，$\dot{y}(0)=-2$

(3) $\ddot{y}-2\dot{y}+2y=2e^{-t}\cos t$，$y(0)=\dot{y}(0)=0$

(4) $\dot{y}+ay=A\sin\omega t$，$y(0)=b$ （a，b，A 均为常数）

第三章　控制系统的数学模型

在对控制系统进行研究时，首先需要建立数学模型。所谓数学模型是指采用数学语言描述参照系统的特征或变量的依存关系，给出一个系统中各变量间内在关系的数学表达。变量间的关系由代数方程描述，称为静态模型；变量间的关系由微分方程描述，称为动态模型。由于许多控制对象是由微分方程描述的动态系统，因此可以通过支配具体系统的基本规律（如牛顿定律和基尔霍夫定律等）获得这些微分方程。考虑到人们思考方式的不同，一个系统可能具有多个数学模型。应当指出的是，数学模型必须能够精确地或至少可以相当贴切地描述系统的动态特性，为此建立一个合理的数学模型是整个研究过程中的基础工作，也是最重要的工作。

第一节　传　递　函　数

作为控制系统的数学模型，必须满足如下两个要求：一是能够描述系统中各变量间的内在联系；二是便于进行控制系统的分析与校正工作。微分方程虽能满足第一个要求，但不能满足第二个要求，因此微分方程不能作为控制系统的数学模型，需要建立新的适于控制系统要求的数学模型。

一、 传递函数的概念

在对线性系统进行分析时，人们更关心激励与响应之间的必然联系，即给什么样的输入能够得到什么样的输出，而不是系统内部的构成情况。为了描述这种联系需要引入传递函数的概念，系统的输入、输出与传递函数间呈现图 3 - 1 所示的关系。这是一种类似放大器的关系，即系统的响应等于传递函数与系统激励的乘积。

输入(激励) → 系统(传递函数) → 输出(响应)

图 3 - 1　输入、输出和传递函数的关系

为了实现图 3 - 1 所示的关系，需要对微分方程进行数学变换，即采用拉普拉斯变换将微分方程转化为代数方程。

假设一个线性系统的激励 $u(t)$ 与响应 $y(t)$ 所满足的关系，用微分方程表示为

$$
\begin{aligned}
&a_n y^{(n)}(t)+a_{n-1}y^{(n-1)}(t)+a_{n-2}y^{(n-2)}(t)+\cdots+a_1\dot{y}(t)+a_0y(t)\\
&=b_m u^{(m)}(t)+b_{m-1}u^{(m-1)}(t)+b_{m-2}u^{(m-2)}(t)+\cdots+b_1\dot{u}(t)+b_0u(t)
\end{aligned}
$$

式中：$a_n,a_{n-1},\cdots,a_0$ 和 $b_m,b_{m-1},\cdots,b_0$ 均为常数；m 和 n 为正整数。

设 $\mathscr{L}[y(t)]=Y(s)$，$\mathscr{L}[u(t)]=U(s)$，根据拉普拉斯变换的实微分定理，有

$$\mathscr{L}[a_n y^{(n)}(t)] = a_n[s^n Y(s) - s^{n-1}y(0) - s^{n-2}\dot{y}(0) - \cdots - sy^{(n-2)}(0) - y^{(n-1)}(0)]$$

$$\mathscr{L}[b_m u^{(m)}(t)] = b_m[s^m U(s) - s^{m-1}u(0) - s^{m-2}\dot{u}(0) - \cdots - su^{(m-2)}(0) - u^{(m-1)}(0)]$$

对系统微分方程的等式两端同时取拉普拉斯变换，整理后得

$$D(s)Y(s) - M_{\mathrm{y}}(s) = M(s)U(s) - M_{\mathrm{u}}(s)$$

即

$$Y(s) = \frac{M(s)}{D(s)}U(s) + \frac{M_{\mathrm{y}}(s) - M_{\mathrm{u}}(s)}{D(s)}$$

其中

$$D(s) = a_n s^n + a_{n-1}s^{n-1} + \cdots + a_1 s + a_0$$

$$M(s) = b_m s^m + b_{m-1}s^{m-1} + \cdots + b_1 s + b_0$$

$$M_{\mathrm{y}}(s) = a_n y(0)s^{n-1} + [a_n\dot{y}(0) + a_{n-1}y(0)]s^{n-2} + \cdots + [a_n y^{(n-1)}(0) + \cdots + a_1 y(0)]$$

$$M_{\mathrm{u}}(s) = b_m u(0)s^{m-1} + [b_m\dot{u}(0) + b_{m-1}u(0)]s^{m-2} + \cdots + [b_m u^{(m-1)}(0) + \cdots + b_1 u(0)]$$

令

$$G(s) = \frac{M(s)}{D(s)} = \frac{b_m s^m + b_{m-1}s^{m-1} + \cdots + b_1 s + b_0}{a_n s^n + a_{n-1}s^{n-1} + \cdots + a_1 s + a_0}$$

$$G_{\mathrm{h}}(s) = \frac{M_{\mathrm{y}}(s) - M_{\mathrm{u}}(s)}{D(s)}$$

则有

$$Y(s) = G(s)U(s) + G_{\mathrm{h}}(s) \tag{3-1}$$

方程（3-1）中，$G(s)$ 表示激励与系统响应的关系，$G_{\mathrm{h}}(s)$ 表示初始状态与系统响应的关系，且 $G(s)$ 与 $G_{\mathrm{h}}(s)$ 无关。也就是说，无论 $G_{\mathrm{h}}(s)$ 为何值，都不会对 $G(s)$ 产生影响，因此可以采用最简方式求取 $G(s)$。取系统的初始状态全部为零，即 $G_{\mathrm{h}}(s)=0$，此时方程（3-1）可写成

$$Y(s) = G(s)U(s) \tag{3-2}$$

或

$$G(s) = \frac{Y(s)}{U(s)}$$

式（3-2）表明：系统处于零状态的前提下，系统的传递函数 $G(s)$ 等于系统响应的拉普拉斯变换 $Y(s)$ 与激励的拉普拉斯变换 $U(s)$ 之比。这种关系可以用图 3-2 所示的框图表示。

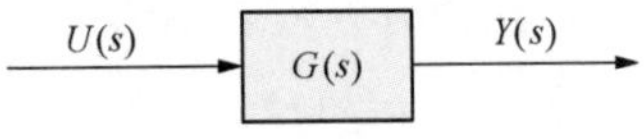

图 3-2　传递函数的框图

下面以几个实例说明传递函数的建立过程。

［例 3-1］　建立图 3-3 所示阻容串联电路的传递函数，其中，$u(t)$ 为输入，$u_C(t)$ 为输出。

解 图 3-3 中，$u_C(t)$ 为电容两端电压，$u(t)$ 为电路的入口电压，也可以认为是激励。

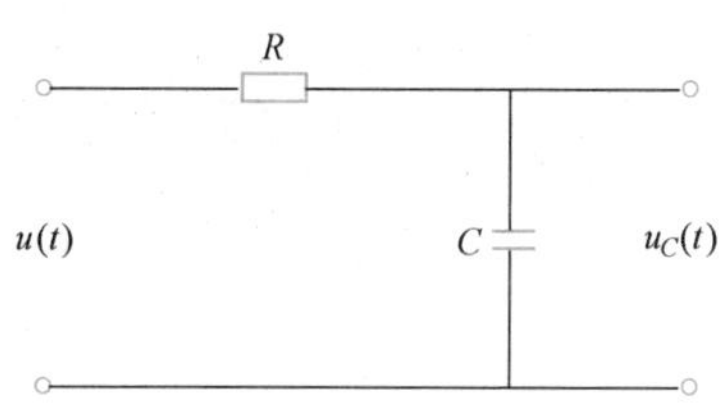

图 3-3 阻容串联电路

由于流过电容的电流为

$$i(t) = C\frac{\mathrm{d}u_C(t)}{\mathrm{d}t}$$

考虑到电阻与电容为串联连接形式，根据基尔霍夫电压定律，有下列等式成立

$$RC\frac{\mathrm{d}u_C(t)}{\mathrm{d}t} + u_C(t) = u(t)$$

等式两端同求拉普拉斯变换，并令 $\mathscr{L}[u_C(t)]=U_C(s)$，$\mathscr{L}[u(t)]=U(s)$，可得

$$RC[sU_C(s) - u_C(0)] + U_C(s) = U(s)$$

故

$$U_C(s) = \frac{U(s)}{RCs+1} + \frac{RCu_C(0)}{RCs+1}$$

当 $u_C(0)=0$ 时，即系统处于零状态下，可得此电路的传递函数

$$G(s) = \frac{U_C(s)}{U(s)} = \frac{1}{RCs+1}$$

［例 3-2］ 建立图 3-4 所示阻容感串联电路的传递函数，其中，$u_i(t)$ 为输入，$u_o(t)$为输出。

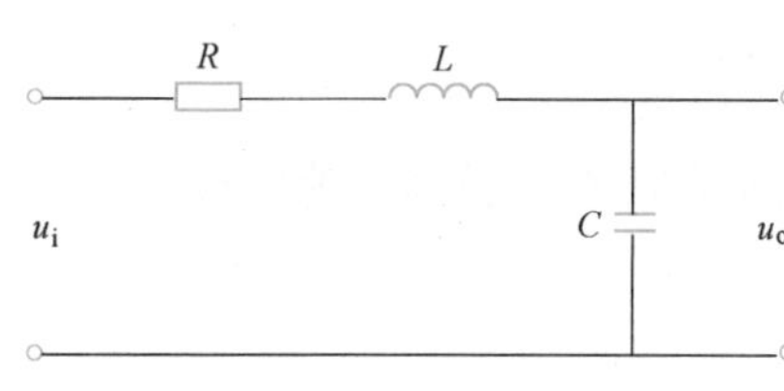

图 3-4 阻容感串联电路

解 设电容和电感的初始状态为零。由于电路中三个元件为串联连接，因此通过三个元件的电流相同。通过电容的电流为

$$i(t) = C\frac{\mathrm{d}u_o(t)}{\mathrm{d}t}$$

于是可得电容两端电压为

$$u_o(t) = \frac{1}{C}\int i(t)\mathrm{d}t$$

依据基尔霍夫电压定律可得

$$u_i(t) = Ri(t) + L\frac{\mathrm{d}i(t)}{\mathrm{d}t} + u_o(t)$$

消去上式中间变量 $i(t)$，结果为

$$LC\frac{\mathrm{d}^2u_o(t)}{\mathrm{d}t^2} + RC\frac{\mathrm{d}u_o(t)}{\mathrm{d}t} + u_o(t) = u_i(t)$$

上述微分方程等式两端同求拉普拉斯变换，有

$$LCs^2U_o(s) + RCsU_o(s) + U_o(s) = U_i(s)$$

整理后，有

$$[LCs^2+RCs+1]U_o(s)=U_i(s)$$

于是图 3 - 4 所示阻容感串联电路的传递函数为

$$G(s)=\frac{U_o(s)}{U_i(s)}=\frac{1}{LCs^2+RCs+1}$$

[例 3 - 3] 建立图 3 - 5 所示弹簧—质量—阻尼器系统的传递函数。图中，$f(t)$ 表示作用力，$x(t)$ 表示位移，M 表示质量，B 表示壁间黏性摩擦系数。

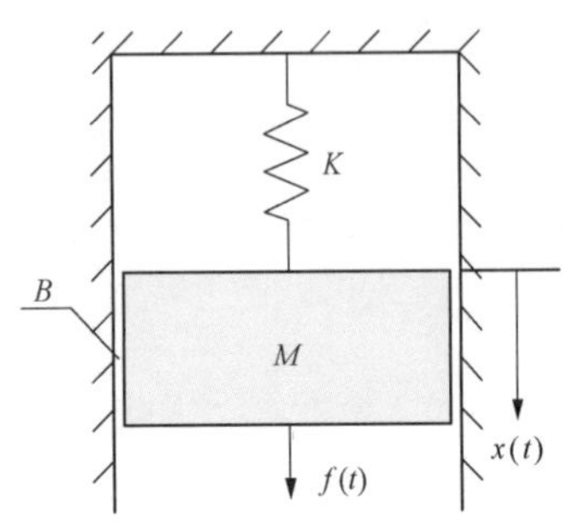

图 3 - 5 弹簧—质量—阻尼器系统俯视图

解 图 3 - 5 所示的机械平移系统，依据牛顿第二定律有

$$\sum f(t)=M\frac{\mathrm{d}^2x(t)}{\mathrm{d}t^2}$$

阻尼器的数学模型为

$$f_1(t)=B\frac{\mathrm{d}x(t)}{\mathrm{d}t}$$

根据胡克定律可得弹簧的数学模型为

$$f_2(t)=Kx(t)$$

系统合力为

$$\sum f(t)=f(t)-f_1(t)-f_2(t)=f(t)-B\frac{\mathrm{d}x(t)}{\mathrm{d}t}-Kx(t)$$

于是可得

$$f(t)-B\frac{\mathrm{d}x(t)}{\mathrm{d}t}-Kx(t)=M\frac{\mathrm{d}^2x(t)}{\mathrm{d}t^2}$$

设系统的初始状态为零，并对上述微分方程的等式两端同时求拉普拉斯变换，有

$$(Ms^2+Bs+K)X(s)=F(s)$$

故图 3 - 5 所示系统的传递函数为

$$G(s)=\frac{X(s)}{F(s)}=\frac{1}{Ms^2+Bs+K}$$

从传递函数的理论推导到例题中的物理系统建模，可以发现传递函数概念适用于由线性定常微分方程描述的动态系统的数学建模。在对这一类系统进行的分析、设计和校正工作中，传递函数得到广泛的应用。传递函数的特点总结如下：

(1) 传递函数是一种描述系统输入量与输出量之间关系的数学模型，与微分方程描述的系统输入与输出的关系具有同等效力。

(2) 传递函数是对系统本身属性的一种数学描述方法，与系统输入量的选取无关。

(3) 传递函数是系统外特性的表现，不能提供系统的内部结构信息，因此许多不同的物理系统，可以具有相同的传递函数，如 [例 3 - 2] 和 [例 3 - 3]。

(4) 在已知传递函数的前提下，可以通过不同的输入研究系统的响应特性。

(5) 如果传递函数未知，可以通过实验方法获取传递函数。

（6）从传递函数的理论推导过程来看，传递函数只能描述系统输出的一部分，因此用传递函数表征系统动态性能时，具有一定的局限性。

二、脉冲响应函数

假设某个线性系统的传递函数为

$$G(s)=\frac{Y(s)}{U(s)}$$

该系统的复频域响应为

$$Y(s)=G(s)U(s)$$

令 $g(t)$ 为 $G(s)$ 的拉普拉斯逆变换式，即 $g(t)=\mathscr{L}^{-1}[G(s)]$。根据拉普拉斯变换的卷积定理，有下列方程成立

$$y(t)=g(t)*u(t)=\int_0^t g(\tau)u(t-\tau)\mathrm{d}\tau \tag{3-3}$$

式（3-3）表明：系统时域响应等于 $g(t)=\mathscr{L}^{-1}[G(s)]$与激励的卷积。由此可见，一个线性系统既可以用传递函数表征，也可以用传递函数的逆变换表征。定义 $g(t)$ 为系统的脉冲响应函数，即零状态下的线性系统，当激励为单位脉冲函数时的系统响应。根据定义，可得

$$\begin{cases}Y(s)=G(s)U(s)\\U(s)=\mathscr{L}[\delta(t)]=1\end{cases}$$

于是，可得

$$Y(s)=G(s)$$

求拉普拉斯逆变换，有

$$y(t)=g(t)$$

可见，零状态下的线性系统，当激励为单位脉冲函数时，系统的时域响应 $y(t)$ 等于系统的脉冲响应函数 $g(t)$。根据这个结论，可以通过测量的方式获得传递函数。

第二节 框　　图

控制系统一般由许多元件组成，致使传递函数比较复杂。在工程实践中，为了直观表现每个元件在系统中的功能，常采用框图描述传递函数。

一、框图简介

框图，又称方框图、方块图，是系统中每个元件的功能和信号流向的图解表示方法，用以表明系统中各种元件间的相互关系。

最简单的框图由一个方块和两个箭头组成，如图 3-2 所示。方块中填入代表某种物

理功能的数学运算符号，称之为功能方块；箭头表示信号流动的方向；输入信号标注在指向方块的箭头尾部，输出信号标注在从方块指向外部的箭头处；运算关系为输入量与功能方块中运算符号的乘积等于输出量。在框图中，信号只能沿着箭头的方向进行传输。

系统中每一个元件都可以用框图来表示，只要依据信号的流向将各个方块连接起来，就能组成整个系统的框图。利用系统框图也可以评价每个元件对系统总体性能的影响。

从数学角度来看，框图是代数方程的一种图形解法，与代数方程具有同等的数学表现能力，但框图能更加直观地表明系统中信号的流动情况。

二、 框图中的运算符号

系统是由多个功能方块组成的，采用相加点和分支点表示不同方块间的连接关系。

1. 相加点

图 3-6 所示即为框图中的相加点，相加点的图形为带“×”的圆和表示加减运算的符号。每个箭头对应的加号或减号表示信号是加还是减，进行加减运算的变量必须具有相同的量纲，加号可省略。

2. 分支点

图 3-7 所示为框图中的分支点，分支点的图形为实心圆，表示将信号提供给不同方块或相加点的运算符号。

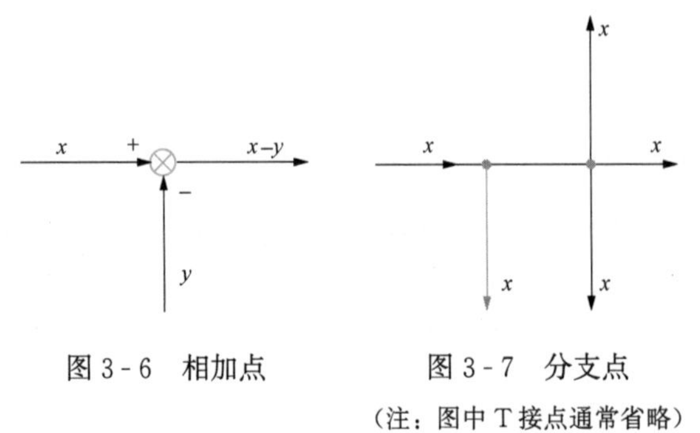

图 3-6　相加点　　　图 3-7　分支点

（注：图中 T 接点通常省略）

三、 闭环控制系统的框图

闭环控制系统的框图如图 3-8 所示。图中，$U(s)$为输入量，$Y(s)$为输出量，$E(s)$为系统偏差量，$B(s)$为反馈量，$G(s)$为前向传递函数，$H(s)$为反馈通路的传递函数。闭环控制系统中的运算关系为

$$\begin{cases} E(s) = U(s) - B(s) \\ Y(s) = G(s)E(s) \\ B(s) = H(s)Y(s) \end{cases}$$

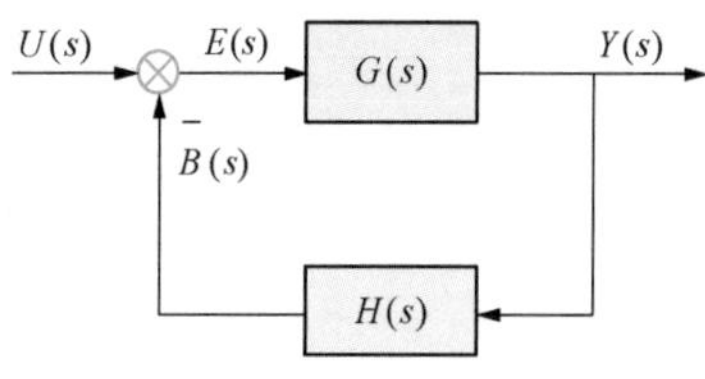

图 3-8　闭环控制系统框图

反馈信号 $B(s)$ 与系统偏差信号 $E(s)$ 之比定义为开环传递函数，运算式为

$$\frac{B(s)}{E(s)} = G(s)H(s)$$

输出量 $Y(s)$ 与系统偏差信号 $E(s)$ 之比定义为前向传递函数，运算式为

$$\frac{Y(s)}{E(s)} = G(s)$$

当反馈通路传递函数 $H(s)=1$ 时，即单位反馈系统，系统开环传递函数与前向传递函数相等。

输出量 $Y(s)$ 与输入量 $U(s)$ 之比定义为闭环传递函数。根据上面列写的闭环控制系统运算关系，消去变量 $E(s)$ 和 $B(s)$ 后，可得

$$Y(s) = G(s)[U(s) - H(s)Y(s)]$$

整理后，得到闭环控制系统的传递函数为

$$\frac{Y(s)}{U(s)} = \frac{G(s)}{1+G(s)H(s)} \tag{3-4}$$

闭环控制系统输出量为

$$Y(s) = \frac{G(s)}{1+G(s)H(s)}U(s)$$

这说明闭环控制系统的输出量取决于闭环传递函数和输入量。

四、 绘制框图的步骤

绘制动态系统框图的步骤如下：

(1) 列写系统中描述每一个元件动态特性的方程；

(2) 在零状态的条件下，对上述动态方程进行拉普拉斯变换；

(3) 绘制每个拉普拉斯变换后方程的框图；

(4) 按照信号流向，将这些方块连接起来，构成完整的系统框图。

下面用例子说明框图的绘制过程。

[例 3-4] 试绘制图 3-9 所示电路的框图。图中，$u_i(t)$ 为电路的输入，$u_o(t)$ 为电路的输出。

解 由于图 3-9 所示电路中电阻与电容为串联关系，因此电路中的电流为

$$\begin{cases} i = \dfrac{u_i(t) - u_o(t)}{R} \\ u_o(t) = \dfrac{1}{C}\int i\mathrm{d}t \end{cases}$$

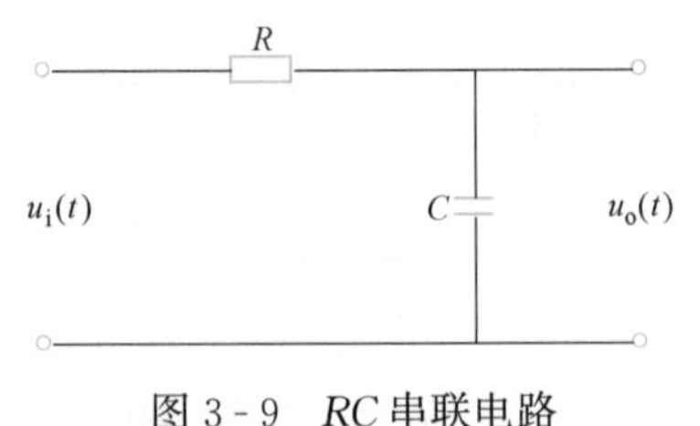

图 3-9　RC 串联电路

在零状态条件下，对上述两个方程进行拉普拉斯变换，可得

$$\begin{cases} I(s)=\dfrac{1}{R}[U_i(s)-U_o(s)] \\ U_o(s)=\dfrac{1}{Cs}I(s) \end{cases}$$

方程 $I(s)=\frac{1}{R}[U_i(s)-U_o(s)]$ 对应的框图如图 3-10 所示。

图 3-10 所示的框图有两个输入量 $U_i(s)$ 和 $U_o(s)$，一个功能方块和一个输出量 $I(s)$。由于 $I(s)$ 不是系统输出量，只是中间变量。考虑到 $U_o(s)$ 是系统的输出量，故可视为反馈量。

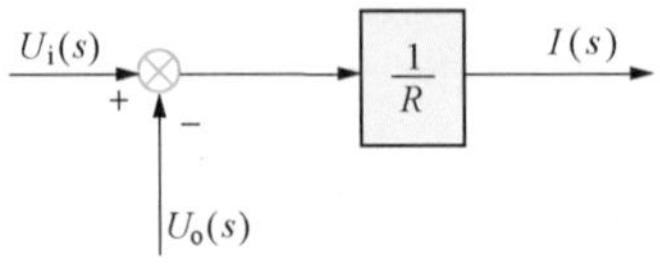

图 3-10　方程 $I(s)=\frac{1}{R}[U_i(s)-U_o(s)]$ 对应的框图

方程 $U_o(s)=\frac{1}{Cs}I(s)$ 对应的框图如图 3-11 所示。

图 3-11 所示的框图输入量为 $I(s)$，输出量为 $U_o(s)$，而 $U_o(s)$ 正是系统的输出量。又由于 $I(s)$ 为图 3-10 所示框图的输出量，因此，两个框图中的 $I(s)$ 处按箭头指示方向顺序连接在一起。考虑到图 3-10 所示的框图中负值输入 $U_o(s)$ 与系统输出量相等，认定为反馈量，为此在系统输出端绘制一个分支点，并从此分支点引出一条线直接与加法器的负号端相连，构成电路的整体框图，如图 3-12 所示。

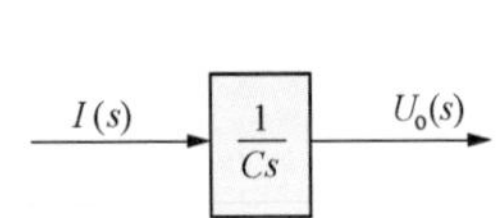

图 3-11　方程 $U_o(s)=\frac{1}{Cs}I(s)$ 对应的框图

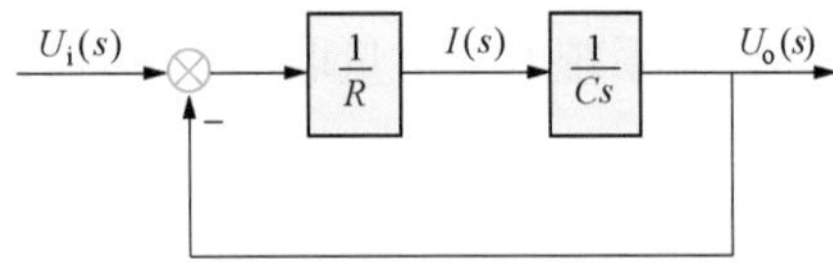

图 3-12　图 3-9 所示电路的框图

五、 框图的化简

由于系统由多个元件组成，每个元件都有自己的框图结构和连接方式，因此系统框图的结构和连接方式一般比较复杂。在已做出系统框图的前提下，为了得到输入量与输出量间的传递函数，必须对系统框图进行化简。框图化简的原则是：化简前后信号的传输增益不变。

1. 功能方块的串联

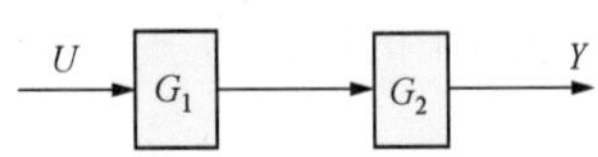

图 3-13　两个串联功能方块的框图

图 3-13 所示为两个串联连接的功能方块的框图，其中 U 为输入量，Y 为输出量。

设第一个功能方块的输出为 A，同时 A 又是第二个功

能方块的输入。根据框图运算规则，有

$$\begin{cases} A = G_1 U \\ Y = G_2 A \end{cases}$$

输入量与输出量间的关系为

$$Y = G_2 G_1 U \triangleq G_e U \tag{3-5}$$

式中：G_e 为输入量 U 与输出量 Y 间的等效增益，$G_e = G_1 G_2$。

以等效增益替代两个串联的功能方块，实现框图的简化。两个串联功能方块的等效增益框图如图 3 - 14 所示。

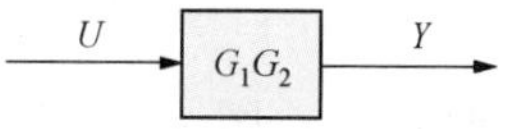

上述运算说明，对于串联连接的功能方块，其等效增益等于每个功能方块增益之积。需要指出的是，串联功能块的等效计算关系成立的前提是，两个功能块由无负载效应的元件组成。对于串联的功能块而言，负载效应是指系统中后级与前级相连时，导致系统传递函数发生变化的现象。此时，两个串联的功能块总的传递函数不等于两个功能块各自传递函数的乘积。下面用一个例题进行说明。

图 3 - 14　两个串联功能方块的等效框图

[例 3 - 5]　试求图 3 - 15 和图 3 - 16 所示阻容网络的传递函数 $G(s) = U_2(s)/U_1(s)$。

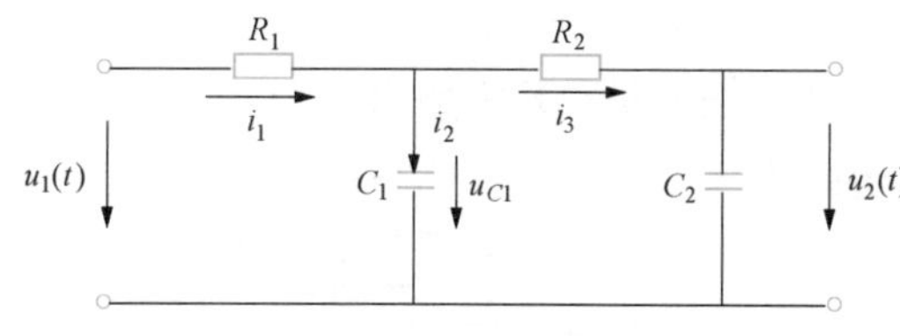

图 3 - 15　阻容网络

解　依据基尔霍夫电压定律，有

$$\begin{cases} u_2 + R_2 i_3 = u_{C1} \\ u_{C1} + R_1 i_1 = u_1 \end{cases}$$

依据基尔霍夫电流定律，有

$$i_1 = i_2 + i_3$$

又有

$$\begin{cases} i_2 = C_1 \dfrac{\mathrm{d}u_{C1}}{\mathrm{d}t} \\ i_3 = C_2 \dfrac{\mathrm{d}u_2}{\mathrm{d}t} \end{cases}$$

将两个电压方程联立，得

$$u_2 + R_2 i_3 = u_1 - R_1 i_1$$

再将电流关系代入上式，得

$$R_1 R_2 C_1 C_2 \frac{\mathrm{d}^2 u_2}{\mathrm{d}t^2} + (R_1 C_1 + R_2 C_2 + R_1 C_2) \frac{\mathrm{d}u_2}{\mathrm{d}t} + u_2 = u_1$$

在零状态条件下，对上述微分方程取拉普拉斯变换，有

$$R_1 R_2 C_1 C_2 s^2 U_2(s) + (R_1 C_1 + R_2 C_2 + R_1 C_2) s U_2(s) + U_2(s) = U_1(s)$$

故得到图 3 - 15 所示网络的传递函数为

$$G(s) = \frac{U_2(s)}{U_1(s)} = \frac{1}{R_1 R_2 C_1 C_2 s^2 + (R_1 C_1 + R_2 C_2 + R_1 C_2) s + 1}$$

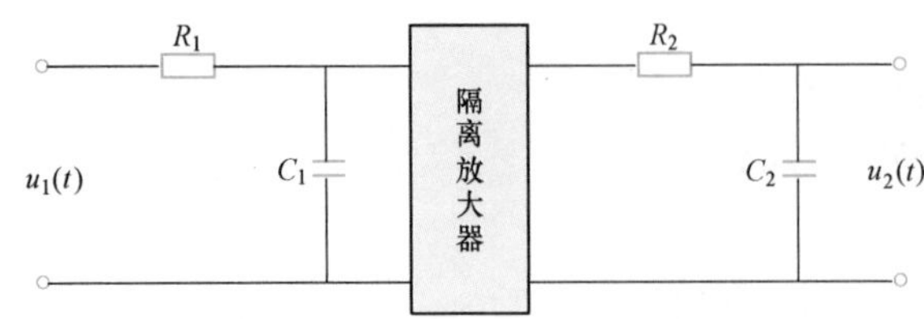

图 3-16　加入隔离放大器的阻容网络

由图 3-16 可知，隔离放大器两端是两个阻容网络，它们的传递函数分别为

$$G_1(s)=\frac{1}{R_1C_1s+1}$$

$$G_2(s)=\frac{1}{R_2C_2s+1}$$

设隔离放大器的放大倍数为 k。图 3-16 所示网络的传递函数为

$$G(s)=kG_1(s)G_2(s)=\frac{k}{(R_1C_1s+1)(R_2C_2s+1)}$$

取 $k=1$，图 3-16 所示网络的传递函数为

$$G(s)=kG_1(s)G_2(s)=\frac{1}{(R_1C_1s+1)(R_2C_2s+1)}$$

由于隔离放大器的存在，图 3-16 所示的网络可以看作是无负载效应网络，因此系统传递函数等于两个子网络传递函数的乘积。图 3-15 所示网络为具有负载效应的网络，故系统的传递函数与两个子网络传递函数的乘积不相等。

2. 功能方块的并联

图 3-17 为两个功能方块并联的框图，其中 U 为输入量，Y 为输出量。

图中，A_1 为功能方块 G_1 的输出，A_2 为功能方块 G_2 的输出。根据框图运算规则，有

$$\begin{cases}A_1=G_1U\\A_2=G_2U\\Y=A_1+A_2\end{cases}$$

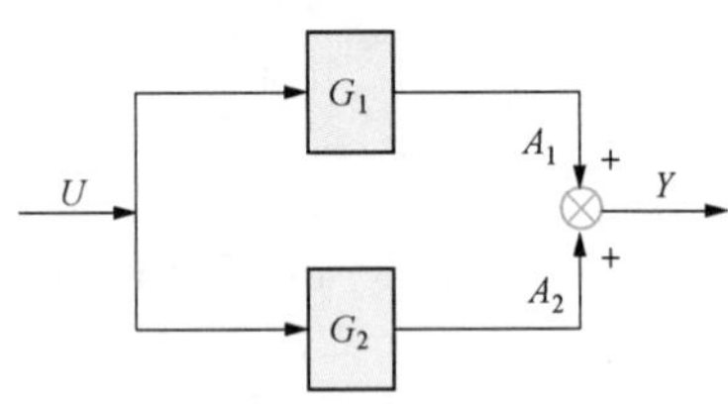

图 3-17　两个并联功能方块的框图

输入量与输出量间的关系为

$$Y=(G_1+G_2)U\triangleq G_eU \tag{3-6}$$

式中：G_e 为输入量与输出量之间的等效增益，$G_e=G_1+G_2$。

以等效增益替代两个并联的功能方块，实现框图的简化。两个并联功能方块的等效框图如图 3-18 所示。

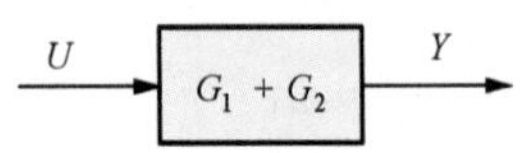

图 3-18　两个并联功能方块的等效框图

上述运算说明，对于并联的功能方块，其等效增益为每个功能方块增益之和。

3. 相加点交换位置

交换相加点的位置，便于框图的简化，因此将这类运算归于框图化简范畴。图 3-19 所示两个相加点的信号连接关系，其中 U_1 为输入信号，Y 为输出信号。

设第一个相加点的输出为 A，同时 A 为第二个相加点的输入。两个相加点的信号传输

关系为

$$\begin{cases} A = U_1 - U_2 \\ Y = U_3 + A \end{cases}$$

整理后，得

$$Y = U_1 - U_2 + U_3$$

在保证从 U_1 到 Y 的信号传输关系不变的前提下，交换两个相加点的位置，如图 3-20 所示。

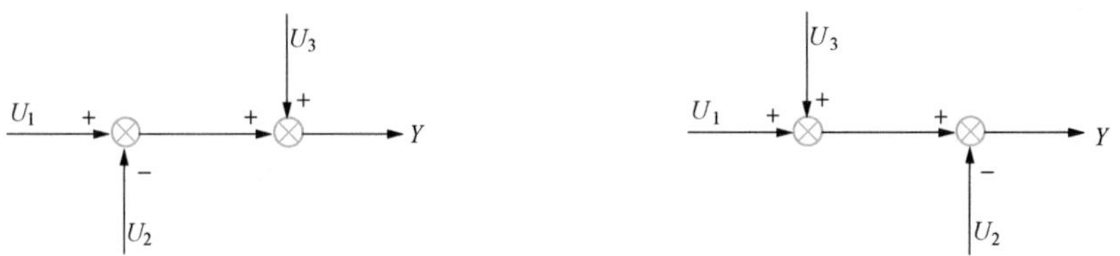

图 3-19 两个相加点的信号连接关系　　图 3-20 交换位置后两个相加点的信号连接关系

交换位置后，输入信号 U_1 与输出信号 Y 间的关系为

$$Y = U_1 + U_3 - U_2$$

上述运算说明，相加点交换位置，不会改变输入与输出间的信号传输关系。

4. 功能方块与相加点交换位置

功能方块与相加点的位置关系有两个：一个是功能方块在前而相加点在后；另一个是相加点在前而功能方块在后。下面针对这两种情况，分别讨论功能方块与相加点交换位置后，移动信号的变化规律。

(1) 功能方块位于相加点之前。图 3-21 所示为功能方块在前相加点在后的信号连接关系，其中，U 和 D 为输入信号，且 D 为可移动的输入信号，Y 为输出信号。

图 3-21 中，输入与输出的关系为

$$Y = GU - D$$

在保持输入量 U 与输出量 Y 间信号传输关系不变的前提下，将相加点移至功能方块前面，如图 3-22 所示。

图 3-21 功能方块在前相加点在后的信号连接关系　　图 3-22 相加点移至功能方块之前的信号连接关系

图中，D' 为位置移动后的相加点输入量。输入与输出的关系为

$$Y = G(U - D')$$

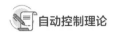

于是，有

$$GU-D=G(U-D')$$

即
$$D'=\frac{1}{G}D \tag{3-7}$$

相加点前移后，保持输入不变的信号连接关系如图 3-23 所示。

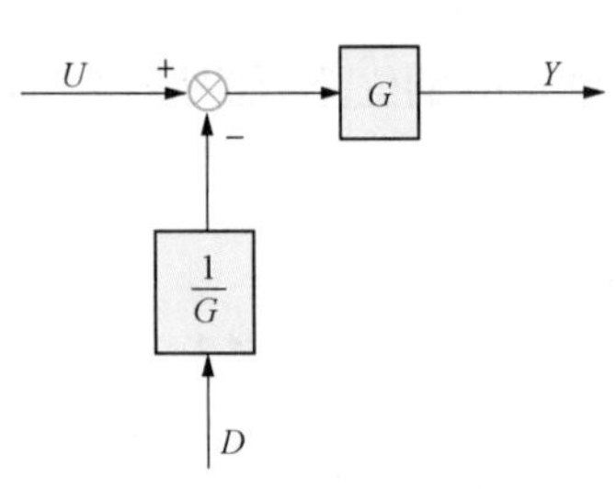

图 3-23　相加点移至功能方块之前的完整信号连接关系

上述运算说明，当相加点移至功能方块之前时，移动的输入信号应除以移过的功能方块的增益。

（2）功能方块位于相加点之后。图 3-24 所示为相加点在前功能方块在后的信号连接关系，其中，U 和 D 为输入信号，且 D 为可移动的输入信号，Y 为输出信号。

图 3-24 中，输入信号与输出信号的关系为

$$Y=G(U-D)$$

在保持输入量 U 与输出量 Y 间信号传输关系不变的前提下，将相加点移至功能方块后面，如图 3-25 所示。

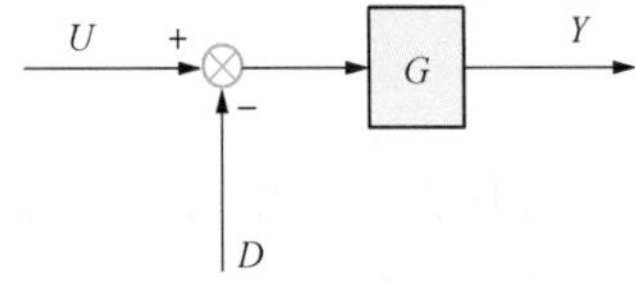

图 3-24　相加点在功能方块之前的信号连接关系

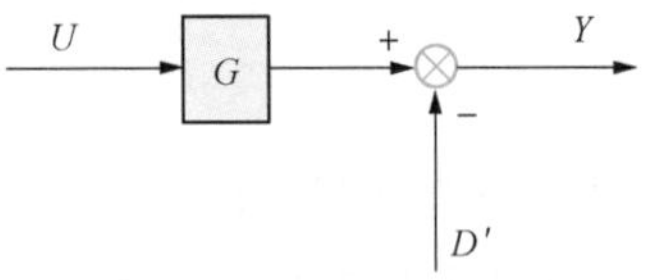

图 3-25　将相加点移至功能方块之后的信号连接关系

图中，D'为位置移动后的相加点输入信号。输入与输出的关系为

$$Y=GU-D'$$

于是，有

$$G(U-D)=GU-D'$$

即

$$D'=GD \tag{3-8}$$

相加点后移后，完整的信号连接关系如图 3-26 所示。

上述运算说明，当相加点移至功能方块之后时，移动的输入信号应乘以移过的功能方块的增益。

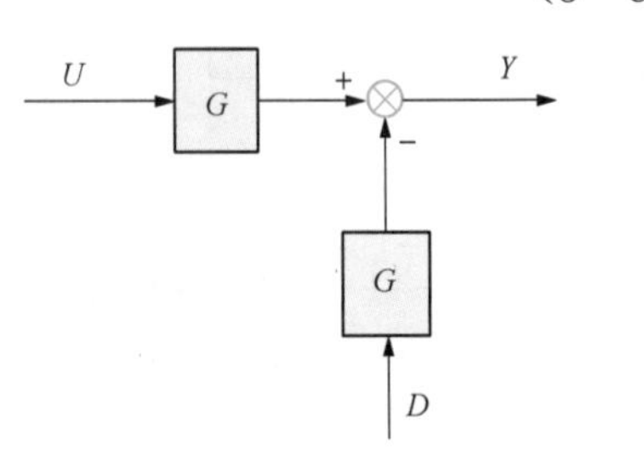

图 3-26　将相加点移至功能方块之后的完整信号连接关系

5. 功能方块与分支点交换位置

功能方块与分支点间存在两种位置关系：一种是功能方块在分支点之前；另一种是功能方块在分

支点之后。

（1）功能方块位于分支点之前。图 3 - 27 所示为功能方块在分支点之前的信号连接关系，其中，U 为输入，Y_1 和 Y_2 为输出。

图 3 - 27 中，输入与输出的关系为

$$Y_1 = Y_2 = GU$$

在保持输入量 U 与输出量 Y 间信号传输关系不变的前提下，将分支点移至功能方块前面，如图 3 - 28 所示。

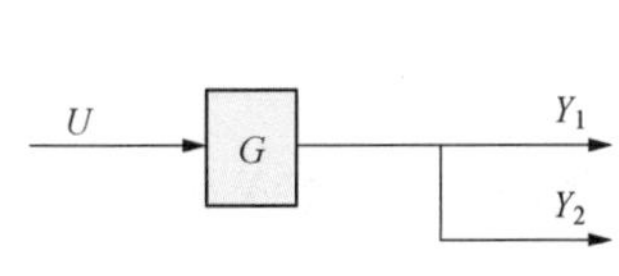

图 3 - 27　功能方块位于分支点之前的信号连接关系

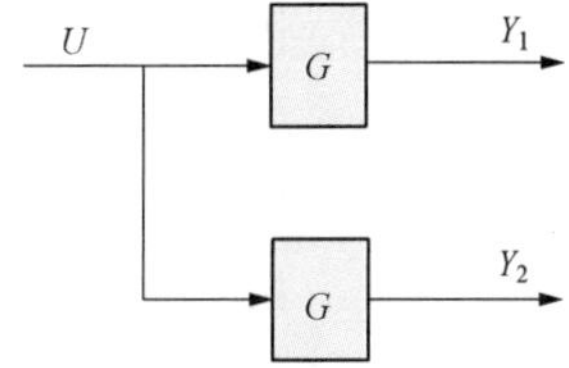

图 3 - 28　分支点移至功能方块之前的信号连接关系

图 3 - 28 中，输入与输出的关系为

$$\begin{cases} Y_1 = GU \\ Y_2 = GU \end{cases}$$

上述运算说明，当分支点移至功能方块之前时，移动的支路应乘以移过的功能方块的增益。

（2）功能方块位于分支点之后。图 3 - 29 所示为功能方块在分支点之后的信号连接关系，其中，U 为输入，Y 为输出。

图 3 - 29 中，输入与输出的关系为

$$\begin{cases} Y = GU \\ U = U \end{cases}$$

在保持输入量 U 与输出量 Y 间信号传输关系不变的前提下，将分支点移至功能方块之后，如图 3 - 30 所示。

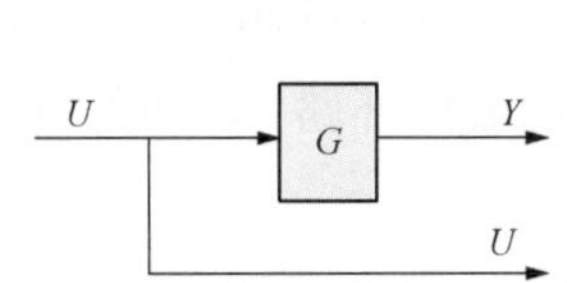

图 3 - 29　功能方块位于分支点之后的信号连接关系

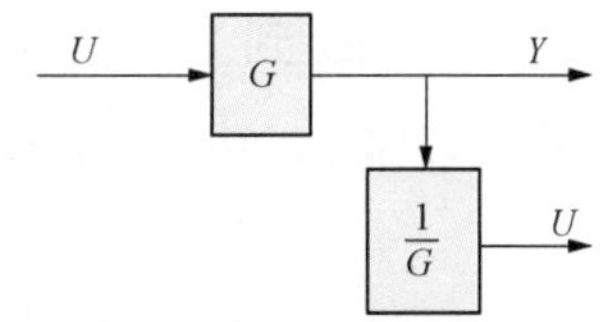

图 3 - 30　分支点移至功能方块之后的信号连接关系

上述运算说明，当分支点移至功能方块之后时，移动的支路应除以移过的功能方块的

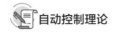

增益。

6. 相加点与分支点交换位置

图 3 - 31（a）所示为相加点位于分支点前的信号连接关系，图 3 - 31（b）所示为相加点位于分支点之后的信号连接关系。两图的信号传输关系均为 $Y=U+V$。

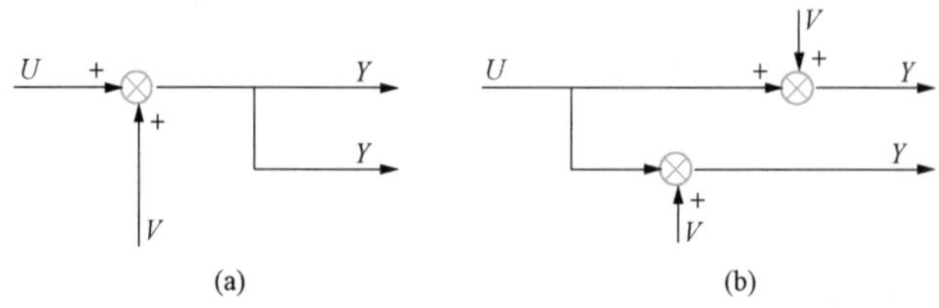

图 3 - 31　相加点与分支点位置互换前后的信号连接关系

（a）相加点位于分支点前；（b）相加点位于分支点后

7. 闭环系统的化简

如图 3 - 8 所示的闭环系统，闭环系统传递函数

$$\frac{Y(s)}{U(s)}=\frac{G(s)}{1+G(s)H(s)}$$

可以看作对系统的简化。

［例 3 - 6］　试对图 3 - 32 所示的框图进行化简。

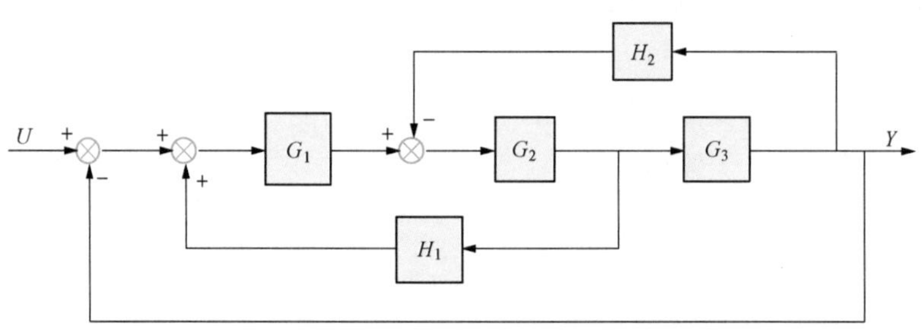

图 3 - 32　［例 3 - 6］的框图

解　图 3 - 32 中，U 为输入信号，Y 为输出信号。框图中，包含一条前向通路，即从 U 通过功能方块G_1、G_2和G_3到 Y 的信号传输通路；包含三条环路，即功能方块G_1、G_2和G_3与单位反馈构成的环路 1，功能方块G_1、G_2与H_1构成的环路 2，功能方块G_2、G_3与H_2构成的环路 3。

（1）框图化简法：由于三条环路彼此嵌套，不能直接化简，因此需要对系统框图进行必要的调整，再化简。考虑将环路 3 中的加法器前移至前面两个加法器之间，此时环路 2 为独立的反馈系统，可以直接化简为一个功能方块，成为环路 3 前向通路的一部分。将环路 2 化简为一个方块之后，环路 3 又成为一个独立的反馈系统，其传递函数可以成为环路

1 前向通路中的一个功能方块，再对环路 1 进行化简，得到最终的化简结果，即求得系统的传递函数。

根据框图化简规则，当相加点向前移动并越过一个功能方块时，其移动支路的增益需要除以移过的功能方块的增益。按设想移动环路 3 的相加点后，所得框图如图 3 - 33 所示。

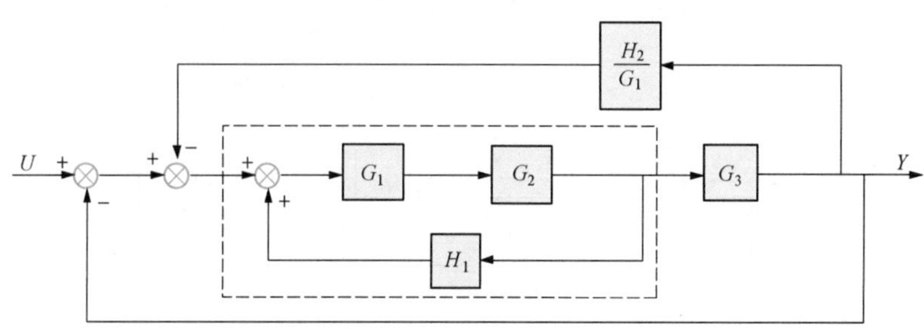

图 3 - 33　环路 3 中相加点前移后的系统框图

图 3 - 33 中，虚线方框中为环路 2，它是一个正反馈系统，它的闭环传递函数为

$$G_{L2}=\frac{G_1G_2}{1-G_1G_2H_1}$$

将此闭环传递函数作为一个功能方块的增益，填入图 3 - 33 中的虚线方框内，得到图 3 - 34 所示框图。

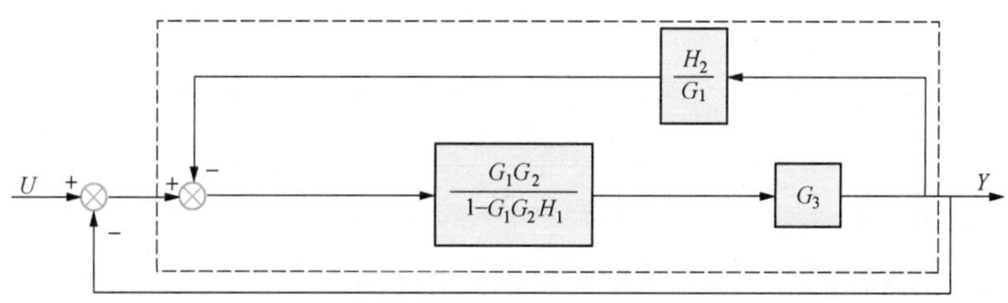

图 3 - 34　用闭环传递函数替代环路 2 的系统框图

图 3 - 34 中，虚线方框中为环路 3，它是一个负反馈系统，它的闭环传递函数为

$$G_{L3}=\frac{G_1G_2G_3}{1-G_1G_2H_1+G_2G_3H_2}$$

将此闭环传递函数作为一个功能方块的增益，填入图 3 - 34 中的虚线方框内，得到图 3 - 35 所示框图。

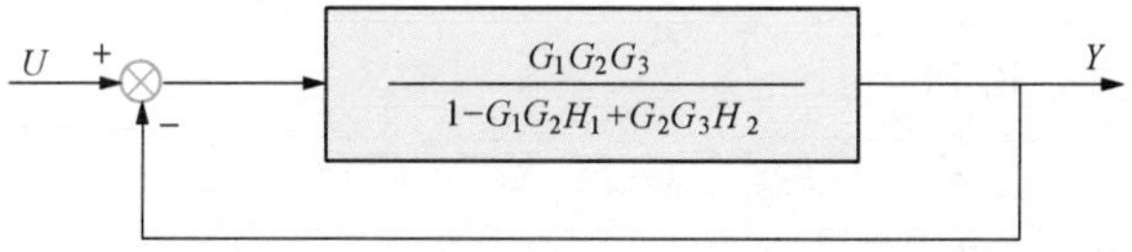

图 3 - 35　用闭环传递函数替代环路 3 的系统框图

图 3 - 35 所示为一个负反馈系统，它的闭环传递函数为

$$G=\frac{Y}{U}=\frac{G_1G_2G_3}{1-G_1G_2H_1+G_2G_3H_2+G_1G_2G_3}$$

就此得到整个系统的传递函数。

（2）消元法：在图 3 - 32 上标注变量，如图 3 - 36 所示，除 U 和 Y 之外，其余变量均为中间变量。当消去所有中间变量后，可得信号 U 到 Y 的传输增益。

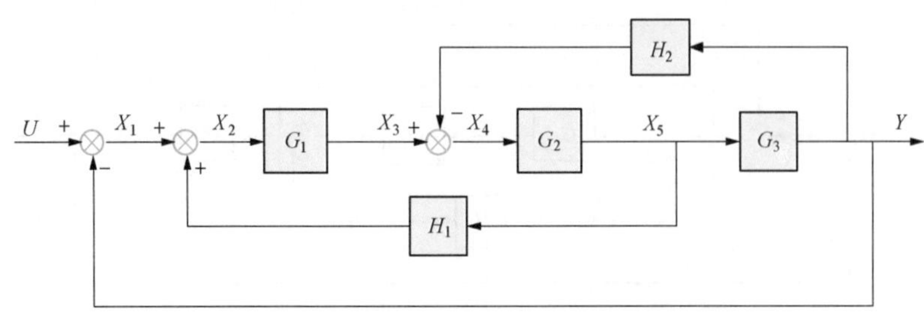

图 3 - 36　对图 3 - 32 标注变量后的框图

根据标注的变量，建立代数方程组，有

$$\begin{cases}X_1=U-Y\\X_2=X_1+H_1X_5\\X_3=G_1X_2\\X_4=X_3-H_2Y\\X_5=G_2X_4\\Y=G_3X_5\end{cases}$$

上述方程组表示信号在框图所示系统中传输的整个过程。

将方程 $\begin{cases}X_1=U-Y\\X_2=X_1+H_1X_5\end{cases}$ 联立，可得

$$X_2-H_1X_5=U-Y$$

上述方程等号两端乘以 G_1，有

$$G_1X_2-G_1H_1X_5=G_1U-G_1Y$$

考虑到 $X_3=G_1X_2$，上式可写为

$$X_3-G_1H_1X_5=G_1U-G_1Y$$

与 $X_4=X_3-H_2Y$ 联立，得到

$$X_4+H_2Y-G_1H_1X_5=G_1U-G_1Y$$

上述方程等号两端乘以 G_2 为

$$G_2X_4+G_2H_2Y-G_1G_2H_1X_5=G_1G_2U-G_1G_2Y$$

考虑到 $X_5=G_2X_4$，上述方程可写为

$$X_5+G_2H_2Y-G_1G_2H_1X_5=G_1G_2U-G_1G_2Y$$

整理后，有

$$(1-G_1G_2H_1)X_5=G_1G_2U-G_1G_2Y-G_2H_2Y$$

与方程 $Y=G_3X_5$ 联立，可得

$$(1-G_1G_2H_1)\frac{Y}{G_3}=G_1G_2U-G_1G_2Y-G_2H_2Y$$

整理后，得

$$[1-G_1G_2H_1+G_2G_3H_2+G_1G_2G_3]Y=G_1G_2G_3U$$

于是，可得到系统的传递函数为

$$G=\frac{Y}{U}=\frac{G_1G_2G_3}{1-G_1G_2H_1+G_2G_3H_2+G_1G_2G_3}$$

（3）克莱姆法则法：图 3-36 所示系统的信号传输关系可由下列方程表示

$$\begin{cases}X_1=U-Y\\X_2=X_1+H_1X_5\\X_3=G_1X_2\\X_4=X_3-H_2Y\\X_5=G_2X_4\\Y=G_3X_5\end{cases}$$

将系统输入信号放在等式右侧，上述方程变为

$$\begin{cases}X_1+Y=U\\X_2-X_1-H_1X_5=0\\X_3-G_1X_2=0\\X_4-X_3+H_2Y=0\\X_5-G_2X_4=0\\Y-G_3X_5=0\end{cases}$$

采用矩阵形式描述上述为

$$\begin{bmatrix}1&0&0&0&0&1\\-1&1&0&0&-H_1&0\\0&-G_1&1&0&0&0\\0&0&-1&1&0&H_2\\0&0&0&-G_2&1&0\\0&0&0&0&-G_3&1\end{bmatrix}\begin{bmatrix}X_1\\X_2\\X_3\\X_4\\X_5\\Y\end{bmatrix}=\begin{bmatrix}U\\0\\0\\0\\0\\0\end{bmatrix}$$

系数行列式为

$$\Delta=\begin{vmatrix}1&0&0&0&0&1\\-1&1&0&0&-H_1&0\\0&-G_1&1&0&0&0\\0&0&-1&1&0&H_2\\0&0&0&-G_2&1&0\\0&0&0&0&-G_3&1\end{vmatrix}=1+G_1G_2G_3-G_1G_2H_1+G_2G_3H_2$$

$$\Delta_Y=\begin{vmatrix}1&0&0&0&0&U\\-1&1&0&0&-H_1&0\\0&-G_1&1&0&0&0\\0&0&-1&1&0&0\\0&0&0&-G_2&1&0\\0&0&0&0&-G_3&0\end{vmatrix}=G_1G_2G_3U$$

采用克莱姆法则求 Y 得

$$Y=\frac{\Delta_Y}{\Delta}=\frac{G_1G_2G_3}{1+G_1G_2G_3-G_1G_2H_1+G_2G_3H_2}U$$

于是，系统的传递函数为

$$G=\frac{Y}{U}=\frac{G_1G_2G_3}{1-G_1G_2H_1+G_2G_3H_2+G_1G_2G_3}$$

例 3-6 中，采用了框图化简法、消元法和克莱姆法则三种方法求解系统传递函数，并得到了相同的结果，说明三种方法都能根据框图求解出系统传递函数。框图化简法解法直观明了，虽有一定的计算量，但还可接受；消元法是经典的代数方程组求解方法，但随着系统规模增大，计算量会快速增加；克莱姆法则方法是标准的计算机求解方法，但对于手算环境，其计算量过于巨大。针对手算环境，框图化简法比其他两种方法更具有一定的优势，因此在自动控制理论研究和工程实践中得到较为广泛的应用。

第三节　信号流图及梅森公式

虽然框图化简法在求解系统传递函数方面的能力得到了广泛认可，但在使用该方法时，却需要使用者具备丰富的经验，用以确定简化的思路。这也是框图化简法在应用中的不足之处。为了更加便于求解传递函数，需要引入信号流图，采用梅森公式计算系统的传递函数。它的优势在于不需要经验积累，只要能够数清系统的前向通路数和环路数，再加一点代数运算就可以求取系统的传递函数。

一、信号流图

1. 信号流图的概念

信号流图是一种代数方程的图形表示方法。这里用一个例子说明信号流图与代数方程的关系。图 3 - 37 所示为欧姆定律的电路图和信号流图。

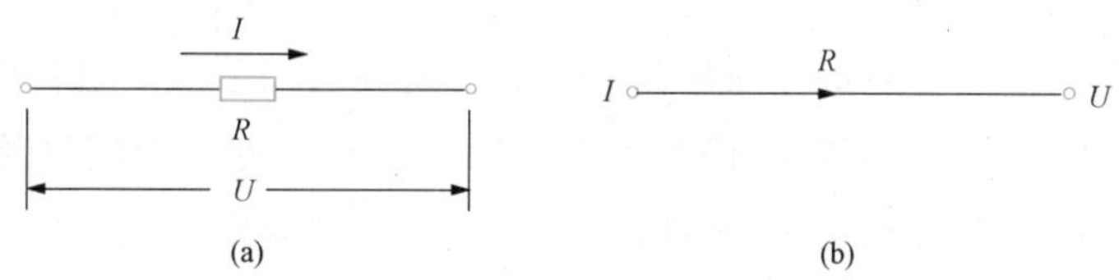

图 3 - 37 欧姆定律的电路图和信号流图

(a) 欧姆定律的电路图；(b) 欧姆定律的信号流图

图 3 - 37 (a) 所示为欧姆定律电路图，表示电阻两端电压 U 与流过电阻 R 的电流 I 的关系，其运算关系为

$$U = RI$$

这是大家熟知的欧姆定律。这里，将 I 作为自变量，R 为增益，U 为因变量，欧姆定律可以看作是一个线性代数方程。这个方程的信号流图如图 3 - 37 (b) 所示，此信号流图的解释为电流信号 I 沿支路传输并被放大 R 倍后变成电压信号 U，信号间的关系为

$$U = RI$$

从结果看，信号流图的运算结果与电路运算结果一致，说明信号流图与代数方程具有相同的数学表现能力。同时，信号流图是有向图，具有明确的信号传输方向，在使用中，信号流图比代数方程更加直观。

2. 专业术语

用于描述信号流图特征的常用专业术语如下：

(1) 节点：表示系统的变量（信号），用小圆圈表示，如图 3 - 38 中 $X_1 \sim X_6$ 所示。

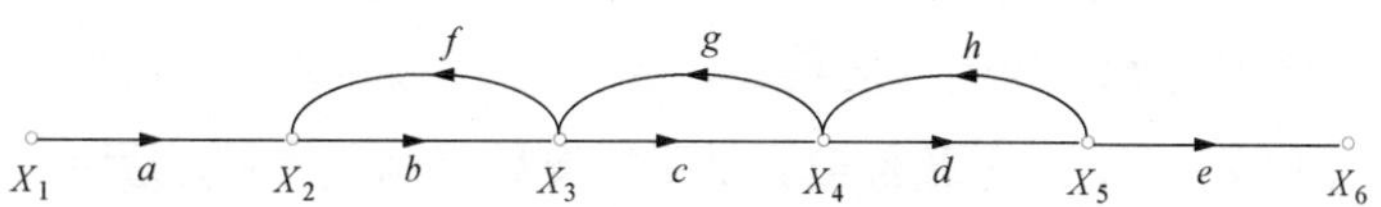

图 3 - 38 信号流图

(2) 支路：连接两个节点的定向线段，它有一定的增益，称为支路增益，在图中标记在相应的线路旁，如图 3 - 38 中节点 X_1 与 X_2 间连线所示。

(3) 源节点（又称输入节点）：只连接输出信号的节点，称为源节点，或源点。它一般表示系统的输入变量，如图 3 - 38 中节点 X_1 就是源节点。

(4) 汇节点(又称输出节点):只连接输入信号的节点,称为汇节点,或汇点。它一般表示系统的输出变量,如图 3-38 中节点 X_6 就是汇节点。

(5) 混合节点:既连接输入信号,又连接输出信号的节点,称为混合节点,如图 3-38 中节点 X_2、X_3、X_4 和 X_5 都是混合节点。

(6) 通路:信号从一个节点出发,沿着支路的箭头方向经过一个及以上节点的路径。信号流图中可以有很多条通路。

(7) 前向通路:信号沿箭头方向从输入节点传递到输出节点,且每个节点只经过一次的通路,叫作前向通路。前向通路上各支路增益之积,称为前向通路增益,用 P 表示。图 3-38 中,有一条前向通路,即从输入节点 X_1 到输出节点 X_6,信号传输链路为 $X_1 \to X_2 \to X_3 \to X_4 \to X_5 \to X_6$,前向通路增益为 $P=abcde$。

(8) 回路:起点和终点在同一个节点,而且信号通过任一节点不多于一次的闭合通路叫作单独回路,简称回路。回路中所有支路增益之积,称为回路增益,用 L 表示。图3-38中,共有三个回路,起始并终止于节点 X_2 的回路,记为回路 1,其回路增益为 $L_1=bf$;起始并终止于节点 X_3 的回路,记为回路 2,其回路增益为 $L_2=cg$;起始并终止于节点 X_4 的回路,记为回路 3,其回路增益为$L_1=dh$。

(9) 不接触回路:回路之间没有公共节点,叫作不接触回路。在信号流图中可以有两个不接触回路,也可以有三个或以上的不接触回路。图 3-38 中,回路 1 和回路 3 没有公共节点,故为两两不接触回路,其增益为两个回路增益之积,即 $L_1L_3=bfdh$。

3. 信号流图的性质

(1) 节点代表系统的变量。一般节点按从左向右顺序设置,并依次表示系统中各变量的因果关系。某个节点变量为所有流向该节点的信号之和;而从同一节点流向各支路的信号,均用该节点变量表示。图 3-38 中,节点变量 X_2 汇聚了来自变量 X_1 和来自变量 X_3 两个信号,考虑到支路增益的作用,来自变量 X_1 的信号变为 aX_1,来自变量 X_3 的信号变为 fX_3,因此 $X_2=aX_1+fX_3$。

(2) 信号在支路上沿箭头单向传递,后一节点变量依赖于前一节点变量,而没有相反的关系,即只有“前因后果”的因果关系。

(3) 支路相当于放大器,信号流经时,被乘以支路增益而变换为另一个信号。图 3-38 中,变量 X_1 流经支路 a 而被变换为aX_1,支路增益为 1 时可不标出。

(4) 在混合节点上,增加一条具有单位增益的支路,可以从信号流图中分离出系统的输出变量,构成汇节点,分离后的节点变量与分离前的节点变量相同。

(5) 对于同一个系统,信号流图不唯一。

4. 信号流图的绘制

信号流图既可以根据系统微分方程绘制,也可以根据系统框图进行绘制。

(1) 由系统微分方程绘制信号流图。任何线性微分方程都可以用信号流图表示。对于含有微分或积分的线性方程，一般应通过拉普拉斯变换，形成复数 s 的代数方程后再进行绘制。绘制信号流图时，首先对系统的每个变量指定一个节点，并按照实际系统中变量的因果关系，从左向右顺序排列。然后根据数学方程，用标明支路增益的有向线段，将各节点连接起来，便得到系统的信号流图。

[例3-7] 试绘制图 3-39 中 RC 无源网络的信号流图，其中，电容初始电压为 $u_1(0)$，$u_i(t)$ 为输入电压，$u_o(t)$ 为输出电压。

解 设 $u_1(t)$ 为电容两端电压。依据基尔霍夫定律，可列写如下微分方程组

$$\begin{cases} u_i(t) = i_1(t)R_1 + u_o(t) \\ u_o(t) = i(t)R_2 \\ \dfrac{1}{c}\displaystyle\int i_2(t)\mathrm{d}t = i_1(t)R_1 \\ i_1(t) + i_2(t) = i(t) \end{cases}$$

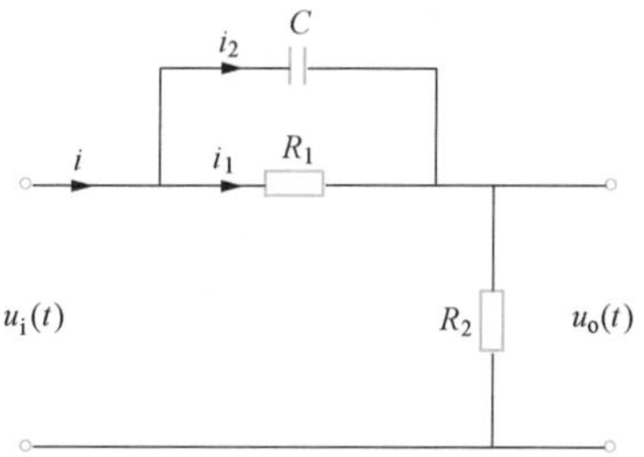

图 3-39 RC 无源网络

对上述微分方程组进行拉普拉斯变换，并计及初始条件 $i_2(0)$，则有

$$\begin{cases} U_i(s) - U_o(s) = I_1(s)R_1 \\ U_o(s) = I(s)R_2 \\ \dfrac{1}{Cs}I_2(s) + \dfrac{1}{Cs}i_2(0) = I_1(s)R_1 \\ I_1(s) + I_2(s) = I(s) \end{cases}$$

式中，$i_2(0)$ 为电流 $i_2(t)$ 在 $t=0$ 时的值，可以从已知的初始条件 $u_1(0)$ 求得。因为 $i(0)=i_1(0)+i_2(0)$，且 $i(0)=0$，故有 $i_1(0)=-i_2(0)$。又因为 $u_1(0)=i_1(0)R_1$，于是有 $i_2(0)=-u_1(0)/R_1$。

将上述方程组中各变量按因果关系排列如下

$$\begin{cases} \dfrac{U_i(s) - U_o(s)}{R_1} = I_1(s) \\ U_o(s) = I(s)R_2 \\ I_2(s) = I_1(s)R_1Cs - I_2(0) \\ I_1(s) + I_2(s) = I(s) \end{cases}$$

选择七个节点从左向右顺序排列，分别表示为 $U_i(s)$、$U_i(s)-U_o(s)$、$I_1(s)$、$I_2(s)$、$I(s)$、$U_o(s)$ 和 $I_2(0)$。然后，按照数学方程式表示的关系，将各变量用相应增益的支路连接，即得 RC 电路的信号流图，如图 3-40 所示。

(2) 由框图绘制信号流图。在框图中，传递的信号是标记在信号线上的，方块则是表

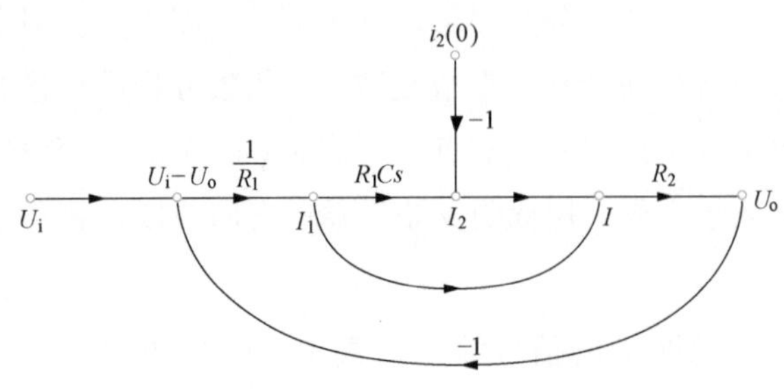

图 3-40 图 3-39 电路的信号流图

示变量进行运算的规则。因此，只要用小圆圈替代相加点或分支点，便得到节点；用标记着增益的有向线段替代方块和信号线，便得到支路，支路增益为方块中的运算规则，就可将框图变为信号流图。

[例 3-8] 试绘制图 3-41 所示框图的信号流图。

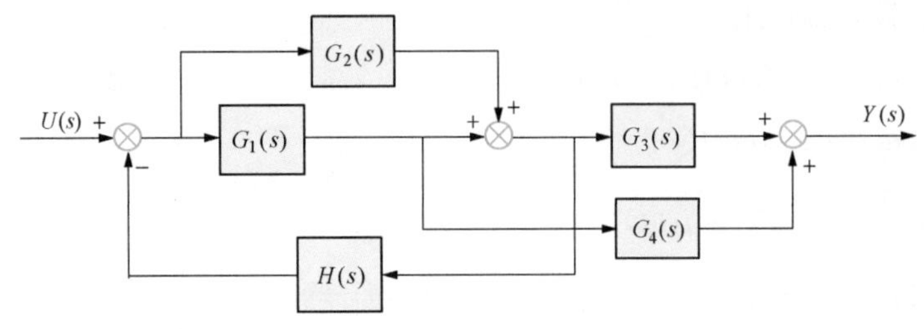

图 3-41 [例 3-8] 的框图

解 首先确定节点个数及其排列顺序。从图 3-41 可以看出，有输入节点 U，输出节点 Y，三个相加点和三个分支点，共 8 个节点，从输入到输出的节点排列顺序如图 3-42 所示。

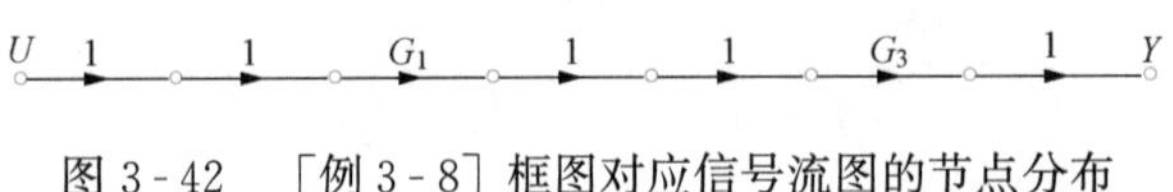

图 3-42 [例 3-8] 框图对应信号流图的节点分布

其次，用标记着增益的有向线段将节点连接起来，便得到系统的信号流图，如图 3-43 所示。

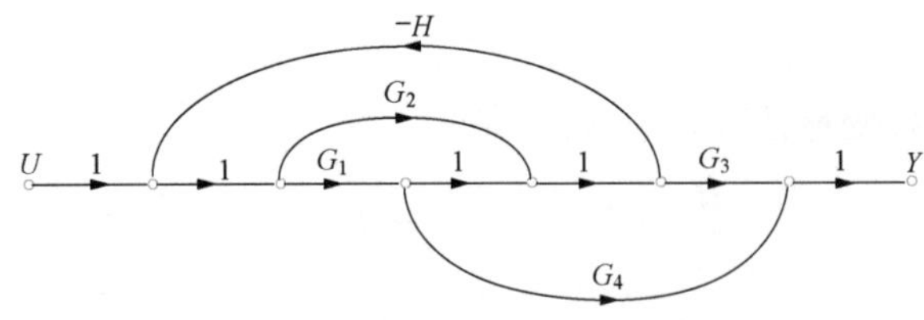

图 3-43 [例 3-8] 的信号流图

二、 梅森公式

从信号流图绘制过程来看，它与框图具有相近的图形特征，如果采用框图化简或代数求解方法简化信号流图，无疑是一项很繁琐的工作。于是引入梅森公式，通过对信号流图的观察和分析，便可以直接得到系统输出变量与输入变量之间的传递函数。由于梅森公式形式简洁和运算简便，因此在工程设计中得到了广泛应用。

接下来，介绍梅森公式的推导过程。图 3-44 所示为一个典型信号流图，图中变量 X_1 为输入节点，变量 X_5 为输出节点，与信号流图对应的一组线性代数方程为

$$\begin{cases} X_2 - cX_3 = aX_1 \\ -bX_2 + X_3 - eX_4 = 0 \\ -dX_3 + X_4 - gX_5 = 0 \\ -hX_2 - fX_4 + X_5 = 0 \end{cases}$$

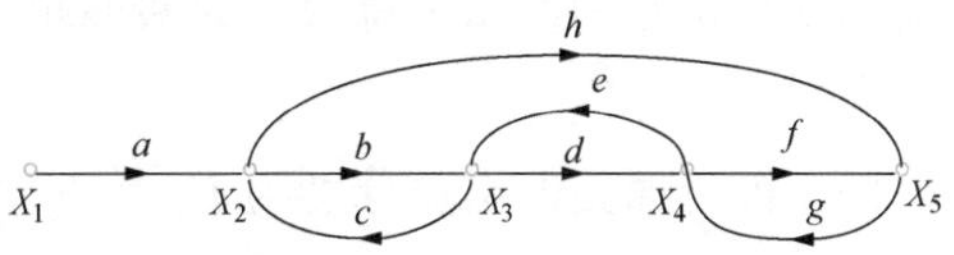

图 3-44 一个典型的信号流图

采用克莱姆法则求解上述方程组。系数行列式为

$$\Delta = \begin{vmatrix} 1 & -c & 0 & 0 \\ -b & 1 & -e & 0 \\ 0 & -d & 1 & -g \\ -h & 0 & -f & 1 \end{vmatrix} = 1 - fg - ed - bc - cegh + bcfg$$

$$\Delta_5 = \begin{vmatrix} 1 & -c & 0 & aX_1 \\ -b & 1 & -e & 0 \\ 0 & -d & 1 & 0 \\ -h & 0 & -f & 0 \end{vmatrix} = abdfX_1 + ab(1-de)X_1$$

于是，有

$$X_5 = \frac{\Delta_5}{\Delta} = \frac{abdf + ah(1-de)}{1 - fg - ed - bc - cegh + bcfg} X_1$$

得到系统传递函数为

$$G = \frac{X_5}{X_1} = \frac{\frac{\Delta_5}{X_1}}{\Delta} = \frac{abdf + ah(1-de)}{1 - fg - ed - bc - cegh + bcfg}$$

对上述传递函数的分母多项式及分子多项式进行分析后，可以得到系数行列式和信号流图的对应关系。

首先，系数行列式 Δ 是传递函数的分母，它包含信号流图中四个单独回路增益之和项，以及两个互不接触回路的回路增益之积项。

令：

四个单独回路的增益分别为 $L_1 = ed$，$L_2 = bc$，$L_3 = fg$ 和 $L_4 = cegh$；

四个单独回路增益之和为 $\sum L_a = ed + bc + fg + cegh$；

两两不接触回路的增益为 $L_b L_c = bcfg$。

于是，采用信号流图方法求解传递函数分母多项式时，可以写成

$$\Delta = 1 - fg - ed - bc - cegh + bcfg = 1 - \sum L_a + \sum L_b L_c$$

式中：$\sum L_a$ 表示信号流图中所有单独回路增益之和；$\sum L_b L_c$ 表示信号流图中两两不接触回路增益之和。

其次，系数行列式 Δ_5 为传递函数的分子，包括两条前向通路的增益之和项，以及不与前向通路接触的回路增益与该前向通路增益之积项。

令：

两条前向通路的增益分别为 $P_1=abdf$ 和 $P_2=ah$；

两条前向通路增益之和为 $\sum P_k=abdf+ah$；

不与前向通路接触的回路增益与该前向通路增益之积为 $P_2L_1=ahde$。

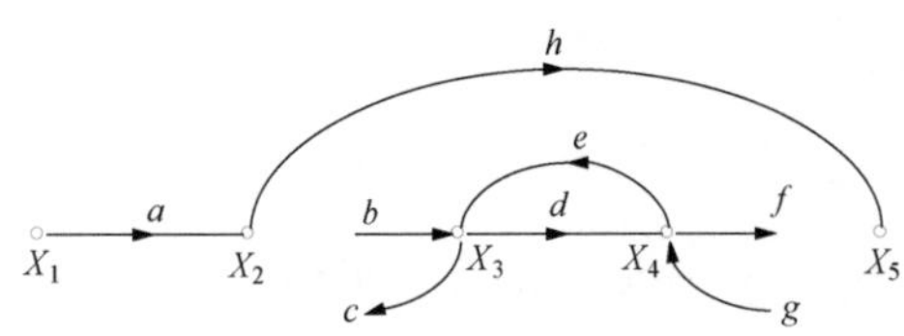

图 3-45　与前向通路 2 不接触的信号流图

图 3-45 中，前向通路 2 经过的节点为 X_1、X_2 和 X_5。去掉与前向通路 2 相连的节点后，剩余节点 X_3 和 X_4，以及增益为 $L_1=ed$ 的回路。由于前向通路 1 经过所有节点，因此去掉前向通路 1 后，不存在剩余回路。

于是，采用信号流图方法求解传递函数分子多项式时，可以写成

$$\Delta_5 = abdfX_1 + ahX_1 - ahdeX_1 = (P_1 + P_2 - P_2L_1)X_1 = [P_1 + P_2(1 - L_1)]X_1$$

式中，$L_1=ed$ 是与第二条前向通路不接触的回路增益，而 $1-L_1$ 正好是系数行列式 Δ 中去掉所有与第二条前向通路接触的回路增益项之后，剩余的与第二条前向通路不接触的回路增益项，可视为 Δ 的余项式，即 $\Delta_2=1-L_1$。对于第一条前向通路，由于它与所有回路均有接触，将系数行列式 Δ 中的所有回路增益项都去掉后的余项式为 1，用 Δ_1 表示，即 $\Delta_1=1$。这样，传递函数的分子多项式可用一般形式写为

$$\Delta_5 = (P_1\Delta_1 + P_2\Delta_2)X_1 = (\sum P_k\Delta_k)X_1$$

式中：P_k 为第 k 条前向通路增益；Δ_k 为去除第 k 条前向通路后系数行列式 Δ 的余项式。

最后，系统传递函数可以写为

$$G = \frac{X_5}{X_1} = \frac{\frac{\Delta_5}{X_1}}{\Delta} = \frac{\sum P_k\Delta_k}{\Delta} = \frac{P_1\Delta_1 + P_2\Delta_2}{1 - \sum L_a + \sum L_bL_c}$$

上式表明：传递函数 X_5/X_1 的分子及分母与信号流图的关系。换而言之，根据信号流图的有关特征，按上述公式便可直接写出传递函数 X_5/X_1 的分子与分母。

传递函数与信号流图的这种对应关系，可推广到具有任意条前向通路，及任意个单独回路和不接触回路的复杂信号流图，这就是计算输入节点和输出节点之间传递函数的梅森公式，其表达式为

$$G = \frac{\sum_{k=1}^{n} P_k\Delta_k}{\Delta} \tag{3-9}$$

式中：n 为从输入节点到输出节点的前向通路总数；P_k 为从输入节点到输出节点的第 k 条前向通路的增益；$\Delta=1-\sum L_a+\sum L_b L_c-\sum L_d L_e L_f+\cdots$为系统特征式；$\sum L_a$ 为所有单独回路增益之和；$\sum L_b L_c$ 为所有两个不接触的单独回路的增益乘积之和；$\sum L_d L_e L_f$ 为所有三个不接触的单独回路的增益乘积之和；Δ_k 为余因子式，即在信号流图中，把与第 k 条前向通路接触的回路去除以后的 Δ 值。

［例 3-9］ 试利用梅森公式求图 3-46 所示系统的传递函数 $Y(s)/U(s)$。

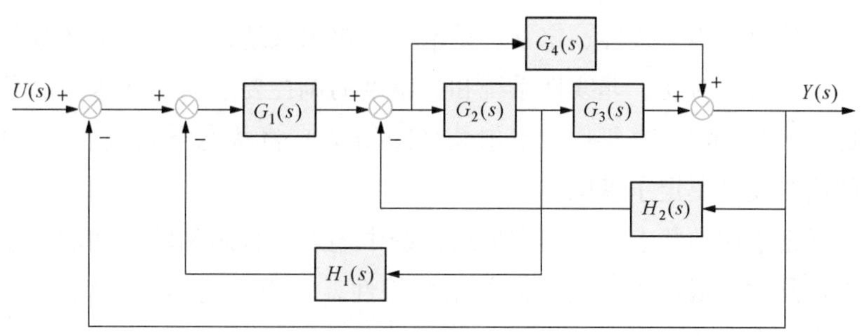

图 3-46 ［例 3-9］的框图

解 依据图 3-46 可以绘出对应的信号流图，如图 3-47 所示。

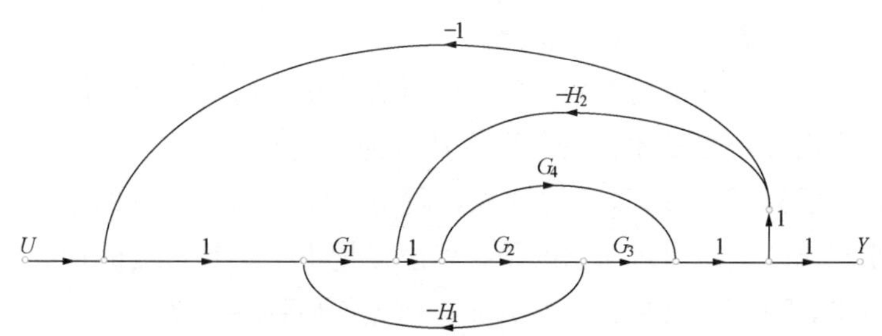

图 3-47 ［例 3-9］的信号流图

信号流图中有两条前向通路，它们的增益分别为

$$P_1=G_1G_2G_3$$

$$P_2=G_1G_4$$

有 5 个单独回路，它们的增益分别为

$$L_1=-G_1G_2H_1$$

$$L_2=-G_1G_2G_3$$

$$L_3=-G_2G_3H_2$$

$$L_4=-G_4H_2$$

$$L_5=-G_1G_4$$

没有不接触回路，于是可得特征式

$$\Delta=1-L_1-L_2-L_3-L_4-L_5=1+G_1G_2H_1+G_1G_2G_3+G_2G_3H_2+G_4H_2+G_1G_4$$

由于两条前向通路与所有回路均有接触，因此有 $\Delta_1=\Delta_2=1$。依据梅森公式可得系统传递函数

$$G(s)=\frac{Y(s)}{U(s)}=\frac{P_1\Delta_1+P_2\Delta_2}{\Delta}=\frac{G_1G_2G_3+G_1G_4}{1+G_1G_2H_1+G_1G_2G_3+G_2G_3H_2+G_4H_2+G_1G_4}$$

第四节　状态空间模型

由于传递函数仅适用于线性、定常、单输入单输出系统，且只能描述零状态下系统的输出行为，对于复杂、时变、非线性系统和高精度的调控要求，传递函数这种数学模型很难胜任。于是，在 20 世纪 50 年代，卡尔曼（Kalman）将状态空间概念引入控制理论中，为现代控制理论的发展奠定了基础。

现代控制理论采用的状态空间模型描述系统中输入、状态和输出间的关系，能够描述全部输出行为，同时又揭示了系统的内部结构特性。该模型适用于线性、非线性、定常、时变和多输入多输出系统。

一、 状态空间描述的基本概念

（1）状态：是指动态系统所处的状况。

（2）状态变量：是指确定动态系统状态的具有最小个数的一组变量。

对于一个至少由 n 个变量才能完全描述其行为的动态系统，在给定 $t=t_0$ 时系统初始状态的前提下，又已知 $t\geqslant t_0$ 时系统的输入，就可以完全确定系统的未来状态，那么这 n 个变量就是一组状态变量。值得注意的是，状态变量不一定是可测的量或可观察的量，有可能具有物理意义，也可能只具有数学意义，而无任何物理意义。

由微分方程描述的动态系统中必然包含记忆元件，它能够记忆每一时刻输入量的值。在时域控制系统中，积分器就是记忆装置，因此可以选择积分器的输出作为状态变量。对于 RCL 网络，经常选择流经电感的电流和电容电压作为状态变量；对于机械系统，常选线（角）位移和线（角）速度作为状态变量。

（3）状态向量：是指用向量形式表示的状态变量。

（4）状态空间：是指以每个状态变量为一个坐标轴建立的一个 n 维空间。系统所处的任何状态都可以用状态空间中的一点表示。

二、 状态空间模型

1. 输入量不含导数项的微分方程建立状态空间表达式

单输入单输出线性定常连续系统微分方程的一般形式为

$$\frac{\mathrm{d}^n y}{\mathrm{d}t^n}+a_1\frac{\mathrm{d}^{n-1}y}{\mathrm{d}t^{n-1}}+a_2\frac{\mathrm{d}^{n-2}y}{\mathrm{d}t^{n-2}}+\cdots+a_{n-1}\frac{\mathrm{d}y}{\mathrm{d}t}+a_ny=u$$

式中：y 和 u 均为时间 t 的函数。

取

$$x_1 = y$$

$$x_2 = \frac{\mathrm{d}y}{\mathrm{d}t}$$

$$\vdots$$

$$x_n = \frac{\mathrm{d}^{n-1}y}{\mathrm{d}t^{n-1}}$$

整理上述状态变量，并代入系统微分方程，可得

$$\dot{x}_1 = x_2$$

$$\dot{x}_2 = x_3$$

$$\vdots$$

$$\dot{x}_{n-1} = x_n$$

$$\dot{x}_n = -a_n x_1 - a_{n-1}x_2 - \cdots - a_2 x_{n-1} - a_1 x_n + u$$

状态方程组的矩阵形式为

$$\begin{bmatrix} \dot{x}_1 \\ \dot{x}_2 \\ \vdots \\ \dot{x}_{n-1} \\ \dot{x}_n \end{bmatrix} = \begin{bmatrix} 0 & 1 & 0 & \cdots & 0 \\ 0 & 0 & 1 & \cdots & 0 \\ \vdots & \vdots & \vdots & \vdots & \vdots \\ 0 & 0 & 0 & \cdots & 1 \\ -a_n & -a_{n-1} & -a_{n-2} & \cdots & -a_1 \end{bmatrix} \begin{bmatrix} x_1 \\ x_2 \\ \vdots \\ x_{n-1} \\ x_n \end{bmatrix} + \begin{bmatrix} 0 \\ 0 \\ \vdots \\ 0 \\ 1 \end{bmatrix} u \qquad (3-10)$$

取

$$\boldsymbol{x} = [x_1 \quad x_2 \quad \cdots \quad x_{n-1} \quad x_n]^{\mathrm{T}}$$

$$\boldsymbol{A} = \begin{bmatrix} 0 & 1 & 0 & \cdots & 0 \\ 0 & 0 & 1 & \cdots & 0 \\ \vdots & \vdots & \vdots & \vdots & \vdots \\ 0 & 0 & 0 & \cdots & 1 \\ -a_n & -a_{n-1} & -a_{n-2} & \cdots & -a_1 \end{bmatrix} \quad \boldsymbol{b} = \begin{bmatrix} 0 \\ 0 \\ \vdots \\ 0 \\ 1 \end{bmatrix}$$

式中：$\boldsymbol{x}$ 为状态向量；$\boldsymbol{A}$ 为状态矩阵；$\boldsymbol{b}$ 为输入向量。状态向量 $\boldsymbol{x}$ 的数值随时间变化，状态矩阵和输入向量的数值为固定值，不随时间变化。

输出方程为

$$y = [1 \quad 0 \quad \cdots \quad 0 \quad 0] \begin{bmatrix} x_1 \\ x_2 \\ \vdots \\ x_{n-1} \\ x_n \end{bmatrix}$$

取 $\boldsymbol{C}=[1 \quad 0 \quad \cdots \quad 0 \quad 0]$。于是，系统状态空间表达式可以简写为

$$\begin{cases}\dot{\boldsymbol{x}}=\boldsymbol{A}\boldsymbol{x}+\boldsymbol{b}u \\ y=\boldsymbol{C}\boldsymbol{x}\end{cases} \tag{3-11}$$

式中：$\boldsymbol{C}$ 为输出矩阵。

2. 输入量含导数项的微分方程建立状态空间表达式

输入量中含有微分项的单输入单输出系统的微分方程为

$$\frac{\mathrm{d}^n y}{\mathrm{d}t^n}+a_1\frac{\mathrm{d}^{n-1}y}{\mathrm{d}t^{n-1}}+a_2\frac{\mathrm{d}^{n-2}y}{\mathrm{d}t^{n-2}}+\cdots+a_{n-1}\frac{\mathrm{d}y}{\mathrm{d}t}+a_n y=b_0\frac{\mathrm{d}^n u}{\mathrm{d}t^n}+b_1\frac{\mathrm{d}^{n-1}u}{\mathrm{d}t^{n-1}}+\cdots+b_{n-1}\frac{\mathrm{d}u}{\mathrm{d}t}+b_n u$$

为了避免状态方程的输入项出现导数，可按如下方法选择状态变量。设

$$\begin{gathered}
x_1=y-\beta_0 u \\
x_2=\frac{\mathrm{d}y}{\mathrm{d}t}-\beta_0\frac{\mathrm{d}u}{\mathrm{d}t}-\beta_1 u=\dot{x}_1-\beta_1 u \\
x_3=\frac{\mathrm{d}^2 y}{\mathrm{d}t^2}-\beta_0\frac{\mathrm{d}^2 u}{\mathrm{d}t^2}-\beta_1\frac{\mathrm{d}u}{\mathrm{d}t}-\beta_2 u=\dot{x}_2-\beta_2 u \\
\vdots \\
x_n=\frac{\mathrm{d}^{n-1}y}{\mathrm{d}t^{n-1}}-\beta_0\frac{\mathrm{d}^{n-1}u}{\mathrm{d}t^{n-1}}-\beta_1\frac{\mathrm{d}^{n-2}u}{\mathrm{d}t^{n-2}}-\cdots-\beta_{n-2}\frac{\mathrm{d}u}{\mathrm{d}t}-\beta_{n-1}u=\dot{x}_{n-1}-\beta_{n-1}u
\end{gathered}$$

其中

$$\begin{gathered}
\beta_0=b_0 \\
\beta_1=b_1-a_1\beta_0 \\
\beta_2=b_2-a_1\beta_1-a_2\beta_0 \\
\vdots \\
\beta_n=b_n-a_1\beta_{n-1}-\cdots-a_{n-1}\beta_1-a_n\beta_0
\end{gathered}$$

整理设定状态变量，并代入系统微分方程，可得状态方程为

$$\begin{gathered}
\dot{x}_1=x_2+\beta_1 u \\
\dot{x}_2=x_3+\beta_2 u \\
\vdots \\
\dot{x}_{n-1}=x_n+\beta_{n-1}u \\
\dot{x}_n=-a_n x_1-a_{n-1}x_2-\cdots-a_1 x_n+\beta_n u
\end{gathered}$$

状态方程的矩阵形式为

$$\begin{bmatrix}\dot{x}_1 \\ \dot{x}_2 \\ \vdots \\ \dot{x}_{n-1} \\ \dot{x}_n\end{bmatrix}=\begin{bmatrix}0 & 1 & 0 & \cdots & 0 \\ 0 & 0 & 1 & \cdots & 0 \\ \vdots & \vdots & \vdots & \vdots & \vdots \\ 0 & 0 & 0 & \cdots & 1 \\ -a_n & -a_{n-1} & -a_{n-2} & \cdots & -a_1\end{bmatrix}\begin{bmatrix}x_1 \\ x_2 \\ \vdots \\ x_{n-1} \\ x_n\end{bmatrix}+\begin{bmatrix}\beta_1 \\ \beta_2 \\ \vdots \\ \beta_{n-1} \\ \beta_n\end{bmatrix}u \tag{3-12}$$

系统输出方程为

$$y=[1 \quad 0 \quad \cdots \quad 0 \quad 0]\begin{bmatrix} x_1 \\ x_2 \\ \vdots \\ x_{n-1} \\ x_n \end{bmatrix}+\beta_0 u$$

取

$$D=\beta_0$$

于是，状态空间表达式可以简写为

$$\begin{cases} \dot{\boldsymbol{x}}=\boldsymbol{A}\boldsymbol{x}+\boldsymbol{b}u \\ y=\boldsymbol{C}\boldsymbol{x}+Du \end{cases} \tag{3-13}$$

式中：D 为描述输入与输出直接连接关系的直接传输系数。

3. 多输入多输出系统的状态空间表达式

多输入多输出动态系统的状态方程和输出方程的一般形式为

$$\begin{cases} \dot{\boldsymbol{x}}(t)=\boldsymbol{A}(t)\boldsymbol{x}(t)+\boldsymbol{B}(t)\boldsymbol{u}(t) \\ \boldsymbol{y}(t)=\boldsymbol{C}(t)\boldsymbol{x}(t)+\boldsymbol{D}(t)\boldsymbol{u}(t) \end{cases} \tag{3-14}$$

式中：$\boldsymbol{A}(t)$ 为状态矩阵；$\boldsymbol{B}(t)$ 为输入矩阵；$\boldsymbol{C}(t)$ 为输出矩阵；$\boldsymbol{D}(t)$ 为直接传输矩阵。

方程（3-14）对应的框图如图 3-48 所示。

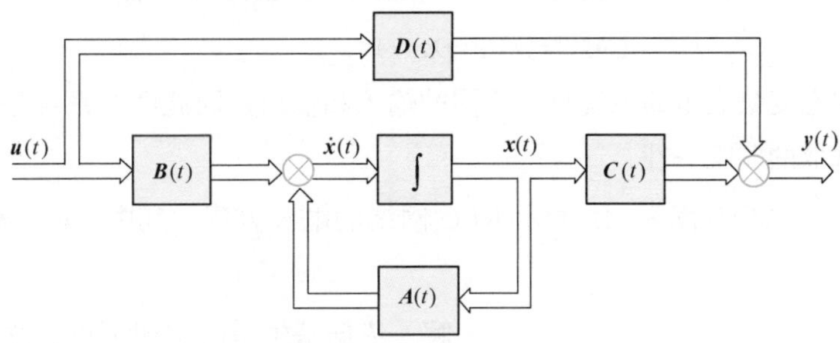

图 3-48　状态空间表示的线性连续时间控制系统的框图

对于线性定常动态系统，由于系数不随时间变化，因此 $\boldsymbol{A}(t)$、$\boldsymbol{B}(t)$、$\boldsymbol{C}(t)$ 和 $\boldsymbol{D}(t)$ 可写为 $\boldsymbol{A}$、$\boldsymbol{B}$、$\boldsymbol{C}$ 和 $\boldsymbol{D}$。于是，线性定常动态系统的状态空间表达式的一般形式为

$$\begin{cases} \dot{\boldsymbol{x}}(t)=\boldsymbol{A}\boldsymbol{x}(t)+\boldsymbol{B}\boldsymbol{u}(t) \\ \boldsymbol{y}(t)=\boldsymbol{C}\boldsymbol{x}(t)+\boldsymbol{D}\boldsymbol{u}(t) \end{cases} \tag{3-15}$$

4. 状态变量的非唯一性

状态变量的非唯一性是指，在系统外部等效（输入和输出相同）的前提下，任何动态系统（不限于线性系统）内部的状态变量的选取具有一定的任意性。

状态变量非唯一性的数学证明如下：

线性定常动态系统的状态方程和输出方程为

$$\begin{cases}\dot{\boldsymbol{x}}(t)=\boldsymbol{A}\boldsymbol{x}(t)+\boldsymbol{B}\boldsymbol{u}(t),\quad \boldsymbol{x}(t_0)=\boldsymbol{x}_0\\ \boldsymbol{y}(t)=\boldsymbol{C}\boldsymbol{x}(t)+\boldsymbol{D}\boldsymbol{u}(t)\end{cases}$$

利用矩阵的线性变换，将状态变量向量 $\boldsymbol{x}(t)$ 换成另一个状态变量向量 $\boldsymbol{z}(t)$，取

$$\boldsymbol{z}(t)=\boldsymbol{M}\boldsymbol{x}(t)$$

式中：$\boldsymbol{M}$ 为一个满秩的方阵。

于是，有

$$\boldsymbol{x}(t)=\boldsymbol{M}^{-1}\boldsymbol{z}(t)$$

将上式代入状态方程，可得

$$\boldsymbol{M}^{-1}\dot{\boldsymbol{z}}(t)=\boldsymbol{A}\boldsymbol{M}^{-1}\boldsymbol{z}(t)+\boldsymbol{B}\boldsymbol{u}(t)$$

整理后，有

$$\dot{\boldsymbol{z}}(t)=\boldsymbol{M}\boldsymbol{A}\boldsymbol{M}^{-1}\boldsymbol{z}(t)+\boldsymbol{M}\boldsymbol{B}\boldsymbol{u}(t)$$

初始值变为

$$\boldsymbol{z}(t_0)=\boldsymbol{M}\boldsymbol{x}_0$$

输出方程为

$$\boldsymbol{y}(t)=\boldsymbol{C}\boldsymbol{M}^{-1}\boldsymbol{z}(t)+\boldsymbol{D}\boldsymbol{u}(t)$$

故，得到新状态变量向量 $\boldsymbol{z}(t)$、原输入量 $\boldsymbol{u}(t)$ 与输出量 $\boldsymbol{y}(t)$ 表示的系统状态方程和输出方程

$$\begin{cases}\dot{\boldsymbol{z}}(t)=\boldsymbol{M}\boldsymbol{A}\boldsymbol{M}^{-1}\boldsymbol{z}(t)+\boldsymbol{M}\boldsymbol{B}\boldsymbol{u}(t),\quad \boldsymbol{z}(t_0)=\boldsymbol{M}\boldsymbol{x}_0\\ \boldsymbol{y}(t)=\boldsymbol{C}\boldsymbol{M}^{-1}\boldsymbol{z}(t)+\boldsymbol{D}\boldsymbol{u}(t)\end{cases}$$

由于两组状态变量表示的系统具有相同的输入和输出，因此两个系统是等效的，这证明了状态变量选取的非唯一性。

［例 3-10］ 试列写图 3-49 所示 RLC 网络的电路方程。其中，u_i 为输入量，u_o 为输出量。

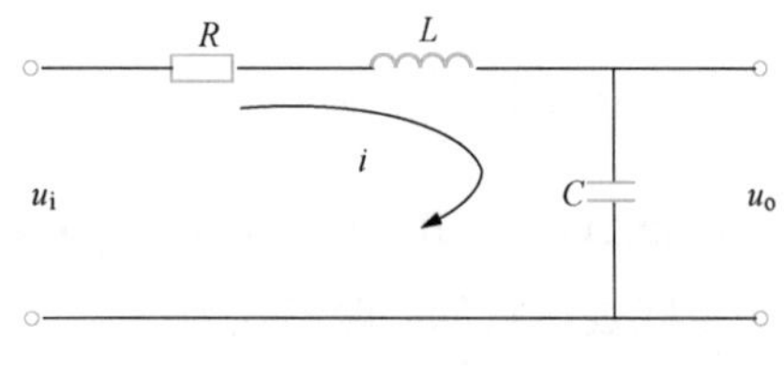

图 3-49 RLC 网络

解 依据基尔霍夫定律可以建立图 3-49 所示网络的电压平衡方程为

$$Ri+L\frac{\mathrm{d}i}{\mathrm{d}t}+\frac{1}{C}\int i\mathrm{d}t=u_\mathrm{i}$$

网络输出为

$$y=u_\mathrm{o}=\frac{1}{C}\int i\mathrm{d}t$$

选取电流 i 和 u_o 为状态变量，即

$$x_1=i$$

$$x_2=\frac{1}{C}\int i\mathrm{d}t$$

得到状态方程为

$$\dot{x}_1 = -\frac{R}{L}x_1 - \frac{1}{L}x_2 + \frac{1}{L}u_i$$

$$\dot{x}_2 = \frac{1}{C}x_1$$

输出方程为

$$y = x_2$$

矩阵形式为

$$\begin{bmatrix}\dot{x}_1\\ \dot{x}_2\end{bmatrix} = \begin{bmatrix}-\frac{R}{L} & -\frac{1}{L}\\ \frac{1}{C} & 0\end{bmatrix}\begin{bmatrix}x_1\\ x_2\end{bmatrix} + \begin{bmatrix}\frac{1}{L}\\ 0\end{bmatrix}u_i$$

$$\boldsymbol{y} = \begin{bmatrix}0 & 1\end{bmatrix}\begin{bmatrix}x_1\\ x_2\end{bmatrix}$$

考虑到状态变量选取的非唯一性，可再选如下状态变量，即

$$x_1 = i$$

$$x_2 = \int i\mathrm{d}t$$

于是得到状态方程为

$$\dot{x}_1 = -\frac{R}{L}x_1 - \frac{1}{LC}x_2 + \frac{1}{L}u_i$$

$$\dot{x}_2 = x_1$$

输出方程为

$$y = \frac{1}{C}x_2$$

矩阵形式为

$$\begin{bmatrix}\dot{x}_1\\ \dot{x}_2\end{bmatrix} = \begin{bmatrix}-\frac{R}{L} & -\frac{1}{LC}\\ 1 & 0\end{bmatrix}\begin{bmatrix}x_1\\ x_2\end{bmatrix} + \begin{bmatrix}\frac{1}{L}\\ 0\end{bmatrix}u_i$$

$$\boldsymbol{y} = \begin{bmatrix}0 & \frac{1}{C}\end{bmatrix}\begin{bmatrix}x_1\\ x_2\end{bmatrix}$$

设

$$\boldsymbol{x} = \begin{bmatrix}x_1\\ x_2\end{bmatrix} = \begin{bmatrix}i\\ \frac{1}{C}\int i\mathrm{d}t\end{bmatrix}$$

$$\boldsymbol{z} = \begin{bmatrix}z_1\\ z_2\end{bmatrix} = \begin{bmatrix}i\\ \int i\mathrm{d}t\end{bmatrix}$$

取

$$\boldsymbol{x} = \boldsymbol{M}\boldsymbol{z}$$

可得

$$\boldsymbol{M} = \begin{bmatrix} 1 & 0 \\ 0 & \frac{1}{C} \end{bmatrix}$$

式中：$\boldsymbol{M}$ 为满秩方阵。

这说明只要两组状态变量间可以通过非奇异矩阵进行相互转换，那么它们对系统的描述就是等效的。由于非奇异变换矩阵无穷多，因此状态变量的选择不具有唯一性。

第五节　线性定常系统状态方程的解

本节主要介绍齐次状态方程和非齐次状态方程的求解方法。

一、 齐次状态方程的解

线性定常系统的状态空间模型的状态方程为

$$\dot{\boldsymbol{x}}(t) = \boldsymbol{A}\boldsymbol{x}(t) + \boldsymbol{B}\boldsymbol{u}(t)$$

若为齐次状态方程可以视作无输入的自由系统，其方程为

$$\dot{\boldsymbol{x}}(t) = \boldsymbol{A}\boldsymbol{x}(t) \tag{3-16}$$

按下式形式选取状态向量 $\boldsymbol{x}(t)$

$$\boldsymbol{x}(t) = \boldsymbol{b}_0 + \boldsymbol{b}_1 t + \boldsymbol{b}_2 t^2 + \cdots + \boldsymbol{b}_k t^k + \cdots$$

将上式中的 $\boldsymbol{x}(t)$ 代入方程（3-16），可得

$$\boldsymbol{b}_1 + 2\boldsymbol{b}_2 t + \cdots + k\boldsymbol{b}_k t^{k-1} + \cdots = \boldsymbol{A}(\boldsymbol{b}_0 + \boldsymbol{b}_1 t + \boldsymbol{b}_2 t^2 + \cdots + \boldsymbol{b}_k t^k + \cdots)$$

考虑到等式两端相同阶次变量的系数相等，于是有下列等式成立

$$\begin{cases} \boldsymbol{b}_1 = \boldsymbol{A}\boldsymbol{b}_0 \\ \boldsymbol{b}_2 = \frac{1}{2}\boldsymbol{A}\boldsymbol{b}_1 = \frac{1}{2!}\boldsymbol{A}^2\boldsymbol{b}_0 \\ \vdots \\ \boldsymbol{b}_k = \frac{1}{k!}\boldsymbol{A}^k\boldsymbol{b}_0 \end{cases}$$

当 $t=0$ 时，$\boldsymbol{x}(0)=\boldsymbol{b}_0$，故 $\boldsymbol{x}(t)$ 又可以写成

$$\boldsymbol{x}(t) = \left(\mathbf{I} + \boldsymbol{A}t + \frac{1}{2!}\boldsymbol{A}^2 t^2 + \cdots + \frac{1}{k!}\boldsymbol{A}^k t^k + \cdots\right)\boldsymbol{x}(0)$$

令

$$\mathbf{I} + \boldsymbol{A}t + \frac{1}{2!}\boldsymbol{A}^2 t^2 + \cdots + \frac{1}{k!}\boldsymbol{A}^k t^k + \cdots = \mathrm{e}^{\boldsymbol{A}t}$$

式中：e^{At} 为矩阵指数。

线性定常系统的状态空间模型的状态方程的解为

$$\boldsymbol{x}(t)=e^{\boldsymbol{A}t}\boldsymbol{x}(0) \tag{3-17}$$

此解能够描述自由系统从初始状态随时间变化的全过程。

二、齐次状态方程的拉普拉斯变换解法

设齐次状态方程为

$$\dot{\boldsymbol{x}}(t)=\boldsymbol{A}\boldsymbol{x}(t)$$

对上述方程的等式两端同时取拉普拉斯变换，可得

$$s\boldsymbol{X}(s)-\boldsymbol{x}(0)=\boldsymbol{A}\boldsymbol{X}(s)$$

整理后，有

$$(s\mathbf{I}-\boldsymbol{A})\boldsymbol{X}(s)=\boldsymbol{x}(0)$$

式中：$\mathbf{I}$ 为单位矩阵。

拉普拉斯变换形式的解为

$$\boldsymbol{X}(s)=(s\mathbf{I}-\boldsymbol{A})^{-1}\boldsymbol{x}(0) \tag{3-18}$$

对 $\boldsymbol{X}(s)$ 求拉普拉斯逆变换，有

$$\boldsymbol{x}(t)=\mathscr{L}^{-1}[(s\mathbf{I}-\boldsymbol{A})^{-1}]\boldsymbol{x}(0)$$

由于

$$(s\mathbf{I}-\boldsymbol{A})^{-1}=\frac{\mathbf{I}}{s}+\frac{\boldsymbol{A}}{s^2}+\frac{\boldsymbol{A}^2}{s^3}+\cdots$$

因此，$(s\mathbf{I}-\boldsymbol{A})^{-1}$ 的拉普拉斯逆变换为

$$\mathscr{L}^{-1}[(s\mathbf{I}-\boldsymbol{A})^{-1}]=\mathbf{I}+\boldsymbol{A}t+\frac{\boldsymbol{A}^2t^2}{2!}+\cdots=e^{\boldsymbol{A}t}$$

于是，线性定常系统的状态空间模型的状态方程的解为

$$\boldsymbol{x}(t)=e^{\boldsymbol{A}t}\boldsymbol{x}(0)$$

［例 3-11］ 系统状态方程为

$$\begin{bmatrix}\dot{x}_1(t)\\ \dot{x}_2(t)\end{bmatrix}=\begin{bmatrix}0 & 1\\ -2 & -3\end{bmatrix}\begin{bmatrix}x_1(t)\\ x_2(t)\end{bmatrix}$$

试求状态方程的解。

解 （1）拉普拉斯变换法。

状态矩阵为

$$\boldsymbol{A}=\begin{bmatrix}0 & 1\\ -2 & -3\end{bmatrix}$$

那么

$$s\mathbf{I}-\mathbf{A}=\begin{bmatrix} s & -1 \\ 2 & s+3 \end{bmatrix}$$

$$(s\mathbf{I}-\mathbf{A})^{-1}=\frac{\operatorname{adj}(s\mathbf{I}-\mathbf{A})}{\det(s\mathbf{I}-\mathbf{A})}=\frac{\begin{bmatrix} s+3 & 1 \\ -2 & s \end{bmatrix}}{(s+1)(s+2)}=\begin{bmatrix} \frac{2}{s+1}-\frac{1}{s+2} & \frac{1}{s+1}-\frac{1}{s+2} \\ -\frac{2}{s+1}+\frac{2}{s+2} & -\frac{1}{s+1}+\frac{2}{s+2} \end{bmatrix}$$

对 $(s\mathbf{I}-\mathbf{A})^{-1}$ 求拉普拉斯逆变换，得

$$\mathrm{e}^{\mathbf{A}t}=\mathscr{L}^{-1}[(s\mathbf{I}-\mathbf{A})^{-1}]=\begin{bmatrix} 2\mathrm{e}^{-t}-\mathrm{e}^{-2t} & \mathrm{e}^{-t}-\mathrm{e}^{-2t} \\ -2\mathrm{e}^{-t}+2\mathrm{e}^{-2t} & -\mathrm{e}^{-t}+2\mathrm{e}^{-2t} \end{bmatrix}$$

由于

$$\boldsymbol{x}(t)=\mathrm{e}^{\mathbf{A}t}\boldsymbol{x}(0)$$

因此

$$\begin{bmatrix} \dot{x}_1(t) \\ \dot{x}_2(t) \end{bmatrix}=\begin{bmatrix} 2\mathrm{e}^{-t}-\mathrm{e}^{-2t} & \mathrm{e}^{-t}-\mathrm{e}^{-2t} \\ -2\mathrm{e}^{-t}+2\mathrm{e}^{-2t} & -\mathrm{e}^{-t}+2\mathrm{e}^{-2t} \end{bmatrix}\begin{bmatrix} x_1(0) \\ x_2(0) \end{bmatrix}$$

（2）矩阵变换方法。

$$\mathrm{e}^{\mathbf{A}t}=\boldsymbol{P}\mathrm{e}^{\boldsymbol{D}t}\boldsymbol{P}^{-1}$$

式中：$\boldsymbol{P}$ 为变换矩阵。

状态矩阵 $\mathbf{A}$ 的特征方程为

$$\lambda\mathbf{I}-\mathbf{A}=\begin{bmatrix} \lambda & -1 \\ 2 & \lambda+3 \end{bmatrix}=(\lambda+1)(\lambda+2)=0$$

特征值为 $\lambda=-1$ 和 $\lambda=-2$。

$$\boldsymbol{D}=\begin{bmatrix} -1 & 0 \\ 0 & -2 \end{bmatrix}$$

于是，有

$$\mathrm{e}^{\boldsymbol{D}t}=\begin{bmatrix} \mathrm{e}^{-t} & 0 \\ 0 & \mathrm{e}^{-2t} \end{bmatrix}$$

由于

$$\boldsymbol{D}=\boldsymbol{P}^{-1}\boldsymbol{A}\boldsymbol{P}$$

故，有

$$\boldsymbol{P}\boldsymbol{D}=\boldsymbol{A}\boldsymbol{P}$$

$$\begin{bmatrix} p_{11} & p_{12} \\ p_{21} & p_{22} \end{bmatrix}\begin{bmatrix} -1 & 0 \\ 0 & -2 \end{bmatrix}=\begin{bmatrix} 0 & 1 \\ -2 & -3 \end{bmatrix}\begin{bmatrix} p_{11} & p_{12} \\ p_{21} & p_{22} \end{bmatrix}$$

解上式得 $p_{11}=-p_{21}$ 和 $p_{22}=-2p_{12}$。考虑到上式方程不独立，不能得到唯一解，因此取 $p_{11}=1$ 和 $p_{12}=1$，代入上式解得 $p_{21}=-1$ 和 $p_{22}=-2$。于是得到变换矩阵

$$\boldsymbol{P}=\begin{bmatrix}1 & 1\\ -1 & -2\end{bmatrix}$$

矩阵 $\boldsymbol{P}$ 的逆阵为

$$\boldsymbol{P}^{-1}=\begin{bmatrix}2 & 1\\ -1 & -1\end{bmatrix}$$

$$\mathrm{e}^{\boldsymbol{A}t}=\begin{bmatrix}1 & 1\\ -1 & -2\end{bmatrix}\begin{bmatrix}\mathrm{e}^{-t} & 0\\ 0 & \mathrm{e}^{-2t}\end{bmatrix}\begin{bmatrix}2 & 1\\ -1 & -1\end{bmatrix}=\begin{bmatrix}2\mathrm{e}^{-t}-\mathrm{e}^{-2t} & \mathrm{e}^{-t}-\mathrm{e}^{-2t}\\ -2\mathrm{e}^{-t}+2\mathrm{e}^{-2t} & -\mathrm{e}^{-t}+2\mathrm{e}^{-2t}\end{bmatrix}$$

因此，有

$$\begin{bmatrix}\dot{x}_1(t)\\ \dot{x}_2(t)\end{bmatrix}=\begin{bmatrix}2\mathrm{e}^{-t}-\mathrm{e}^{-2t} & \mathrm{e}^{-t}-\mathrm{e}^{-2t}\\ -2\mathrm{e}^{-t}+2\mathrm{e}^{-2t} & -\mathrm{e}^{-t}+2\mathrm{e}^{-2t}\end{bmatrix}\begin{bmatrix}x_1(0)\\ x_2(0)\end{bmatrix}$$

三、 状态转移矩阵

设齐次状态方程 $\dot{\boldsymbol{x}}(t)=\boldsymbol{A}\boldsymbol{x}(t)$ 的解为

$$\boldsymbol{x}(t)=\boldsymbol{\Phi}(t)\boldsymbol{x}(0)$$

式中：$\boldsymbol{\Phi}(t)$ 称为状态转移矩阵，是 n 维方阵。

状态转移矩阵 $\boldsymbol{\Phi}(t)$ 中包含齐次状态方程所描述的系统自由运动的全部信息。将 $\boldsymbol{x}(t)$ 代入齐次状态方程，有

$$\begin{cases}\dot{\boldsymbol{x}}(t)=\dot{\boldsymbol{\Phi}}(t)\boldsymbol{x}(0)\\ \boldsymbol{A}\boldsymbol{x}(t)=\boldsymbol{A}\boldsymbol{\Phi}(t)\boldsymbol{x}(0)\\ \dot{\boldsymbol{x}}(t)=\boldsymbol{A}\boldsymbol{x}(t)\end{cases}$$

于是可得

$$\dot{\boldsymbol{\Phi}}(t)=\boldsymbol{A}\boldsymbol{\Phi}(t)$$

用状态转移矩阵描述的状态方程为

$$\dot{\boldsymbol{x}}(t)=\boldsymbol{A}\boldsymbol{\Phi}(t)\boldsymbol{x}(0)$$

状态转移矩阵的数学表达式为

$$\boldsymbol{\Phi}(t)=\mathrm{e}^{\boldsymbol{A}t}=\mathscr{L}^{-1}[(s\mathbf{I}-\boldsymbol{A})^{-1}] \tag{3-19}$$

方程（3-19）中矩阵 $(s\mathbf{I}-\boldsymbol{A})^{-1}$ 描述了自由系统的全部运行行为，其计算式为

$$(s\mathbf{I}-\boldsymbol{A})^{-1}=\frac{\mathrm{adj}(s\mathbf{I}-\boldsymbol{A})}{\det(s\mathbf{I}-\boldsymbol{A})}$$

式中，$\mathrm{adj}(s\mathbf{I}-\boldsymbol{A})$ 为矩阵 $s\mathbf{I}-\boldsymbol{A}$ 的伴随矩阵，$\det(s\mathbf{I}-\boldsymbol{A})$ 为矩阵 $s\mathbf{I}-\boldsymbol{A}$ 的行列式。将 $(s\mathbf{I}-\boldsymbol{A})^{-1}$ 的分母按式（3-10）所示系统展开后，可得

$$\det(s\mathbf{I}-\boldsymbol{A})=s^n+a_1s^{n-1}+\cdots+a_{n-1}s+a_n \tag{3-20}$$

式（3-20）称为系统特征多项式。若令

$$\det(s\mathbf{I}-\boldsymbol{A})=0 \tag{3-21}$$

则得到系统特征方程。

由于状态变量存在多种选取方式，因此对于同一个系统存在多种数学表达方式，但无论状态变量如何选取，描述系统运行行为的状态转移矩阵的数学描述必须是唯一的。这就要求矩阵 $s\mathbf{I}-\mathbf{A}$ 具有特征值不变的性质。

若要证明特征值不变性，就需要证明状态矩阵线性变换前后的特征多项式不变，即

$$|\lambda\mathbf{I}-\mathbf{A}|=|\lambda\mathbf{I}-\boldsymbol{P}^{-1}\mathbf{A}\boldsymbol{P}|$$

这里，$\boldsymbol{P}$ 为变换矩阵。

证明

$$\begin{aligned}|\lambda\mathbf{I}-\boldsymbol{P}^{-1}\mathbf{A}\boldsymbol{P}|&=|\lambda\boldsymbol{P}^{-1}\boldsymbol{P}-\boldsymbol{P}^{-1}\mathbf{A}\boldsymbol{P}|=|\boldsymbol{P}^{-1}(\lambda\mathbf{I}-\mathbf{A})\boldsymbol{P}|=|\boldsymbol{P}^{-1}||\lambda\mathbf{I}-\mathbf{A}||\boldsymbol{P}|\\&=|\boldsymbol{P}^{-1}||\boldsymbol{P}||\lambda\mathbf{I}-\mathbf{A}|=|\boldsymbol{P}^{-1}\boldsymbol{P}||\lambda\mathbf{I}-\mathbf{A}|=|\lambda\mathbf{I}-\mathbf{A}|\end{aligned}$$

状态转移矩阵的初值等于 $\boldsymbol{x}(0)$，

$$\boldsymbol{x}(0)=\boldsymbol{\Phi}(0)\boldsymbol{x}(0)$$

故

$$\boldsymbol{\Phi}(0)=\mathbf{I}$$

如果状态矩阵 $\mathbf{A}$ 的特征值 $\lambda_1,\lambda_2,\cdots,\lambda_n$ 相异，即 $\mathbf{A}$ 的特征值互不相等，$\boldsymbol{\Phi}(t)$ 将包含 n 个指数函数 $e^{\lambda_1},e^{\lambda_2},\cdots,e^{\lambda_n}$。当 $\mathbf{A}$ 为对角阵时，$\boldsymbol{\Phi}(t)$ 为

$$\boldsymbol{\Phi}(t)=e^{\mathbf{A}t}=\begin{bmatrix}e^{\lambda_1 t} & & & 0\\ & e^{\lambda_2 t} & & \\ & & \ddots & \\ 0 & & & e^{\lambda_n t}\end{bmatrix}\tag{3-22}$$

当 $\mathbf{A}$ 的 n 个特征值都相同时，设 λ 为此 n 阶重特征值

$$\boldsymbol{\Phi}(t)=e^{\mathbf{A}t}=\boldsymbol{s}e^{\boldsymbol{J}t}\boldsymbol{s}^{-1}$$

式中，$\boldsymbol{J}=\boldsymbol{s}^{-1}\mathbf{A}\boldsymbol{s}=\begin{bmatrix}\lambda & 1 & & & 0\\ & \lambda & 1 & & \\ & & \lambda & \ddots & \\ & & & \ddots & 1\\ 0 & & & & \lambda\end{bmatrix}$ 为 $\mathbf{A}$ 的约当标准型；$\boldsymbol{s}$ 为过渡矩阵可通过计算获得；

进而可得

$$e^{\boldsymbol{J}t}=\begin{bmatrix}e^{\lambda t} & te^{\lambda t} & \frac{t^2}{2}e^{\lambda t} & \cdots & \frac{t^{m-1}}{(m-1)!}e^{\lambda t}\\ 0 & e^{\lambda t} & te^{\lambda t} & \cdots & \frac{t^{m-2}}{(m-2)!}e^{\lambda t}\\ 0 & 0 & e^{\lambda t} & \cdots & \frac{t^{m-3}}{(m-3)!}e^{\lambda t}\\ \vdots & \vdots & \vdots & \vdots & \vdots\\ 0 & 0 & 0 & \cdots & te^{\lambda t}\\ 0 & 0 & 0 & \cdots & e^{\lambda t}\end{bmatrix}$$

[例 3-12] 试求状态矩阵 $\boldsymbol{A}=\begin{bmatrix}0 & 1 & 0\\ 0 & 0 & 1\\ 1 & -3 & 3\end{bmatrix}$ 的状态转移矩阵。

解 约当标准型解法。状态矩阵 $\boldsymbol{A}$ 的特征值求解方法为

$$|\lambda\mathbf{I}-\boldsymbol{A}|=\begin{vmatrix}\lambda & -1 & 0\\ 0 & \lambda & -1\\ -1 & 3 & \lambda-3\end{vmatrix}=\lambda^2(\lambda-3)-1+3\lambda=\lambda^3-3\lambda^2+3\lambda-1=(\lambda-1)^3=0$$

说明状态转移矩阵具有一个三重特征值 $\lambda=1$。其约当标准型为

$$\boldsymbol{J}=\begin{bmatrix}1 & 1 & 0\\ 0 & 1 & 1\\ 0 & 0 & 1\end{bmatrix}$$

根据方程 $\boldsymbol{J}=\boldsymbol{s}^{-1}\boldsymbol{A}\boldsymbol{s}$，可采用待定系数法求解过渡矩阵 $\boldsymbol{s}$。将方程 $\boldsymbol{J}=\boldsymbol{s}^{-1}\boldsymbol{A}\boldsymbol{s}$ 转换为如下形式

$$\boldsymbol{s}\boldsymbol{J}=\boldsymbol{A}\boldsymbol{s}$$

过渡矩阵 $\boldsymbol{s}$ 的待定系数形式为

$$\boldsymbol{s}=\begin{bmatrix}s_{11} & s_{12} & s_{13}\\ s_{21} & s_{22} & s_{23}\\ s_{31} & s_{32} & s_{33}\end{bmatrix}$$

于是有

$$\boldsymbol{s}\boldsymbol{J}=\begin{bmatrix}s_{11} & s_{12} & s_{13}\\ s_{21} & s_{22} & s_{23}\\ s_{31} & s_{32} & s_{33}\end{bmatrix}\begin{bmatrix}1 & 1 & 0\\ 0 & 1 & 1\\ 0 & 0 & 1\end{bmatrix}=\begin{bmatrix}s_{11} & s_{11}+s_{12} & s_{12}+s_{13}\\ s_{21} & s_{21}+s_{22} & s_{22}+s_{23}\\ s_{31} & s_{31}+s_{32} & s_{32}+s_{33}\end{bmatrix}$$

$$\boldsymbol{A}\boldsymbol{s}=\begin{bmatrix}0 & 1 & 0\\ 0 & 0 & 1\\ 1 & -3 & 3\end{bmatrix}\begin{bmatrix}s_{11} & s_{12} & s_{13}\\ s_{21} & s_{22} & s_{23}\\ s_{31} & s_{32} & s_{33}\end{bmatrix}=\begin{bmatrix}s_{21} & s_{22} & s_{23}\\ s_{31} & s_{32} & s_{33}\\ s_{11}-3s_{21}+3s_{31} & s_{12}-3s_{22}+3s_{32} & s_{13}-3s_{23}+3s_{33}\end{bmatrix}$$

分别可得三列元素对应的方程，第一列对应的方程组为

$$\begin{cases}s_{11}=s_{21}\\ s_{21}=s_{31}\\ s_{31}=s_{11}-3s_{21}+3s_{31}\end{cases}$$

方程组不独立，可得系数关系为 $s_{11}=s_{21}=s_{31}$；第二列对应的方程组为

$$\begin{cases}s_{11}+s_{12}=s_{22}\\ s_{21}+s_{22}=s_{32}\\ s_{31}+s_{32}=s_{12}-3s_{22}+3s_{32}\end{cases}$$

方程组不独立；第三列对应的方程组为

$$\begin{cases} s_{12}+s_{13}=s_{23} \\ s_{22}+s_{23}=s_{33} \\ s_{32}+s_{33}=s_{13}-3s_{23}+3s_{33} \end{cases}$$

方程组不独立。由于三个方程组均不独立，不能得到唯一解，因此人为选定一组解。

取 $s_{11}=1$，可得 $s_{21}=s_{31}=1$。将此结果代入第二列的方程组，可解得 $s_{32}=2$，进而解出 $s_{12}=0$ 和 $s_{22}=1$。将所有已知系数代入第三列的方程组，此方程组依然不独立，故再取 $s_{13}=1$，最终可以解得 $s_{23}=0$ 和 $s_{33}=1$。于是得到过渡矩阵 $\boldsymbol{s}$ 为

$$\boldsymbol{s}=\begin{bmatrix} 1 & 0 & 0 \\ 1 & 1 & 0 \\ 1 & 2 & 1 \end{bmatrix}$$

约当标准型解法。由于

$$\boldsymbol{\Phi}(t)=\mathrm{e}^{\boldsymbol{A}t}=\boldsymbol{s}\mathrm{e}^{\boldsymbol{J}t}\boldsymbol{s}^{-1}$$

且

$$\boldsymbol{s}^{-1}=\begin{bmatrix} 1 & 0 & 0 \\ -1 & 1 & 0 \\ 1 & -2 & 1 \end{bmatrix} \qquad \mathrm{e}^{\boldsymbol{J}t}=\begin{bmatrix} \mathrm{e}^t & t\mathrm{e}^t & 0.5t^2\mathrm{e}^t \\ 0 & \mathrm{e}^t & t\mathrm{e}^t \\ 0 & 0 & \mathrm{e}^t \end{bmatrix}$$

可得到

$$\begin{aligned} \boldsymbol{\Phi}(t) &= \begin{bmatrix} 1 & 0 & 0 \\ 1 & 1 & 0 \\ 1 & 2 & 1 \end{bmatrix}\begin{bmatrix} \mathrm{e}^t & t\mathrm{e}^t & 0.5t^2\mathrm{e}^t \\ 0 & \mathrm{e}^t & t\mathrm{e}^t \\ 0 & 0 & \mathrm{e}^t \end{bmatrix}\begin{bmatrix} 1 & 0 & 0 \\ -1 & 1 & 0 \\ 1 & -2 & 1 \end{bmatrix} \\ &= \begin{bmatrix} \mathrm{e}^t-t\mathrm{e}^t+0.5t^2\mathrm{e}^t & t\mathrm{e}^t-t^2\mathrm{e}^t & 0.5t^2\mathrm{e}^t \\ 0.5t^2\mathrm{e}^t & \mathrm{e}^t-t\mathrm{e}^t+t^2\mathrm{e}^t & t\mathrm{e}^t+0.5t^2\mathrm{e}^t \\ t\mathrm{e}^t+0.5t^2\mathrm{e}^t & -3t\mathrm{e}^t-t^2\mathrm{e}^t & \mathrm{e}^t+2t\mathrm{e}^t+0.5t^2\mathrm{e}^t \end{bmatrix} \end{aligned}$$

由于

$$\boldsymbol{\Phi}(t)=\mathrm{e}^{\boldsymbol{A}t}=\mathscr{L}^{-1}[(s\mathbf{I}-\boldsymbol{A})^{-1}]$$

且根据已知条件，可得

$$s\mathbf{I}-\boldsymbol{A}=\begin{bmatrix} s & -1 & 0 \\ 0 & s & -1 \\ -1 & 3 & s-3 \end{bmatrix}$$

$$(s\mathbf{I}-\boldsymbol{A})^{-1}=\frac{\mathrm{adj}(s\mathbf{I}-\boldsymbol{A})}{\det(s\mathbf{I}-\boldsymbol{A})}$$

$$\det(s\mathbf{I}-\boldsymbol{A})=(s-1)^3$$

$$\operatorname{adj}(s\mathbf{I}-\mathbf{A})=\begin{bmatrix} \begin{vmatrix} s & -1 \\ 3 & s-3 \end{vmatrix} & -\begin{vmatrix} 0 & -1 \\ -1 & s-3 \end{vmatrix} & \begin{vmatrix} 0 & s \\ -1 & 3 \end{vmatrix} \\ -\begin{vmatrix} -1 & 0 \\ 3 & s-3 \end{vmatrix} & \begin{vmatrix} s & 0 \\ -1 & s-3 \end{vmatrix} & -\begin{vmatrix} s & -1 \\ -1 & 3 \end{vmatrix} \\ \begin{vmatrix} -1 & 0 \\ s & -1 \end{vmatrix} & -\begin{vmatrix} s & 0 \\ 0 & -1 \end{vmatrix} & \begin{vmatrix} s & -1 \\ 0 & s \end{vmatrix} \end{bmatrix}^{\mathrm{T}}$$

$$=\begin{bmatrix} s^2-3s+3 & 1 & s \\ s-3 & s^2-3s & -3s+1 \\ 1 & s & s^2 \end{bmatrix}^{\mathrm{T}}=\begin{bmatrix} s^2-3s+3 & s-3 & 1 \\ 1 & s^2-3s & s \\ s & -3s+1 & s^2 \end{bmatrix}$$

因此，有

$$(s\mathbf{I}-\mathbf{A})^{-1}=\frac{\operatorname{adj}(s\mathbf{I}-\mathbf{A})}{\det(s\mathbf{I}-\mathbf{A})}=\frac{\begin{bmatrix} s^2-3s+3 & s-3 & 1 \\ 1 & s^2-3s & s \\ s & -3s+1 & s^2 \end{bmatrix}}{(s-1)^3}$$

对 $(s\mathbf{I}-\mathbf{A})^{-1}$进行拉普拉斯逆变换，可得状态转移矩阵

$$\boldsymbol{\Phi}(t)=\mathscr{L}^{-1}[(s\mathbf{I}-\mathbf{A})^{-1}]=\begin{bmatrix} \mathrm{e}^t-t\mathrm{e}^t+\frac{1}{2}t^2\mathrm{e}^t & t\mathrm{e}^t-t^2\mathrm{e}^t & \frac{1}{2}t^2\mathrm{e}^t \\ \frac{1}{2}t^2\mathrm{e}^t & \mathrm{e}^t-t\mathrm{e}^t-t^2\mathrm{e}^t & t\mathrm{e}^t+\frac{1}{2}t^2\mathrm{e}^t \\ t\mathrm{e}^t+\frac{1}{2}t^2\mathrm{e}^t & -3t\mathrm{e}^t-t^2\mathrm{e}^t & \mathrm{e}^t+2t\mathrm{e}^t+\frac{1}{2}t^2\mathrm{e}^t \end{bmatrix}$$

四、 状态转移矩阵的性质

对于线性定常齐次状态方程 $\dot{\boldsymbol{x}}(t)=\mathbf{A}\boldsymbol{x}(t)$，它的状态转移矩阵为

$$\boldsymbol{\Phi}(t)=\mathrm{e}^{\mathbf{A}t}$$

从上述方程可以看出，状态转移矩阵 $\boldsymbol{\Phi}(t)$ 是由 n 维方阵 $\mathbf{A}$ 的矩阵指数 $\mathrm{e}^{\mathbf{A}t}$ 表示的，因此，$\mathrm{e}^{\mathbf{A}t}$ 的收敛性证明成为状态转移矩阵存在的根本。于是，证明 $\mathrm{e}^{\mathbf{A}t}$ 的收敛性成为首要问题，接下来再介绍状态转移矩阵的性质。

（1）证明 $\mathrm{e}^{\mathbf{A}t}$ 的收敛性。$\mathrm{e}^{\mathbf{A}t}$ 的级数展开式为

$$\mathrm{e}^{\mathbf{A}t}=\sum_{k=0}^{\infty}\frac{\mathbf{A}^k t^k}{k!}$$

对于一切正整数 k，有下列不等式成立

$$\left\|\frac{\mathbf{A}^k}{k!}\right\|\leqslant\frac{\|\mathbf{A}\|^k}{k!}$$

式中：$\|\mathbf{A}\|$为矩阵范数，表示从 $n\times n$ 线性空间到时域上的一个函数。

再者，对于任意矩阵 $\mathbf{A}$，$\|\mathbf{A}\|$为一个确定的实数，因此数值级数

$$\sum_{k=0}^{\infty}\frac{\|\mathbf{A}\|^k}{k!}=\|\mathbf{I}\|+\|\mathbf{A}\|+\frac{\|\mathbf{A}\|^2}{2!}+\cdots+\frac{\|\mathbf{A}\|^m}{m!}+\cdots$$

是收敛的。

对于所有正整数 k，当 $|t|\leqslant c$（c 为大于零的常数）时，存在下列不等式

$$\left\|\frac{\mathbf{A}^k t^k}{k!}\right\|\leqslant\frac{\|\mathbf{A}\|^k\|t\|^k}{k!}\leqslant\frac{\|\mathbf{A}\|^k c^k}{k!}$$

数值级数 $\sum_{k=0}^{\infty}\frac{(\|\mathbf{A}\|c)^k}{k!}$ 是收敛的，故 n 维方阵 $\mathbf{A}$ 的矩阵指数是收敛的。以上数学证明说明，有限时间内状态转移矩阵是绝对收敛的。

（2）状态转移矩阵的性质。

1）性质 1：$\dot{\boldsymbol{\Phi}}(t)=\mathbf{A}\boldsymbol{\Phi}(t)$

证明

$$\dot{\boldsymbol{\Phi}}(t)=\frac{\mathrm{d}}{\mathrm{d}t}\mathrm{e}^{\mathbf{A}t}=\frac{\mathrm{d}}{\mathrm{d}t}\left(\mathbf{I}+\mathbf{A}t+\frac{1}{2!}\mathbf{A}^2t^2+\cdots+\frac{1}{k!}\mathbf{A}^kt^k+\cdots\right)$$

$$=\mathbf{A}+\mathbf{A}^2t+\cdots+\frac{1}{(k-1)!}\mathbf{A}^kt^{k-1}+\cdots$$

$$=\mathbf{A}\left[\mathbf{I}+\mathbf{A}t+\frac{1}{2!}\mathbf{A}^2t^2+\cdots+\frac{1}{(k-1)!}\mathbf{A}^{k-1}t^{k-1}+\cdots\right]=\mathbf{A}\mathrm{e}^{\mathbf{A}t}=\mathbf{A}\boldsymbol{\Phi}(t)$$

$$=\left[\mathbf{I}+\mathbf{A}t+\frac{1}{2!}\mathbf{A}^2t^2+\cdots+\frac{1}{(k-1)!}\mathbf{A}^{k-1}t^{k-1}+\cdots\right]\mathbf{A}=\mathrm{e}^{\mathbf{A}t}\mathbf{A}=\boldsymbol{\Phi}(t)\mathbf{A}$$

2）性质 2：$\boldsymbol{\Phi}^{-1}(t)=\boldsymbol{\Phi}(-t)$

证明

$$\boldsymbol{\Phi}(t)=\mathrm{e}^{\mathbf{A}t}=(\mathrm{e}^{-\mathbf{A}t})^{-1}=\boldsymbol{\Phi}^{-1}(-t)$$

取 $t=-t$，有

$$\boldsymbol{\Phi}^{-1}(t)=\boldsymbol{\Phi}(-t)$$

3）性质 3：$\boldsymbol{\Phi}(t_1+t_2)=\boldsymbol{\Phi}(t_1)\boldsymbol{\Phi}(t_2)=\boldsymbol{\Phi}(t_2)\boldsymbol{\Phi}(t_1)$

证明

$$\boldsymbol{\Phi}(t_1)\boldsymbol{\Phi}(t_2)=\mathrm{e}^{\mathbf{A}t_1}\mathrm{e}^{\mathbf{A}t_2}=\left(\sum_{k=0}^{\infty}\frac{\mathbf{A}^kt_1^k}{k!}\right)\left(\sum_{k=0}^{\infty}\frac{\mathbf{A}^kt_2^k}{k!}\right)=\sum_{k=0}^{\infty}\mathbf{A}^k\left[\sum_{i=0}^{\infty}\frac{t_1^it_2^{k-i}}{i!(k-i)!}\right]$$

$$=\sum_{k=0}^{\infty}\mathbf{A}^k\frac{(t_1+t_2)^k}{k!}=\mathrm{e}^{\mathbf{A}(t_1+t_2)}=\boldsymbol{\Phi}(t_1+t_2)$$

同理可得

$$\boldsymbol{\Phi}(t_1+t_2)=\mathrm{e}^{\mathbf{A}(t_1+t_2)}=\mathrm{e}^{\mathbf{A}t_2}\mathrm{e}^{\mathbf{A}t_1}=\boldsymbol{\Phi}(t_2)\boldsymbol{\Phi}(t_1)$$

4）性质 4：$\boldsymbol{\Phi}(0)=\mathbf{I}$

证明　当 $t_1=-t_2$ 时，根据性质 3 可得

$$\boldsymbol{\Phi}(t_1+t_2)=\boldsymbol{\Phi}(t_1)\boldsymbol{\Phi}(t_2)=\mathrm{e}^{\mathbf{A}t_1}\mathrm{e}^{\mathbf{A}t_2}=\mathrm{e}^{\mathbf{A}t_1}\mathrm{e}^{-\mathbf{A}t_1}=\mathrm{e}^{\mathbf{A}(t_1-t_2)}=\mathbf{I}$$

故

$$\boldsymbol{\Phi}(0)=\mathbf{I}$$

5）性质 5：$[\boldsymbol{\Phi}(t)]^n=\boldsymbol{\Phi}(nt)$

证明

$$[\boldsymbol{\Phi}(t)]^n=(\mathrm{e}^{\mathbf{A}t})^n=\mathrm{e}^{\mathbf{A}nt}=\boldsymbol{\Phi}(nt)$$

6）性质 6：$\boldsymbol{\Phi}(t_2-t_0)=\boldsymbol{\Phi}(t_2-t_1)\boldsymbol{\Phi}(t_1-t_0)$

证明　$\boldsymbol{\Phi}(t_2-t_1)\boldsymbol{\Phi}(t_1-t_0)=\mathrm{e}^{\boldsymbol{A}t_2}\mathrm{e}^{-\boldsymbol{A}t_1}\mathrm{e}^{\boldsymbol{A}t_1}\mathrm{e}^{-\boldsymbol{A}t_0}=\mathrm{e}^{\boldsymbol{A}(t_2-t_1+t_1-t_0)}=\mathrm{e}^{\boldsymbol{A}(t_2-t_0)}=\boldsymbol{\Phi}(t_2-t_0)$

五、 非齐次状态方程的解

非齐次状态方程为

$$\dot{\boldsymbol{x}}(t)=\boldsymbol{A}\boldsymbol{x}(t)+\boldsymbol{B}\boldsymbol{u}(t)$$

可调整为

$$\dot{\boldsymbol{x}}(t)-\boldsymbol{A}\boldsymbol{x}(t)=\boldsymbol{B}\boldsymbol{u}(t)$$

对调整后的等式两端同时左乘 $\mathrm{e}^{-\boldsymbol{A}t}$，可得

$$\mathrm{e}^{-\boldsymbol{A}t}[\dot{\boldsymbol{x}}(t)-\boldsymbol{A}\boldsymbol{x}(t)]=\mathrm{e}^{-\boldsymbol{A}t}\boldsymbol{B}\boldsymbol{u}(t)$$

由于等式左侧为

$$\mathrm{e}^{-\boldsymbol{A}t}[\dot{\boldsymbol{x}}(t)-\boldsymbol{A}\boldsymbol{x}(t)]=\frac{\mathrm{d}}{\mathrm{d}t}[\mathrm{e}^{-\boldsymbol{A}t}\boldsymbol{x}(t)]$$

因此，有

$$\frac{\mathrm{d}}{\mathrm{d}t}[\mathrm{e}^{-\boldsymbol{A}t}\boldsymbol{x}(t)]=\mathrm{e}^{-\boldsymbol{A}t}\boldsymbol{B}\boldsymbol{u}(t)$$

对上式在（0，t）作定积分，得到

$$\mathrm{e}^{-\boldsymbol{A}t}\boldsymbol{x}(t)-\boldsymbol{x}(0)=\int_0^t \mathrm{e}^{-\boldsymbol{A}\tau}\boldsymbol{B}\boldsymbol{u}(\tau)\mathrm{d}\tau$$

故可得状态变量 $\boldsymbol{x}(t)$ 的解

$$\boldsymbol{x}(t)=\mathrm{e}^{\boldsymbol{A}t}\boldsymbol{x}(0)+\int_0^t \mathrm{e}^{\boldsymbol{A}(t-\tau)}\boldsymbol{B}\boldsymbol{u}(\tau)\mathrm{d}\tau \tag{3-23}$$

又可以写为

$$\boldsymbol{x}(t)=\boldsymbol{\Phi}(t)\boldsymbol{x}(0)+\int_0^t \boldsymbol{\Phi}(t-\tau)\boldsymbol{B}\boldsymbol{u}(\tau)\mathrm{d}\tau$$

若系统输出方程为 $\boldsymbol{y}(t)=\boldsymbol{C}\boldsymbol{x}(t)$，则系统全响应为

$$\boldsymbol{y}(t)=\boldsymbol{C}\boldsymbol{\Phi}(t)\boldsymbol{x}(0)+\int_0^t \boldsymbol{C}\boldsymbol{\Phi}(t-\tau)\boldsymbol{B}\boldsymbol{u}(\tau)\mathrm{d}\tau \tag{3-24}$$

六、 非齐次方程的拉普拉斯变换解法

非齐次状态方程为

$$\dot{\boldsymbol{x}}(t)=\boldsymbol{A}\boldsymbol{x}(t)+\boldsymbol{B}\boldsymbol{u}(t)$$

对上式进行拉普拉斯变换，结果为

$$s\boldsymbol{X}(s)-\boldsymbol{x}(0)=\boldsymbol{A}\boldsymbol{X}(s)+\boldsymbol{B}\boldsymbol{U}(s)$$

整理后，有

$$(s\mathbf{I}-\boldsymbol{A})\boldsymbol{X}(s)=\boldsymbol{x}(0)+\boldsymbol{B}\boldsymbol{U}(s)$$

于是可得复频域的状态变量解 $\boldsymbol{X}(s)$

$$\boldsymbol{X}(s)=(s\mathbf{I}-\mathbf{A})^{-1}\boldsymbol{x}(0)+(s\mathbf{I}-\mathbf{A})^{-1}\boldsymbol{BU}(s) \tag{3-25}$$

对 $\boldsymbol{X}(s)$ 求拉普拉斯逆变换得到时域解 $\boldsymbol{x}(t)$ 为

$$\boldsymbol{x}(t)=\mathrm{e}^{\boldsymbol{A}t}\boldsymbol{x}(0)+\int_0^t \mathrm{e}^{\boldsymbol{A}(t-\tau)}\boldsymbol{Bu}(\tau)\mathrm{d}\tau$$

又可以写为

$$\boldsymbol{x}(t)=\boldsymbol{\Phi}(t)\boldsymbol{x}(0)+\int_0^t \boldsymbol{\Phi}(t-\tau)\boldsymbol{Bu}(\tau)\mathrm{d}\tau \tag{3-26}$$

当初始时刻非零时，即 $t_0\neq 0$，上述状态变量的时域解为

$$\boldsymbol{x}(t)=\mathrm{e}^{\boldsymbol{A}(t-t_0)}\boldsymbol{x}(t_0)+\int_{t_0}^t \mathrm{e}^{\boldsymbol{A}(t-\tau)}\boldsymbol{Bu}(\tau)\mathrm{d}\tau \tag{3-27}$$

第六节　状态空间模型与传递函数的关系

输入输出模型和状态空间模型是两种描述线性定常动态系统的控制模型。两者间既相互联系，又存在不同。探究两者的关系，可以加深对两种数学模型的认识。

一、从状态空间模型求传递函数

这个命题的内容是，依据单输入单输出系统的状态空间方程，推导出传递函数。单输入单输出系统的传递函数的计算式为

$$\frac{Y(s)}{U(s)}=G(s)$$

由于传递函数存在的前提为零状态，因此可以用 $\boldsymbol{x}(0)=\boldsymbol{x}_0=\boldsymbol{0}$ 表示初始状态。

设单输入单输出系统的状态空间方程为

$$\begin{cases}\dot{\boldsymbol{x}}(t)=\boldsymbol{Ax}(t)+\boldsymbol{b}u(t)\\ y(t)=\boldsymbol{Cx}(t)+Du(t)\end{cases}$$

对状态空间方程进行拉普拉斯变换，可得

$$\begin{cases}s\boldsymbol{X}(s)-\boldsymbol{x}(0)=\boldsymbol{AX}(s)+\boldsymbol{b}U(s)\\ Y(s)=\boldsymbol{CX}(s)+DU(s)\end{cases}$$

考虑到 $\boldsymbol{x}(0)=\boldsymbol{0}$，故状态空间方程可以写为

$$\begin{cases}s\boldsymbol{X}(s)-\boldsymbol{AX}(s)=\boldsymbol{b}U(s)\\ Y(s)=\boldsymbol{CX}(s)+DU(s)\end{cases}$$

整理后，有

$$(s\mathbf{I}-\mathbf{A})\boldsymbol{X}(s)=\boldsymbol{b}U(s)$$

即

$$\boldsymbol{X}(s)=(s\mathbf{I}-\boldsymbol{A})^{-1}\boldsymbol{b}U(s)$$

将复频域形式的状态向量 $\boldsymbol{X}(s)$ 代入输出方程，可得

$$Y(s)=\boldsymbol{C}(s\mathbf{I}-\boldsymbol{A})^{-1}\boldsymbol{b}U(s)+DU(s)$$

整理后，有

$$Y(s)=[\boldsymbol{C}(s\mathbf{I}-\boldsymbol{A})^{-1}\boldsymbol{b}+D]U(s)$$

于是可得传递函数的计算式

$$\frac{Y(s)}{U(s)}=G(s)=\boldsymbol{C}(s\mathbf{I}-\boldsymbol{A})^{-1}\boldsymbol{b}+D \tag{3-28}$$

当 D=0 时，即不考虑输入输出间的直接传输关系，系统的传递函数与状态空间方程的计算关系为

$$G(s)=\boldsymbol{C}(s\mathbf{I}-\boldsymbol{A})^{-1}\boldsymbol{b} \tag{3-29}$$

同理可得，多输入多输出系统传递函数与状态空间方程的关系为

$$\boldsymbol{Y}(s)=[\boldsymbol{C}(s\mathbf{I}-\boldsymbol{A})^{-1}\boldsymbol{B}+\boldsymbol{D}]\boldsymbol{U}(s)=\boldsymbol{G}(s)\boldsymbol{U}(s)$$

于是，有

$$\boldsymbol{G}(s)=\boldsymbol{C}(s\mathbf{I}-\boldsymbol{A})^{-1}\boldsymbol{B}+\boldsymbol{D} \tag{3-30}$$

当 $\boldsymbol{D}=\mathbf{0}$ 时

$$\boldsymbol{G}(s)=\boldsymbol{C}(s\mathbf{I}-\boldsymbol{A})^{-1}\boldsymbol{B} \tag{3-31}$$

又可以写成

$$\boldsymbol{G}(s)=\frac{\boldsymbol{C}\mathrm{adj}(s\mathbf{I}-\boldsymbol{A})\boldsymbol{B}}{\det(s\mathbf{I}-\boldsymbol{A})}$$

二、 完全表征

前面介绍了输入输出模型和状态空间模型两种描述线性定常动态系统的数学方法。输入输出模型注重系统输入与输出的关系，称为外部描述方法；状态空间模型根据系统状态变量的变化情况，完整地描述系统的运行行为，称为内部描述方法。由于输入输出模型只能描述系统零状态下的输入与输出的关系，因此产生了传递函数的完全表征问题，即什么条件下输入输出模型与状态空间模型等价。

对于一个由线性定常微分方程描述的动态系统，其运行行为由状态转移矩阵所决定，而系统特征多项式又对状态转移矩阵起到主导作用。为此，在讨论控制系统数学模型的表述能力时，需采用特征多项式形式。

如果采用状态空间模型描述，那么系统特征多项式为

$$\det(s\mathbf{I}-\boldsymbol{A})=s^n+a_1s^{n-1}+\cdots+a_{n-1}s+a_n\triangleq\Delta(s) \tag{3-32}$$

如果采用输入输出模型描述，令传递函数为

$$G(s)=\frac{b_0s^m+b_1s^{m-1}+\cdots+b_{m-1}s+b_m}{s^n+a_1s^{n-1}+\cdots+a_{n-1}s+a_n}$$

传递函数的最小公分母定义为传递函数的特征多项式，即

$$\Delta'(s) \triangleq s^n + a_1 s^{n-1} + \cdots + a_{n-1}s + a_n \tag{3-33}$$

当 $\Delta'(s)=\Delta(s)$ 时，说明两个模型的特征多项式一致，称该系统由传递函数完全表征；当 $\Delta'(s)\neq\Delta(s)$ 时，说明两个模型的特征多项式不一致，称该系统由传递函数不完全表征。

[例 3 - 13] 设某系统的状态方程为

$$\begin{bmatrix}\dot{x}_1\\ \dot{x}_2\end{bmatrix}=\begin{bmatrix}-1 & 0\\ 0 & 1\end{bmatrix}\begin{bmatrix}x_1\\ x_2\end{bmatrix}+\begin{bmatrix}1\\ 0\end{bmatrix}u$$

输出方程为

$$y=\begin{bmatrix}1 & 1\end{bmatrix}\begin{bmatrix}x_1\\ x_2\end{bmatrix}$$

试求系统的传递函数，并验证传递函数的完全表征性。

解 系统特征多项式为

$$\Delta(s)=\det(s\mathbf{I}-\mathbf{A})=(s+1)(s-1)$$

系统的传递函数为

$$G(s)=\frac{\boldsymbol{c}\mathrm{adj}(s\mathbf{I}-\mathbf{A})\boldsymbol{b}}{\det(s\mathbf{I}-\mathbf{A})}$$

$$\mathrm{adj}(s\mathbf{I}-\mathbf{A})=\begin{bmatrix}s-1 & 0\\ 0 & s+1\end{bmatrix}$$

$$\boldsymbol{c}\mathrm{adj}(s\mathbf{I}-\mathbf{A})=\begin{bmatrix}1 & 1\end{bmatrix}\begin{bmatrix}s-1 & 0\\ 0 & s+1\end{bmatrix}\begin{bmatrix}1\\ 0\end{bmatrix}=s-1$$

于是，有

$$G(s)=\frac{s-1}{(s+1)(s-1)}=\frac{1}{s+1}$$

传递函数的特征多项式为

$$\Delta'(s)=s+1$$

由于 $\Delta'(s)\neq\Delta(s)$，因此该系统由传递函数不完全表征。应该指出的是，只有当传递函数分子分母存在公因子时，传递函数的最小公分母多项式不等于系统特征多项式，这是产生不完全表征的根本原因。

三、 从传递函数求状态空间模型

已知某个线性定常动态系统的传递函数为

$$G(s)=\frac{b_0s^m+b_1s^{m-1}+\cdots+b_{m-1}s+b_m}{s^n+a_1s^{n-1}+\cdots+a_{n-1}s+a_n}\quad (n\geqslant m)$$

命题内容是，根据这个传递函数求该系统的状态空间模型。由于可以选取不同的状态变量，因此状态空间模型的表现形式有可能不同。下面推演状态空间模型的建立过程。

将系统传递函数变成如下形式

$$G(s)=\frac{\frac{b_0}{s^{n-m}}+\frac{b_1}{s^{n-m-1}}+\cdots+\frac{b_{m-1}}{s^{n-1}}+\frac{b_m}{s^n}}{1+\frac{a_1}{s}+\cdots+\frac{a_{n-1}}{s^{n-1}}+\frac{a_n}{s^n}}$$

作为接下来推演的基础模型。

1. 建立能控标准型

(1) 取 $m=0$ 和 $n=1$，此时系统为一阶系统，根据基础模型得到的目标的传递函数为

$$G(s)=\frac{\frac{b_0}{s}}{1+\frac{a_1}{s}}$$

针对这个一阶传递函数构造信号流图如图 3 - 50 所示。

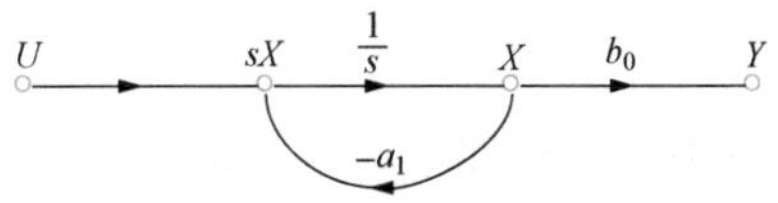

图 3 - 50 一阶系统的信号流图

信号流图有一条前向通路，其增益为

$$P_1=\frac{b_0}{s}$$

有一个回路，其增益为

$$L_1=-\frac{a_1}{s}$$

于是，该信号流图的特征式为

$$\Delta=1-L_1=1+\frac{a_1}{s}$$

$$\Delta_1=1$$

因此，有

$$G(s)=\frac{Y(s)}{U(s)}=\frac{P_1\Delta_1}{\Delta}=\frac{\frac{b_0}{s}}{1+\frac{a_1}{s}}$$

依据构建的信号流图求得的传递函数与目标传递函数一致，说明构造的一阶信号流图是正确的。

依据构造的一阶信号流图可得状态方程为

$$sX(s)=-a_1X(s)+U(s)$$

输出方程为

$$Y(s)=b_0X(s)$$

(2) 取 $m=1$ 和 $n=2$，此时系统为二阶系统，根据基础模型得到的目标模型的传递函

数为

$$G(s)=\frac{\frac{b_1}{s^2}+\frac{b_0}{s}}{1+\frac{a_1}{s}+\frac{a_2}{s^2}}$$

针对这个二阶传递函数构建信号流图如图 3 - 51 所示。

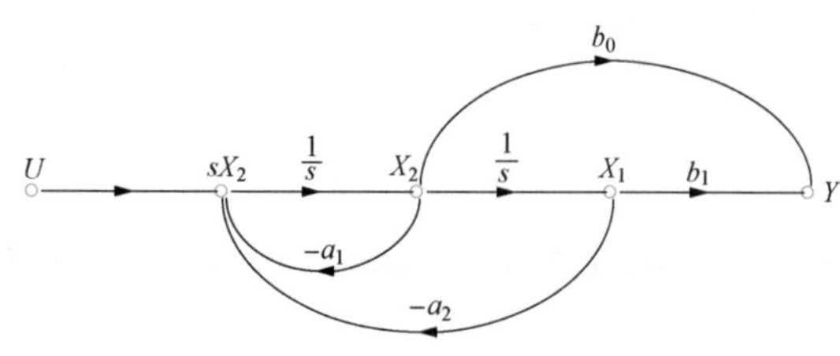

图 3 - 51　二阶系统的信号流图

图 3 - 51 所示的信号流图中，含有两条前向通路，它们的增益为

$$P_1=\frac{b_0}{s}$$

$$P_2=\frac{b_1}{s^2}$$

系统含有两个环路，它们的增益为

$$L_1=-\frac{a_1}{s}$$

$$L_2=-\frac{a_2}{s^2}$$

没有不接触环路，故系统的特征式为

$$\Delta=1-L_1-L_2=1+\frac{a_1}{s}+\frac{a_2}{s^2}$$

$$\Delta_1=\Delta_2=1$$

因此，有

$$G(s)=\frac{Y(s)}{U(s)}=\frac{P_1\Delta_1+P_2\Delta_2}{\Delta}=\frac{\frac{b_1}{s^2}+\frac{b_0}{s}}{1+\frac{a_1}{s}+\frac{a_2}{s^2}}$$

依据构建的信号流图求得的传递函数与目标传递函数一致，说明构造的二阶信号流图是正确的。

依据构造的二阶信号流图可得下列方程组

$$\begin{cases}sX_1(s)=X_2(s)\\ sX_2(s)=-a_2X_1(s)-a_1X_2(s)+U(s)\end{cases}$$

矩阵形式为

$$\begin{bmatrix}sX_1(s)\\ sX_2(s)\end{bmatrix}=\begin{bmatrix}0 & 1\\ -a_2 & -a_1\end{bmatrix}\begin{bmatrix}X_1(s)\\ X_2(s)\end{bmatrix}+\begin{bmatrix}0\\ 1\end{bmatrix}U(s)$$

输出方程为

$$\boldsymbol{Y}(s)=[b_1\quad b_0]\begin{bmatrix}X_1(s)\\ X_2(s)\end{bmatrix}$$

状态方程为

$$\begin{bmatrix}\dot{x}_1(t)\\\dot{x}_2(t)\end{bmatrix}=\begin{bmatrix}0 & 1\\-a_2 & -a_1\end{bmatrix}\begin{bmatrix}x_1(t)\\x_2(t)\end{bmatrix}+\begin{bmatrix}0\\1\end{bmatrix}u(t)$$

（3）取 $m=2$ 和 $n=3$，此时系统为三阶系统，根据基础模型得到的目标模型的传递函数为

$$G(s)=\frac{\dfrac{b_2}{s^3}+\dfrac{b_1}{s^2}+\dfrac{b_0}{s}}{1+\dfrac{a_1}{s}+\dfrac{a_2}{s^2}+\dfrac{a_3}{s^3}}$$

针对这个三阶传递函数构建信号流图如图 3 - 52 所示。

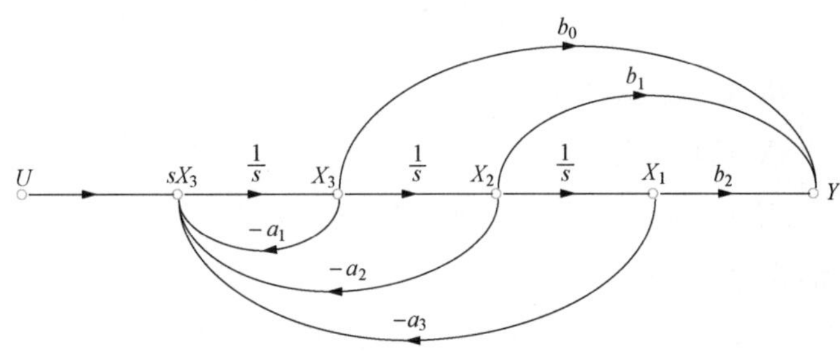

图 3 - 52　三阶系统的信号流图

图 3 - 52 所示的信号流图含有三条前向通路，它们的增益为

$$P_1=\frac{b_0}{s}$$

$$P_2=\frac{b_1}{s^2}$$

$$P_3=\frac{b_2}{s^3}$$

含有三个环路，它们的增益为

$$L_1=-\frac{a_1}{s}$$

$$L_2=-\frac{a_2}{s^2}$$

$$L_3=-\frac{a_3}{s^3}$$

没有不接触环路，故系统特征式为

$$\Delta=1-L_1-L_2-L_3=1+\frac{a_1}{s}+\frac{a_2}{s^2}+\frac{a_3}{s^3}$$

$$\Delta_1=\Delta_2=\Delta_3=1$$

因此，有

$$G(s)=\frac{Y(s)}{U(s)}=\frac{P_1\Delta_1+P_2\Delta_2+P_3\Delta_3}{\Delta}=\frac{\dfrac{b_2}{s^3}+\dfrac{b_1}{s^2}+\dfrac{b_0}{s}}{1+\dfrac{a_1}{s}+\dfrac{a_2}{s^2}+\dfrac{a_3}{s^3}}$$

依据构建的信号流图求得的传递函数与目标传递函数一致，说明构造的三阶信号流图是正确的。依据构造的三阶信号流图可得如下方程组

$$\begin{cases}\dfrac{1}{s}X_2(s)=X_1(s)\\[2ex]\dfrac{1}{s}X_3(s)=X_2(s)\\[2ex]sX_3(s)=-a_1X_3(s)-a_2X_2(s)-a_3X_1(s)+U(s)\end{cases}$$

整理后，有

$$\begin{cases}sX_1(s)=X_2(s)\\sX_2(s)=X_3(s)\\sX_3(s)=-a_3X_1(s)-a_2X_2(s)-a_1X_3(s)+U(s)\end{cases}$$

上述方程组的矩阵形式为

$$\begin{bmatrix}sX_1(s)\\sX_2(s)\\sX_3(s)\end{bmatrix}=\begin{bmatrix}0&1&0\\0&0&1\\-a_3&-a_2&-a_1\end{bmatrix}\begin{bmatrix}X_1(s)\\X_2(s)\\X_3(s)\end{bmatrix}+\begin{bmatrix}0\\0\\1\end{bmatrix}U(s)$$

状态方程为

$$\begin{bmatrix}\dot{x}_1(t)\\\dot{x}_2(t)\\\dot{x}_3(t)\end{bmatrix}=\begin{bmatrix}0&1&0\\0&0&1\\-a_3&-a_2&-a_1\end{bmatrix}\begin{bmatrix}x_1(t)\\x_2(t)\\x_3(t)\end{bmatrix}+\begin{bmatrix}0\\0\\1\end{bmatrix}u(t)$$

状态矩阵 $\mathbf{A}$ 为

$$\mathbf{A}=\begin{bmatrix}0&1&0\\0&0&1\\-a_3&-a_2&-a_1\end{bmatrix}$$

这种形式的状态方程称为能控标准型。

输出方程为

$$Y(s)=\begin{bmatrix}b_2&b_1&b_0\end{bmatrix}\begin{bmatrix}X_1(s)\\X_2(s)\\X_3(s)\end{bmatrix}$$

依照这个思路，可推出 n 阶系统的信号流图和状态方程以及输出方程。n 阶系统的信号流图如图 3-53 所示。

图 3-53 所示 n 阶系统信号流图的代数方程组的矩阵形式如式（3-34）所示。

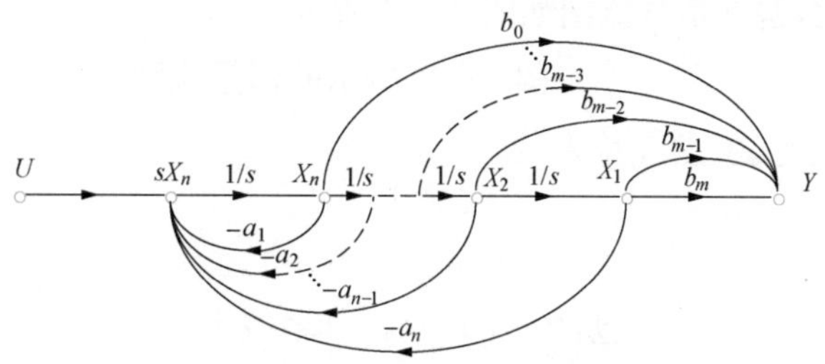

图 3 - 53 n 阶系统信号流图

$$\begin{bmatrix} sX_1(s) \\ sX_2(s) \\ \vdots \\ sX_{n-1}(s) \\ sX_n(s) \end{bmatrix} = \begin{bmatrix} 0 & 1 & 0 & \cdots & 0 \\ 0 & 0 & 1 & \cdots & 0 \\ \vdots & \vdots & \vdots & \cdots & \vdots \\ 0 & 0 & 0 & \cdots & 1 \\ -a_n & -a_{n-1} & -a_{n-2} & \cdots & -a_1 \end{bmatrix} \begin{bmatrix} X_1(s) \\ X_2(s) \\ \vdots \\ X_{n-1}(s) \\ X_n(s) \end{bmatrix} + \begin{bmatrix} 0 \\ 0 \\ \vdots \\ 0 \\ 1 \end{bmatrix} U(s) \quad (3-34)$$

状态方程为

$$\begin{bmatrix} \dot{x}_1(t) \\ \dot{x}_2(t) \\ \vdots \\ \dot{x}_{n-1}(t) \\ \dot{x}_n(t) \end{bmatrix} = \begin{bmatrix} 0 & 1 & 0 & \cdots & 0 \\ 0 & 0 & 1 & \cdots & 0 \\ \vdots & \vdots & \vdots & \cdots & \vdots \\ 0 & 0 & 0 & \cdots & 1 \\ -a_n & -a_{n-1} & -a_{n-2} & \cdots & -a_1 \end{bmatrix} \begin{bmatrix} x_1(t) \\ x_2(t) \\ \vdots \\ x_{n-1}(t) \\ x_n(t) \end{bmatrix} + \begin{bmatrix} 0 \\ 0 \\ \vdots \\ 0 \\ 1 \end{bmatrix} u(t)$$

输出方程为

$$Y(s) = \begin{bmatrix} b_m & b_{m-1} & \cdots & b_1 & b_0 \end{bmatrix} \begin{bmatrix} X_1(s) \\ X_2(s) \\ \vdots \\ X_{n-1}(s) \\ X_n(s) \end{bmatrix} \quad (3-35)$$

由于系统传递函数中，选取 $m=n-1$，且 m 从 0 开始取值，n 从 1 开始取值，因此 $b_l(l=0,1,2,\cdots,m)$是 n 个值，于是形成上式的输出方程。当 $m<n-1$ 时，b_l 的个数小于 n，此时输出矩阵需要补零，补零的位置由信号流图决定。

2. 建立能观标准型

(1) 取 $m=0$ 和 $n=1$，此时系统为一阶系统，根据基础模型得到的目标模型的传递函数为

$$G(s) = \frac{\frac{b_0}{s}}{1+\frac{a_1}{s}}$$

针对这个一阶传递函数构造信号流图如图 3 - 54 所示。

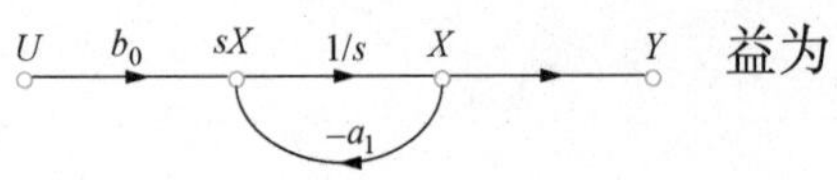

图 3 - 54　一阶系统的信号流图

图 3 - 54 所示的信号流图中包含一条前向通路，其增益为

$$P_1 = \frac{b_0}{s}$$

包含一个环路，其增益为

$$L_1 = -\frac{a_1}{s}$$

系统特征式为

$$\Delta = 1 - L_1 = 1 + \frac{a_1}{s}$$

$$\Delta_1 = 1$$

因此有

$$G(s) = \frac{Y(s)}{U(s)} = \frac{P_1\Delta_1}{\Delta} = \frac{\frac{b_0}{s}}{1 + \frac{a_1}{s}}$$

根据构建的信号流图求得的传递函数与目标传递函数一致，说明构造的一阶信号流图是正确的。

根据构造的一阶信号流图可得状态方程

$$sX(s) = -a_1X(s) + b_0U(s)$$

输出方程为

$$Y(s) = X(s)$$

（2）取 $m=1$ 和 $n=2$，此时系统为二阶系统，根据基础模型得到的目标模型的传递函数为

$$G(s) = \frac{\frac{b_1}{s^2} + \frac{b_0}{s}}{1 + \frac{a_1}{s} + \frac{a_2}{s^2}}$$

针对这个二阶传递函数构建信号流图，如图 3 - 55 所示。

图 3 - 55 所示的信号流图中包含两条前向通路，它们的增益分别为

$$P_1 = \frac{b_1}{s^2}$$

$$P_2 = \frac{b_0}{s}$$

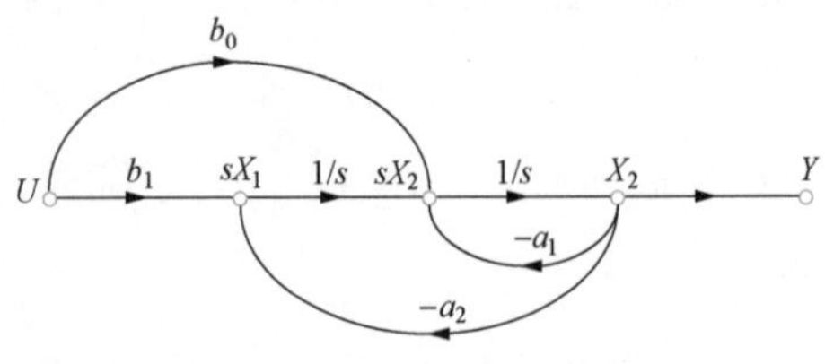

图 3 - 55　二阶系统的信号流图

包含两个环路，它们的增益分别为

$$L_1 = -\frac{a_1}{s}$$

$$L_2 = -\frac{a_2}{s^2}$$

没有不接触环路，于是系统特征式为

$$\Delta = 1 - L_1 - L_2 = 1 + \frac{a_1}{s} + \frac{a_2}{s^2}$$

$$\Delta_1 = \Delta_2 = 1$$

因此

$$G(s) = \frac{Y(s)}{U(s)} = \frac{P_1\Delta_1 + P_2\Delta_2}{\Delta} = \frac{\frac{b_1}{s^2} + \frac{b_0}{s}}{1 + \frac{a_1}{s} + \frac{a_2}{s^2}}$$

根据构建的信号流图求得的传递函数与目标传递函数一致，说明构造的二阶信号流图是正确的。

根据构造的二阶信号流图可得如下方程组

$$\begin{cases} sX_1(s) = -a_2X_2(s) + b_1U(s) \\ sX_2(s) = X_1(s) - a_1X_2(s) + b_0U(s) \end{cases}$$

矩阵形式为

$$\begin{bmatrix} sX_1(s) \\ sX_2(s) \end{bmatrix} = \begin{bmatrix} 0 & -a_2 \\ 1 & -a_1 \end{bmatrix} \begin{bmatrix} X_1(s) \\ X_2(s) \end{bmatrix} + \begin{bmatrix} b_1 \\ b_2 \end{bmatrix} U(s)$$

状态方程为

$$\begin{bmatrix} \dot{x}_1(t) \\ \dot{x}_2(t) \end{bmatrix} = \begin{bmatrix} 0 & -a_2 \\ 1 & -a_1 \end{bmatrix} \begin{bmatrix} x_1(t) \\ x_2(t) \end{bmatrix} + \begin{bmatrix} b_1 \\ b_2 \end{bmatrix} u(t)$$

输出方程为

$$Y(s) = \begin{bmatrix} 0 & 1 \end{bmatrix} \begin{bmatrix} X_1(s) \\ X_2(s) \end{bmatrix}$$

(3) 取 $m=2$ 和 $n=3$，此时系统为三阶系统，根据基础模型得到的目标模型的传递函数为

$$G(s) = \frac{\frac{b_2}{s^3} + \frac{b_1}{s^2} + \frac{b_0}{s}}{1 + \frac{a_1}{s} + \frac{a_2}{s^2} + \frac{a_3}{s^3}}$$

针对这个三阶传递函数构建信号流图，如图 3 - 56 所示。

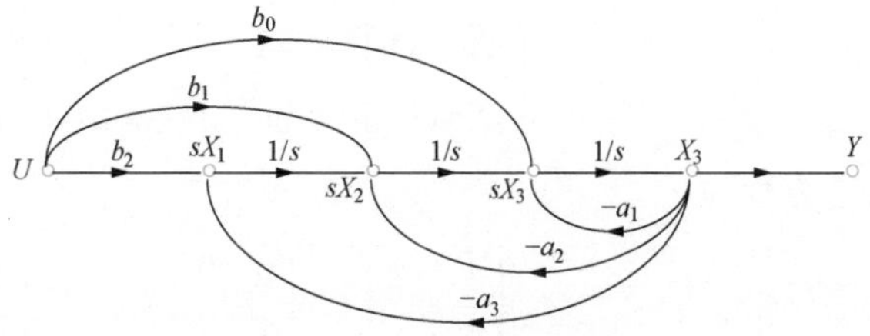

图 3 - 56　三阶系统的信号流图

图 3 - 56 所示信号流图中包含三

条前向通路，它们的增益为

$$P_1=\frac{b_2}{s^3}$$

$$P_2=\frac{b_1}{s^2}$$

$$P_3=\frac{b_0}{s}$$

包含三个环路，它们的增益为

$$L_1=-\frac{a_1}{s}$$

$$L_2=-\frac{a_2}{s^2}$$

$$L_3=-\frac{a_3}{s^3}$$

没有不接触环路，于是系统特征式为

$$\Delta=1-L_1-L_2-L_3=1+\frac{a_1}{s}+\frac{a_2}{s^2}+\frac{a_3}{s^3}$$

$$\Delta_1=\Delta_2=\Delta_3=1$$

因此

$$G(s)=\frac{Y(s)}{U(s)}=\frac{P_1\Delta_1+P_2\Delta_2+P_3\Delta_3}{\Delta}=\frac{\dfrac{b_2}{s^3}+\dfrac{b_1}{s^2}+\dfrac{b_0}{s}}{1+\dfrac{a_1}{s}+\dfrac{a_2}{s^2}+\dfrac{a_3}{s^3}}$$

根据构建的信号流图求得的传递函数与目标传递函数一致，说明构造的三阶信号流图是正确的。

根据构造的三阶信号流图可得如下方程组

$$\begin{cases}sX_1(s)=-a_3X_3(s)+b_2U(s)\\ sX_2(s)=X_1(s)-a_2X_3(s)+b_1U(s)\\ sX_3(s)=X_2(s)-a_1X_3(s)+b_0U(s)\end{cases}$$

上式方程组的矩阵形式为

$$\begin{bmatrix}sX_1(s)\\ sX_2(s)\\ sX_3(s)\end{bmatrix}=\begin{bmatrix}0&0&-a_3\\ 1&0&-a_2\\ 0&1&-a_1\end{bmatrix}\begin{bmatrix}X_1(s)\\ X_2(s)\\ X_3(s)\end{bmatrix}+\begin{bmatrix}b_2\\ b_1\\ b_0\end{bmatrix}U(s)$$

状态方程为

$$\begin{bmatrix}\dot{x}_1(t)\\ \dot{x}_2(t)\\ \dot{x}_3(t)\end{bmatrix}=\begin{bmatrix}0&0&-a_3\\ 1&0&-a_2\\ 0&1&-a_1\end{bmatrix}\begin{bmatrix}x_1(t)\\ x_2(t)\\ x_3(t)\end{bmatrix}+\begin{bmatrix}b_2\\ b_1\\ b_0\end{bmatrix}u(t)$$

状态矩阵 **A** 为

$$\mathbf{A}=\begin{bmatrix}0 & 0 & -a_3\\ 1 & 0 & -a_2\\ 0 & 1 & -a_1\end{bmatrix}$$

此为能观标准型。

输出方程为

$$Y(s)=\begin{bmatrix}0 & 0 & 1\end{bmatrix}\begin{bmatrix}X_1(s)\\ X_2(s)\\ X_3(s)\end{bmatrix}$$

依照这个思路，可推出 n 阶系统的信号流图和状态方程以及输出方程。n 阶系统的信号流图如图 3 - 57 所示。

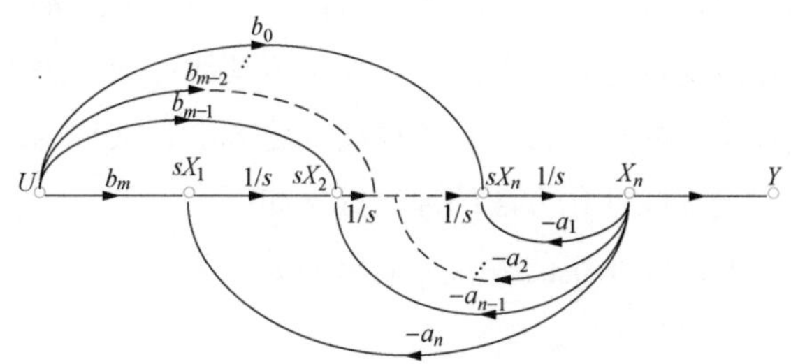

图 3 - 57　n 阶系统的信号流图

图 3 - 57 所示信号流图的代数方程组的矩阵形式为

$$\begin{bmatrix}sX_1(s)\\ sX_2(s)\\ sX_3(s)\\ \vdots\\ sX_n(s)\end{bmatrix}=\begin{bmatrix}0 & 0 & \cdots & 0 & -a_n\\ 1 & 0 & \cdots & 0 & -a_{n-1}\\ 0 & 1 & \cdots & 0 & -a_{n-2}\\ \vdots & \vdots & \vdots & \vdots & \vdots\\ 0 & 0 & \cdots & 1 & -a_1\end{bmatrix}\begin{bmatrix}X_1(s)\\ X_2(s)\\ X_3(s)\\ \vdots\\ X_n(s)\end{bmatrix}+\begin{bmatrix}b_m\\ b_{m-1}\\ b_{m-2}\\ \vdots\\ b_0\end{bmatrix}U(s) \tag{3 - 36}$$

状态方程为

$$\begin{bmatrix}\dot{x}_1(t)\\ \dot{x}_2(t)\\ \dot{x}_3(t)\\ \vdots\\ \dot{x}_n(t)\end{bmatrix}=\begin{bmatrix}0 & 0 & \cdots & 0 & -a_n\\ 1 & 0 & \cdots & 0 & -a_{n-1}\\ 0 & 1 & \cdots & 0 & -a_{n-2}\\ \vdots & \vdots & \vdots & \vdots & \vdots\\ 0 & 0 & \cdots & 1 & -a_1\end{bmatrix}\begin{bmatrix}x_1(t)\\ x_2(t)\\ x_3(t)\\ \vdots\\ x_n(t)\end{bmatrix}+\begin{bmatrix}b_m\\ b_{m-1}\\ b_{m-2}\\ \vdots\\ b_0\end{bmatrix}u(t)$$

输出方程为

$$Y(s)=\begin{bmatrix}0 & 0 & 0 & \cdots & 1\end{bmatrix}\begin{bmatrix}X_1(s)\\ X_2(s)\\ X_3(s)\\ \vdots\\ X_n(s)\end{bmatrix} \tag{3 - 37}$$

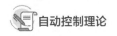

第七节　非线性系统的线性化模型

实际的工程系统一般都会包含一些非线性环节，如具有间隙的机械系统、具有磁滞特性的电磁元件、具有继电动作特性的继电器和具有饱和特性的放大器等。本节将介绍一种线性化方法，将非线性方程线性化，从而可以应用大量的线性分析方法，揭示非线性系统的一些运行行为。这种方法对许多非线性系统都适用。其基本步骤就是，将非线性函数在工作点附近进行泰勒展开，并保留其线性项，进而得到线性的增量方程，用以近似描述非线性系统的运行行为。这种线性化方法，又称为局部线性化方法，或小扰动法。

局部线性化方法的理论推导如下：

非线性系统的输入与输出的关系为

$$y=f(u) \tag{3-38}$$

式中：y 为系统输出；u 为输入。

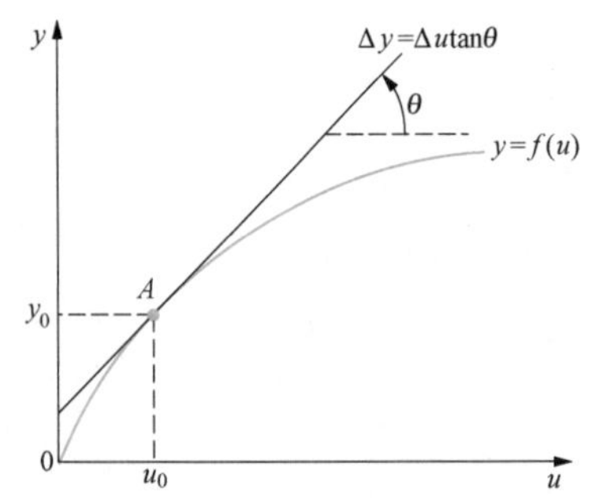

图 3-58　非线性系统局部线性化

系统输出曲线如图 3-58 所示，A 点为参考工作点。

在 A 点附近，将非线性函数 $y=f(u)$ 按泰勒级数展开，其展开式为

$$y=y_0+\left.\frac{\partial y}{\partial u}\right|_{u=u_0}\cdot\Delta u+\varepsilon(\Delta u^2)$$

其中

$$\left.\frac{\partial y}{\partial u}\right|_{u=u_0}=\tan\theta$$

$\varepsilon(\Delta u^2)$ 为高阶无穷小项，当 Δu 趋近于零时，$\varepsilon(\Delta u^2)\approx 0$，于是，$y=f(u)$ 的泰勒展开式可以近似为

$$y=y_0+\left.\frac{\partial y}{\partial u}\right|_{u=u_0}\cdot\Delta u$$

令 $\Delta y=y-y_0$，则有

$$\Delta y=\left.\frac{\partial y}{\partial u}\right|_{u=u_0}\cdot\Delta u \tag{3-39}$$

应当注意的是，只有在参考工作点附近，才可以使用局部线性化得到的增量方程，近似描述非线性系统的运行行为。

［例 3-14］　直流发电机的磁化曲线如图 3-59 所示，设参考工作点为 A，发电机只在 A 点附近有微小变动，试建立图 3-60 所示直流发电机输出电动势与励磁电压间的数学模型。

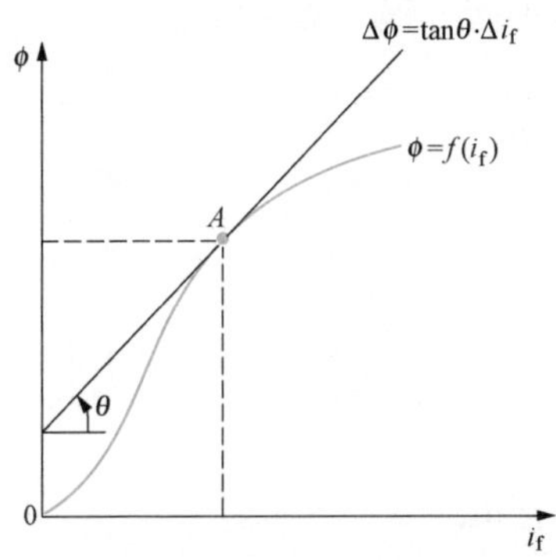

图 3-59　直流发电机的磁化曲线

ϕ—发电机定子、转子间气隙的主磁通；

i_f—励磁电流

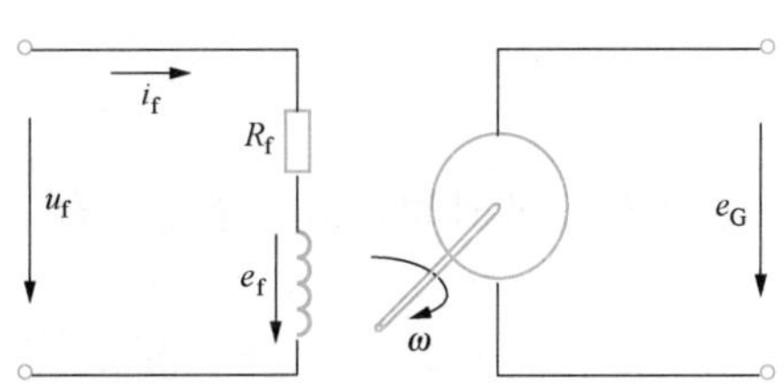

图 3-60　直流发电机的电路图

u_f—励磁电压；R_f—励磁绕组电阻；

e_f—励磁绕组上产生的感生电动势；

e_G—发电机输出电动势；ω—发电机轴的转速

图 3-60 中励磁绕组上产生的感生电动势为

$$e_f=\frac{d}{dt}(N\phi)$$

式中：N 为励磁绕组匝数。

励磁回路电压平衡方程为

$$u_f=R_fi_f+e_f=R_fi_f+\frac{d}{dt}(N\phi)$$

由于主磁通 ϕ 与励磁电流 i_f 呈现非线性关系，因此在参考工作点 A 处对此非线性关系进行局部线性化，有

$$\Delta\phi=\tan\theta\cdot\Delta i_f$$

当 A 为坐标原点时，上述增量方程可以写成

$$\phi=\tan\theta\cdot i_f$$

当 A 不是坐标原点时，可以通过坐标平移将 A 点作为新坐标系的原点，这样增量方程可以由上式代替。将 ϕ 的线性关系代入励磁回路电压平衡方程，可得

$$u_f=R_fi_f+\frac{d}{dt}(N\phi)=R_fi_f+N\tan\theta\frac{d}{dt}i_f=R_fi_f+L_f\frac{d}{dt}i_f$$

其中

$$L_f=N\tan\theta$$

发电机输出电动势与主磁通及转速成正比，当转速不变时，发电机输出电动势与主磁通成正比，故

$$e_G=k_Gi_f$$

即

$$i_f=\frac{e_G}{k_G}$$

将 i_f 与发电机输出电动势的关系代入励磁回路电压平衡方程，整理后得

$$\frac{L_f}{R_f} \cdot \frac{d}{dt}e_G + e_G = \frac{k_G}{R_f}u_f$$

取

$$T_f = \frac{L_f}{R_f}$$

其中，T_f 为励磁绕组的时间常数。于是，有

$$T_f \frac{d}{dt}e_G + e_G = \frac{k_G}{R_f}u_f$$

对上式进行拉普拉斯变换得

$$T_f sE_G(s) + E_G(s) = \frac{k_G}{R_f}U_f(s)$$

直流发电机的输出电动势与励磁电压间的传递函数为

$$\frac{E_G(s)}{U_f(s)} = \frac{\frac{k_G}{R_f}}{T_f s + 1}$$

更多的例题请扫描二维码学习。

第三章拓展例题及详解

习 题

3-1 试求图 3-61 和图 3-62 所示无源网络的传递函数，其中，$u_i(t)$ 为输入电压，$u_o(t)$ 为输出电压。

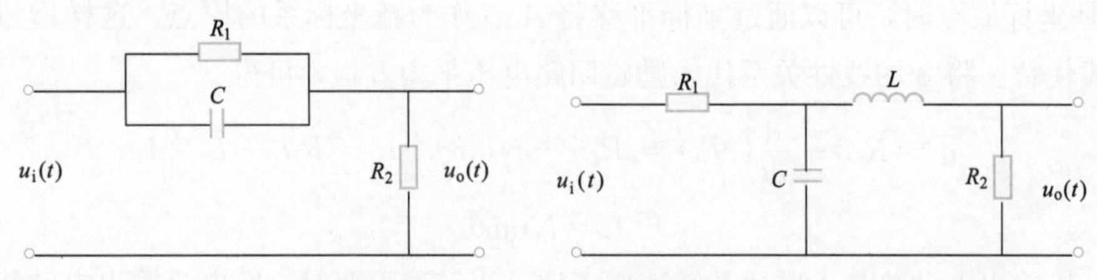

图 3-61 题 3-1 阻容网络　　图 3-62 题 3-2 阻容感网络

3-2 试求图 3-63 所示运算放大器电路的传递函数 $U_o(s)/U_i(s)$。

3-3 试求图 3-64 所示三级运算放大器电路的传递函数 $U_o(s)/U_i(s)$。

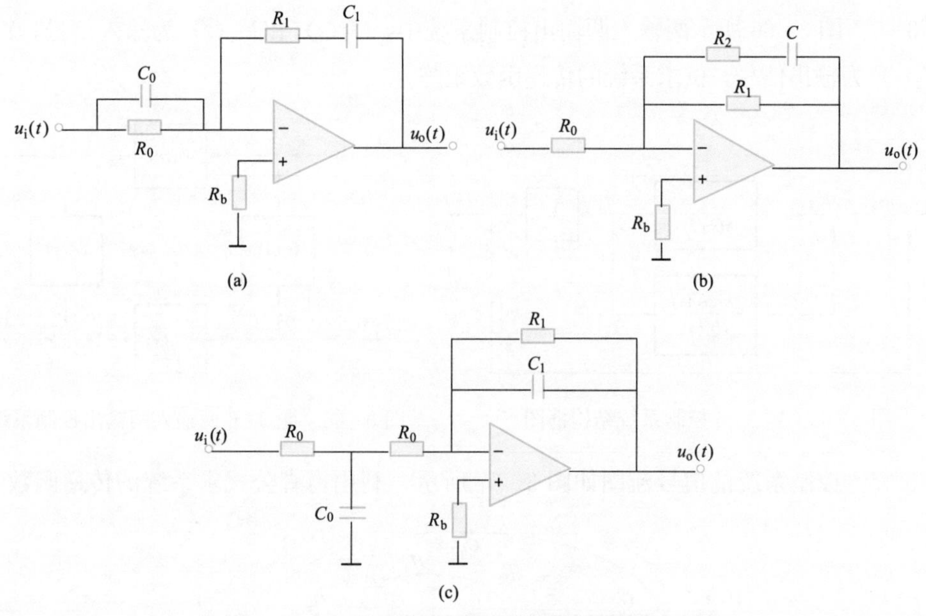

图 3-63 题 3-2 运算放大器电路

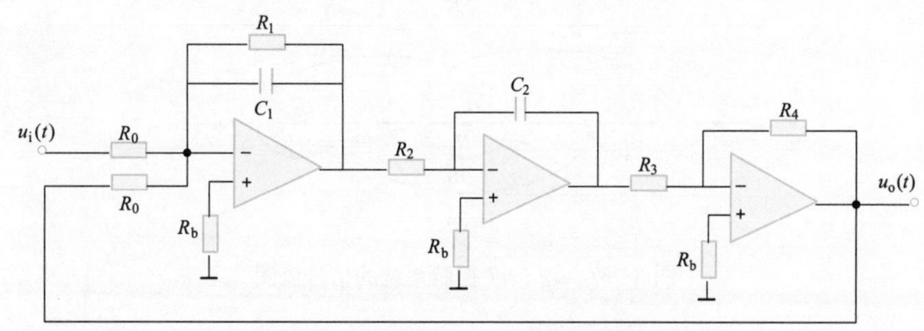

图 3-64 题 3-3 三级运算放大器电路

3-4 已知一系统由下列方程组组成，试绘制系统结构图，并求闭环传递函数 $Y(s)/U(s)$。

$$X_1(s) = G_1(s)U(s) - G_1(s)[G_7(s) - G_8(s)]Y(s)$$
$$X_2(s) = G_2(s)[X_1(s) - G_6(s)X_3(s)]$$
$$X_3(s) = [X_2(s) - G_5(s)Y(s)]G_3(s)$$
$$Y(s) = G_4(s)X_3(s)$$

3-5 设控制系统的结构框图如图 3-65 所示。若系统前向传递函数为

$$\frac{Y(s)}{E(s)} = \frac{100(s+10)}{s(s+5)(s+20)}$$

试确定 k_1、k_2 以及 $k_2H_N(s)/H_D(s)$。

3-6　图 3-66 所示两输入两输出控制系统中，$U_1(s)$ 和 $U_2(s)$ 为输入信号，$Y_1(s)$ 和 $Y_2(s)$ 为输出信号，试求系统的传递函数矩阵。

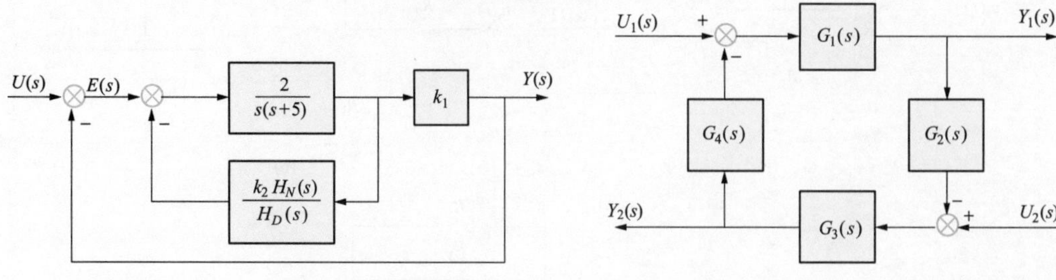

图 3-65　题 3-5 控制系统结构框图　　图 3-66　题 3-6 两输入两输出控制系统框图

3-7　控制系统的信号流图如图 3-67 所示，利用梅森公式求系统的传递函数。

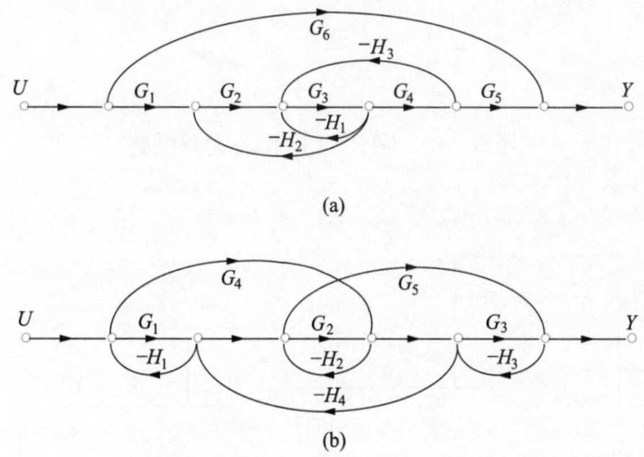

图 3-67　题 3-7 控制系统的信号流图

3-8　试采用框图化简方法求结构如图 3-68 所示系统的传递函数。

3-9　多环交叉反馈系统的框图如图 3-69 所示，试求系统的传递函数 $Y(s)/U(s)$，$E(s)/U(s)$ 和 $Y(s)/E(s)$。

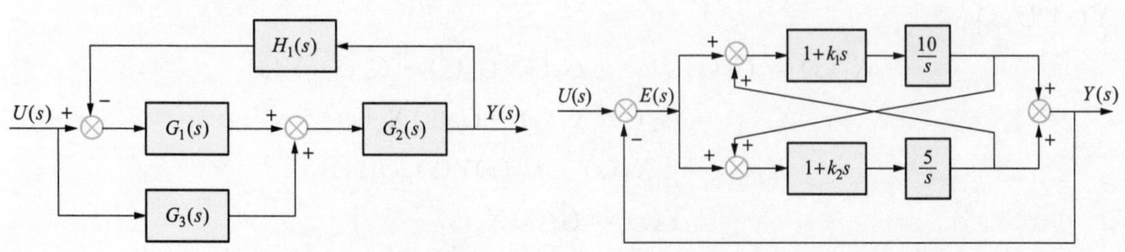

图 3-68　题 3-8 控制系统结构框图　　图 3-69　题 3-9 多环交叉反馈系统结构图

3-10　控制系统的微分方程如下，试求其状态空间表达式。其中，y 为输出，u 为输入。

(1) $\dddot{y}+6\ddot{y}+4\dot{y}+7y=6u$

(2) $\dddot{y}-3a\ddot{y}+3a^2\dot{y}-a^3y=6u$

(3) $\dddot{y}+4\ddot{y}+2\dot{y}+y=\ddot{u}+\dot{u}+3u$

(4) $\dddot{y}+6\ddot{y}+11\dot{y}+6y=\dddot{u}+8\ddot{u}+17\dot{u}+u$

3-11 已知自由系统的状态方程为

$$\dot{\boldsymbol{x}}=\begin{bmatrix}0&1&0\\0&0&1\\0&0&0\end{bmatrix}\boldsymbol{x}$$

试求系统始于初态 $\boldsymbol{x}(0)=[1\quad1\quad2]^{\mathrm{T}}$ 的状态轨迹。

3-12 已知某线性系统的状态转移矩阵为

$$\boldsymbol{\Phi}(t)=\begin{bmatrix}2\mathrm{e}^{-t}-\mathrm{e}^{-2t}&\mathrm{e}^{-t}-\mathrm{e}^{-2t}\\-2\mathrm{e}^{-t}+2\mathrm{e}^{-2t}&-\mathrm{e}^{-t}+2\mathrm{e}^{-2t}\end{bmatrix}$$

试求系统的状态矩阵 $\boldsymbol{A}$。

3-13 已知线性定常系统的状态方程为

$$\dot{\boldsymbol{x}}=\begin{bmatrix}-1&1&0\\0&-1&0\\0&0&-2\end{bmatrix}\boldsymbol{x}+\begin{bmatrix}0\\1\\4\end{bmatrix}u$$

试求初始状态为 $\boldsymbol{x}(0)=[1\quad2\quad1]^{\mathrm{T}}$ 时，系统在单位阶跃输入作用下的时域响应。

3-14 已知某线性控制系统的运动方程为

$$\ddot{y}+5\dot{y}+6y(t)=u(t)$$

其中，$y(t)$ 为系统输出，$u(t)$ 为系统输入。

试完成：

(1) 选择状态变量 $x_1=y(t)$ 和 $x_2=\dot{y}$，列写系统状态空间表达式；

(2) 重选一组状态变量 x_1' 和 x_2'，且 $x_1=x_1'+x_2'$ 和 $x_2=-x_1'+2x_2'$，列写系统在 $\boldsymbol{x}'$ 坐标下的状态空间表达式。

3-15 已知线性系统的状态空间表达式为

$$\begin{cases}\dot{\boldsymbol{x}}=\boldsymbol{A}\boldsymbol{x}+\boldsymbol{b}u\\y=\boldsymbol{C}\boldsymbol{x}+d\end{cases}$$

其中

(1) $\boldsymbol{A}=\begin{bmatrix}-2&2&1\\0&-2&0\\1&-4&0\end{bmatrix}$，$\boldsymbol{b}=\begin{bmatrix}0\\0\\1\end{bmatrix}$，$\boldsymbol{C}=[1\quad-1\quad1]$，$d=0$

(2) $\boldsymbol{A}=\begin{bmatrix}3&2\\-4&-4\end{bmatrix}$，$\boldsymbol{b}=\begin{bmatrix}4\\3\end{bmatrix}$，$\boldsymbol{C}=[2\quad2]$，$d=1$

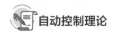

试求传递函数。

3-16　已知控制系统的传递函数如下，试求其状态空间表达式。

(1) $\frac{Y(s)}{U(s)}=\frac{2s^2+18s+40}{s^3+6s^2+11s+6}$

(2) $\frac{Y(s)}{U(s)}=\frac{s^3+8s^2+12s+9}{s^3+7s^2+14s+8}$

3-17　控制系统框图如图 3-70 所示，试写出系统的状态空间表达式。

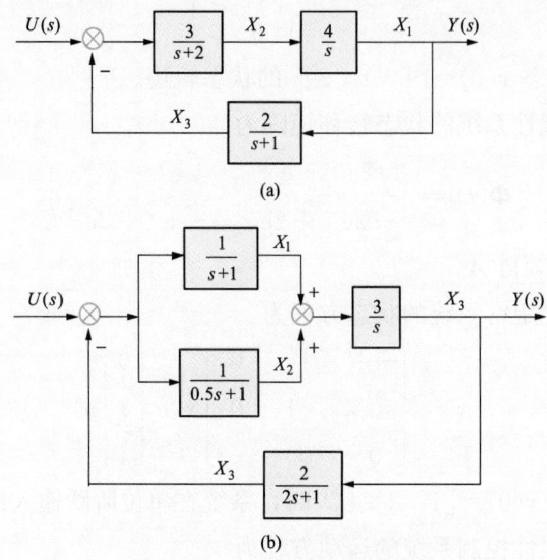

图 3-70　题 3-17 控制系统框图

第四章　控制系统的时域分析

第一节　引　　言

在获得系统数学模型之后，就可以采用多种方法分析系统的性能，从而确定系统性能改进方向。显然，不论采用哪种分析方法，分析的准确程度主要取决于数学模型对系统描述的真实程度。

在分析和设计控制系统时，需要建立一系列评价指标，用于衡量系统响应的优劣。通常的做法是，对系统施加典型的试验输入信号，根据其时域响应建立评价指标，用以评判各种系统对典型输入信号的响应状况。由于系统对典型试验输入信号的响应特性，与系统对实际输入信号的响应特性之间存在着一定的关系，因此采用试验信号来评价系统的性能是合理的。

一、 典型试验信号

典型的试验输入信号有单位阶跃函数、单位脉冲函数、单位斜坡函数、单位加速度函数（抛物线函数）等。因为这些信号都是简单的时间函数，所以利用它们便于对控制系统的时域响应进行数学上的和实验上的分析。

1. 单位阶跃函数

阶跃函数又称为位置信号，它在起始瞬间幅值的跳变，包含了大量使系统做出快速响应的信息。阶跃函数主要用于测试系统对跃变信号的响应能力。

单位阶跃函数是阶跃函数中最简单的形式，其数学表达式为

$$u(t)=\begin{cases}1, & t>0\\ 0, & t<0\end{cases}$$

单位阶跃函数与时间的关系如图 4-1（a）所示。单位阶跃函数的拉普拉斯变换为

$$U(s)=\frac{1}{s}$$

2. 单位斜坡函数

斜坡函数又称速度信号，它描述的是随时间增加的信号，可以看作阶跃函数的积分。斜坡函数的变化速度要比阶跃函数快一个等级，用它作为系统的输入，主要用于测试系统对随时间线性变化信号的跟踪能力。

单位斜坡函数的数学表达式为

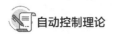

$$u(t)=\begin{cases}t, & t\geqslant 0\\0, & t<0\end{cases}$$

或表示为

$$u(t)=t\cdot 1(t)$$

单位斜坡函数与时间的关系，如图 4-1（b）所示。单位斜坡函数的拉普拉斯变换为

$$U(s)=\frac{1}{s^2}$$

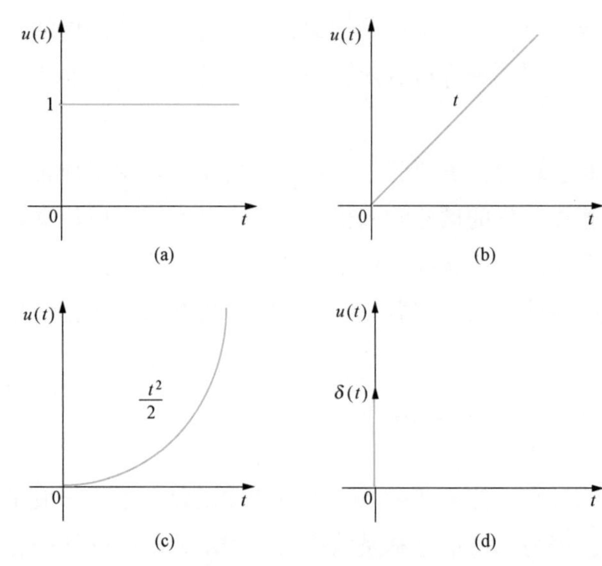

图 4-1　典型试验信号

（a）单位阶跃信号；（b）单位斜坡信号；（c）单位加速信号；（d）单位脉冲信号

3. 单位加速度（抛物线）函数

加速度函数也称作抛物线函数，可以看作是斜坡函数的积分。单位加速度函数与时间的关系，如图 4-1（c）所示，其数学表达式为

$$u(t)=\begin{cases}\dfrac{t^2}{2}, & t\geqslant 0\\0, & t<0\end{cases}$$

单位加速度函数的拉普拉斯变换为

$$U(s)=\frac{1}{s^3}$$

加速度函数的变化速度要比斜坡函数快一个等级。在测试环境中，加速度函数是变化速度最快的测试信号。

4. 单位脉冲函数

脉冲函数描述一种冲击行为，用它作为系统输入，主要测试系统承受冲击的能力。单

位脉冲函数与时间的关系，如图 4 - 1（d）所示，其数学表达式为

$$\delta(t)=\begin{cases}\infty, & t=0\\ 0, & t\neq 0\end{cases}，且\int_{-\infty}^{+\infty}\delta(t)\mathrm{d}t=1$$

单位脉冲函数的拉普拉斯变换为

$$U(s)=1$$

上述四种典型试验信号都具有数学描述简单和实验操作容易的共同特点。究竟采用哪一种输入信号分析系统特性，取决于控制系统实际输入信号的特性。如果实际输入信号是随时间逐渐变化的函数，则选用斜坡函数作为试验信号；如果实际输入信号是突然的扰动量，则选用阶跃函数作为试验信号；如果实际输入信号是冲击输入量，则选用脉冲函数作为试验信号。在试验信号基础上设计出来的控制系统，通常也能满足实际输入信号的响应特性。利用试验信号，人们能够在同一个尺度上对所有系统的性能进行比较。

二、 瞬态响应和稳态响应概念

控制系统的时域响应由瞬态响应和稳态响应两部分组成。瞬态响应指系统从初始状态到稳态值之前的响应过程；稳态响应是指当时间 t 趋于无穷大时，系统的输出状态。

对于一个稳定系统，瞬态响应随时间趋向于无穷大时变为零，此时系统的时域响应只剩稳态响应部分。瞬态响应是描述系统的动态行为的部分，在达到稳态之前，响应与期望值之间存在一定的差异；稳态响应是描述系统达到稳态运行状态时对输入的跟踪能力。利用稳态响应与参考信号进行比较，可以给出系统最终精确度的指标。如果稳态响应与参考信号的稳态值不完全一致，就可以认定系统存在稳态误差，这个误差表示了系统的精确度。在分析控制系统时，需要对系统的瞬态响应和稳态响应两个方面的特性进行研究。

第二节　一阶系统的时域响应

图 4 - 2（a）所示为具有反馈结构的一阶系统框图，由一阶微分方程描述。在物理上，该系统既可以表示一个 RC 电路，又可以表示一个液位系统，也可以表示一个机械系统，等等。图 4 - 2（b）为该系统的简化框图，系统的输入输出关系为

$$\frac{Y(s)}{U(s)}=\frac{1}{Ts+1}$$

式中：T 为系统时间常数。

上面的方程又可以写为

$$Y(s)=\frac{1}{Ts+1}U(s)\quad(4-1)$$

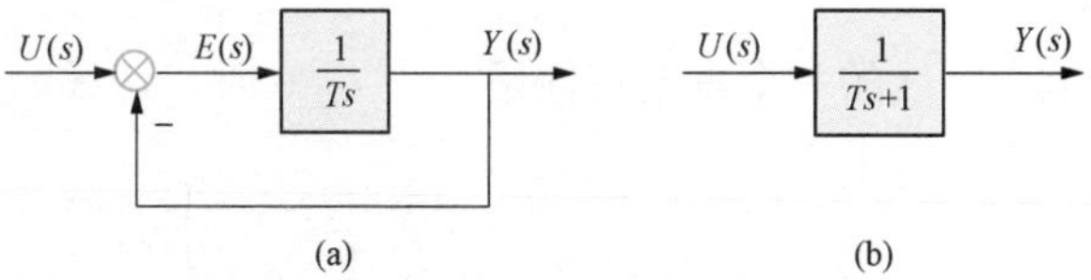

接下来分析图 4 - 2 所示系统对单位阶跃函数、单位斜坡函数和单

图 4 - 2　一阶系统

（a）具有反馈结构的框图；（b）化简后的框图

位脉冲函数三种典型输入信号的响应。在下述的分析过程中，假定系统的初始状态为零。

应当指出，具有相同传递函数的系统，对同一输入信号的响应是相同的。对于任何给定的物理系统，响应的数学表达式具有特定的物理意义。

一、一阶系统的单位阶跃响应

单位阶跃函数的拉普拉斯变换为$\frac{1}{s}$，将输入$U(s)=\frac{1}{s}$代入式（4-1）中，得到系统响应为

$$Y(s)=\frac{1}{Ts+1}\cdot\frac{1}{s}$$

将$Y(s)$展开成部分分式形式

$$Y(s)=\frac{1}{s}-\frac{T}{Ts+1}=\frac{1}{s}-\frac{1}{s+\frac{1}{T}} \tag{4-2}$$

对式（4-2）进行拉普拉斯逆变换，可得时域响应表达式为

$$y(t)=1-e^{-\frac{t}{T}}，\quad t\geqslant 0 \tag{4-3}$$

式（4-3）表明：当$t=0$时，输出的初始值为零；当$t=\infty$时，系统输出的终值为1。图4-3所示为式（4-3）对应的响应曲线$y(t)$。

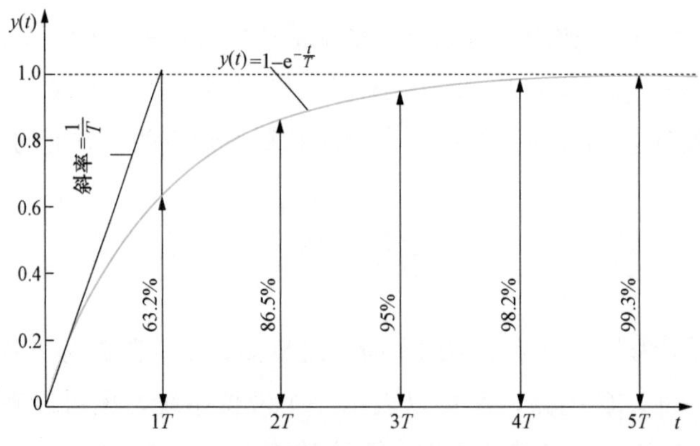

图4-3 一阶系统的单位阶跃响应曲线

从式（4-3）描述的系统时域响应可以看出，时间常数T越小，系统的响应就越快。该响应曲线的一个重要特性是，当$t=0$时，切线的斜率等于$\frac{1}{T}$，即

$$\frac{dy(t)}{dt}=\frac{1}{T}e^{-\frac{t}{T}}\bigg|_{t=0}=\frac{1}{T} \tag{4-4}$$

由式（4-4）可以看出：系统响应$y(t)$的斜率是单调下降的，它从$t=0$时的$\frac{1}{T}$，下

降到 $t=\infty$ 时的零值。

系统响应 $y(t)$ 的另一个重要特性是，当 $t=T$ 时，$y(t)$ 的数值达到了理想响应值的 63.2%。这个数值可以将 $t=T$ 代入式（4-3）求得

$$y(t)=1-\mathrm{e}^{-1}=0.632$$

当 $t=2T$ 时，系统响应上升到稳态值的 86.5%；当 $t=3T$、$t=4T$ 和 $t=5T$ 时，响应将分别上升到稳态值的 95%、98.2%和 99.3%，如图 4-3 所示。因此，当 $t\geqslant 4T$ 时，系统响应与稳态值之差保持在 2%的范围以内。由于系统响应按照指数曲线特性随时间增长，逐渐逼近稳态值，从式（4-4）可以看出 $t=\infty$ 时，逼近过程结束。这是一个极为漫长的过程，因此实际上都以系统响应达到稳态值的 98%所需时间，或者四倍的时间常数作为响应时间的估值。

对式（4-3）求导，可得

$$\frac{\mathrm{d}}{\mathrm{d}t}y(t)=\frac{\mathrm{d}}{\mathrm{d}t}(1-\mathrm{e}^{-\frac{t}{T}})=\frac{1}{T}\mathrm{e}^{-\frac{t}{T}},\quad t\geqslant 0 \tag{4-5}$$

也可以对式（4-3）求积分，可得

$$\int_0^t y(\tau)\mathrm{d}\tau=\int_0^t(1-\mathrm{e}^{-\frac{\tau}{T}})\mathrm{d}\tau=\int_0^t\mathrm{d}\tau+\int_0^t-\mathrm{e}^{-\frac{\tau}{T}}\mathrm{d}\tau=\tau\Big|_0^t+T\mathrm{e}^{-\frac{\tau}{T}}\Big|_0^t=t+T\mathrm{e}^{-\frac{t}{T}}-T,\quad t\geqslant 0 \tag{4-6}$$

式（4-5）和式（4-6）是一阶系统单位阶跃响应的微分和积分结果，它们的内在联系是什么呢？接下来，通过分析一阶系统对单位斜坡和单位脉冲输入的时域响应，寻找同一个线性定常系统在单位阶跃信号、单位脉冲信号和单位斜坡信号三种输入下系统响应间的关系。

二、一阶系统的单位斜坡响应

单位斜坡函数的拉普拉斯变换为$\frac{1}{s^2}$，则图 4-2 所示一阶系统的输出为

$$Y(s)=\frac{1}{Ts+1}\cdot\frac{1}{s^2}$$

将 $Y(s)$ 展开成部分分式形式

$$Y(s)=\frac{1}{s^2}-\frac{T}{s}+\frac{T^2}{Ts+1}$$

对上式进行拉普拉斯逆变换，得到时域响应表达式

$$y(t)=t-T+T\mathrm{e}^{-\frac{t}{T}},\quad t\geqslant 0 \tag{4-7}$$

一阶系统单位阶跃响应的积分结果与式（4-7）一致，说明线性定常系统对输入信号积分的响应可以通过系统对原信号响应求积分获得，这是线性定常系统的一个重要性质。一阶系统的单位斜坡响应与输入信号的误差信号 $e(t)$ 为

$$e(t)=u(t)-y(t)=T(1-\mathrm{e}^{-\frac{t}{T}})$$

当 t 趋于无穷大时，$\mathrm{e}^{-\frac{t}{T}}$ 趋于零，误差信号趋于 T。

图 4-4 所示为一阶系统的单位斜坡输入和输出响应曲线。当时间常数 T 越小，系统跟踪斜坡输入信号的稳态误差也越小；当 t 足够大时，系统跟踪单位斜坡输入信号的误差等于 T。

三、一阶系统的单位脉冲响应

单位脉冲输入信号的拉普拉斯变换形式为 $U(s)=1$，图 4-2 所示一阶系统的响应为

$$Y(s)=\frac{1}{Ts+1}$$

其时域响应表达式为

$$y(t)=\frac{1}{T}\mathrm{e}^{-\frac{t}{T}},\quad t\geqslant 0 \tag{4-8}$$

一阶系统单位阶跃响应的微分结果与式（4-8）一致，说明线性系统对输入信号导数的响应可通过系统对原信号响应求微分获得，这是线性定常系统的另一个重要性质。图 4-5 为式（4-8）的单位脉冲响应曲线。

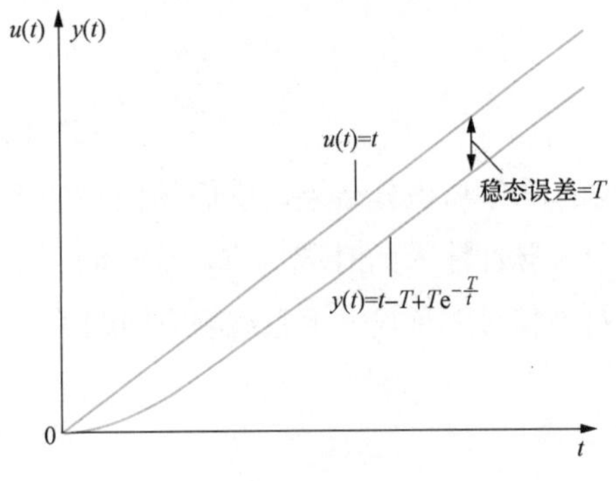

图 4-4　一阶系统的单位斜坡响应曲线

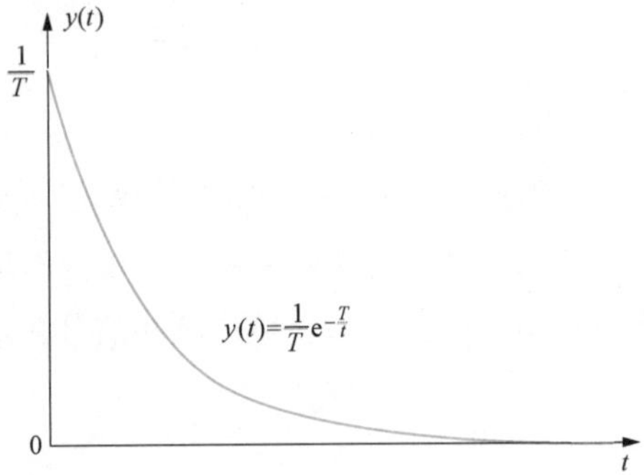

图 4-5　一阶系统的单位脉冲响应曲线

第三节　二阶系统的时域响应

二阶系统采用二阶微分方程描述。它们的运动行为与一阶系统不相同，有可能呈现出如振荡或超调之类的特点。

一、典型二阶系统

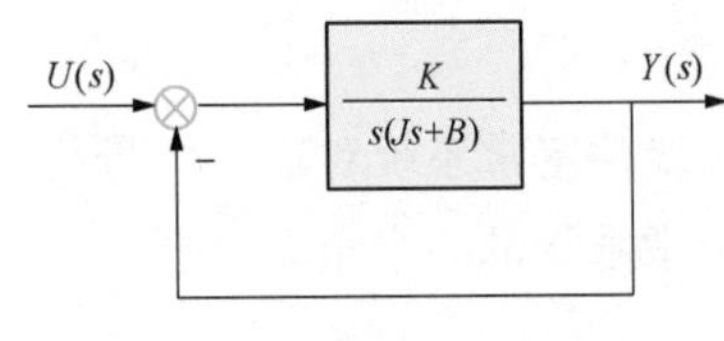

图 4-6　具有单位负反馈的二阶系统框图

图 4-6 所示具有单位负反馈的二阶系统，系统的闭环传递函数为

$$\frac{Y(s)}{U(s)}=\frac{K}{Js^2+Bs+K} \tag{4-9}$$

式中：B 为系统实际阻尼。

将式（4-9）改写成有理函数形式，为

$$\frac{Y(s)}{U(s)}=\frac{\frac{K}{J}}{\left[s+\frac{B}{2J}+\sqrt{\left(\frac{B}{2J}\right)^2-\frac{K}{J}}\right]\left[s+\frac{B}{2J}-\sqrt{\left(\frac{B}{2J}\right)^2-\frac{K}{J}}\right]} \tag{4-10}$$

当 $B^2-4JK<0$ 时，系统闭环极点为复数；当 $B^2-4JK\geqslant 0$ 时，系统闭环极点为实数。

令

$$\frac{K}{J}=\omega_n^2 \text{ 和 } \frac{B}{J}=2\zeta\omega_n=2\sigma$$

式中：σ 为衰减系数；ω_n 为无阻尼自然振荡频率；ζ 为系统的阻尼比。

阻尼比 ζ 是实际系统阻尼 B 与临界阻尼系数 $B_c=2\sqrt{JK}$ 之比，即 $\zeta=\frac{B}{B_c}=\frac{B}{2\sqrt{JK}}$。

引入参数 ζ 和 ω_n 后，图 4-6 所示系统可以变成图 4-7 所示系统，称为典型二阶系统。典型二阶系统的闭环传递函数可以写成

$$\frac{Y(s)}{U(s)}=\frac{\omega_n^2}{s^2+2\zeta\omega_n s+\omega_n^2} \tag{4-11}$$

此时，二阶系统的动态特性就可以采用 ζ 和 ω_n 这两个参数的形式描述。如果 $0<\zeta<1$，则闭环极点为位于左半 s 平面内的一对共轭复数，系统称为欠阻尼系统，其时域响应呈现振荡衰减特性；如果 $\zeta=1$，则系统称为临界阻尼系统；如果 $\zeta>1$，则系统称为过阻尼系统。临界阻尼系统和过阻尼系统的时域响应都不振荡。如果 $\zeta=0$，时域响应为等幅振荡。

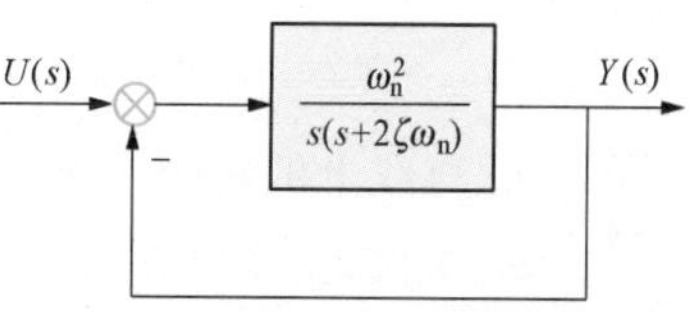

图 4-7　典型二阶系统框图

二、二阶系统的极点

由式（4-11）描述的典型二阶系统有下列两个极点

$$s_{1,2}=-\zeta\omega_n\pm\omega_n\sqrt{\zeta^2-1} \tag{4-12}$$

两个极点 s_1 和 s_2 在 s 平面上的分布情况如图 4-8 所示。

如图 4-8（a）所示，在 $0<\zeta<1$ 的情况下，系统的极点为 $s_{1,2}=-\zeta\omega_n\pm j\omega_n\sqrt{1-\zeta^2}$ 极点的虚部代表二阶系统的阻尼振荡频率 $\omega_d=\omega_n\sqrt{1-\zeta^2}$；极点的实部代表系统的衰减速率（亦称衰减因子）$\sigma=\zeta\omega_n$。系统极点到原点间的距离为

$$l=\sqrt{(\zeta\omega_n)^2+(\omega_n\sqrt{1-\zeta^2})^2}=\omega_n$$

极点到原点的连线与负实轴间的夹角 β（又称阻尼角）为

$$\cos\beta=\frac{\zeta\omega_n}{\omega_n}=\zeta \text{ 或 } \tan\beta=\frac{\sqrt{1-\zeta^2}}{\zeta} \tag{4-13}$$

式（4-13）指出，在 s 平面上，稳定系统阻尼比 ζ 的分布特性可以由一条过原点的直线描

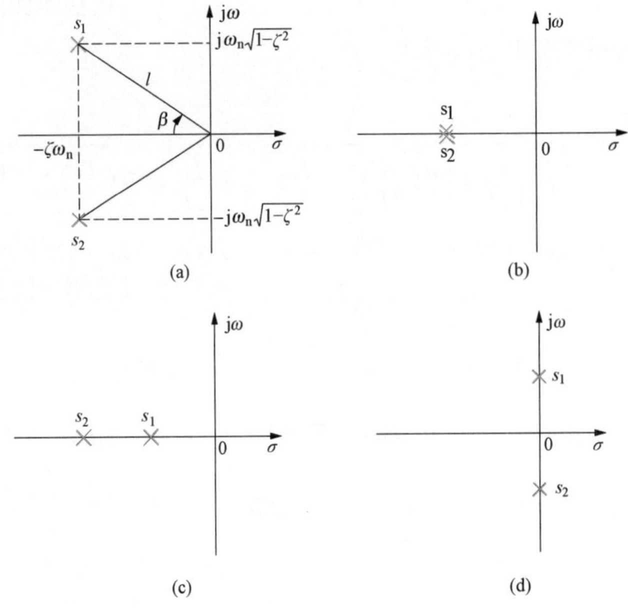

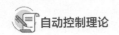

图 4-8　二阶系统的极点在 s 平面的分布

(a) $0<\zeta<1$；(b) $\zeta=1$；(c) $\zeta>1$；(d) $\zeta=0$

述，即在此直线上的每个点都具有相同的阻尼比。

当 $\zeta=1$ 时，系统存在两个相等的位于负实轴上的极点，如图 4-8（b）所示；当 $\zeta>1$ 时，系统存在两个不等的位于负实轴上的极点，如图 4-8（c）所示；当 $\zeta=0$ 时，系统存在两个位于负虚轴上的极点，如图 4-8（d）所示。

三、二阶系统的单位阶跃响应

对于式（4-11）描述的典型二阶系统，由于 ζ 的不同取值，系统的极点既可能是实数，又可能是复数，因此系统响应必然呈现不同的特征。

1. 欠阻尼情况（$0<\zeta<1$）

当 $0<\zeta<1$ 时，系统的闭环极点为一对共轭复数，即 $s_{1,2}=-\zeta\omega_n\pm j\omega_d$，式（4-11）可以写成

$$\frac{Y(s)}{U(s)}=\frac{\omega_n^2}{(s+\zeta\omega_n+j\omega_d)(s+\zeta\omega_n-j\omega_d)}$$

其中，ω_d 称为阻尼振荡频率，$\omega_d=\omega_n\sqrt{1-\zeta^2}$。

系统的单位阶跃响应 $Y(s)$ 可以写成

$$Y(s)=\frac{\omega_n^2}{s(s^2+2\zeta\omega_n s+\omega_n^2)}$$

$Y(s)$ 的部分分式形式为

$$Y(s)=\frac{1}{s}-\frac{s+2\zeta\omega_n}{s^2+2\zeta\omega_n s+\omega_n^2}=\frac{1}{s}-\frac{s+\zeta\omega_n}{(s+\zeta\omega_n)^2+\omega_d^2}-\frac{\zeta\omega_n}{(s+\zeta\omega_n)^2+\omega_d^2}$$

其时域响应为

$$\begin{aligned}y(t)&=\mathscr{L}^{-1}[Y(s)]=1-e^{-\zeta\omega_n t}\left(\cos\omega_d t+\frac{\zeta}{\sqrt{1-\zeta^2}}\sin\omega_d t\right)\\&=1-\frac{e^{-\zeta\omega_n t}}{\sqrt{1-\zeta^2}}\sin\left(\omega_d t+\arctan\frac{\sqrt{1-\zeta^2}}{\zeta}\right)\\&=1-\frac{e^{-\zeta\omega_n t}}{\sqrt{1-\zeta^2}}\sin(\omega_d t+\beta)\end{aligned}\tag{4-14}$$

式中，$\beta=\arctan\dfrac{\sqrt{1-\zeta^2}}{\zeta}$，$t\geqslant 0$。

由式（4-14）可以看出，时域响应的振荡频率为阻尼振荡频率 ω_d。系统误差信号为

$$e(t)=u(t)-y(t)=e^{-\zeta\omega_n t}\left(\cos\omega_d t+\frac{\zeta}{\sqrt{1-\zeta^2}}\sin\omega_d t\right),\quad t\geqslant 0$$

显然，此误差信号为阻尼正弦振荡。当 $t\to\infty$ 时，系统误差为零，也就是说，系统进入稳态后输入量与输出量之间不存在误差。

2. 零阻尼情况（$\zeta=0$）

当 $\zeta=0$ 时，系统的两个闭环极点为虚数，即 $s_{1,2}=\pm j\omega_n$，系统的单位阶跃响应为

$$Y(s)=\frac{1}{s}-\frac{s}{s^2+\omega_n^2}$$

其时域响应为

$$y(t)=\mathscr{L}^{-1}[Y(s)]=1-\cos\omega_n t\tag{4-15}$$

当 $\zeta=0$ 时，系统时域响应是一个纯正弦量，系统是无阻尼的，其振动频率为 ω_n。只要线性系统具有一定的阻尼，就无法通过实验的方式观察或者获得到无阻尼自然振荡频率 ω_n。由于阻尼振荡频率为 $\omega_d=\omega_n\sqrt{1-\zeta^2}$，对于稳定系统（$\zeta>0$）来说，该频率总是低于无阻尼自然振荡频率。随着 ζ 值增大，阻尼振荡频率 ω_d 将减小。如果 ζ 增大到 1，系统变为临界阻尼或过阻尼状态，不再产生振荡。

3. 临界阻尼情况（$\zeta=1$）

当 $\zeta=1$ 时，系统的两个闭环极点是相等的实数，即 $s_{1,2}=-\omega_n$，系统的单位阶跃响应为

$$Y(s)=\frac{\omega_n^2}{s(s+\omega_n)^2}=\frac{1}{s}-\frac{s+2\omega_n}{(s+\omega_n)^2}=\frac{1}{s}-\left[\frac{\omega_n^2}{(s+\omega_n)^2}+\frac{1}{s+\omega_n}\right]$$

其时域响应为

$$y(t)=1-(\omega_n t+1)e^{-\omega_n t},\quad t\geqslant 0\tag{4-16}$$

式（4-16）包含两个衰减指数函数项，没有振荡成分，因此响应曲线不呈现振荡特征。

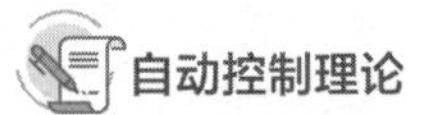

4. 过阻尼情况（$\zeta>1$）

当 $\zeta>1$ 时，系统的两个闭环极点为不相等的实数，即 $s_1=-\zeta\omega_n+\omega_n\sqrt{\zeta^2-1}$ 和 $s_2=-\zeta\omega_n-\omega_n\sqrt{\zeta^2-1}$。系统单位阶跃响应为

$$
\begin{aligned}
Y(s)&=\frac{\omega_n^2}{s(s-s_1)(s-s_2)}\\
&=\frac{1}{s}-\frac{1}{2\sqrt{\zeta^2-1}(\zeta-\sqrt{\zeta^2-1})}\cdot\frac{1}{s-s_1}+\frac{1}{2\sqrt{\zeta^2-1}(\zeta+\sqrt{\zeta^2-1})}\cdot\frac{1}{s-s_2}
\end{aligned}
$$

其时域响应为

$$
\begin{aligned}
y(t)&=\mathscr{L}^{-1}[Y(s)]\\
&=1-\frac{1}{2\sqrt{\zeta^2-1}(\zeta-\sqrt{\zeta^2-1})}e^{s_1 t}+\frac{1}{2\sqrt{\zeta^2-1}(\zeta+\sqrt{\zeta^2-1})}e^{s_2 t},\quad t\geqslant 0 \qquad (4-17)\\
&=1+\frac{\omega_n}{2\sqrt{\zeta^2-1}}\left(\frac{1}{s_1}e^{s_1 t}-\frac{1}{s_2}e^{s_2 t}\right)
\end{aligned}
$$

此时，系统的时域响应 $y(t)$ 包含两个衰减的指数项，不呈现振荡特征。

具有不同 ζ 值的一簇单位阶跃响应曲线 $y(t)$ 如图 4-9 所示。

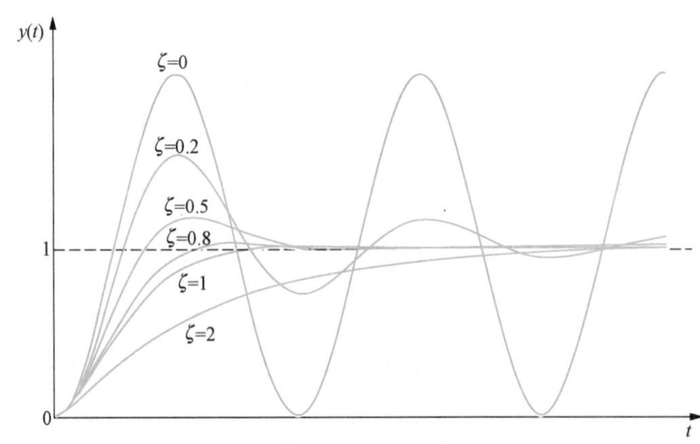

图 4-9 典型二阶系统的单位阶跃响应曲线

四、时域性能指标的定义

实际工作中，控制系统的时域性能指标以系统的单位阶跃响应量值形式给出。对于一个由微分方程描述的动态系统，当它受到输入或扰动作用后，系统的响应不可能产生突变，而是表现出一定的瞬态响应过程，也叫过渡过程。

由于系统对单位阶跃输入信号的时域响应与初始条件有关，因此为了能够容易地比较各种系统的响应特性，通常情况下采用标准初始条件，即系统最初处于静止状态，而且输出量和输入量对时间的各阶导数都等于零。

一般采用延迟时间、上升时间、峰值时间、调整时间和最大超调量等性能指标，描述控制系统的时域响应在达到稳态以前的过渡过程，说明控制系统对单位阶跃输入信号的瞬态响应特性。

采用图示形式对上述性能指标进行描述，如图 4-10 所示。

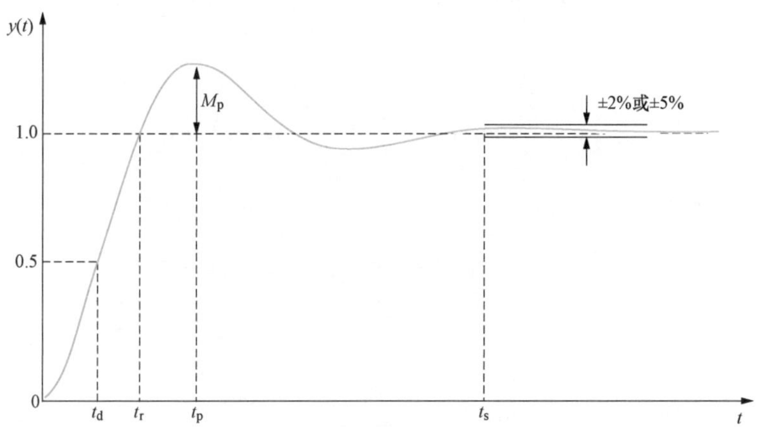

图 4-10　表示性能指标的典型二阶系统单位阶跃响应曲线

（1）延迟时间 t_d：响应曲线第一次达到稳态值的一半所需要的时间；

（2）上升时间 t_r：响应曲线从 0 上升到 100%（或从 5%上升到 95%，或从 10%上升到 90%）所需要的时间；

（3）峰值时间 t_p：响应曲线达到过调的第一个峰值所需要的时间；

（4）调整时间 t_s：在响应曲线上，用稳态值的绝对百分数（通常取 2%或 5%）当作一个允许误差范围，响应曲线达到并且永远保持在这个允许范围内所需要的时间；

（5）最大超调量 M_p：从 1 到响应曲线的最大峰值间的数值，通常采用百分比形式（也可以用 $\sigma\%$表示），计算公式为

$$M_p = \frac{y(t_p) - y(\infty)}{y(\infty)} \times 100\%$$

上述时域性能指标是相当重要的，如果给定典型二阶系统时域指标 t_d、t_r、t_p、t_s 和 M_p 的值，则响应曲线的形式也就确定了。应当注意，并不是任何情况下都必须采用所有的性能指标。例如，在过阻尼系统中，就无须计算峰值时间和最大超调量。

五、 典型二阶系统的时域性能指标计算公式

依据图 4-7 所示的典型二阶系统，推导上升时间 t_r、峰值时间 t_p、调整时间 t_s 和最大超调量 M_p 的计算公式。

假设系统为欠阻尼系统，这些指标都将用参数 ζ 和 ω_n 的形式表示。

1. 上升时间 t_r

式（4-14）给出了典型二阶系统的单位阶跃时域响应，依据上升时间的定义，有 $y(t_r)=1$，于是，可求得 t_r 为

$$y(t_r)=1-e^{-\zeta\omega_n t_r}\left(\cos\omega_d t_r+\frac{\zeta}{\sqrt{1-\zeta^2}}\sin\omega_d t_r\right)=1$$

整理后，有

$$e^{-\zeta\omega_n t_r}\left(\cos\omega_d t_r+\frac{\zeta}{\sqrt{1-\zeta^2}}\sin\omega_d t_r\right)=0$$

因为 $e^{-\zeta\omega_n t_r}\neq 0$，则有

$$\cos\omega_d t_r+\frac{\zeta}{\sqrt{1-\zeta^2}}\sin\omega_d t_r=0$$

整理后，取 $\sigma=-\zeta\omega_n$，有

$$\tan\omega_d t_r=-\frac{\sqrt{1-\zeta^2}}{\zeta}=-\frac{\omega_d}{\sigma}$$

因此，上升时间 t_r 为

$$t_r=\frac{1}{\omega_d}\arctan\left(-\frac{\omega_d}{\sigma}\right)$$

依据图 4-8（a）所示关系，有

$$t_r=\frac{1}{\omega_d}(\pi-\beta) \tag{4-18}$$

2. 峰值时间 t_p

根据式（4-14），并将 $y(t)$ 对时间求导，再令该导数等于零，可以得到峰值时间，即

$$\begin{aligned}\frac{dy(t)}{dt}&=\zeta\omega_n e^{-\zeta\omega_n t}\left(\cos\omega_d t+\frac{\zeta}{\sqrt{1-\zeta^2}}\sin\omega_d t\right)+e^{-\zeta\omega_n t}\left(\omega_d\sin\omega_d t-\frac{\zeta\omega_d}{\sqrt{1-\zeta^2}}\cos\omega_d t\right)\\&=\zeta\omega_n e^{-\zeta\omega_n t}\left(\cos\omega_d t+\frac{\zeta}{\sqrt{1-\zeta^2}}\sin\omega_d t\right)+\zeta\omega_n e^{-\zeta\omega_n t}\left(-\cos\omega_d t+\frac{\sqrt{1-\zeta^2}}{\zeta}\sin\omega_d t\right)\\&=\zeta\omega_n e^{-\zeta\omega_n t}\left(\frac{\zeta}{\sqrt{1-\zeta^2}}+\frac{\sqrt{1-\zeta^2}}{\zeta}\right)\sin\omega_d t\\&=\frac{\omega_n}{\sqrt{1-\zeta^2}}e^{-\zeta\omega_n t}\sin\omega_d t\end{aligned}$$

取 $\frac{dy(t)}{dt}=0$，于是有

$$\frac{\omega_n}{\sqrt{1-\zeta^2}}e^{-\zeta\omega_n t}\sin\omega_d t=0$$

此时，有对应的时间 $t=t_p$，则

$$\sin\omega_d t_p = 0,\ \omega_d t_p = 0,\pi,2\pi,3\pi,\cdots$$

因为峰值时间为系统时域响应从 0 达到第一个峰值所需时间，所以 $\omega_d t_p=\pi$，因此有

$$t_p = \frac{\pi}{\omega_d} \tag{4-19}$$

式（4-19）指出，峰值时间相当于阻尼振荡周期的一半。

3. 最大超调量 M_p

对于欠阻尼系统，最大超调量出现的时间为 $t_p=\dfrac{\pi}{\omega_d}$处，根据式（4-14）可求得 M_p 为

$$M_p = y(t_p)-1 =-\mathrm{e}^{-\zeta\omega_n\frac{\pi}{\omega_d}}\left(\cos\pi+\frac{\zeta}{\sqrt{1-\zeta^2}}\sin\pi\right)=\mathrm{e}^{-\frac{\sigma}{\omega_d}\pi}=\mathrm{e}^{-\frac{\zeta}{\sqrt{1-\zeta^2}}\pi}$$

最大超调量百分比为 $\mathrm{e}^{-\frac{\zeta}{\sqrt{1-\zeta^2}}\pi}\times100\%$。

4. 调整时间 t_s

在欠阻尼情况下，典型二阶系统的单位阶跃响应由式（4-14）表示，即

$$y(t)=1-\frac{\mathrm{e}^{-\zeta\omega_n t}}{\sqrt{1-\zeta^2}}\sin\left(\omega_d t+\arctan\frac{\sqrt{1-\zeta^2}}{\zeta}\right),\ t\geqslant0$$

曲线 $1\pm\dfrac{\mathrm{e}^{-\zeta\omega_n t}}{\sqrt{1-\zeta^2}}$为上述响应曲线的包络线，如图 4-11 所示。

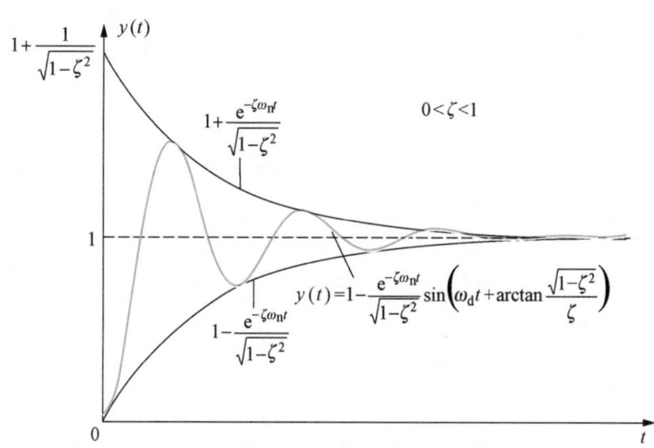

图 4-11　典型二阶系统的单位阶跃响应曲线的包络线

瞬态响应的衰减速度取决于时间常数 $T=1/\zeta\omega_n$ 的值。对于给定的 ω_n，调整时间 t_s 是阻尼比 ζ 的函数，当 $0<\zeta<1$ 时，为欠阻尼系统，阻尼小对应的系统的调整时间 t_s 长；当 $\zeta>1$ 时，为过阻尼系统，由于响应曲线的起始段上升速度很缓慢，因此调整时间会很长。

由于系统响应曲线 $y(t)$ 总是处于一对包络线之间，而此包络线为一阶系统的响应曲线，因此可以采用一阶系统稳态值计算方法获得 t_s 的计算公式。

当 $0<\zeta<1$ 时，如果采用 2%允许误差标准，t_s 近似等于系统时间常数的 4 倍；如果采

用 5%允许误差标准，t_s 近似等于系统时间常数的 3 倍。为此，定义调整时间 t_s 计算式为

$$t_s = 4T = \frac{4}{\sigma} = \frac{4}{\zeta\omega_n} \quad (2\%\text{ 误差标准})$$

$$t_s = 3T = \frac{3}{\sigma} = \frac{3}{\zeta\omega_n} \quad (5\%\text{ 误差标准}) \tag{4-20}$$

由式（4-20）可知，调整时间与系统的阻尼比和无阻尼自然振荡频率的乘积成反比。在设计或校正控制系统时，ζ 值通常根据最大允许超调量来确定，为了限制最大超调量，并且使得调整时间较小，阻尼比 ζ 不应太小，一般取 0.4～0.8；在不改变最大超调量的情况下，可以通过调整无阻尼自然振荡频率 ω_n，改变瞬态响应的持续时间，为了使响应迅速，无阻尼自然振荡频率 ω_n 必须选取很大的值。

［例 4-1］ 如图 4-12 所示系统，其中，参数 $\zeta=0.6$，$\omega_n=5\text{rad/s}$。系统输入为单位阶跃信号，试求上升时间 t_r、峰值时间 t_p、最大超调量 M_p 和调整时间 t_s。

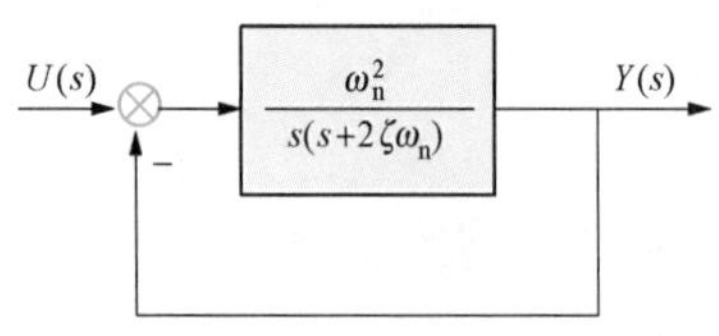

图 4-12 单位反馈系统

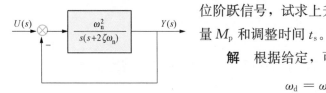

解 根据给定，可以求得

$$\omega_d = \omega_n\sqrt{1-\zeta^2} = 4\text{rad/s}$$

$$\sigma = \zeta\omega_n = 3$$

（1）上升时间 t_r 为

$$t_r = \frac{\pi - \arctan\left(\frac{\omega_d}{\sigma}\right)}{\omega_d} = \frac{\pi - \arctan\frac{4}{3}}{4} = \frac{\pi - 0.93}{4} = 0.55(\text{s})$$

（2）峰值时间 t_p 为

$$t_p = \frac{\pi}{\omega_d} = \frac{\pi}{4} = 0.785(\text{s})$$

（3）最大超调量 M_p 为

$$M_p = e^{\frac{-\sigma}{\omega_d}\pi} = e^{-\frac{3\pi}{4}} = 0.095$$

最大超调量百分比为 9.5%。

（4）调整时间 t_s 为

$$t_s = \frac{4}{\sigma} = \frac{4}{3} = 1.33(\text{s}) \quad (2\%\text{ 误差标准})$$

$$t_s = \frac{3}{\sigma} = \frac{3}{3} = 1(\text{s}) \quad (5\%\text{ 误差标准})$$

六、二阶系统的单位脉冲响应

单位脉冲信号的拉普拉斯变换为 $U(s)=1$。二阶系统的单位脉冲响应 $Y(s)$ 为

$$Y(s) = \frac{\omega_n^2}{s^2 + 2\zeta\omega_n s + \omega_n^2}$$

根据不同的阻尼比，系统时域响应 $y(t)$ 如下：

（1）当 $0<\zeta<1$ 时

$$y(t)=\frac{\omega_n}{\sqrt{1-\zeta^2}}e^{-\zeta\omega_n t}\sin(\omega_n\sqrt{1-\zeta^2}t),\quad t\geqslant 0$$

此时，系统的单位脉冲响应 $y(t)$ 是围绕零值振荡的函数，既可能是正值，也可能是负值。

（2）当 $\zeta=1$ 时

$$y(t)=\omega_n^2 t e^{-\omega_n t},\quad t\geqslant 0$$

此时，系统的单位脉冲响应 $y(t)$ 不改变符号。

（3）当 $\zeta>1$ 时

$$y(t)=\frac{\omega_n}{2\sqrt{1-\zeta^2}}e^{-(\zeta-\sqrt{\zeta^2-1})\omega_n t}-\frac{\omega_n}{2\sqrt{1-\zeta^2}}e^{-(\zeta+\sqrt{\zeta^2-1})\omega_n t},\quad t\geqslant 0$$

此时，系统的单位脉冲响应 $y(t)$ 与临界阻尼时一样不改变符号。

因为单位脉冲函数是单位阶跃函数对时间的导数，所以时域响应 $y(t)$ 可以通过对相应的单位阶跃响应进行微分而得到。

欠阻尼系统的单位脉冲响应发生最大超调量的时间为

$$t=\frac{\arctan\frac{\sqrt{1-\zeta^2}}{\zeta}}{\omega_n\sqrt{1-\zeta^2}},\ 0<\zeta<1$$

最大超调量为

$$y_{\max}(t)=\omega_n e^{-\frac{\zeta}{\sqrt{1-\zeta^2}}\arctan\frac{\sqrt{1-\zeta^2}}{\zeta}},\ 0<\zeta<1$$

因为单位冲激响应函数是单位阶跃响应函数对时间的导数，所以系统单位阶跃响应的最大过调量 M_p 可以通过单位冲激响应曲线从 $t=0$ 到曲线与直线 $y(t)=0$ 第一次相交这一段阴影区域面积求得，该面积等于 $1+M_p$；系统单位阶跃响应的峰值时间 t_p 等于单位冲激响应与直线 $y(t)=0$ 第一次相交的时间，如图 4-13 所示。

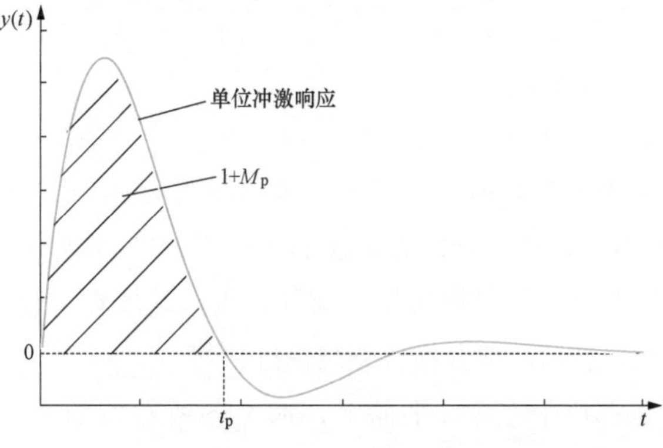

图 4-13　典型二阶系统的单位冲激响应曲线

第四节　高阶系统的时域响应

一、高阶系统的阶跃响应

采用三阶或更高阶数微分方程描述输入输出关系的系统称为高阶系统，其传递函数可以写为如下两种形式

$$\begin{aligned} G(s) &= \frac{Y(s)}{U(s)} = \frac{b_0 s^m + b_1 s^{m-1} + \cdots + b_{m-1} s + b_m}{s^n + a_1 s^{n-1} + \cdots + a_{n-1} s + a_n} \\ &= \frac{k(s+z_1)(s+z_2)\cdots(s+z_m)}{(s+p_1)(s+p_2)\cdots(s+p_n)},\quad m \leqslant n \end{aligned} \tag{4-21}$$

高阶系统的闭环传递函数的极点既可能是实数，也可能是复数。首先讨论闭环系统传递函数的极点全部为实数的情况。假定各个极点不相同，系统对于单位阶跃输入信号的响应为

$$Y(s) = G(s) \cdot \frac{1}{s}$$

其部分分式为

$$Y(s) = \frac{C_0}{s} + \sum_{i=1}^{n} \frac{C_i}{s+p_i}$$

式中：C_i 是极点 $s=-p_i$ 对应的留数。

C_0 和 C_i 由下式求得

$$C_0 = G(s) \cdot \frac{1}{s} \cdot s \Big|_{s=0} = \frac{kz_1 z_2 \cdots z_m}{p_1 p_2 \cdots p_n}$$

$$\begin{aligned} C_i &= G(s) \cdot \frac{1}{s} \cdot (s+p_i) \Big|_{s=-p_i} \\ &= \frac{k(-p_i+z_1)(-p_i+z_2)\cdots(-p_i+z_m)}{-p_i(-p_i+p_1)(-p_i+p_2)\cdots(-p_i+p_{i-1})(-p_i+p_{i+1})\cdots(-p_i+p_n)} \end{aligned}$$

系统对单位阶跃信号的时域响应为

$$y(t) = C_0 1(t) + C_1 \mathrm{e}^{-p_1 t} + C_2 \mathrm{e}^{-p_2 t} + \cdots + C_n \mathrm{e}^{-p_n t} \tag{4-22}$$

由式（4-22）可知，系统对单位阶跃信号的时域响应为 $n+1$ 项之和，除第一项外，其余 n 项均与系统闭环极点有关，此 n 项之和描述的正是系统瞬态响应。描述瞬态响应的每一项又分为两部分：①极点对应的留数为权重部分，表示此项在总瞬态响应中的占比情况；②极点倒数为时间常数，表示此项的指数衰减速度快慢。

如果所有闭环极点都位于左半 s 平面上，那么各留数值的大小就确定了 $y(t)$ 中各项分量的相对重要程度，极点确定了指数项作用时间的长短，极点离虚轴越远，该极点的作用时间就越短。从 C_i 的计算式可知，对于留数值的计算，零点与极点的作用是相

反的，如果在某个极点附近存在一个零点，必然导致该极点对应的留数值比较小，说明此极点对应的瞬态响应项的权重系数比较小。一对距离很近的零点和极点，彼此的作用相互抵消，这样的一对零点和极点称为偶极子。如果一个极点距离原点很远，那么该极点对应的留数将很小。因此，对应于该遥远极点的瞬态响应数值将很小，而且持续时间也很短。

接下来讨论系统闭环极点由实数极点和共轭复数极点组成的情况。系统对单位阶跃输入信号的响应为

$$Y(s)=\frac{K\prod_{i=1}^{m}(s+z_i)}{s\prod_{j=1}^{P}(s+p_j)\prod_{k=1}^{Q}(s^2+2\zeta_k\omega_{nk}s+\omega_{nk}^2)}$$

其中，$P+2Q=n$。

假定系统闭环极点互不相同，且所有极点均位于左半 s 平面上，那么上式的部分分式为

$$Y(s)=\frac{C_0}{s}+\sum_{j=1}^{P}\frac{C_j}{s+p_j}+\sum_{k=1}^{Q}\frac{B_k(s+\zeta_k\omega_{nk})+D_k\omega_{nk}\sqrt{1-\zeta_k^2}}{s^2+2\zeta_k\omega_{nk}s+\omega_{nk}^2}$$

系统对单位阶跃信号的时域响应为

$$\begin{aligned}y(t)=&C_0\cdot 1(t)+\sum_{j=1}^{P}C_j\mathrm{e}^{-p_jt}+\sum_{k=1}^{Q}B_k\mathrm{e}^{-\zeta_k\omega_{nk}t}\cos(\omega_{nk}\sqrt{1-\zeta_k^2}t)\\&+\sum_{k=1}^{Q}D_k\mathrm{e}^{-\zeta_k\omega_{nk}t}\sin(\omega_{nk}\sqrt{1-\zeta_k^2}t),\quad t\geqslant 0\end{aligned}\tag{4-23}$$

因此，稳定的高阶系统的瞬态响应曲线由一些指数曲线和阻尼正弦曲线相加而成。

对于上述的稳定系统，当时间 t 趋于无穷大时，式（4-23）中的指数项和阻尼正弦项均趋于零。于是，系统稳态响应为

$$y(\infty)=\lim_{t\to\infty}y(t)=C_0$$

对于稳定系统，若极点远离虚轴，则其必然具有绝对值很大的负实部，随时间的增长，该极点对应的指数项将迅速地衰减到零。应当指出，复数极点的实部确定了指数项作用时间的长短，即从极点到虚轴的距离决定了由此极点引起的瞬态过程作用时间，该水平距离越小，作用时间就越长。

时域响应的类型取决于闭环极点，响应曲线的形状则主要取决于闭环零点。正如前面讨论的，输入量的极点影响稳态响应项，闭环系统的极点则影响到指数衰减和阻尼正弦项，闭环系统的零点不影响指数项中的指数，但是它们影响留数的大小和符号。

二、闭环主导极点

从稳定的高阶系统对单位阶跃信号的时域响应可以看出，其瞬态响应部分由闭环极点

和零点共同作用而决定。实质上，该瞬态响应为 n（闭环极点个数）个加权指数项之和，其中每个极点对应不同的加权指数项，极点对应的留数为权重；以极点实部的倒数为时间常数构成指数衰减函数。极点实部的大小决定着指数衰减速度的快慢；留数大小决定着该极点对应的指数项在瞬态响应中的重要程度。由闭环系统的留数计算式可知，留数的大小既取决于闭环极点，又取决于闭环零点。

通过实验发现，如果两个闭环极点实部的比值大于 5，并且在极点附近无零点存在，那么距虚轴近的闭环极点将对时域响应特性起到主导作用，其原因在于该极点对应的指数项衰减速度慢，而且对应留数的模也比较大。闭环系统中，那些对时域响应特性起到主导作用的闭环极点，称为主导极点。在系统的所有闭环极点中，主导极点是最重要的。主导极点可以是实数极点，也可以是复数极点，或者是它们的组合。在实际的控制系统中，闭环主导极点经常以共轭复数的形式出现。

高阶系统的动态分析是一项比较复杂的工作，很难推导出估算性能指标的解析表达式。利用主导极点的概念，可以简化这项工作。虽然闭环主导极点对于分析系统特性和估计系统性能指标很有用处，但是在应用这个概念之前，必须确定是否满足预先设定的假设条件。

第五节　线性控制系统的稳定性分析

稳定是控制系统正常运行的首要条件，也是控制系统设计与分析过程中，需要考虑的最为重要的指标。在控制系统的运行过程中，总会受到来自外界和内部的扰动作用，如电源和负载的波动、环境条件的改变等。不稳定系统，在受到扰动后，其瞬态响应随时间的推移而远离原点，直至发散。为此，线性系统的稳定性问题一般采用平衡状态稳定性进行描述。

一、线性系统稳定的概念及充分必要条件

设线性系统处于一个平衡状态，若该系统在扰动的作用下离开了原来的平衡工作点，在扰动消失之后，系统能够回到原来的平衡工作点，称系统是稳定的，属于渐近稳定。反之，系统在扰动作用下无限制地偏离平衡工作点，或呈现持续振荡状态，称为不稳定。为了便于运算，需要引入一个新的稳定性定义。

一个系统，若对任意的有界输入，其零状态响应也是有界的，则称该系统是有界输入有界输出（Bound Input Bound Output，BIBO）稳定的系统。根据 BIBO 稳定定义，可以推导出稳定系统的充分必要条件。

设一个线性控制系统的传递函数为

$$G(s)=\frac{Y(s)}{U(s)}=\frac{b_0 s^m+b_1 s^{m-1}+\cdots+b_{m-1}s+b_m}{s^n+a_1 s^{n-1}+\cdots+a_{n-1}s+a_n}$$

$$= \frac{k(s+z_1)(s+z_2)\cdots(s+z_m)}{(s+p_1)(s+p_2)\cdots(s+p_n)}, \quad m \leqslant n$$

该系统在输入 $U(s)$ 作用下的输出为

$$Y(s) = G(s)U(s) = \frac{b_0 s^m + b_1 s^{m-1} + \cdots + b_{m-1}s + b_m}{s^n + a_1 s^{n-1} + \cdots + a_{n-1}s + a_n}U(s)$$

$$= \frac{k(s+z_1)(s+z_2)\cdots(s+z_m)}{(s+p_1)(s+p_2)\cdots(s+p_n)}U(s)$$

若系统中含有 P 个实数特征根和 Q 对复数特征根，系统的时域响应为

$$y(t) = C_0 \cdot u(t) + \sum_{j=1}^{P} C_j \mathrm{e}^{-p_j t} + \sum_{k=1}^{Q} B_k \mathrm{e}^{-\zeta_k \omega_{nk} t} \cos(\omega_{nk} \sqrt{1-\zeta_k^2}t)$$

$$+ \sum_{k=1}^{Q} D_k \mathrm{e}^{-\zeta_k \omega_{nk} t} \sin(\omega_{nk} \sqrt{1-\zeta_k^2}t)$$

当时间 t 逐渐增大时，系统响应 $y(t)$ 的数值也在不断变化。只有在所有特征根都具有负实部的条件下，系统输出响应中由特征根描述的瞬态响应部分随时间增加而减小。当 $t \to \infty$ 时，瞬态响应变为零，此时系统响应为

$$\lim_{t \to \infty} y(t) = \lim_{t \to \infty} [C_0 \cdot u(t)]$$

这里，有

$$C_0 = G(s) \cdot \frac{1}{s} \cdot s \bigg|_{s=0} = \frac{k z_1 z_2 \cdots z_m}{p_1 p_2 \cdots p_n}$$

C_0 为输入量对应的留数，它是一个固定值，不随时间变化。由于 C_0 中所有参数均由系统提供，实际系统中所有参数均为有界，因此 C_0 的模值一定有界。考虑到输入有界，故 $\lim_{t \to \infty} y(t)$ 一定有界。于是，得到线性系统 BIBO 稳定的充分必要条件是：闭环系统所有的特征根均具有负实部，或者闭环系统特征根均位于左半 s 平面。根据上面的推导，可以得出这样的推论：稳定是系统本身的一种属性，与系统输入无关。

二、劳斯（Routh）稳定判据

实际上，系统特征方程一般是高阶代数方程，求根并不是一件轻松的工作。于是，人们开始寻求既不用对高阶方程求根，又能够快速判定特征根实部符号的方法。劳斯（Routh）于 1884 年提出系统稳定判据，赫尔维茨（Hurwits）也于 1875 年提出相似的稳定判据，由于它们都是依据特征方程系数判定特征根实部符号的方法，故人们称为劳斯—赫尔维茨稳定判据。本书仅针对劳斯稳定判据进行介绍。

系统特征方程为

$$a_0 s^n + a_1 s^{n-1} + a_2 s^{n-2} + \cdots + a_{n-1}s + a_n = 0, \; a_0 > 0$$

依据上面特征方程的各系数建立如下劳斯表：

s^n	a_0	a_2	a_4	a_6	…
s^{n-1}	a_1	a_3	a_5	a_7	…
s^{n-2}	$b_1=-\frac{\begin{vmatrix}a_0 & a_2\\ a_1 & a_3\end{vmatrix}}{a_1}$	$b_2=-\frac{\begin{vmatrix}a_0 & a_4\\ a_1 & a_5\end{vmatrix}}{a_1}$	$b_3=-\frac{\begin{vmatrix}a_0 & a_6\\ a_1 & a_7\end{vmatrix}}{a_1}$	$b_4=-\frac{\begin{vmatrix}a_0 & a_8\\ a_1 & a_9\end{vmatrix}}{a_1}$	…
s^{n-3}	$c_1=-\frac{\begin{vmatrix}a_1 & a_3\\ b_1 & b_2\end{vmatrix}}{b_1}$	$c_2=-\frac{\begin{vmatrix}a_1 & a_5\\ b_1 & b_3\end{vmatrix}}{b_1}$	$c_3=-\frac{\begin{vmatrix}a_1 & a_7\\ b_1 & b_4\end{vmatrix}}{b_1}$	$c_4=-\frac{\begin{vmatrix}a_1 & a_9\\ b_1 & b_5\end{vmatrix}}{b_1}$	…
⋮	⋮	⋮	⋮	⋮	
s^2	$f_1=-\frac{\begin{vmatrix}d_1 & d_2\\ e_1 & e_2\end{vmatrix}}{e_1}$	$f_2=-\frac{\begin{vmatrix}d_1 & d_3\\ e_1 & e_3\end{vmatrix}}{e_1}$			
s^1	$g_1=-\frac{\begin{vmatrix}e_1 & e_2\\ f_1 & f_2\end{vmatrix}}{f_1}$				
s^0	$h_1=-\frac{\begin{vmatrix}f_1 & f_2\\ g_1 & 0\end{vmatrix}}{g_1}$				

劳斯表的第一行（s^n 对应的行）由上述系统特征方程的第 1、3、5…项系数组成，第二行（s^{n-1}对应的行）由系统特征方程的第 2、4、6…项系数组成。劳斯表的其他元素，由劳斯表中对应的公式计算而得。当劳斯表中第一列的所有元素都大于零时，系统稳定；反之，当劳斯表的第一列出现小于零的元素，系统就不稳定。第一列元素符号改变的次数，就是特征方程中具有正实部根的个数。

［例 4-2］ 设系统特征方程为

$$s^4+5s^3+10s^2+10s+4=0$$

试用劳斯判据判别系统的稳定性。

解 建立劳斯表如下：

s^4	1	10	4
s^3	5	10	
s^2	$-\frac{\begin{vmatrix}1 & 10\\ 5 & 10\end{vmatrix}}{5}=8$	$-\frac{\begin{vmatrix}1 & 4\\ 5 & 0\end{vmatrix}}{5}=4$	
s^1	$-\frac{\begin{vmatrix}5 & 10\\ 8 & 4\end{vmatrix}}{8}=\frac{15}{2}$		
s^0	$-\frac{\begin{vmatrix}8 & 4\\ 15/2 & 0\end{vmatrix}}{15/2}=4$		

劳斯表中第一列所有元素均大于零，说明闭环系统稳定。可以通过对系统特征方程进行因式分解方式，对劳斯判据结果进行验证。系统特征方程因式分解结果为

$$s^4+5s^3+10s^2+10s+4=(s+2)(s+1)(s+1+\mathrm{j})(s+1-\mathrm{j})=0$$

系统特征方程的四个根均具有负实部，故系统稳定，说明劳斯判据结论的正确性。

［例4-3］ 设系统特征方程为

$$s^4+4s^3+4s^2+4s-5=0$$

试用劳斯判据判别系统的稳定性，并确定特征方程正实部根的个数。

解 建立劳斯表如下：

s^4	1	4	−5
s^3	4	4	
s^2	$-\dfrac{\begin{vmatrix}1 & 4\\4 & 4\end{vmatrix}}{4}=3$	$-\dfrac{\begin{vmatrix}1 & -5\\4 & 0\end{vmatrix}}{4}=-5$	
s^1	$-\dfrac{\begin{vmatrix}4 & 4\\3 & -5\end{vmatrix}}{3}=\dfrac{32}{3}$		
s^0	$-\dfrac{\begin{vmatrix}3 & -5\\\frac{32}{3} & 0\end{vmatrix}}{\frac{32}{3}}=-5$		

劳斯表中第一列的最后一个元素小于零，第一列中所有元素的符号只改变一次，故闭环系统不稳定，特征方程只有一个具有正实部的根。

可以采用因式分解方法对此结论进行验证，系统特征方程因式分解结果为

$$s^4+4s^3+4s^2+4s-5=(s+3.2942)(s+0.6588+\mathrm{j}1.4308)\times(s+0.6588-\mathrm{j}1.4308)(s-0.6118)=0$$

从因式分解结果来看，特征方程存在四个特征根，只有一个根 $s=0.6118$ 具有正实部，说明劳斯判据给出的结论是正确的。

［例4-4］ 设系统特征方程为

$$s^4+2s^3+s^2+2s+1=0$$

试用劳斯判据判别系统的稳定性，并确定特征方程正实部根的个数。

解 建立劳斯表如下

s^4	1	1	1
s^3	2	2	0
s^2	0 (ε)	1	
s^1	2−2/ε		
s^0	1		

劳斯表中 s^2 行的第一个元素为零，为了计算需要，用一个趋近于零的正数 ε 代替 0。由于 $2-2/\varepsilon<0$，因此劳斯表中第一列所有元素的符合改变了两次，故闭环系统不稳定，系统特征方程有两个正实部的根。系统特征方程因式分解结果为

$$s^4+2s^3+s^2+2s+1=(s+1.8832)(s+0.5310)(s-0.2071+\mathrm{j}0.9783)$$
$$(s-0.2071-\mathrm{j}0.9783)=0$$

系统特征方程存在两个正实部根，故系统不稳定，与劳斯判据的结论一致。

［例 4-5］ 设系统特征方程为

$$s^6+2s^5+8s^4+12s^3+20s^2+16s+16=0$$

试用劳斯判据判别系统的稳定性，并确定特征方程正实部根的个数。

解 建立劳斯表如下：

s^6	1	8	20	16
s^5	2	12	16	
s^4	2	12	16	
s^3	0	0	0	

劳斯表中 s^3 所在行所有元素均为零，为了能够继续计算需要根据 s^4 行的数据建立辅助方程

$$P(s)=2s^4+12s^2+16$$

对辅助方程求导，可得

$$\frac{\mathrm{d}P(s)}{\mathrm{d}s}=8s^3+24s$$

将上面求导后的方程系数填入下列劳斯表，继续计算。

s^3	8	24
s^2	6	16
s^1	8/3	
s^0	16	

劳斯表中第一列所有元素均大于零，说明系统特征方程没有正实部的根。

劳斯表中出现整行零元素的现象，说明系统特征方程存在关于原点对称的根。当零元素行上下两行第一个元素的符号相同时，说明特征方程存在成对的虚根。［例 4-5］中，劳斯表第一行零元素上下两行的元素为 2 和 8，符号相同说明特征方程有成对的虚根。为了验证这一说法，将特征方程进行因式分解，可得

$$s^6+2s^5+8s^4+12s^3+20s^2+16s+16$$
$$=(s+\mathrm{j}\sqrt{2})(s-\mathrm{j}\sqrt{2})(s+\mathrm{j}2)(s-\mathrm{j}2)(s+1+\mathrm{j})(s+1-\mathrm{j})=0$$

证实了系统特征方程有一对虚根，说明闭环系统处于临界稳定状态。由于虚根的实部为

零，不满足线性系统稳定条件，故闭环系统不稳定。

三、相对稳定性

劳斯稳定判据解决了绝对稳定性问题，但在实际工作中，人们更关心系统工作点到稳定边界的距离。这是一个有关相对稳定性问题。检验相对稳定性的办法之一是通过平移 s 平面的纵坐标轴，再应用劳斯判据进行稳定性计算。当系统处于临界稳定时，坐标平移量就是工作点到稳定边界的距离，也称为稳定裕量。

设 $s=z-\sigma$，σ 为常量，将 $s=z-\sigma$ 代入闭环系统特征方程，有

$$a_0(z-\sigma)^n+a_1(z-\sigma)^{n-1}+a_2(z-\sigma)^{n-2}+\cdots+a_{n-1}(z-\sigma)+a_n=0$$

此为平移坐标轴后的系统特征方程。将上式展开，得到以 z 为变量的多项式，并应用劳斯判据判定系统的稳定性。

[例 4-6] 单位反馈控制系统的开环传递函数为

$$G_0(s)=\frac{K}{s(0.1s+1)(0.25s+1)}$$

试求：(1) 使系统稳定的 K 值范围；

(2) 若要求闭环系统的全部极点都位于 $s=-1$ 垂线的左侧，确定 K 的取值范围。

解 (1) 闭环系统特征方程为

$$1+G_0(s)=1+\frac{K}{s(0.1s+1)(0.25s+1)}=0$$

整理后，有

$$0.025s^3+0.35s^2+s+K=0$$

建立劳斯表如下：

s^3	0.025	1
s^2	0.35	K
s^1	$1-\frac{K}{14}$	
s^0	K	

为了保证闭环系统稳定，需要 $1-\frac{K}{14}>0$ 和 $K>0$ 同时成立，于是可得 K 的取值范围为 $0<K<14$。

(2) 取 $s=z-1$，代入闭环系统特征方程，有

$$0.025(z-1)^3+0.35(z-1)^2+z-1+K=0$$

展开后，经整理可得

$$\frac{1}{40}z^3+\frac{11}{40}z^2+\frac{3}{8}z+K-\frac{27}{40}=0$$

建立劳斯表如下：

z^3	$\frac{1}{40}$	$\frac{3}{8}$
z^2	$\frac{11}{40}$	$K-\frac{27}{40}$
z^1	$\frac{24}{55}-\frac{K}{11}$	
z^0	$K-\frac{27}{40}$	

若以 z 为变量的劳斯表中第一列各元素均大于零，则可以保证闭环系统的全部极点都位于 $s=-1$ 垂线的左侧，需要$\frac{24}{55}-\frac{K}{11}>0$ 和 $K-\frac{27}{40}>0$ 同时成立，于是得到 K 的取值范围为$\frac{27}{40}<K<\frac{24}{5}$。

第六节　李雅普诺夫稳定分析

劳斯判据以及后面要介绍的奈奎斯特判据，都是针对线性控制系统稳定性的判定方法，但如果是非线性系统，或者时变线性系统，上述稳定判据将不再适用。李雅普诺夫（Lyapunov）于 1892 年提出两种方法用于确定由微分方程描述动力系统的稳定性。其中，用微分方程显示解判定系统稳定性称为第一法；在不求解微分方程的前提下，判定系统稳定性称为第二法。虽然在应用李雅普诺夫第二法分析非线性系统的稳定性时，需要相当的技巧，但是在没有办法的情况下，它不失为一个可行的方案。

一、 相关概念

李雅普诺夫第二法的核心思想是，在扰动的作用下，系统工作点离开平衡点，当扰动消失后，系统工作点又回到原来（或到达新）的平衡点的能力。同时，李雅普诺夫采用数学手段对这一过程进行了细致的描述。下面对李雅普诺夫第二法涉及的概念进行介绍。

1. 系统

由于稳定性是系统自身的一种属性，与系统的输入形式无关，因此选定自由系统作为研究稳定性的对象。自由系统可以表示为

$$\dot{\boldsymbol{x}} = \boldsymbol{f}(\boldsymbol{x},t) \tag{4-24}$$

式中：$\boldsymbol{x}$ 为状态向量；$\boldsymbol{f}$ 与 $\boldsymbol{x}$ 的维数相同，一般说来 $\boldsymbol{f}$ 为时变的非线性函数。

设方程（4 - 24）在给定的初始条件（$\boldsymbol{x}_0$，t_0）下，有唯一解

$$\boldsymbol{x} = \boldsymbol{\Phi}(t;\boldsymbol{x}_0,t_0) \tag{4-25}$$

式中：$\boldsymbol{\Phi}(t;\ \boldsymbol{x}_0,\ t_0)$ 表示式（4-24）的解；$\boldsymbol{x}_0=\boldsymbol{\Phi}(t_0;\ \boldsymbol{x}_0,\ t_0)$ 为初始值；t 为从 t_0 开始的时间变量。方程（4-25）描述了系统从（$\boldsymbol{x}_0$，t_0）出发的运动轨迹。

2. 平衡状态

若式（4-24）描述的系统存在向量 $\boldsymbol{x}_e$，对于所有的 t 都有下式

$$\boldsymbol{f}(\boldsymbol{x}_e, t) \equiv \boldsymbol{0} \tag{4-26}$$

成立，则 $\boldsymbol{x}_e$ 称为系统的平衡状态。对于线性定常系统而言，系统方程为 $\boldsymbol{f}(\boldsymbol{x},\ t)=\boldsymbol{A}\boldsymbol{x}$，当 $\boldsymbol{A}$ 为非奇异矩阵时，系统只存在一个平衡状态；当 $\boldsymbol{A}$ 为奇异矩阵时，系统存在多个平衡状态。对于非线性系统而言，系统可能存在一个或多个平衡状态。

3. 欧几里得范数

采用欧几里得范数 $\|\boldsymbol{x}-\boldsymbol{x}_e\|$ 描述系统运行轨迹到平衡状态的距离。在 n 维空间中，该距离的欧几里得范数为

$$\|\boldsymbol{x}-\boldsymbol{x}_e\| = \sqrt{(x_1-x_{1e})^2+(x_2-x_{2e})^2+\cdots+(x_n-x_{ne})^2}$$

用 $s(\delta)$ 表示以平衡状态 $\boldsymbol{x}_e$ 为圆心，以 δ 为半径的球域。若 $\boldsymbol{x}$ 在球域 $s(\delta)$ 内，用 $\boldsymbol{x}\in s(\delta)$表示，则有

$$\|\boldsymbol{x}-\boldsymbol{x}_e\| \leqslant \delta$$

当 δ 很小时，$s(\delta)$ 为 $\boldsymbol{x}_e$ 的邻域，因此，若 $\boldsymbol{x}_0\in s(\delta)$，也就有 $\|\boldsymbol{x}_0-\boldsymbol{x}_e\|\leqslant\delta$ 成立。同理可得，以平衡状态 $\boldsymbol{x}_e$ 为圆心，以 ε 为半径的球域 $s(\varepsilon)$ 作为 $\boldsymbol{\Phi}(t;\ \boldsymbol{x}_0,\ t_0)$ 的邻域，便有

$$\|\boldsymbol{\Phi}(t;\boldsymbol{x}_0,t_0)-\boldsymbol{x}_e\| \leqslant \varepsilon,\ t\geqslant t_0 \tag{4-27}$$

式（4-27）表明：系统的初始值或扰动引起的响应处于球域 $s(\varepsilon)$ 内。

二、稳定定义

1. 李雅普诺夫稳定

在系统平衡状态 $\boldsymbol{x}_e$ 周围，采用欧几里得范数描述系统运行点与平衡状态的距离，用球域 $s(\delta)$ 界定初始状态选取区域，用球域 $s(\varepsilon)$ 标识系统运行边界。在扰动和输入变化的作用下，系统状态发生变化，导致运行点离开平衡点，当系统运行点一直处于系统运行边界以内时，系统稳定；否则，不稳定。这是一种根据系统内部状态变化判定系统稳定性的方法，定义表述为，如果对于每一个球域 $s(\varepsilon)$，都存在一个球域 $s(\delta)$，且 $\varepsilon>\delta$，当 t 无限增长时，起始于 $s(\delta)$ 内的运动轨迹不脱离 $s(\varepsilon)$，那么，式（4-24）的系统平衡状态 $\boldsymbol{x}_e$ 就是李雅普诺夫意义下的稳定。

2. 渐近稳定

如果平衡状态 $\boldsymbol{x}_e$ 属于李雅普诺夫意义下稳定，并且始于球域 $s(\delta)$ 内的任一条轨迹，当时间 t 无限增长时，都不脱离 $s(\varepsilon)$，且最终收敛于 $\boldsymbol{x}_e$，则方程（4-24）的系统平衡状态

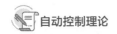

$\boldsymbol{x}_e$ 称为渐近稳定。

3. 大范围渐近稳定

如果平衡状态 $\boldsymbol{x}_e$ 是稳定的，而且从状态空间中所有初始状态出发的运动轨迹都为渐近稳定，则称这种平衡状态为大范围渐近稳定。在整个状态空间中只有一个平衡状态为大范围渐近稳定的必要条件。对于线性系统而言，如果平衡状态是渐近稳定的，那么也必然是大范围渐近稳定的。对于具多个平衡状态的非线性系统，使平衡状态 $\boldsymbol{x}_e$ 渐近稳定的球域 $s(\varepsilon)$ 一般都不大，故称为小范围渐近稳定。

4. 不稳定

如果对于某个正实数 ε 和任意一个正实数 δ，不管这两个实数多么小，在球域 $s(\delta)$ 内总存在一个状态 $\boldsymbol{x}_0$，使得起始于这个状态的运动轨迹最终会脱离球域 $s(\varepsilon)$，那么平衡状态 $\boldsymbol{x}_e$ 称为不稳定。

为了直观描述上述概念，采用二维图形表示球域与运动轨迹的关系，如图 4-14 所示。

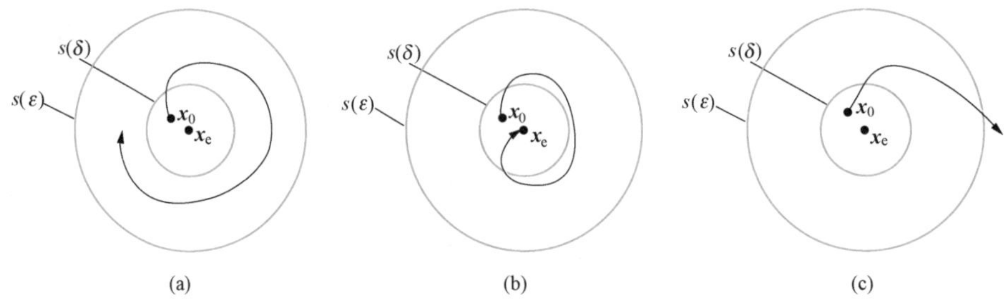

图 4-14　稳定、渐近稳定和不稳定系统运动轨迹示意图

(a) 稳定平衡状态；(b) 渐近稳定平衡状态；(c) 不稳定平衡状态

图中，$\boldsymbol{x}_e$ 为平衡状态，$\boldsymbol{x}_0$ 为受到扰动影响后系统运行的初始状态，$s(\varepsilon)$ 和 $s(\delta)$ 分别表示以 $\boldsymbol{x}_e$ 为圆心、以 ε 和 δ 为半径的球域，带箭头的曲线表示系统运动轨迹。图 4-14 中，系统受扰后的运行轨迹均从初始状态 $\boldsymbol{x}_0$ 起始，其中图 (a) 中，系统运动轨迹始终处于球域 $s(\varepsilon)$ 内，满足李雅普诺夫稳定特征；图 (b) 中，系统运动轨迹始终处于球域 $s(\varepsilon)$ 内，并最终回到原来的平衡状态 $\boldsymbol{x}_e$，满足渐近稳定特征；图 (c) 中，系统运动轨迹到达球域 $s(\varepsilon)$ 之外，体现了不稳定特征。

从李雅普诺夫稳定定义来看，球域 $s(\delta)$ 限制着初始状态 $\boldsymbol{x}_0$ 的取值，而球域 $s(\varepsilon)$ 划定了自由系统运动轨迹 $\boldsymbol{x}(t)=\boldsymbol{\Phi}(t;\boldsymbol{x}_0,t_0)$ 的边界，于是，有 $\|\boldsymbol{\Phi}(t;\boldsymbol{x}_0,t_0)\|<\varepsilon$。用极限形式表示为

$$\lim_{\varepsilon\to 0}\|\boldsymbol{\Phi}(t;\boldsymbol{x}_0,t_0)\|=0 \tag{4-28}$$

从渐近稳定定义来看，系统既要满足李雅普诺夫稳定，从 $\boldsymbol{x}_0$ 出发的运动轨迹，又要随着时间 $t\to\infty$ 趋近于原点，只有同时满足以上两个条件的系统才是渐近稳定的。用极限

形式表示为

$$\lim_{\varepsilon\to 0}\|\boldsymbol{\Phi}(t;\boldsymbol{x}_0,t_0)\| = 0 \text{ 且} \lim_{t\to\infty}\|\boldsymbol{\Phi}(t;\boldsymbol{x}_0,t_0)\| = 0 \tag{4-29}$$

[例 4-7] 试判定自由系统

$$\dot{\boldsymbol{x}} = \boldsymbol{A}\boldsymbol{x} = \begin{bmatrix} 0 & 0 & 0 \\ 0 & -1 & 0 \\ 0 & 0 & -2 \end{bmatrix}\boldsymbol{x},\quad \boldsymbol{x}(0) = \boldsymbol{x}_0$$

的稳定性。

解 系统的状态转移矩阵为

$$\boldsymbol{\Phi}(t;\boldsymbol{x}_0) = \mathrm{e}^{\boldsymbol{A}t}\boldsymbol{x}_0 = \begin{bmatrix} \mathrm{e}^{0t} & 0 & 0 \\ 0 & \mathrm{e}^{-t} & 0 \\ 0 & 0 & \mathrm{e}^{-2t} \end{bmatrix}\boldsymbol{x}_0$$

于是，有

$$\begin{bmatrix} \Phi_1(t;\boldsymbol{x}_0) \\ \Phi_2(t;\boldsymbol{x}_0) \\ \Phi_3(t;\boldsymbol{x}_0) \end{bmatrix} = \begin{bmatrix} \mathrm{e}^{0t} & 0 & 0 \\ 0 & \mathrm{e}^{-t} & 0 \\ 0 & 0 & \mathrm{e}^{-2t} \end{bmatrix}\begin{bmatrix} x_{01} \\ x_{02} \\ x_{03} \end{bmatrix} = \begin{bmatrix} x_{01} \\ x_{02}\mathrm{e}^{-t} \\ x_{03}\mathrm{e}^{-2t} \end{bmatrix}$$

状态转移矩阵的范数为

$$\|\boldsymbol{\Phi}(t;\boldsymbol{x}_0)\| = \sqrt{(x_{01})^2 + (x_{02}\mathrm{e}^{-t})^2 + (x_{03}\mathrm{e}^{-2t})^2} \leqslant \sqrt{(x_{01})^2 + (x_{02})^2 + (x_{03})^2} = \|\boldsymbol{x}_0\| < \varepsilon$$

因此，有 $\lim\limits_{\varepsilon\to 0}\|\boldsymbol{\Phi}(t;\ \boldsymbol{x}_0)\| = 0$，说明系统是李雅普诺夫稳定的。

当 $t\to\infty$ 时

$$\lim_{t\to\infty}\|\boldsymbol{\Phi}(t;\boldsymbol{x}_0)\| = \lim_{t\to\infty}\sqrt{(x_{01})^2 + (x_{02}\mathrm{e}^{-t})^2 + (x_{03}\mathrm{e}^{-2t})^2} = x_{01} \neq 0$$

说明系统不是渐近稳定的。

三、李雅普诺夫第二法

李雅普诺夫第二法是通过分析能量变化的观点来判定系统的稳定性。该方法的物理解释是，如果一个具有渐近稳定平衡状态的系统，在受到扰动激励之后，存储的能量将随时间的推移逐渐地衰减，直到在平衡状态处到达极小值为止。那么，建立一个能量函数描述系统的能量变化过程成为关键。由于实际系统的复杂性和多样性，找到描述系统能量变化的能量函数是一项非常困难的工作。假设用纯量函数 $\boldsymbol{V}(\boldsymbol{x},\ t)$ 或 $\boldsymbol{V}(\boldsymbol{x})$ 表示系统能量函数，也称为李雅普诺夫函数。李雅普诺夫函数中包含时间的情况用 $\boldsymbol{V}(\boldsymbol{x},\ t)$ 表示，不包含时间情况用 $\boldsymbol{V}(\boldsymbol{x})$ 表示。并通过李雅普诺夫函数的导数 $\dot{\boldsymbol{V}}(\boldsymbol{x})$ 的符号描述系统能量的变化情况，从而判定系统的稳定性。如果系统的李雅普诺夫函数为正定的，而其导数为负定的，说明系统的能量随时间增加而减少，就可以判定该系统是渐近稳定的。

为了能够顺利地介绍李雅普诺夫第二法，还需要具备必要的数学基础。

1. 二次型函数

二次型函数成为李雅普诺夫第二法中建立能量函数的一种重要的数学方法。李雅普诺夫函数的建立过程如下：

设 $\boldsymbol{x}=\{x_1 \quad x_2 \quad \cdots \quad x_n\}$，系统的李雅普诺夫函数为

$$\boldsymbol{V}(\boldsymbol{x}) = \boldsymbol{x}^{\mathrm{T}}\boldsymbol{P}\boldsymbol{x} \tag{4 - 30}$$

式中：$\boldsymbol{P}$ 为实对称阵，即 $p_{ij}=p_{ji}$。

必然存在正交矩阵 $\boldsymbol{T}$，使得 $\boldsymbol{x}=\boldsymbol{T}\boldsymbol{z}$，于是，有

$$\boldsymbol{V}(\boldsymbol{x}) = \boldsymbol{x}^{\mathrm{T}}\boldsymbol{P}\boldsymbol{x} = \boldsymbol{z}^{\mathrm{T}}\boldsymbol{T}^{\mathrm{T}}\boldsymbol{P}\boldsymbol{T}\boldsymbol{z} = \boldsymbol{z}^{\mathrm{T}}(\boldsymbol{T}^{\mathrm{T}}\boldsymbol{P}\boldsymbol{T})\boldsymbol{z} = \boldsymbol{z}^{\mathrm{T}}\begin{bmatrix} \lambda_1 & & & \boldsymbol{0} \\ & \lambda_2 & & \\ & & \ddots & \\ \boldsymbol{0} & & & \lambda_n \end{bmatrix}\boldsymbol{z} = \sum_{i=1}^{n}\lambda_i \boldsymbol{z}_i^2$$

式中：λ_i 为实对称阵 $\boldsymbol{P}$ 的特征值，且均为实数；变量 $\boldsymbol{z}$ 以平方项形式存在。

函数 $\boldsymbol{V}(\boldsymbol{x})$ 的正定性与否，完全取决于 λ_i。当所有 λ_i 都大于零时，函数 $\boldsymbol{V}(\boldsymbol{x})$ 必然为正定的。正定矩阵的特征值全部大于零，负定矩阵的特征值全部小于零。也可以不求解矩阵特征值，采用希尔维斯特判据确定矩阵的正定性或负定性，判定系统的李雅普诺夫函数及其导数的符号。

2. 希尔维斯特判据

对于 $n\times n$ 实对称阵 $\boldsymbol{P}$

$$\boldsymbol{P} = \begin{bmatrix} p_{11} & p_{12} & \cdots & p_{1n} \\ p_{21} & p_{22} & \cdots & p_{2n} \\ \vdots & \vdots & \vdots & \vdots \\ p_{n1} & p_{n2} & \cdots & p_{nn} \end{bmatrix}$$

设 $\Delta_i(i=1, 2, \cdots, n)$ 为 $\boldsymbol{P}$ 的各阶顺序主子行列式，其中

$$\Delta_1 = p_{11}, \quad \Delta_2 = \begin{vmatrix} p_{11} & p_{12} \\ p_{21} & p_{22} \end{vmatrix}, \quad \cdots, \quad \Delta_n = |\boldsymbol{P}|$$

矩阵 $\boldsymbol{P}$ 定号性的充分必要条件是：

（1）当 $\Delta_i>0$ 时，$\boldsymbol{P}$ 为正定的；

（2）当 i 为奇数时，$\Delta_i<0$；当 i 为偶数时 $\Delta_i>0$，则 $\boldsymbol{P}$ 为负定的；

（3）当 $\Delta_i\geqslant0$ 时，$\boldsymbol{P}$ 为半正定的；

（4）当 i 为奇数时，$\Delta_i\leqslant0$；当 i 为偶数时 $\Delta_i\geqslant0$，则 $\boldsymbol{P}$ 为半负定的。

3. 李雅普诺夫稳定判据

（1）定理 1：对于由状态方程

$$\dot{\boldsymbol{x}} = \boldsymbol{f}(\boldsymbol{x},t)$$

描述的自由系统，设其在原点处于平衡状态。如果存在一个具有连续一阶偏导数的纯量函数 $\boldsymbol{V}(\boldsymbol{x},t)$，且满足如下条件：

1）$\boldsymbol{V}(\boldsymbol{x},t)$ 是正定的；

2）$\dot{\boldsymbol{V}}(\boldsymbol{x},t)$ 是负定的；

则系统在原点处的平衡状态是渐近稳定的。如果随着 $\|\boldsymbol{x}\|\to\infty$，有纯量函数 $\boldsymbol{V}(\boldsymbol{x},t)\to\infty$，则在原点处的平衡状态是大范围渐近稳定的。

（2）定理 2：对于由状态方程

$$\dot{\boldsymbol{x}}=\boldsymbol{f}(\boldsymbol{x},t)$$

描述的自由系统，设其在原点处于平衡状态。如果存在一个具有连续一阶偏导数的纯量函数 $\boldsymbol{V}(\boldsymbol{x},t)$，且满足如下条件：

1）$\boldsymbol{V}(\boldsymbol{x},t)$ 是正定的；

2）$\dot{\boldsymbol{V}}(\boldsymbol{x},t)$ 是半负定的；

3）对于任一初始状态 $\boldsymbol{x}_0\neq 0$，$\dot{\boldsymbol{V}}(\boldsymbol{x},t)$ 不恒等于零；

则系统在原点处的平衡状态是渐近稳定的。如果随着 $\|\boldsymbol{x}\|\to\infty$，有纯量函数 $\boldsymbol{V}(\boldsymbol{x},t)\to\infty$，则在原点处的平衡状态是大范围渐近稳定的。

（3）定理 3：对于由状态方程

$$\dot{\boldsymbol{x}}=\boldsymbol{f}(\boldsymbol{x},t)$$

描述的自由系统，设其在原点处于平衡状态。如果存在一个具有连续一阶偏导数的纯量函数 $\boldsymbol{V}(\boldsymbol{x},t)$，且满足如下条件：

1）$\boldsymbol{V}(\boldsymbol{x},t)$ 是正定的；

2）$\dot{\boldsymbol{V}}(\boldsymbol{x},t)$ 是正定的；

则系统在原点处的平衡状态是不稳定的。

［例 4-8］ 已知线性系统的状态方程为

$$\dot{x}_1=x_2-x_1(x_1^2+x_2^2)$$
$$\dot{x}_2=-x_1-x_2(x_1^2+x_2^2)$$

试分析原点平衡状态的稳定性。

解 当 $\dot{x}_1=0$ 和 $\dot{x}_2=0$ 时，$x_1=x_2=0$，说明原点为系统唯一的平衡状态。

取李雅普诺夫函数为 $V(\boldsymbol{x})=x_1^2+x_2^2$，$V(\boldsymbol{x})$ 为正定的。对 $V(\boldsymbol{x})$ 求导，有

$$\begin{aligned}\dot{V}(x)&=2x_1\dot{x}_1+2x_2\dot{x}_2=2x_1[x_2-x_1(x_1^2+x_2^2)]+2x_2[-x_1-x_2(x_1^2+x_2^2)]\\&=-2(x_1^2+x_2^2)<0\end{aligned}$$

说明 $\dot{V}(\boldsymbol{x})$ 为负定的，因此系统在原点处平衡状态是渐近稳定的。当 $\|\boldsymbol{x}\|\to\infty$ 时，有 $V(\boldsymbol{x})\to\infty$，说明该系统在原点处的平衡状态是大范围渐近稳定的。

取 $V(\boldsymbol{x})=2x_1^2+x_2^2$ 作为李雅普诺夫函数，$V(\boldsymbol{x})$ 为正定的。对 $V(\boldsymbol{x})$ 求导，有

$$\dot{V}(x)=4x_1\dot{x}_1+2x_2\dot{x}_2=4x_1[x_2-x_1(x_1^2+x_2^2)]+2x_2[-x_1-x_2(x_1^2+x_2^2)]$$
$$=2x_1x_2-4x_1^4-6x_1^2x_2^2-2x_2^4$$

$\dot{V}(\boldsymbol{x})$ 的符号正负不定，因此不能用于判定系统在原点处平衡状态的稳定性。这说明李雅普诺夫第二法是一种充分性判据，选取不同的能量函数可能得到不同的稳定性判定结果。

四、 线性系统的李雅普诺夫稳定性判定方法

设线性定常自由系统的状态方程为

$$\dot{\boldsymbol{x}}=\boldsymbol{A}\boldsymbol{x}$$

式中，$\boldsymbol{A}$ 为 $n\times n$ 常数矩阵。若 $\boldsymbol{A}$ 为非奇异矩阵，则在原点处具有唯一的平衡状态，即 $\boldsymbol{x}=\boldsymbol{0}$。采用李雅普诺夫第二法判定此系统的稳定性。

取李雅普诺夫函数为 $\boldsymbol{V}(\boldsymbol{x})=\boldsymbol{x}^{\mathrm{T}}\boldsymbol{P}\boldsymbol{x}$，$\boldsymbol{P}$ 为实对称阵。当 $\boldsymbol{P}$ 为正定的，则有 $\boldsymbol{V}(\boldsymbol{x})$ 为正定的。对 $\boldsymbol{V}(\boldsymbol{x})=\boldsymbol{x}^{\mathrm{T}}\boldsymbol{P}\boldsymbol{x}$ 求导，有

$$\dot{\boldsymbol{V}}(\boldsymbol{x})=\dot{\boldsymbol{x}}^{\mathrm{T}}\boldsymbol{P}\boldsymbol{x}+\boldsymbol{x}^{\mathrm{T}}\boldsymbol{P}\dot{\boldsymbol{x}}=(\boldsymbol{A}\boldsymbol{x})^{\mathrm{T}}\boldsymbol{P}\boldsymbol{x}+\boldsymbol{x}^{\mathrm{T}}\boldsymbol{P}\boldsymbol{A}\boldsymbol{x}=\boldsymbol{x}^{\mathrm{T}}(\boldsymbol{A}^{\mathrm{T}}\boldsymbol{P}+\boldsymbol{P}\boldsymbol{A})\boldsymbol{x}$$

令 $\boldsymbol{Q}=-(\boldsymbol{A}^{\mathrm{T}}\boldsymbol{P}+\boldsymbol{P}\boldsymbol{A})$，称为李雅普诺夫方程，则有 $\dot{\boldsymbol{V}}(\boldsymbol{x})=-\boldsymbol{x}^{\mathrm{T}}\boldsymbol{Q}\boldsymbol{x}$。若 $\boldsymbol{Q}$ 为正定的，那么 $\dot{\boldsymbol{V}}(\boldsymbol{x})$ 为负定的。因此，$\boldsymbol{Q}$ 正定是系统渐近稳定的充分条件。

对于线性系统，一定可以采用二次型构建纯量函数。那么，李雅普诺夫稳定判据表述为：线性系统稳定的充分必要条件是，给定一个正定的实对称矩阵 $\boldsymbol{Q}$，必然存在一个正定实对称矩阵 $\boldsymbol{P}$，使得李雅普诺夫方程成立。

［例 4-9］ 已知系统状态方程为

$$\dot{\boldsymbol{x}}=\boldsymbol{A}\boldsymbol{x}=\begin{bmatrix}0 & 1\\ -1 & -2\end{bmatrix}\boldsymbol{x}$$

试分析系统平衡状态的稳定性。

解 设 $\boldsymbol{P}$ 为实对称阵，$\boldsymbol{Q}$ 为单位矩阵，即 $\boldsymbol{Q}=\mathbf{I}$。其中，

$$\boldsymbol{P}=\begin{bmatrix}p_{11} & p_{12}\\ p_{21} & p_{22}\end{bmatrix},\quad p_{12}=p_{21}$$

依据 $\boldsymbol{A}^{\mathrm{T}}\boldsymbol{P}+\boldsymbol{P}\boldsymbol{A}=-\boldsymbol{Q}=-\mathbf{I}$，有

$$\begin{bmatrix}0 & -1\\ 1 & -2\end{bmatrix}\begin{bmatrix}p_{11} & p_{12}\\ p_{21} & p_{22}\end{bmatrix}+\begin{bmatrix}p_{11} & p_{12}\\ p_{21} & p_{22}\end{bmatrix}\begin{bmatrix}0 & 1\\ -1 & -2\end{bmatrix}=\begin{bmatrix}-1 & 0\\ 0 & -1\end{bmatrix}$$

$$\begin{bmatrix}-2p_{21} & p_{11}-2p_{12}-p_{22}\\ p_{11}-2p_{21}-p_{22} & 2p_{12}-4p_{22}\end{bmatrix}=\begin{bmatrix}-1 & 0\\ 0 & -1\end{bmatrix}$$

$$\boldsymbol{P}=\begin{bmatrix}1.5 & 0.5\\ 0.5 & 0.5\end{bmatrix}$$

依据希尔维斯特判据，有

$$\Delta_1 = \frac{3}{2} > 0，\ \Delta_2 = \begin{vmatrix} 1.5 & 0.5 \\ 0.5 & 0.5 \end{vmatrix} = \frac{1}{2} > 0$$

说明矩阵 $\boldsymbol{P}$ 是正定的，因此系统的平衡状态是渐近稳定的。

五、非线性系统的李雅普诺夫稳定性判定方法

克拉索夫斯基方法给出了非线性系统平衡状态渐近稳定的充分条件。设系统的状态方程为

$$\dot{\boldsymbol{x}} = \boldsymbol{f}(\boldsymbol{x})$$

式中，$\boldsymbol{f}(\boldsymbol{x})$ 为 n 维向量，是变量 $\boldsymbol{x}$ 的非线性函数。若系统在原点处存在平衡状态，即 $\boldsymbol{f}(\boldsymbol{0})=\boldsymbol{0}$，且 $\boldsymbol{f}(\boldsymbol{x})$ 对 x_i 可微。

$\boldsymbol{f}(\boldsymbol{x})$ 的雅克比矩阵为 $\boldsymbol{F}(\boldsymbol{x})$

$$\boldsymbol{F}(\boldsymbol{x}) = \begin{bmatrix} \frac{\partial f_1}{\partial x_1} & \frac{\partial f_1}{\partial x_2} & \cdots & \frac{\partial f_1}{\partial x_n} \\ \frac{\partial f_2}{\partial x_1} & \frac{\partial f_2}{\partial x_2} & \cdots & \frac{\partial f_2}{\partial x_n} \\ \vdots & \vdots & \vdots & \vdots \\ \frac{\partial f_n}{\partial x_1} & \frac{\partial f_n}{\partial x_2} & \cdots & \frac{\partial f_n}{\partial x_n} \end{bmatrix}$$

构造李雅普诺夫函数

$$\boldsymbol{V}(\boldsymbol{x}) = \boldsymbol{f}^{\mathrm{T}}(\boldsymbol{x})\boldsymbol{P}\boldsymbol{f}(\boldsymbol{x})$$

式中，$\boldsymbol{P}$ 为实对称阵。若 $\boldsymbol{P}$ 为正定的，则 $\boldsymbol{V}(\boldsymbol{x})$ 也是正定的。对函数 $\boldsymbol{V}(\boldsymbol{x})$ 求导，有

$$\dot{\boldsymbol{V}}(\boldsymbol{x}) = \dot{\boldsymbol{f}}^{\mathrm{T}}(\boldsymbol{x})\boldsymbol{P}\boldsymbol{f}(\boldsymbol{x}) + \boldsymbol{f}^{\mathrm{T}}(\boldsymbol{x})\boldsymbol{P}\dot{\boldsymbol{f}}(\boldsymbol{x})$$

由于 $\dot{\boldsymbol{f}}(\boldsymbol{x})=\boldsymbol{F}(\boldsymbol{x})\dot{\boldsymbol{x}}=\boldsymbol{F}(\boldsymbol{x})\boldsymbol{f}(\boldsymbol{x})$，故

$$\dot{\boldsymbol{V}}(\boldsymbol{x}) = \boldsymbol{f}^{\mathrm{T}}(\boldsymbol{x})[\boldsymbol{F}^{\mathrm{T}}(\boldsymbol{x})\boldsymbol{P} + \boldsymbol{P}\boldsymbol{F}(\boldsymbol{x})]\boldsymbol{f}(\boldsymbol{x}) = \boldsymbol{f}^{\mathrm{T}}(\boldsymbol{x})\hat{\boldsymbol{F}}(\boldsymbol{x})\boldsymbol{f}(\boldsymbol{x})$$

式中，$\hat{\boldsymbol{F}}(\boldsymbol{x})=\boldsymbol{F}^{\mathrm{T}}(\boldsymbol{x})\boldsymbol{P}+\boldsymbol{P}\boldsymbol{F}(\boldsymbol{x})$。取 $\boldsymbol{Q}(\boldsymbol{x})=-[\boldsymbol{F}^{\mathrm{T}}(\boldsymbol{x})\boldsymbol{P}+\boldsymbol{P}\boldsymbol{F}(\boldsymbol{x})]$，则有

$$\dot{\boldsymbol{V}}(\boldsymbol{x}) = \boldsymbol{f}^{\mathrm{T}}(\boldsymbol{x})[\boldsymbol{F}^{\mathrm{T}}(\boldsymbol{x})\boldsymbol{P} + \boldsymbol{P}\boldsymbol{F}(\boldsymbol{x})]\boldsymbol{f}(\boldsymbol{x}) = -\boldsymbol{f}^{\mathrm{T}}(\boldsymbol{x})\boldsymbol{Q}(\boldsymbol{x})\boldsymbol{f}(\boldsymbol{x})$$

若 $\boldsymbol{Q}(\boldsymbol{x})$ 为正定的，那么 $\hat{\boldsymbol{F}}(\boldsymbol{x})$ 为负定的，则 $\dot{\boldsymbol{V}}(\boldsymbol{x})$ 为负定的，说明系统在原点处的平衡状态是渐近稳定的。$\boldsymbol{Q}(\boldsymbol{x})$ 正定要求 $\boldsymbol{P}$ 一定为正定的，也就是说，系统在原点处为渐近稳定的充分条件为：任意给定正定实对称矩阵 $\boldsymbol{P}$，使 $\boldsymbol{Q}(\boldsymbol{x})=-[\boldsymbol{F}^{\mathrm{T}}(\boldsymbol{x})\boldsymbol{P}+\boldsymbol{P}\boldsymbol{F}(\boldsymbol{x})]$ 为正定的。

取 $\boldsymbol{P}=\boldsymbol{I}$，则有 $\hat{\boldsymbol{F}}(\boldsymbol{x})=-[\boldsymbol{F}^{\mathrm{T}}(\boldsymbol{x})+\boldsymbol{F}(\boldsymbol{x})]$，称为克拉索夫斯基表达式。李雅普诺夫函数为

$$\boldsymbol{V}(\boldsymbol{x}) = \boldsymbol{f}^{\mathrm{T}}(\boldsymbol{x})\boldsymbol{f}(\boldsymbol{x})$$

$\boldsymbol{V}(\boldsymbol{x})$ 为正定的，其导数为

$$\dot{\boldsymbol{V}}(\boldsymbol{x}) = \boldsymbol{f}^{\mathrm{T}}(\boldsymbol{x})[\boldsymbol{F}^{\mathrm{T}}(\boldsymbol{x}) + \boldsymbol{F}(\boldsymbol{x})]\boldsymbol{f}(\boldsymbol{x}) = -\boldsymbol{f}^{\mathrm{T}}(\boldsymbol{x})\hat{\boldsymbol{F}}(\boldsymbol{x})\boldsymbol{f}(\boldsymbol{x})$$

$\hat{\boldsymbol{F}}(\boldsymbol{x})$ 为负定的，则 $\dot{\boldsymbol{V}}(\boldsymbol{x})$ 也是负定的，说明系统在原点处的平衡状态是渐近稳定的。

如果 $\|\boldsymbol{x}\|\to\infty$，有 $\boldsymbol{V}(\boldsymbol{x})\to\infty$，则系统在原点处为大范围渐近稳定。

［例 4-10］ 试用克拉索夫斯基方法分析系统

$$\dot{x}_1=-x_1$$
$$\dot{x}_2=x_1-x_2-x_2^3$$

在原点的稳定性。

解 由 $\dot{x}_1=0$ 和 $\dot{x}_2=0$ 可以求得 $x_1=x_2=0$，即坐标原点为系统的平衡点。取 $\boldsymbol{f}(\boldsymbol{x})=\dot{\boldsymbol{x}}$，有

$$\boldsymbol{f}(\boldsymbol{x})=\begin{bmatrix}-x_1\\x_1-x_2-x_2^3\end{bmatrix}=\begin{bmatrix}f_1(\boldsymbol{x})\\f_2(\boldsymbol{x})\end{bmatrix}$$

$\boldsymbol{f}(\boldsymbol{x})$ 的雅克比矩阵为

$$\boldsymbol{F}(\boldsymbol{x})=\begin{bmatrix}\dfrac{\partial f_1}{\partial x_1}&\dfrac{\partial f_2}{\partial x_1}\\\dfrac{\partial f_1}{\partial x_2}&\dfrac{\partial f_2}{\partial x_2}\end{bmatrix}=\begin{bmatrix}-1&0\\1&-1-3x_2^2\end{bmatrix}$$

构造李雅普诺夫函数

$$\boldsymbol{V}(\boldsymbol{x})=\boldsymbol{f}^{\mathrm{T}}(\boldsymbol{x})\boldsymbol{f}(\boldsymbol{x})=x_1^2+(x_1-x_2-x_2^3)>0$$

对函数 $\boldsymbol{V}(\boldsymbol{x})$ 求导，有

$$\dot{\boldsymbol{V}}(\boldsymbol{x})=\dot{\boldsymbol{f}}^{\mathrm{T}}(\boldsymbol{x})\boldsymbol{f}(\boldsymbol{x})+\boldsymbol{f}^{\mathrm{T}}(\boldsymbol{x})\dot{\boldsymbol{f}}(\boldsymbol{x})$$

由于 $\dot{\boldsymbol{f}}(\boldsymbol{x})=\boldsymbol{F}(\boldsymbol{x})\dot{\boldsymbol{x}}=\boldsymbol{F}(\boldsymbol{x})\boldsymbol{f}(\boldsymbol{x})$，故

$$\dot{\boldsymbol{V}}(\boldsymbol{x})=\boldsymbol{f}^{\mathrm{T}}(\boldsymbol{x})[\boldsymbol{F}^{\mathrm{T}}(\boldsymbol{x})+\boldsymbol{F}(\boldsymbol{x})]\boldsymbol{f}(\boldsymbol{x})=\boldsymbol{f}^{\mathrm{T}}(\boldsymbol{x})\hat{\boldsymbol{F}}(\boldsymbol{x})\boldsymbol{f}(\boldsymbol{x})$$

式中，$\hat{\boldsymbol{F}}(\boldsymbol{x})=\boldsymbol{F}^{\mathrm{T}}(\boldsymbol{x})+\boldsymbol{F}(\boldsymbol{x})$。于是，有

$$\hat{\boldsymbol{F}}(\boldsymbol{x})=\begin{bmatrix}-2&1\\1&-2-6x_2^2\end{bmatrix}$$

$\hat{\boldsymbol{F}}(\boldsymbol{x})$ 的一阶主子式 $-2<0$；$\hat{\boldsymbol{F}}(\boldsymbol{x})$ 的二阶主子式 $\det\hat{\boldsymbol{F}}(\boldsymbol{x})=\begin{vmatrix}-2&1\\1&-2-6x_2^2\end{vmatrix}=2+12x_2^2>0$，说明矩阵 $\hat{\boldsymbol{F}}(\boldsymbol{x})$ 是负定的。

由于 $\hat{\boldsymbol{F}}(\boldsymbol{x})$ 为负定的，因此 $\dot{\boldsymbol{V}}(\boldsymbol{x})$ 也是负定的，说明系统在原点处是渐近稳定的。当 $\|\boldsymbol{x}\|\to\infty$ 时，有 $\boldsymbol{V}(\boldsymbol{x})\to\infty$，说明系统在原点是大范围渐近稳定的。

第七节　稳　态　误　差

对于一个实际的物理系统，其稳态响应与期望值之间，一般存在一定的偏差，称之为稳态误差，并用其作为衡量系统稳态精度的标准。稳态误差可能是由参考输入或者是扰动引起的，因此稳态误差也可以看成为系统跟踪输入信号或抑制扰动信号的能力。

系统偏差有两种不同的定义方法：一种是从系统输入端给出的误差定义方法，为系统输入信号与主反馈信号之差，这种方法具有明确的物理意义，并且可以通过实际测量得到；另一种是从系统输出端给出的误差定义方法，为系统实际输出量与希望值之差，这种方法经常用于性能指标计算，由于有时无法量测，因而一般只具有数学意义。

对于单位反馈控制系统而言，其输出量的期望值就是输入信号，因而上述两种误差定义方法是一致的。接下来，以单位反馈控制系统为对象，推导稳态误差的计算公式。对于非单位反馈控制系统，可以通过相关的数学推导，获得等效的单位反馈控制系统。

一、 控制系统的分类

任何一个物理控制系统，对于特定输入信号的响应，都存在固有的稳态误差。例如，一个系统对阶跃输入信号的响应可能没有稳态误差，但是对于斜坡输入信号的响应却可能存在非零的稳态误差。对于一个确定的输入信号，控制系统是否会产生稳态误差，取决于系统开环传递函数。

假设单位反馈控制系统的开环传递函数为

$$G_0(s)=\frac{K(T_a s+1)(T_b s+1)\cdots(T_m s+1)}{s^N(T_{N+1}s+1)(T_{N+2}s+1)\cdots(T_n s+1)},\ m\leqslant n$$

在分母中包含一个 s^N 项，它表示在原点处有 N 重极点，说明开环传递函数中包含 N 重积分因子。如果 $N=0$，$N=1$，$N=2$，…，$N=n$，则开环系统分别称为 0 型，1 型，2 型，…，n 型系统。应当指出，随着类型数的增加，系统的稳态精度将得到改善，但会使系统的稳定性变差。所以，在稳态精度与稳定性之间需要进行折中。在实际中，3 型或 3 型以上的系统是很少见的，这是因为当前向通路中存在两个以上的积分环节时，系统的稳定性很难得以实现。

二、 稳态误差

图 4-15 所示单位反馈系统的闭环传递函数为

$$G(s)=\frac{Y(s)}{U(s)}=\frac{G_0(s)}{1+G_0(s)}$$

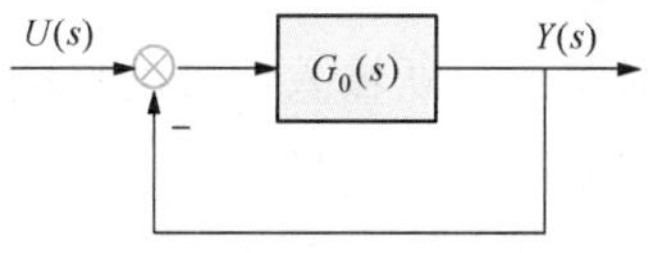

图 4-15 单位反馈控制系统框图

根据定义可得误差为

$$E(s)=U(s)-Y(s)=\frac{1}{1+G_0(s)}U(s)$$

根据终值定理可求稳态误差，为

$$e_{ss}=\lim_{t\to\infty}e(t)=\lim_{s\to 0}sE(s)=\lim_{s\to 0}\frac{s}{1+G_0(s)}U(s) \tag{4-31}$$

由式（4-31）可以看出，对于单位反馈系统，稳态误差与系统开环传递函数和输入信号两个因素有关。下面定义稳态误差系数，用以反映控制系统稳态响应的品质。该系数越大，稳态误差越小。

三、 稳态位置误差系数

单位阶跃输入作用下，图 4-15 所示系统的稳态误差为

$$e_{ss}=\lim_{t\to\infty}e(t)=\lim_{s\to 0}sE(s)=\lim_{s\to 0}\frac{s}{1+G_0(s)}U(s)=\lim_{s\to 0}\frac{s}{1+G_0(s)}\cdot\frac{1}{s}=\frac{1}{1+G_0(0)}$$

定义稳态位置误差系数 K_p 为

$$K_p=\lim_{s\to 0}G_0(s)=G_0(0)$$

于是，稳态误差为

$$e_{ss}=\frac{1}{1+K_p}$$

对于 0 型系统，有

$$K_p=\lim_{s\to 0}\frac{K(T_a s+1)(T_b s+1)\cdots(T_m s+1)}{(T_1 s+1)(T_2 s+1)\cdots(T_n s+1)}=K$$

其中，K 为系统开环增益。对于 1 型系统，有

$$K_p=\lim_{s\to 0}\frac{K(T_a s+1)(T_b s+1)\cdots(T_m s+1)}{s(T_2 s+1)(T_3 s+1)\cdots(T_n s+1)}=\infty$$

对于 2 型及以上系统（$N\geqslant 2$），有

$$K_p=\lim_{s\to 0}\frac{K(T_a s+1)(T_b s+1)\cdots(T_m s+1)}{s^N(T_{N+1} s+1)(T_{N+2} s+1)\cdots(T_n s+1)}=\infty$$

因此，对于 0 型系统，稳态位置误差系数 K_p 是一个有限值；而对于 1 型或高于 1 型的系统，K_p 为无穷大。

系统输入为单位阶跃信号时，依据稳态位置误差系数 K_p 可求得稳态误差 e_{ss}。

（1）对于 0 型系统，$e_{ss}=\frac{1}{1+K}$；

（2）对于 1 型或高于 1 型的系统，$e_{ss}=0$。

通过上述分析可知，如果在单位反馈控制系统的前向通路中不存在积分环节，则系统对单位阶跃输入信号的响应存在一个非零值的稳态误差。当增益 K 足够大时，0 型系统对阶跃输入信号的稳态误差会变得很小。当增益 K 取值过大时，将对系统稳定性产生不利的影响。若要系统对阶跃输入信号的稳态误差为零，则系统必须是 1 型或高于 1 型的。

四、 稳态速度误差系数

单位斜坡输入作用下，单位反馈控制系统的稳态误差为

$$e_{ss}=\lim_{t\to\infty}e(t)=\lim_{s\to 0}sE(s)=\lim_{s\to 0}\frac{s}{1+G_0(s)}\cdot\frac{1}{s^2}=\lim_{s\to 0}\frac{1}{sG_0(s)}$$

定义稳态速度误差系数 K_v 为

$$K_v = \lim_{s\to 0} sG_o(s)$$

于是稳态误差为

$$e_{ss} = \frac{1}{K_v}$$

对于 0 型系统，有

$$K_v = \lim_{s\to 0} s \cdot \frac{K(T_a s+1)(T_b s+1)\cdots(T_m s+1)}{(T_1 s+1)(T_2 s+1)\cdots(T_n s+1)} = 0$$

对于 1 型系统，有

$$K_v = \lim_{s\to 0} s \cdot \frac{K(T_a s+1)(T_b s+1)\cdots(T_m s+1)}{s(T_2 s+1)(T_3 s+1)\cdots(T_n s+1)} = K$$

对于 2 型或高于 2 型的系统（$N\geqslant 2$），有

$$K_v = \lim_{s\to 0} s \cdot \frac{K(T_a s+1)(T_b s+1)\cdots(T_m s+1)}{s^N(T_{N+1} s+1)(T_{N+2} s+1)\cdots(T_n s+1)} = \infty$$

系统输入为单位斜坡信号时，依据稳态速度误差系数 K_v 可求得稳态误差 e_{ss}。

（1）对于 0 型系统，$e_{ss}=\frac{1}{K_v}=\infty$；

（2）对于 1 型系统，$e_{ss}=\frac{1}{K_v}=\frac{1}{K}$；

（3）对于 2 型或高于 2 型的系统，$e_{ss}=\frac{1}{K_v}=0$。

从上述分析可知，0 型系统不能有效地跟踪斜坡输入信号，其稳态误差为无穷大。1 型系统能够跟踪斜坡输入信号，但是存在一定的误差。如图 4-16 所示，当系统工作在稳态时，其输出恰好与输入速度相同，但是两者间存在一个固定的误差，该误差与增益 K 成反比。2 型或高于 2 型的系统，能够跟踪斜坡输入信号，且可以保证稳态误差为零。

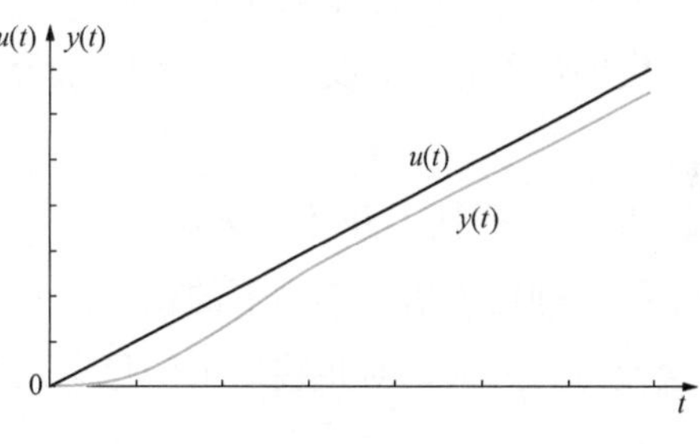

图 4-16 1 型系统对单位斜坡输入信号的响应曲线

五、稳态加速度误差系数

单位抛物线（加速度）输入作用下，单位反馈控制系统的稳态误差为

$$e_{ss} = \lim_{t\to\infty} e(t) = \lim_{s\to 0} sE(s) = \lim_{s\to 0} \frac{s}{1+G_0(s)} \cdot \frac{1}{s^3} = \lim_{s\to 0} \frac{1}{s^2 G_0(s)}$$

定义稳态加速度误差系数 K_a 为

$$K_a = \lim_{s\to 0} s^2 G_0(s)$$

于是，稳态误差为

$$e_{ss} = \frac{1}{K_a}$$

对于 0 型系统

$$K_a = \lim_{s \to 0} s^2 \cdot \frac{K(T_a s+1)(T_b s+1)\cdots(T_m s+1)}{(T_1 s+1)(T_2 s+1)\cdots(T_n s+1)} = 0$$

对于 1 型系统

$$K_a = \lim_{s \to 0} s^2 \cdot \frac{K(T_a s+1)(T_b s+1)\cdots(T_m s+1)}{s(T_2 s+1)(T_3 s+1)\cdots(T_n s+1)} = 0$$

对于 2 型系统

$$K_a = \lim_{s \to 0} s^2 \cdot \frac{K(T_a s+1)(T_b s+1)\cdots(T_m s+1)}{s^2(T_3 s+1)(T_4 s+1)\cdots(T_n s+1)} = K$$

对于 3 型或高于 3 型的系统（$N \geqslant 3$）

$$K_a = \lim_{s \to 0} s^2 \cdot \frac{K(T_a s+1)(T_b s+1)\cdots(T_m s+1)}{s^N(T_{N+1} s+1)(T_{N+2} s+1)\cdots(T_n s+1)} = \infty$$

系统输入为单位抛物线信号时，依据稳态加速度误差系数 K_a 可求得稳态误差 e_{ss}。

（1）对于 0 型或 1 型系统，$e_{ss}=\infty$；

（2）对于 2 型系统，$e_{ss}=\frac{1}{K}$；

（3）对于 3 型或高于 3 型的系统，$e_{ss}=0$。

0 型和 1 型系统都无法跟踪抛物线输入信号；2 型系统能跟踪抛物线输入信号，但具有一定的误差；3 型或高于 3 型的系统能够跟踪抛物线输入信号，且可以保证稳态误差为零。

表 4-1 概括了开环传递函数为 0 型、1 型和 2 型的单位反馈控制系统在阶跃、斜坡和抛物线三种输入信号作用下的稳态误差。对角线上的稳态误差为有限值；对角线以上的稳态误差为无穷大；对角线以下的稳态误差为零。

表 4-1　以开环增益 K 表示的稳态误差

系统	阶跃输入 $u(t)=1(t)$	斜坡输入 $u(t)=t$	抛物线输入 $u(t)=\frac{1}{2}t^2$
0 型系统	$\frac{1}{1+K}$	∞	∞
1 型系统	0	$\frac{1}{K}$	∞
2 型系统	0	0	$\frac{1}{K}$

误差系数 K_p、K_v 和 K_a 是一种稳态特性描述方法，表明了单位反馈控制系统减小或

消除稳态误差的能力。在实际工作中，通常需要调整 K（即增加误差系数），使系统的瞬态响应保持在一个容许的范围内。此时，如果在 K_p 和 K_v 之间存在任何矛盾，则应首先确保 K_p 满足设计要求。一般采用在前向通路中增加一个或多个积分器的方法改善稳态特性，但是这样会影响系统稳定性。

第八节 扰动的抑制

在实际运行中，控制系统不可避免地要受到干扰的影响，因此在系统设计时必须考虑对扰动的抑制能力。

一、扰动对系统响应的影响

为了能够最大程度地抑制扰动对系统输出的影响，就需要准确地分析扰动对系统输出的作用本质。包含扰动输入的控制系统如图 4 - 17 所示。

图中，$U(s)$ 为系统参考输入，$N(s)$ 为扰动输入。根据图 4 - 17 可得如下方程组

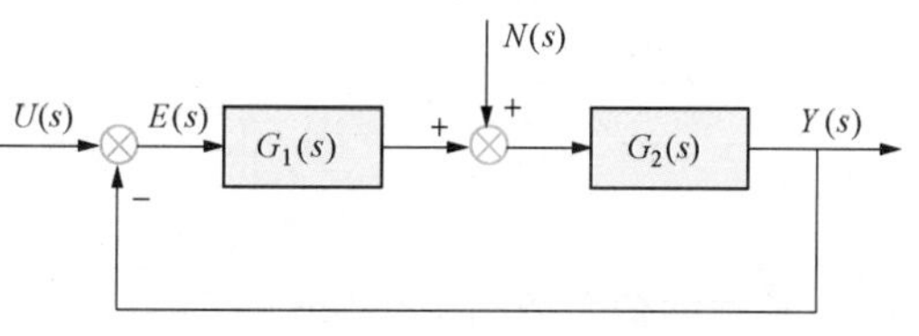

图 4 - 17 包含扰动输入的控制系统框图

$$\begin{cases} E(s) = U(s) - Y(s) \\ Y(s) = G_2(s)[G_1(s)E(s) + N(s)] \end{cases}$$

系统输出响应为

$$Y(s) = \frac{G_1(s)G_2(s)}{1+G_1(s)G_2(s)}U(s) + \frac{G_2(s)}{1+G_1(s)G_2(s)}N(s)$$

系统输出分为参考输入响应和扰动输入响应两个部分。从输出中去除扰动响应，是系统设计的目标之一。

二、扰动的抑制方法

1. 串联接入积分器

假设图 4 - 17 所示控制环节的传递函数为

$$G_1(s) = \frac{K_1(T_a s+1)(T_b s+1)\cdots(T_m s+1)}{(T_1 s+1)(T_2 s+1)\cdots(T_n s+1)}$$

$$G_2(s) = \frac{K_2(T'_a s+1)(T'_b s+1)\cdots(T'_m s+1)}{(T'_1 s+1)(T'_2 s+1)\cdots(T'_n s+1)}$$

当系统参考输入和扰动输入均为单位阶跃函数时，系统稳态输出为

$$y(\infty) = \lim_{t\to\infty} y(t) = \lim_{s\to 0} sY(s) = \lim_{s\to 0} s\left[\frac{G_1(s)G_2(s)}{1+G_1(s)G_2(s)}U(s) + \frac{G_2(s)}{1+G_1(s)G_2(s)}N(s)\right]$$

$$= \lim_{s\to 0} s\left[\frac{G_1(s)G_2(s)}{1+G_1(s)G_2(s)}\cdot\frac{1}{s}+\frac{G_2(s)}{1+G_1(s)G_2(s)}\cdot\frac{1}{s}\right]$$

$$= \lim_{s\to 0}\left[\frac{G_1(s)G_2(s)}{1+G_1(s)G_2(s)}+\frac{G_2(s)}{1+G_1(s)G_2(s)}\right]$$

$$= \frac{K_1K_2-K_2}{1+K_1K_2}$$

积分器串联接入控制环节 $G_1(s)$ 后，其传递函数变为

$$G_1(s)=\frac{K(T_a s+1)(T_b s+1)\cdots(T_m s+1)}{s(T_1 s+1)(T_2 s+1)\cdots(T_n s+1)}$$

于是，系统稳态输出为

$$y(\infty)=\lim_{t\to\infty}y(t)=\lim_{s\to 0}sY(s)=\lim_{s\to 0}s\left[\frac{G_1(s)G_2(s)}{1+G_1(s)G_2(s)}U(s)+\frac{G_2(s)}{1+G_1(s)G_2(s)}N(s)\right]$$

$$= \lim_{s\to 0}\left[\frac{G_1(s)G_2(s)}{1+G_1(s)G_2(s)}+\frac{G_2(s)}{1+G_1(s)G_2(s)}\right]$$

$$= \lim_{s\to 0}\frac{\frac{K_1}{s}K_2-K_2}{1+\frac{K_1}{s}K_2}$$

$$= 1$$

此时，系统的稳态输出中扰动响应部分已经被消除，仅剩参考输入的响应部分。

接下来，改变积分器在系统中的接入位置，观察系统输出的变化。如果在控制环节 $G_2(s)$ 中串接积分器，$G_2(s)$ 的传递函数变为

$$G_2(s)=\frac{K_2(T'_a s+1)(T'_b s+1)\cdots(T'_m s+1)}{s(T'_1 s+1)(T'_2 s+1)\cdots(T'_n s+1)}$$

系统的稳态输出为

$$y(\infty)=\lim_{t\to\infty}y(t)=\lim_{s\to 0}sY(s)=\lim_{s\to 0}s\left[\frac{G_1(s)G_2(s)}{1+G_1(s)G_2(s)}U(s)+\frac{G_2(s)}{1+G_1(s)G_2(s)}N(s)\right]$$

$$= \lim_{s\to 0}\left[\frac{G_1(s)G_2(s)}{1+G_1(s)G_2(s)}+\frac{G_2(s)}{1+G_1(s)G_2(s)}\right]$$

$$= \lim_{s\to 0}\frac{\frac{K_2}{s}K_1-\frac{K_2}{s}}{1+\frac{K_2}{s}K_1}$$

$$= 1-\frac{1}{K_1}$$

此时，系统输出响应中依旧包含参考输入的响应和扰动输入的响应两部分，加入积分器没有达到消除扰动响应的效果。

如果在扰动输入环节中串联接入积分器，系统信号传递方程组为

$$\begin{cases} E(s) = U(s) - Y(s) \\ Y(s) = G_2(s)\left[G_1(s)E(s) + \dfrac{N(s)}{s}\right] \end{cases}$$

系统的输出响应为

$$Y(s) = \frac{G_1(s)G_2(s)}{1+G_1(s)G_2(s)}U(s) + \frac{G_2(s)}{1+G_1(s)G_2(s)} \cdot \frac{N(s)}{s}$$

当系统参考输入和扰动输入均为单位阶跃函数时，系统的稳态输出为

$$\begin{aligned} y(\infty) &= \lim_{t\to\infty} y(t) = \lim_{s\to 0} sY(s) = \lim_{s\to 0} s\left[\frac{G_1(s)G_2(s)}{1+G_1(s)G_2(s)}U(s) + \frac{G_2(s)}{1+G_1(s)G_2(s)} \cdot \frac{N(s)}{s}\right] \\ &= \lim_{s\to 0} s\left[\frac{G_1(s)G_2(s)}{1+G_1(s)G_2(s)} \cdot \frac{1}{s} + \frac{G_2(s)}{1+G_1(s)G_2(s)} \cdot \frac{1}{s^2}\right] \\ &= \lim_{s\to 0}\left[\frac{G_1(s)G_2(s)}{1+G_1(s)G_2(s)} + \frac{G_2(s)}{1+G_1(s)G_2(s)} \cdot \frac{1}{s}\right] \\ &= \lim_{s\to 0}\left[\frac{K_1K_2}{1+K_1K_2} + \frac{K_2}{1+K_1K_2} \cdot \frac{1}{s}\right] \\ &= \infty \end{aligned}$$

此时，加入积分器造成系统不稳定。根据上述分析可知，积分器接入点非常重要，串联在系统偏差量之后，可以有效地消除阶跃扰动对系统输出的影响，接入其他位置，会导致无法消除阶跃扰动影响，或者会导致系统不稳定。

2. 前馈控制系统

消除扰动的第二种方法就是采用前馈结构，带扰动的前馈结构控制系统如图 4-18 所示。

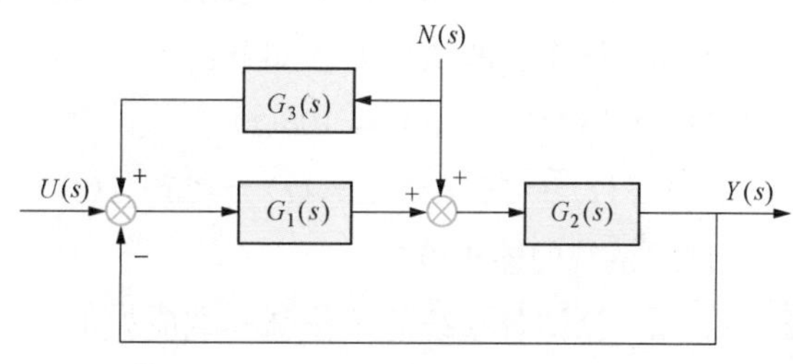

图 4-18　带扰动的前馈控制系统框图

图中，$G_3(s)$ 为前馈环节传递函数，是待求量。系统中信号传递方程组为

$$\begin{cases} E(s) = U(s) - Y(s) + G_3(s)N(s) \\ Y(s) = G_2(s)[G_1(s)E(s) + N(s)] \end{cases}$$

系统输出响应为

$$Y(s) = \frac{G_1(s)G_2(s)}{1+G_1(s)G_2(s)}U(s) + \frac{G_1(s)G_2(s)G_3(s) + G_2(s)}{1+G_1(s)G_2(s)}N(s)$$

系统稳态输出为

$$\begin{aligned} y(\infty) &= \lim_{t\to\infty} y(t) = \lim_{s\to 0} sY(s) \\ &= \lim_{s\to 0} s\left[\frac{G_1(s)G_2(s)}{1+G_1(s)G_2(s)}U(s) + \frac{G_1(s)G_2(s)G_3(s) + G_2(s)}{1+G_1(s)G_2(s)}N(s)\right] \\ &= \lim_{s\to 0}\left[\frac{G_1(s)G_2(s)}{1+G_1(s)G_2(s)} + \frac{G_1(s)G_2(s)G_3(s) + G_2(s)}{1+G_1(s)G_2(s)}\right] \end{aligned}$$

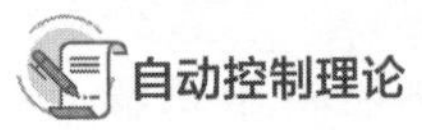

$$=\frac{K_1K_2}{1+K_1K_2}+\frac{G_1(0)G_2(0)G_3(0)+G_2(0)}{1+G_1(0)G_2(0)}$$

为了消除扰动，必须使 $G_1(0)G_2(0)G_3(0)+G_2(0)=0$，即 $G_3(0)=-\frac{1}{G_1(0)}$。

在系统中串接积分器和施加前馈控制都可以消除阶跃扰动的影响。前馈控制方法，系统响应快，但需要参数严格一致，如果遇到参数漂移，该方法的效果会受到影响；串联积分器方法对参数要求不高，但会降低系统的响应速度。因此在进行系统设计时，需要综合考虑各方因素，确定扰动抑制方案。

更多的例题请扫描二维码学习。

第四章拓展例题及详解

习　题

4-1　单位反馈控制系统在输入信号 $u_i(t)=(1+t)\cdot 1(t)$ 的作用下，其输出响应为 $y(t)=t\cdot 1(t)$。试求闭环系统传递函数，并计算在单位阶跃输入时系统的输出响应 $y(t)$。

4-2　设系统的微分方程如下：

(1) $0.5\dot{y}(t)+y(t)=10\delta(t)$

(2) $\ddot{y}(t)+6\dot{y}(t)+25y(t)=25\cdot 1(t)$

试求系统的输出响应。

4-3　已知各系统的单位脉冲响应如下：

(1) $g(t)=0.125\mathrm{e}^{-0.125t}$

(2) $g(t)=2t$

(3) $g(t)=10(1-\mathrm{e}^{-0.2t})$

(4) $g(t)=5t+10\sin(4t+45°)$

(5) $g(t)=5(\mathrm{e}^{-2t}-\mathrm{e}^{-10t})$

(6) $g(t)=\omega\sin\omega t$

试求各系统的传递函数和单位阶跃响应。

4-4　控制系统的微分方程为

$$2\dot{y}(t)+y(t)=20u(t)$$

试求：

(1) 系统的单位脉冲响应为 $y(t_1)=0.5$ 时 t_1 的值；

(2) 与 t_1 值对应的系统的单位阶跃响应和单位斜坡响应。

4-5 二阶控制系统的单位阶跃响应中，峰值为1.3，峰值时间为0.1s。如果该系统为单位反馈系统，试确定其开环传递函数。

4-6 设反馈控制系统如图4-19所示。如果要求系统的超调量等于15%，峰值时间等于0.8s，试确定增益 K_1 和 K_t。同时确定在此 K_1 和 K_t 数值下，系统的上升时间和调整时间。

4-7 已知控制系统的单位阶跃响应为

$$y(t)=1+0.2e^{-60t}-1.2e^{-10t}$$

试求：

(1) 闭环系统传递函数；

(2) 系统的阻尼比 ζ 和自然振荡频率 ω_n。

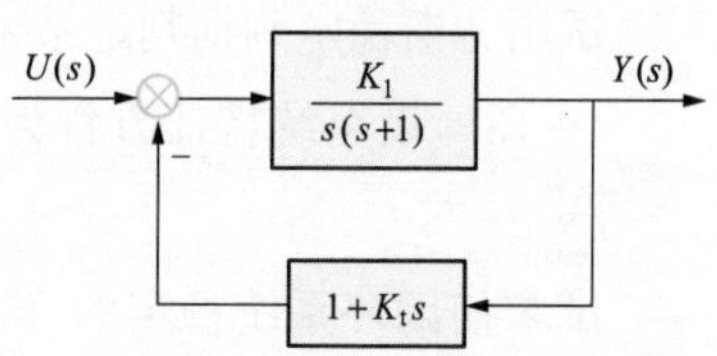

图4-19 题4-6反馈控制系统框图

4-8 设单位反馈控制系统的开环传递函数为

$$G_0(s)=\frac{10}{s(s+4)(5s+1)}$$

试求输入信号分别为 $u(t)=t$ 和 $u(t)=2+4t+3t^2$ 时，系统的稳态误差。

4-9 已知闭环系统传递函数为

$$G(s)=\frac{a_1s+a_0}{s^n+a_{n-1}s^{n-1}+\cdots+a_2s^2+a_1s+a_0}$$

误差定义为 $e(t)=u(t)-y(t)$，试求系统对单位加速度输入时的稳态误差。

4-10 设单位反馈控制系统的开环传递函数为

$$G_0(s)=\frac{3}{(s+1)(s+5)}$$

试求系统在单位阶跃输入作用下的误差方程。

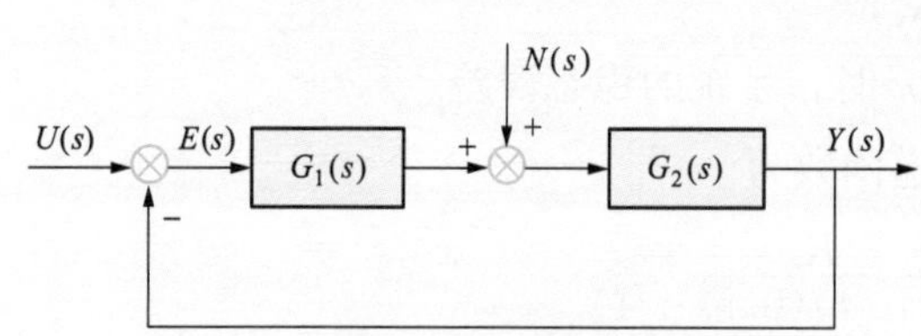

图4-20 题4-11带扰动的单位反馈控制系统框图

4-11 如图4-20所示带扰动的单位反馈控制系统，其中

$$G_1(s)=\frac{K(\tau_1s+1)}{s(T_1s+1)(T_2s+1)},\quad G_2(s)=\frac{1}{s(T_ms+1)}$$

输入信号如下：

(1) $u(t)=u_0\cdot1(t)$，$n(t)=f_0\cdot1(t)$

(2) $u(t)=u_0+u_1t$，$n(t)=f_0\cdot1(t)$

(3) $u(t)=u_0+u_1t+\frac{1}{2}u_2t^2$，$n(t)=f_0+f_1t$

试求系统的稳态误差。

4-12 已知系统特征方程如下：

(1) $s^3+20s^2+9s+100=0$

(2) $s^3+20s^2+9s+200=0$

(3) $3s^4+10s^3+5s^2+s+2=0$

(4) $s^5+2s^4+24s^3+48s^2-25s-50=0$

(5) $2s^5+s^4+6s^3+3s^2+s+1=0$

(6) $s^5+s^4-2s^3+2s^2+8s+8=0$

试用劳斯稳定判据判定系统的稳定性，且求出系统在右半 s 平面和虚轴上根的个数。

4-13　设系统特征方程为

$$s^4+2s^3+Ts^2+10s+100=0$$

试求使闭环系统稳定的 T 值范围。

4-14　设单位反馈控制系统的开环传递函数为

$$G_0(s)=\frac{K}{s(s+1)(s+2)}$$

试求使系统稳定的 K 值范围。

4-15　已知单位反馈二阶系统的单位阶跃响应为

$$y(t)=1-10te^{-10t}-e^{-10t}$$

试求：

(1) 闭环系统传递函数；

(2) 系统的阻尼比 ζ 和无阻尼自然振荡频率 ω_n；

(3) 系统的稳态误差系数 K_p、K_v 和 K_a；

(4) 当输入信号为 $u(t)=10\cdot 1(t)+20t$ 时，系统的稳态误差。

4-16　已知单位负反馈系统的开环传递函数为

$$G_0(s)=\frac{K}{s(0.1s+1)(0.5s+1)}$$

要使系统闭环极点的实部小于 -0.5，试确定 K 的取值范围。

4-17　图 4-21 所示的复合控制系统，试选择 K_1 和 K_2 数值，使系统在单位抛物线输入作用下的稳态误差为零。

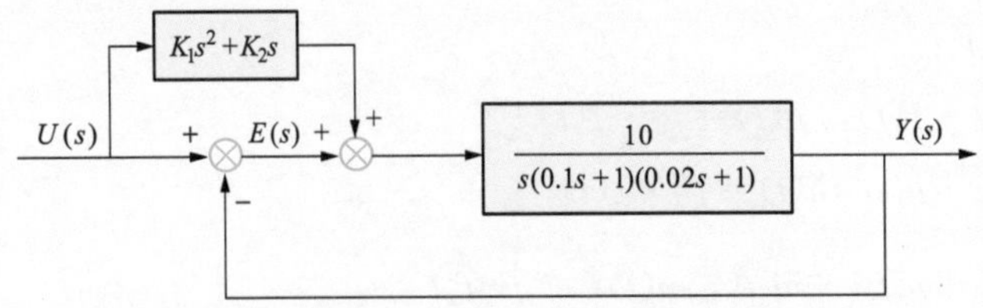

图 4-21　题 4-17 复合控制系统框图

4-18　图 4-22 所示的带扰动的复合控制系统，参考输入为单位阶跃信号。当扰动 $n(t)=N\cdot 1(t)$时，要使系统稳态误差为零，试确定补偿装置 $G_c(s)$。

4-19　图 4-23 所示的具有扰动输入的控制系统中，当参考输入为 $u(t)=u_0\cdot 1(t)$，扰动输入为 $n(t)=f_0\cdot 1(t)$ 时，试计算系统在参考输入和扰动输入共同作用下的稳态误差。

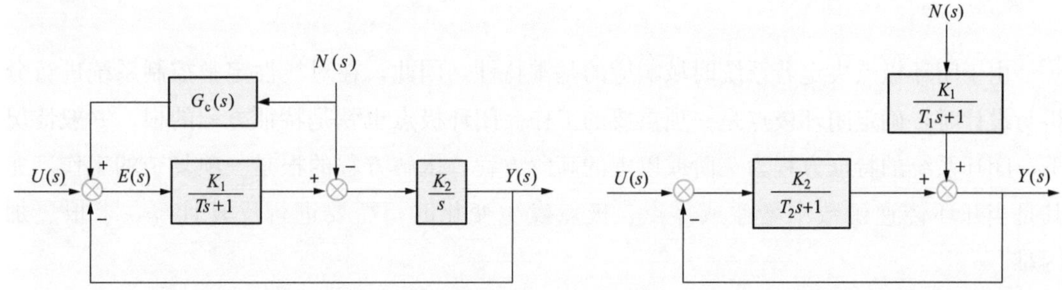

图 4-22　题 4-18 带扰动的复合控制系统框图　　图 4-23　题 4-19 具有扰动的控制系统框图

4-20　图 4-24 所示的控制系统中，参考输入信号 $U(s)$ 和扰动输入信号 $N(s)$ 都是单位斜坡函数，试求使系统参考输入与系统稳态输出之间的误差为零时 K_d 的取值。

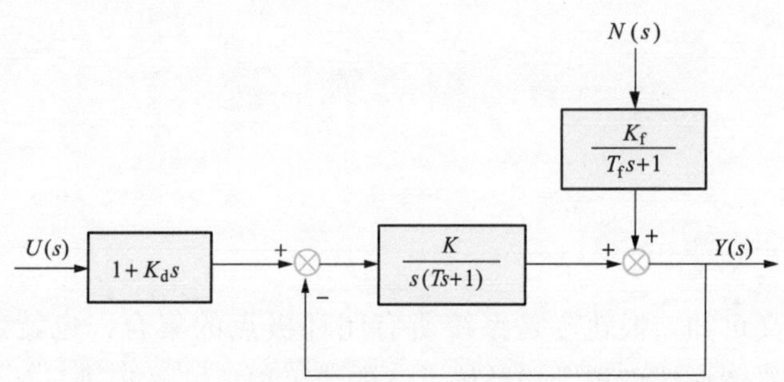

图 4-24　题 4-20 具有扰动的控制系统框图

4-21　试求系统 $\dot{\boldsymbol{x}}=\begin{bmatrix}-1 & 1\\ 2 & -3\end{bmatrix}\boldsymbol{x}$ 的平衡状态和李雅普诺夫函数。

4-22　试判断下列二次型函数是正定的还是负定的?

$$\boldsymbol{V}(\boldsymbol{x})=-x_1^2-3x_2^2-11x_3^2+2x_1x_2-4x_2x_3-2x_1x_3$$

4-23　试求下列各系统的平衡状态，并用李雅普诺夫方法判别系统在平衡状态处的稳定性。

(1) $\dot{\boldsymbol{x}}(t)=\begin{bmatrix}-1 & 2\\ 3 & -4\end{bmatrix}\boldsymbol{x}(t)$

(2) $\dot{\boldsymbol{x}}(t)=\begin{bmatrix}0 & 1\\ -3 & -t\end{bmatrix}\boldsymbol{x}(t)$，$t>0$

第五章 根 轨 迹 法

由于闭环极点决定着系统时域响应的基本特性，因此，在对线性定常控制系统进行分析与设计时，确定闭环极点是一项重要的工作。闭环极点也就是特征方程的根，一般情况下，闭环系统的特征方程为三阶或以上的高阶方程，求解方程的根是一项复杂的工作。尤其是当开环传递函数中增益或零点、极点发生变化时，需要进行反复计算，求根更加困难。

1948 年，伊凡思（W. R. Evans）在《控制系统的图解分析》一文中提出了根轨迹法，并将根轨迹定义为当开环系统的某一参数从零变到无穷时，闭环特征方程的根在 s 平面上的变化轨迹。它采用图形的方式，表示特征根随系统某一参数变化关系，并可直观指示系统的稳定性，也可以简便地确定系统的暂态响应特性，为此根轨迹法在工程实际中得到了广泛的应用。

第一节 根 轨 迹 图

一、 辐角条件和幅值条件

由根轨迹的定义可知，根轨迹是系统所有闭环极点的集合，也就是所有特征根的集合。因此，只要对系统特征方程进行分析，就能找出根轨迹必须满足的条件，为绘制根轨迹图奠定理论基础。

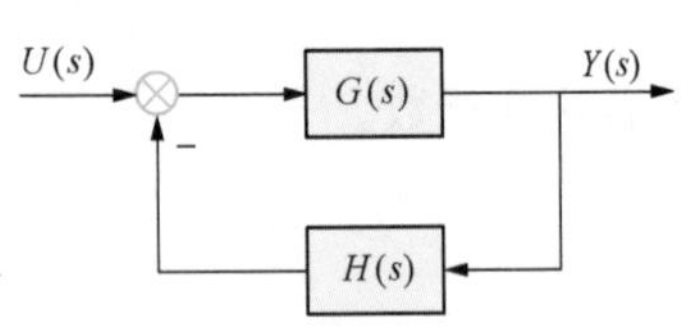

图 5 - 1　反馈控制系统框图

图 5 - 1 所示反馈控制系统的闭环传递函数为

$$\frac{Y(s)}{U(s)}=\frac{G(s)}{1+G(s)H(s)} \tag{5-1}$$

令式（5 - 1）的分母等于零，可得闭环系统的特征方程为

$$1+G(s)H(s)=0$$

整理后，有

$$G(s)H(s)=-1 \tag{5-2}$$

由于 $G(s)H(s)$ 为复数，因此式（5 - 2）等号两边的幅值和辐角必然相等，即：

辐角条件

$$\angle G(s)H(s)=\pm 180^\circ(2k+1)\quad (k=0,1,2,\cdots)$$

幅值条件

$$|G(s)H(s)|=1$$

在 s 平面上，同时满足辐角条件和幅值条件的点，一定是系统特征方程的根，也就是闭环极点。当开环传递函数 $G(s)H(s)$ 中的某个参数从零变到无穷时，s 平面上所有满足上述两个条件的点构成的图形，就是根轨迹。

二、 二阶系统的根轨迹图

由于系统的特征方程为二阶，因此可以通过解析方法求解可变参量等于某一具体数值时对应的系统特征根，再绘制根轨迹图。根据这样的绘图思想，试着绘制如图 5-2 所示的二阶系统的根轨迹图，其中 K 为实数可变参量，它的变化范围是从零到无穷大。需要说明的是，这只是绘制根轨迹图的一次尝试，并不是根轨迹图的一般绘制方法。

系统开环传递函数为

$$G_0(s)=\frac{K}{s(s+1)}$$

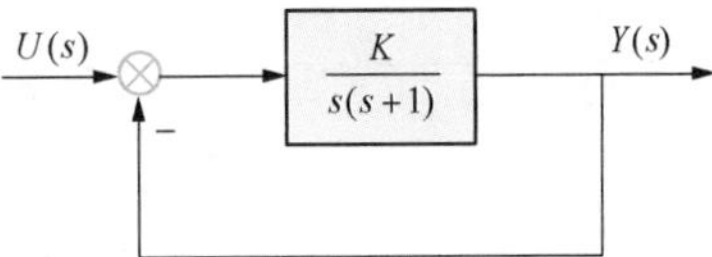

图 5-2 单位反馈控制系统框图

闭环传递函数为

$$\frac{Y(s)}{U(s)}=\frac{G_0(s)}{1+G_0(s)}=\frac{K}{s^2+s+K}$$

系统特征方程为

$$s^2+s+K=0 \tag{5-3}$$

根据求根公式可得式（5-3）的根为 $s_1=-\frac{1}{2}+\frac{\sqrt{1-4K}}{2}$ 和 $s_2=-\frac{1}{2}-\frac{\sqrt{1-4K}}{2}$。当 $0\leqslant K\leqslant\frac{1}{4}$ 时，为实根；当 $K>\frac{1}{4}$ 时，为复根。

可变参量 K 的变化范围是从零到无穷大，下面分阶段分析系统的根轨迹。

（1）$K=0$ 时，系统的特征根为 $s_1=0$ 和 $s_2=-1$，它们是根轨迹的起点，同时也是开环传递函数的极点。

（2）$K=\frac{1}{4}$ 时，系统的特征根为 $s_1=s_2=-\frac{1}{2}$，说明 K 从 0 变到 $\frac{1}{4}$ 时，两条根轨迹分支分别从 0 向点 $\left(-\frac{1}{2},\ \mathrm{j}0\right)$ 和从 -1 向点 $\left(-\frac{1}{2},\ \mathrm{j}0\right)$ 沿实轴相向运动，所有的闭环极点均位于 s 平面的左半平面的实轴上，且一对特征根的数值不同，此时系统稳定，为过阻尼系统，其阶跃响应呈现非振荡特性；当 $K=\frac{1}{4}$ 时，两条根轨迹分支汇聚在 $\left(-\frac{1}{2},\ \mathrm{j}0\right)$ 点，系统特征根为一对重实根，此时系统稳定，为临界阻尼系统，其阶跃响应呈现非振荡特性。

（3）$K>\frac{1}{4}$ 时，特征根变为 $s_1=-\frac{1}{2}+\mathrm{j}\sqrt{4K-1}$ 和 $s_2=-\frac{1}{2}-\mathrm{j}\sqrt{4K-1}$，两条根轨迹分支沿 $s=-\frac{1}{2}$ 这条直线分别向 $\left(-\frac{1}{2},\ +\mathrm{j}\infty\right)$ 和 $\left(-\frac{1}{2},\ -\mathrm{j}\infty\right)$ 运动，系统所有特征根

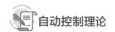

均位于左半 s 平面上，此时系统稳定，为欠阻尼系统，其阶跃响应呈现衰减振荡特性。

图 5-2 所示系统的根轨迹如图 5-3（a）所示。由图可以看出，随着 K 值的增加，阻尼比 ζ 将减小，同时根据闭环传递函数可知，随着 K 值的增加，图 5-2 所示系统的阻尼振荡频率和无阻尼自然振荡频率将增大。

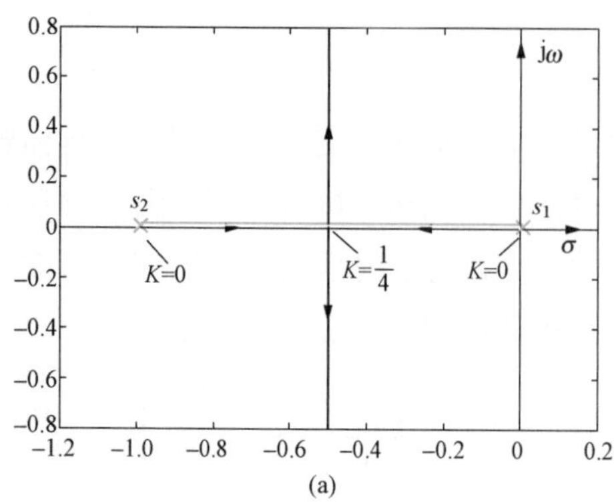

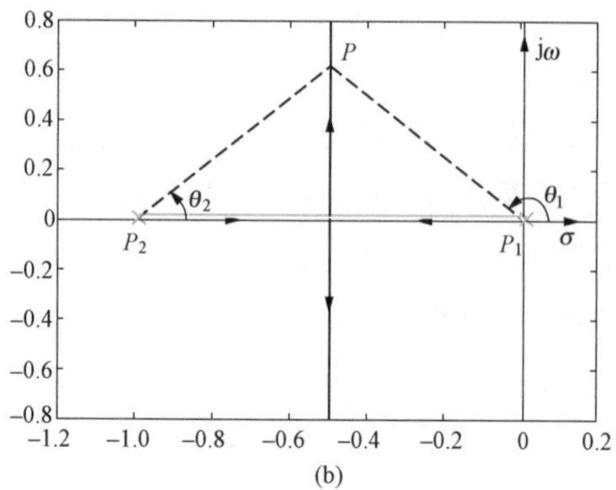

图 5-3　图 5-2 所示系统的根轨迹图

（a）实轴上两极点算例的根轨迹；（b）算例根轨迹辐角条件验证图示

验证根轨迹上任意一点，均满足辐角条件。

在根轨迹上任取一点 P，它与两个开环极点 $P_1=0$ 和 $P_2=-1$ 构成两个向量，它们与实轴正方向的夹角分别为 θ_1 和 θ_2，如图 5-3（b）所示。由于 P 到 P_1 和 P_2 的距离相等，因此 $\angle PP_2P_1=\angle PP_1P_2$，于是可得 $\theta_1+\theta_2=180°$，满足辐角条件。当 P 位于实轴根轨迹上时，也就是 P 处于 0 和 -1 之间时，$\theta_1=180°$和 $\theta_2=0°$，于是有 $\theta_1+\theta_2=180°$成立。可见，根轨迹上的任意一点，均满足辐角条件。

验证根轨迹上任意一点，均满足幅值条件。根据幅值条件，可以计算出根轨迹上任意一点对应的 K 值。只要该 K 值为实数，且满足 $K\in[0,+\infty)$，就说明 P 点在根轨迹上。

（1）取根轨迹上一点 $s=-\dfrac{1}{2}+\mathrm{j}2$，幅值条件计算如下

$$|-G(s)H(s)|_{s=-\frac{1}{2}+\mathrm{j}2}=\left|\frac{-K}{s(s+1)}\right|_{s=-\frac{1}{2}+\mathrm{j}2}=\left|\frac{-K}{\left(-\frac{1}{2}+\mathrm{j}2\right)\left(\frac{1}{2}+\mathrm{j}2\right)}\right|=\left|\frac{K}{4+\frac{1}{4}}\right|=1$$

当 $K=\dfrac{17}{4}$时，$|G(s)H(s)|_{s=-\frac{1}{2}+\mathrm{j}2}=1$ 成立。由于 $K=\dfrac{17}{4}$为正实数，且在 0 到$+\infty$的变化范围内，说明根轨迹上点 $s=-\dfrac{1}{2}+\mathrm{j}2$，可见根轨迹上任意一点，均满足幅值条件。

（2）取根轨迹之外的一点 $s=-1+\mathrm{j}$，幅值条件计算如下

$$\begin{aligned}|-G(s)H(s)|_{s=-1+\mathrm{j}}&=\left|\frac{-K}{s(s+1)}\right|_{s=-1+\mathrm{j}}=\left|\frac{-K}{(-1+\mathrm{j})(-1+\mathrm{j}+1)}\right|\\&=\left|\frac{-K}{(-1+\mathrm{j})\mathrm{j}}\right|=\left|\frac{K}{1+\mathrm{j}}\right|=1\end{aligned}$$

当 $K=1+\mathrm{j}$ 时，$|-G(s)H(s)|_{s=-1+\mathrm{j}}=1$ 成立。由于 $K=1+\mathrm{j}$ 为复数，说明根轨迹之外的一点 $s=-1+\mathrm{j}$ 对应的 K 值不符合根轨迹的定义要求，也就是说，当 $K\in[0, +\infty)$ 时，不能使 $|-G(s)H(s)|_{s=-1+\mathrm{j}}=1$ 成立。由此可以看出，s 平面上根轨迹之外的一点，不满足幅值条件。

第二节　绘制根轨迹图的一般规则

一、 绘图规则

对于具有多个开环零、极点的复杂系统，其根轨迹图较本章第一节二阶系统的根轨迹图而言，自然会复杂一些，但只要按照下面介绍的作图规则，绘图也不是非常困难的。应当指出的是，这种绘制根轨迹图的方法只适用于最小相位系统，如果是非最小相位系统，应针对具体情况对某些绘图规则加以修正。

图 5 - 4 所示反馈系统的开环传递函数为

$$G(s)H(s)=\frac{K(s+z_1)(s+z_2)\cdots(s+z_m)}{(s+p_1)(s+p_2)\cdots(s+p_n)} \tag{5-4}$$

系统闭环特征方程为

$$1+G(s)H(s)=0$$

于是，有

$$1+G(s)H(s)=1+\frac{K(s+z_1)(s+z_2)\cdots(s+z_m)}{(s+p_1)(s+p_2)\cdots(s+p_n)}=0 \tag{5-5}$$

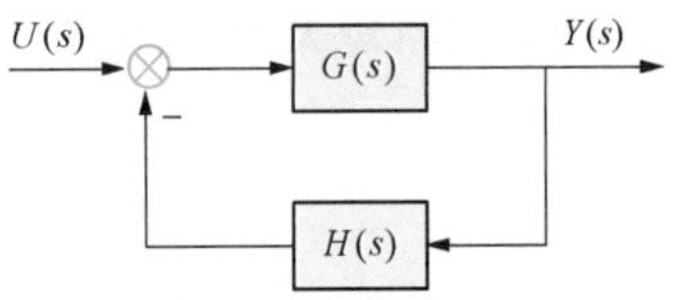

图 5 - 4　反馈控制系统框图

假设可变参数为增益 K，K 为从 0 到 $+\infty$ 的实数。应当指出的是，可变参数可以不是增益 K，而是其他参数，这种绘图方法依然适用。

规则 1　根轨迹起始于开环极点，终止于开环零点。

证明：式 (5 - 5) 为系统特征方程，对其进行整理后，有下式成立。

$$\frac{(s+z_1)(s+z_2)\cdots(s+z_m)}{(s+p_1)(s+p_2)\cdots(s+p_n)}=-\frac{1}{K}$$

对这个等式两端同时求模，可得

$$\left|\frac{(s+z_1)(s+z_2)\cdots(s+z_m)}{(s+p_1)(s+p_2)\cdots(s+p_n)}\right|=\frac{1}{K} \tag{5-6}$$

定义中指出，根轨迹起始于 $K=0$，终止于 $K=+\infty$。当取 $K=0$ 时，式 (5 - 6) 变为

$$\left|\frac{(s+z_1)(s+z_2)\cdots(s+z_m)}{(s+p_1)(s+p_2)\cdots(s+p_n)}\right|=\infty \tag{5-7}$$

只有当 $s=-p_1$，或 $s=-p_2$，…，或 $s=-p_n$ 时，式 (5 - 7) 才能成立，即 s 等于开环

极点时式（5-7）成立，说明根轨迹起始于开环极点。当取 $K=+\infty$ 时，式（5-6）变为

$$\lim_{K\to+\infty}\left|\frac{(s+z_1)(s+z_2)\cdots(s+z_m)}{(s+p_1)(s+p_2)\cdots(s+p_n)}\right|=\lim_{K\to+\infty}\frac{1}{K}=0 \tag{5-8}$$

只有当 $s=-z_1$，或 $s=-z_2$，…，或 $s=-z_m$ 时，式（5-8）才能成立，即 s 等于开环零点时式（5-8）成立，说明根轨迹终止于开环零点。

规则 2　根轨迹的分支数等于开环零点和开环极点数中的大者。

根据根轨迹的定义，根轨迹是开环系统中某一参数从 0 变到 $+\infty$ 时，闭环特征方程的根在 s 平面上的变化轨迹。因此，根轨迹的分支数必然与闭环特征方程根的个数相一致。由于特征根的数目等于开环零点数与开环极点数中的大者，所以根轨迹的分支数等于开环零点数与开环极点数中的大者。

规则 3　根轨迹是连续的，且关于实轴对称。

开环传递函数中可变参数从 0 变到 $+\infty$，这是一个连续的变化过程，因此闭环系统特征根也随之发生连续的变化，故根轨迹具有连续性。

由于闭环传递函数可用有理函数进行描述，所以特征根只有实数和复数两种形式。实根位于实轴上，复根必然共轭，两种特征根均关于实轴对称。由于根轨迹为特征根的集合，因此根轨迹关于实轴对称。

规则 4　确定实轴上的根轨迹。实数的开环零点和开环极点将实轴分割成多个线段，若其中的某一个线段右边的开环零、极点个数之和为奇数，则该线段必是根轨迹。

证明：根轨迹上的任意一点必须同时满足幅值条件和辐角条件，即

$$\begin{cases} |G(s)H(s)|=1 \\ \sum\varphi_j-\sum\theta_i=180^\circ(2k+1) \end{cases}$$

式中：φ_j 为实轴上的一点与开环零点构成向量的相角；θ_i 为实轴上的一点与开环极点构成向量的相角。

若系统开环传递函数为 $G(s)H(s)=K\dfrac{\prod_{j=1}^{m}(s+z_j)}{\prod_{i=1}^{n}(s+p_i)}$，那么幅值条件可表示为

$$|G(s)H(s)|=\left|K\frac{\prod_{j=1}^{m}(s+z_j)}{\prod_{i=1}^{n}(s+p_i)}\right|=1 \tag{5-9}$$

当 s 取实数时，使式（5-9）成立的 K 必是实数，K 取正实数与负实数均可。这样的结果说明，利用幅值条件不能明确地判定实轴上的点是否在根轨迹上。

图 5-5 中，s 平面上的两个极点 p_2 和 p_3 是共轭复数，它们与实轴上一点（s_σ，j0）的

夹角和为 0，即 $\theta_2+\theta_3=0$，因此在讨论实轴上根轨迹时，可以不考虑平面上的零、极点对辐角条件的影响，只需考虑实轴上的开环零点和极点对辐角条件的影响。

实轴上任选一点 s_σ，其左侧和右侧的实轴上均可能存在开环零、极点。点 s_σ 与其左侧的零、极点构成向量的相角为 0°，见图 5 - 5 中 φ_3 和 θ_4；点 s_σ 与其右侧的零、极点构成向量的相角为 180°，见图 5 - 5 中 φ_1、φ_2 和 θ_1。点 s_σ 与系统所有开环零、极点构成向量的相角和如果等于 180°，说明满足辐角条件，否则不满足辐角条件。由于点 s_σ 与其左侧的零、极点构成向量的相角和为 0°，因此点 s_σ 与系统所有开环零、极点构成向量的相角和等于点 s_σ 与其右侧的开环零、极点构成向量的相角之和。当点 s_σ 右侧的开环零、极点个数之和为奇数时，满足幅角条件，说明点 s_σ 所在线段为实轴上的根轨迹。

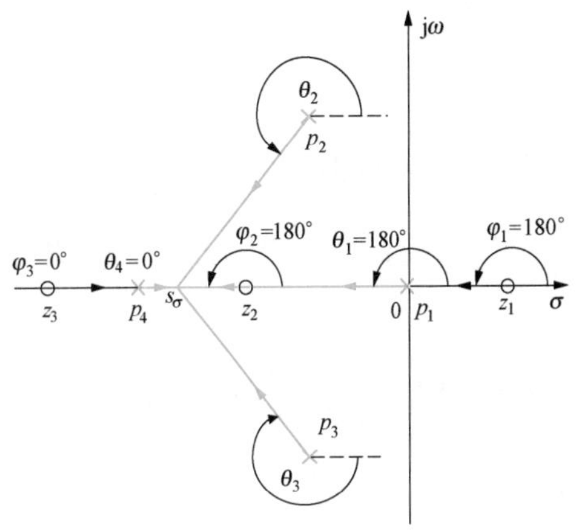

图 5 - 5　实轴上任一点与开环零、极点的角度关系

规则 5　计算渐近线。当开环极点数 n 大于开环零点数 m 时，从开环极点出发的根轨迹中有 $n-m$ 条根轨迹分支沿着与实轴夹角为 φ_a，交点为 σ_a 的一组渐近线趋向无穷远处，这里

$$\sigma_a=-\frac{\sum_{i=1}^{n}p_i-\sum_{j=1}^{m}z_j}{n-m}$$

$$\varphi_a=\frac{180^\circ(2k+1)}{n-m}\quad(k=0,1,2,\cdots,n-m-1)$$

式中：$-p_i$ 为开环极点；$-z_j$ 为开环零点。

证明：系统开环传递函数为

$$G(s)H(s)=\frac{K\prod_{j=1}^{m}(s+z_j)}{\prod_{i=1}^{n}(s+p_i)}=\frac{K(s^m+b_1s^{m-1}+\cdots+b_{m-1}s+b_m)}{s^n+a_1s^{n-1}+\cdots+a_{n-1}s+a_n}\tag{5 - 10}$$

式中，$b_1=\sum_{j=1}^{m}z_j$，$a_1=\sum_{i=1}^{n}p_i$。

当 s 取值很大时，利用多项式除法，式（5 - 10）可以近似写为

$$G(s)H(s)\approx\frac{K}{s^{n-m}+(a_1-b_1)s^{n-m-1}}$$

由系统特征方程可得 $G(s)H(s)=-1$，则

$$s^{n-m}\left(1+\frac{a_1-b_1}{s}\right)=-K$$

成立。整理后，有

$$s\left(1+\frac{a_1-b_1}{s}\right)^{\frac{1}{n-m}}=(-K)^{\frac{1}{n-m}} \tag{5-11}$$

根据二项式定理可得

$$\left(1+\frac{a_1-b_1}{s}\right)^{\frac{1}{n-m}}=1+\frac{a_1-b_1}{(n-m)s}+\frac{1}{2!}\cdot\frac{1}{n-m}\left(\frac{1}{n-m}-1\right)\left(\frac{a_1-b_1}{s}\right)^2+\cdots \tag{5-12}$$

当 s 取值很大时，式（5-12）可以近似为

$$\left(1+\frac{a_1-b_1}{s}\right)^{\frac{1}{n-m}}=1+\frac{a_1-b_1}{(n-m)s} \tag{5-13}$$

将式（5-13）结果代入式（5-11），有

$$s\left[1+\frac{a_1-b_1}{(n-m)s}\right]=-(K)^{\frac{1}{n-m}} \tag{5-14}$$

取 $s=\sigma+j\omega$，式（5-14）左端变为

$$s\left[1+\frac{a_1-b_1}{(n-m)s}\right]=\sigma+\frac{a_1-b_1}{n-m}+j\omega$$

式（5-14）右端变为

$$(-K)^{\frac{1}{n-m}}=\sqrt[n-m]{K}\cdot(-1)^{\frac{1}{n-m}}=\sqrt[n-m]{K}[\cos(2k+1)\pi+j\sin(2k+1)\pi]^{\frac{1}{n-m}}$$

依据德·莫弗公式，有

$$\sqrt[n-m]{K}[\cos(2k+1)\pi+j\sin(2k+1)\pi]^{\frac{1}{n-m}}=\sqrt[n-m]{K}\left[\cos\frac{(2k+1)\pi}{n-m}+j\sin\frac{(2k+1)\pi}{n-m}\right]$$

于是，有

$$\sigma+\frac{a_1-b_1}{n-m}+j\omega=\sqrt[n-m]{K}\left[\cos\frac{(2k+1)\pi}{n-m}+j\sin\frac{(2k+1)\pi}{n-m}\right]\quad(k=0,1,2,\cdots,n-m-1)$$

分别建立实部与虚部的等式关系，有

$$\begin{cases}\sigma+\dfrac{a_1-b_1}{n-m}=\sqrt[n-m]{K}\cdot\cos\dfrac{(2k+1)\pi}{n-m}\\ \omega=\sqrt[n-m]{K}\cdot\sin\dfrac{(2k+1)\pi}{n-m}\end{cases} \tag{5-15}$$

式（5-15）中两式之比为

$$\omega=\left(\sigma+\frac{a_1-b_1}{n-m}\right)\cdot\tan\frac{(2k+1)\pi}{n-m} \tag{5-16}$$

将式（5-16）得到的 ω 代入式（5-15）中的第二个等式，有

$$\left(\sigma+\frac{a_1-b_1}{n-m}\right)\cdot\tan\frac{(2k+1)\pi}{n-m}=\sqrt[n-m]{K}\cdot\sin\frac{(2k+1)\pi}{n-m} \tag{5-17}$$

令 $\sigma_a=-\dfrac{a_1-b_1}{n-m}$，$\varphi_a=\dfrac{(2k+1)\pi}{n-m}$，分别代入式（5-16）和式（5-17），得到渐近线方程为

$$\begin{cases}\omega=(\sigma-\sigma_a)\tan\varphi_a\\ \sqrt[n-m]{K}=\dfrac{\sigma-\sigma_a}{\cos\varphi_a}\end{cases}$$

在 s 平面上，方程 $\omega=(\sigma-\sigma_a)\tan\varphi_a$ 代表一条与实轴夹角为 φ_a，与实轴交点为 σ_a 的直线。当 K 取值不同时，可得 $n-m$ 个夹角 φ_a，但与实轴的交点 σ_a 不变。因此，根轨迹的渐近线是 $n-m$ 条与实轴夹角为 φ_a，与实轴交点为 σ_a 的一簇直线。

规则 6　根轨迹的出射角和入射角。根轨迹离开复数开环极点处的切线与正实轴的夹角，称为根轨迹的出射角，记为 θ_{p_i}；根轨迹进入复数开环零点处的切线与正实轴的夹角，称为根轨迹的入射角，记为 φ_{z_i}。

出射角和入射角表明了复数开环极点和零点附近根轨迹的运动方向，它们计算关系式分别为

$$\theta_{p_i}=180^\circ+\sum_{j=1}^{m}\varphi_{z_jp_i}-\sum_{\substack{j=1\\ j\neq i}}^{n}\theta_{p_jp_i}$$

$$\varphi_{z_i}=180^\circ-\sum_{\substack{j=1\\ j\neq i}}^{m}\varphi_{z_jz_i}+\sum_{j=1}^{n}\theta_{p_jz_i}$$

证明：设开环系统有 m 个有限零点和 n 个有限极点，p_i 为其中的一个复数极点。

由于根轨迹起始于开环极点，因此 p_i 为一条根轨迹分支的起点，这说明 p_i 点处满足辐角条件，即

$$\sum_{j=1}^{m}\varphi_{z_jp_i}-\sum_{\substack{j=1\\ j\neq i}}^{n}\theta_{p_jp_i}-\theta_{p_i}=-180^\circ$$

式中：$\varphi_{z_jp_i}$ 为所有开环零点与极点 p_i 构成向量的相角和；$\theta_{p_jp_i}$ 为除极点 p_i 外所有开环极点与极点 p_i 构成向量的相角和；θ_{p_i} 为根轨迹在极点 p_i 处的出射角。

同理可证

$$\sum_{\substack{j=1\\ j\neq i}}^{m}\varphi_{z_jz_i}+\varphi_{z_i}-\sum_{j=1}^{n}\theta_{p_jz_i}=180^\circ$$

整理后，可得

$$\theta_{p_i}=180^\circ+\sum_{j=1}^{m}\varphi_{z_jp_i}-\sum_{\substack{j=1\\ j\neq i}}^{n}\theta_{p_jp_i}$$

$$\varphi_{z_i}=180^\circ-\sum_{\substack{j=1\\ j\neq i}}^{m}\varphi_{z_jz_i}+\sum_{j=1}^{n}\theta_{p_jz_i}$$

规则 7　分离点。两条或两条以上的根轨迹分支在 s 平面上相遇又立即分开的点，称为分离点。分离点可以从 $\dfrac{\mathrm{d}K}{\mathrm{d}s}=0$ 的根中直接求出。

证明：闭环系统特征方程为

$$1+G(s)H(s)=1+\frac{KB(s)}{A(s)}=0$$

则有 $f(s)=A(s)+KB(s)=0$，因此有

$$K=-\frac{A(s)}{B(s)}$$

对上式求导，有

$$\frac{\mathrm{d}K}{\mathrm{d}s}=-\frac{A'(s)B(s)-B'(s)A(s)}{B^2(s)}$$

从分离点的定义可知，系统特征方程具有重根，在此重根处 $f(s)=0$，同时也有 $\frac{\mathrm{d}f(s)}{\mathrm{d}s}=0$ 成立，于是可得

$$\frac{\mathrm{d}f(s)}{\mathrm{d}s}=\frac{\mathrm{d}A(s)}{\mathrm{d}s}+K\frac{\mathrm{d}B(s)}{\mathrm{d}s}=A'(s)+KB'(s)=0$$

式中，对应的 K 为一个特定值。于是解得 $K=-\frac{A'(s)}{B'(s)}$，将 K 代入 $f(s)=A(s)+KB(s)=0$ 中，有

$$f(s)=A(s)-\frac{A'(s)}{B'(s)}B(s)=0$$

即在特征方程的重根处，$A(s)B'(s)-A'(s)B(s)=0$ 成立。也就是说，此时 $\frac{\mathrm{d}K}{\mathrm{d}s}=0$ 成立。$\frac{\mathrm{d}K}{\mathrm{d}s}=0$ 的根中就包含有根轨迹的分离点。应该指出的是，方程 $\frac{\mathrm{d}K}{\mathrm{d}s}=0$ 的根不一定都是分离点，需要进行验证。同时满足辐角条件和幅值条件的根，就是根轨迹的分离点，否则不是分离点。

规则 8　根轨迹与虚轴的交点。若根轨迹与虚轴相交，则交点对应的可变参量值与 ω 值可以通过劳斯判据来确定，也可以令特征方程中 $s=\mathrm{j}\omega$，然后令其实部等于零而求得。

方法一：

若根轨迹与虚轴相交，则表示闭环系统存在虚根，此时闭环系统处于临界稳定状态。因此，可令劳斯表第一列中包含可变参量项奇次幂行的每个元素都为零，通过建立辅助方程求解与虚轴的交点。

方法二：

闭环系统特征方程为

$$1+G(s)H(s)=0$$

取 $s=\mathrm{j}\omega$，则有 $1+G(\mathrm{j}\omega)H(\mathrm{j}\omega)=0$。

为求解方程 $1+G(\mathrm{j}\omega)H(\mathrm{j}\omega)=0$ 与虚轴的交点，可以令方程 $1+G(\mathrm{j}\omega)H(\mathrm{j}\omega)=0$ 的实

部为零，即 $\mathrm{Re}[1+G(\mathrm{j}\omega)H(\mathrm{j}\omega)]=0$，求出满足方程 $\mathrm{Re}[1+G(\mathrm{j}\omega)H(\mathrm{j}\omega)]=0$ 的 ω^*，利用 $\mathrm{Im}[1+G(\mathrm{j}\omega^*)H(\mathrm{j}\omega^*)]$求解根轨迹与虚轴的交点。

规则 9　建立根轨迹图形的解析方程。

根据前八条规则，可以绘制根轨迹的大致图形。若要绘制精确的根轨迹图，必须建立根轨迹曲线的解析方程。下面通过一个例子介绍根轨迹图形方程的获取过程。

令开环系统传递函数为

$$G(s)H(s)=\frac{K(s+z_1)}{(s+p_1)(s+a+\mathrm{j}b)(s+a-\mathrm{j}b)}$$

式中：z_1、p_1、a 和 b 均为正实数。

依据辐角条件，有 $\angle G(s)H(s)=\pm180°(2k+1)$，即

$$\angle(s+z_1)-\angle(s+p_1)-\angle(s+a+\mathrm{j}b)-\angle(s+a-\mathrm{j}b)=\pm180°(2k+1)$$

取 $s=\sigma+\mathrm{j}\omega$，并代入到上面的角度方程中，可得

$$\angle(\sigma+z_1+\mathrm{j}\omega)-\angle(\sigma+p_1+\mathrm{j}\omega)-\angle[(\sigma+a)+\mathrm{j}(\omega+b)]$$
$$-\angle[(\sigma+a)+\mathrm{j}(\omega-b)]=\pm180°(2k+1)$$

$$\arctan\frac{\omega}{\sigma+z_1}-\arctan\frac{\omega}{\sigma+p_1}-\arctan\frac{\omega+b}{\sigma+a}-\arctan\frac{\omega-b}{\sigma+a}=\pm180°(2k+1)$$

$$\arctan\frac{\omega}{\sigma+z_1}-\arctan\frac{\omega}{\sigma+p_1}=\pm180°(2k+1)+\arctan\frac{\omega+b}{\sigma+a}+\arctan\frac{\omega-b}{\sigma+a}$$

等式两端同求正切，有

$$\tan\left[\arctan\frac{\omega}{\sigma+z_1}-\arctan\frac{\omega}{\sigma+p_1}\right]=\tan\left[\pm180°(2k+1)+\arctan\frac{\omega+b}{\sigma+a}+\arctan\frac{\omega-b}{\sigma+a}\right]$$

依公式 $\tan(x\pm y)=\dfrac{\tan x\pm\tan y}{1\mp\tan x\tan y}$，可将上式变为

$$\frac{\dfrac{\omega}{\sigma+z_1}-\dfrac{\omega}{\sigma+p_1}}{1+\dfrac{\omega}{\sigma+z_1}\dfrac{\omega}{\sigma+p_1}}=\frac{\dfrac{\omega+b}{\sigma+a}+\dfrac{\omega-b}{\sigma+a}}{1-\dfrac{\omega+b}{\sigma+a}\dfrac{\omega-b}{\sigma+a}}$$

通过这种方法建立起 σ 和 ω 的代数方程，化简后可得根轨迹的图形方程。应当指出的是，由于没有考虑幅值条件，在一般情况下，根轨迹只是通过辐角条件获得的图形的一部分，因此在获得图形方程之后，还应进行判定，才能最终确定根轨迹的具体图形。

［例 5-1］　反馈控制系统的开环传递函数为 $G(s)H(s)=\dfrac{K}{s(s+1)(s+2)}$，试绘制根轨迹。

解　规则 1：根轨迹起始于开环极点 0、−1、−2，终止于无穷远处。

规则 2：3 个根轨迹分支。

规则 3：关于实轴对称。

规则 4：（$-\infty$，−2）和（−1，0）为实轴上的根轨迹。

规则 5：由于开环极点个数为 3，开环零点个数为 0，$n-m=3>0$，因此存在三条渐近线。

渐近线的倾角

$$\varphi_a=\frac{2k+1}{n-m}\pi=\frac{2k+1}{3}\pi=\begin{cases}\frac{\pi}{3},\ k=0\\ \pi,\ k=1\\ \frac{5\pi}{3}=-\frac{\pi}{3},\ k=2\end{cases}$$

渐近线与实轴交点

$$\sigma_a=-\frac{\sum_{i=1}^{3}p_i-\sum_{j=0}^{0}z_j}{n-m}=-\frac{2+1-0}{3}=-1$$

规则 6：系统没有复数开环零、极点，不存在出射角与入射角的计算问题。

规则 7：计算分离点。

系统特征方程为

$$1+G(s)H(s)=1+\frac{K}{s(s+1)(s+2)}=0$$

$$K=-s(s+1)(s+2)=-(s^3+3s^2+2s)$$

取$\frac{\mathrm{d}K}{\mathrm{d}s}=0$，有$-(3s^2+6s+2)=0$，解得 $s_1=-0.4227$，$s_2=-1.5773$。

验证 $s_1=-0.4227$ 是否为根轨迹上的点。将 $s_1=-0.4227$ 代入 $K=-(s^3+3s^2+2s)$，有

$$K\big|_{s_1=-0.4227}=-(s^3+3s^2+2s)\big|_{s_1=-0.4227}=0.3849$$

此时可变增益 K 为实数，且 $K\in[0,+\infty)$，满足 K 的取值条件，说明点 $s_1=-0.4227$ 在根轨迹上。

验证 $s_2=-1.5773$ 是否为根轨迹上的点。将 $s_2=-1.5773$ 代入 $K=-(s^3+3s^2+2s)$，有

$$K\big|_{s_2=-1.5773}=-(s^3+3s^2+2s)\big|_{s_2=-1.5773}=-0.3849$$

此时可变增益 K 为实数，但 $K\notin[0,+\infty)$，不满足 K 的取值条件，说明点 $s_2=-1.5773$ 不在根轨迹上，要舍去。因此，根轨迹的分离点为 $s_1=-0.4227$。

规则 8：确定根轨迹与虚轴交点。

系统特征方程为

$$1+G(s)H(s)=1+\frac{K}{s(s+1)(s+2)}=0$$

整理后，为

$$s^3+3s^2+2s+K=0$$

建立劳斯表如下：

s^3	1	2
s^2	3	K
s^1	$-\frac{K-6}{3}$	0
s^0	K	

取 $K=6$，此时，s^1 行所有元素均为 0，说明系统特征方程存在一对虚根。根据 s^2 行的元素，建立辅助方程

$$P(s)=3s^2+6=0$$

辅助方程的根为 $s=\pm j\sqrt{2}$，于是得出根轨迹与虚轴交于 $(0，\pm j\sqrt{2})$ 两点。

规则 9：建立根轨迹图形的解析方程。

依据辐角条件，有

$$\angle G(s)H(s)=-\angle(s+1)-\angle s-\angle(s+2)=\pm 180°(2k+1)$$

取 $s=\sigma+j\omega$

$$\angle[(\sigma+1)+j\omega]+\angle(\sigma+j\omega)=-\angle[(\sigma+2)+j\omega]\mp 180°(2k+1)$$

$$\arctan\frac{\omega}{\sigma+1}+\arctan\frac{\omega}{\sigma}=-\arctan\frac{\omega}{\sigma+2}\mp 180°(2k+1)$$

等式两端同时求正切，有

$$\tan\left[\arctan\frac{\omega}{\sigma+1}+\arctan\frac{\omega}{\sigma}\right]=\tan\left[-\arctan\frac{\omega}{\sigma+2}\mp 180°(2k+1)\right]$$

$$\frac{\frac{\omega}{\sigma+1}+\frac{\omega}{\sigma}}{1-\frac{\omega}{\sigma+1}\cdot\frac{\omega}{\sigma}}=-\frac{\omega}{\sigma+2}$$

$$\omega[3\sigma^2+6\sigma+2-\omega^2]=0$$

$$\omega[3(\sigma+1)^2-\omega^2-1]=0$$

根轨迹的曲线方程为直线 $\omega=0$ 和双曲线 $3(\sigma+1)^2-\omega^2=1$。$\omega=0$ 表示整条实轴，根据规则 4 可以确定线段 $(-\infty，-2)$ 和 $(-1，0)$ 为根轨迹段；$3(\sigma+1)^2-\omega^2=1$ 为双曲线方程，只有右侧的一支曲线与实轴的交点 $s_1=-0.4227$ 落在实轴根轨迹上，根据根轨迹的连续性质判定，双曲线的这一分支为根轨迹。

验证双曲线 $3(\sigma+1)^2-\omega^2=1$ 的两个分支是否为根轨迹。

双曲线 $3(\sigma+1)^2-\omega^2=1$ 与实轴的交点，可根据方程组 $\begin{cases}\omega=0\\3(\sigma+1)^2-\omega^2=1\end{cases}$ 求得。两个交点分别为 $(-1.5774，j0)$ 和 $(-0.4226，j0)$。将两个交点分别代入特征方程，求解对应的可变增益 K 的值，为

$$K|_{s_1=-0.4227}=-(s^3+3s^2+2s)|_{s_1=-0.4227}=0.3849$$

$$K|_{s_2=-1.5773}=-(s^3+3s^2+2s)|_{s_2=-1.5773}=-0.3849$$

由于$K|_{s_2=-1.5773}=-0.3849$不在0～+∞的变化区间内，说明点（−1.5774，j0）不在根轨迹上，根据根轨迹的连续性可知，与点（−1.5774，j0）相连的双曲线左分支不是根轨迹的分支；由于$K|_{s_1=-0.4227}=0.3849$处于0～+∞的变化区间内，说明点（−0.4226，j0）在根轨迹上，根据根轨迹的连续性可知，与点（−0.4226，j0）相连的双曲线右分支是根轨迹的一条分支。

根据上述分析绘制出函数的根轨迹如图5-6所示。

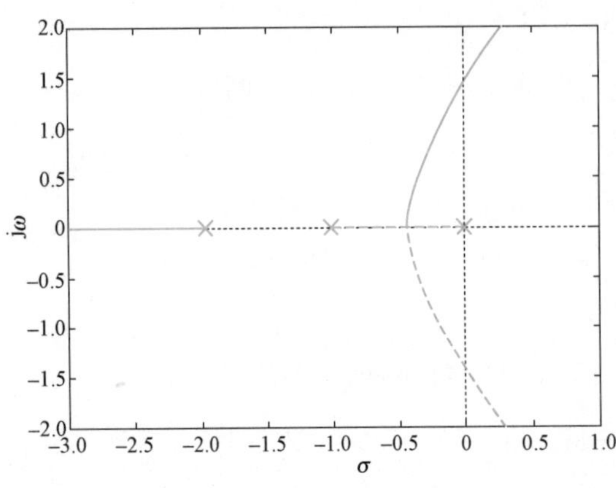

图5-6　［例5-1］的根轨迹

［例5-2］ 系统开环传递函数为$G(s)H(s)=\dfrac{K(s+2)}{s^2+2s+3}$，试绘制根轨迹。

解　规则1：根轨迹起始于开环极点为$-1\pm j\sqrt{2}$，终止于开环零点为−2和无穷远处。

规则2：根轨迹有两个分支。

规则3：关于实轴对称。

规则4：（−∞，−2）段为实轴上的根轨迹。

规则5：$n-m=1$，有一条渐近线，渐近线的倾角

$$\varphi_a=\frac{2k+1}{n-m}\times180^\circ=180^\circ$$

渐近线与实轴的交点

$$\sigma_a=-\frac{\sum_{i=1}^{2}p_i-\sum_{j=0}^{1}z_j}{n-m}=-\frac{2-2}{1}=0$$

规则6：左半s平面上有两个开环极点，存在出射角。

如图5-7所示，极点p_1的出射角

$$\theta_{p_1}=180^\circ+\varphi_1-\theta_1=180^\circ+\arctan\sqrt{2}-90^\circ=145^\circ$$

极点p_2的出射角

$$\theta_{p_2}=-\theta_{p_1}=-145^\circ$$

规则7：计算分离点。

系统特征方程为

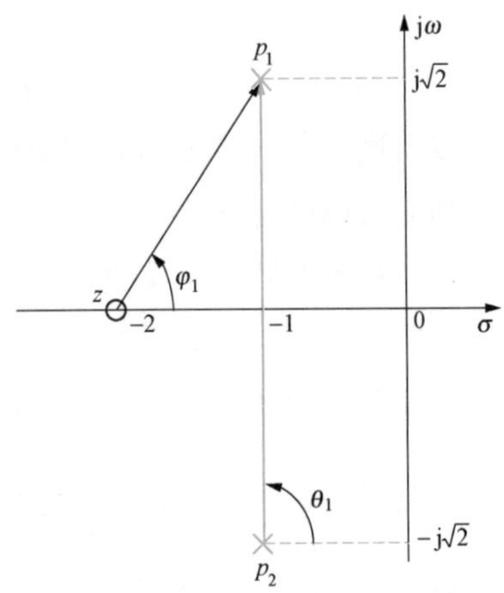

图5-7　［例5-2］复数开环极点出射角计算图示

$$1+G(s)H(s)=1+\frac{K(s+2)}{s^2+2s+3}=0$$

于是，有 $K=-\frac{s^2+2s+3}{s+2}$。对 K 求导，有

$$\frac{\mathrm{d}K}{\mathrm{d}s}=-\frac{(s+2)[s^2+2s+3]'-[s^2+2s+3](s+2)'}{(s+2)^2}=\frac{s^2+4s+1}{(s+2)^2}=0$$

解得 $s_1=-2+\sqrt{3}=-0.268$，$s_2=-2-\sqrt{3}=-3.732$。

$s_1=-0.268$ 不在实轴的根轨迹上，因此舍去；$s_2=-3.732$ 在实轴的根轨迹上，故为根轨迹的分离点。

规则 8：确定根轨迹与虚轴的交点。

系统特征方程为

$$1+G(s)H(s)=1+\frac{K(s+2)}{s^2+2s+3}=0$$

即

$$s^2+(2+K)s+(3+2K)=0$$

建立劳斯表如下：

s^2	1	$3+2K$
s^1	$2+K$	0
s^0	$3+2K$	

由于 K 的取值范围是 $K\in[0,+\infty)$，因此可变参量 K 在此范围内，劳斯表的第一列所有元素均为正，说明系统是稳定的，与虚轴没有交点。

规则 9：建立根轨迹的曲线方程。

依据辐角条件，有

$$\angle G(s)H(s)=\angle(s+2)-\angle(s+1-\mathrm{j}\sqrt{2})-\angle(s+1+\mathrm{j}\sqrt{2})=\pm180^\circ(2k+1)$$

取 $s=\sigma+\mathrm{j}\omega$，则上式为

$$\angle[(\sigma+2)+\mathrm{j}\omega]-\angle[(\sigma+1)+\mathrm{j}(\omega-\sqrt{2})]-\angle[(\sigma+1)+\mathrm{j}(\omega+\sqrt{2})]=\pm180^\circ(2k+1)$$

$$\arctan\frac{\omega}{\sigma+2}\mp180^\circ(2k+1)=\arctan\frac{\omega-\sqrt{2}}{\sigma+1}+\arctan\frac{\omega+\sqrt{2}}{\sigma+1}$$

等式两端同求正切，有

$$\tan\left[\arctan\frac{\omega}{\sigma+2}\mp180^\circ(2k+1)\right]=\tan\left(\arctan\frac{\omega-\sqrt{2}}{\sigma+1}+\arctan\frac{\omega+\sqrt{2}}{\sigma+1}\right)$$

$$\frac{\omega}{\sigma+2}=\frac{\frac{\omega-\sqrt{2}}{\sigma+1}+\frac{\omega+\sqrt{2}}{\sigma+1}}{1-\frac{\omega-\sqrt{2}}{\sigma+1}\cdot\frac{\omega+\sqrt{2}}{\sigma+1}}$$

$$\frac{\omega}{\sigma+2}=\frac{2\omega(\sigma+1)}{(\sigma+1)^2-\omega^2+2}$$

$$\omega[(\sigma+2)^2+\omega^2-3]=0$$

根轨迹的曲线方程为直线 $\omega=0$ 和圆 $(\sigma+2)^2+\omega^2=(\sqrt{3})^2$。下面判定圆$(\sigma+2)^2+\omega^2=(\sqrt{3})^2$ 的哪一部分为根轨迹。考虑到系统的两个复数开环极点 $(-1, \mathrm{j}\sqrt{2})$ 和 $(-1, -\mathrm{j}\sqrt{2})$ 为圆 $(\sigma+2)^2+\omega^2=(\sqrt{3})^2$ 上的点，也为根轨迹的起始点，并且这两个复数开环极点处根轨迹的运动方向必然满足出射角指定的方向，为此可以根据系统的复数开环极点的出射角判定圆 $(\sigma^2+2)^2+\omega^2=(\sqrt{3})^2$ 的那一部分是根轨迹。对于开环极点 $(-1, \mathrm{j}\sqrt{2})$ 来说，其出射角为 $\theta_{p_1}=145°$，说明位于点 $(-1, \mathrm{j}\sqrt{2})$ 左侧的圆为根轨迹的一个分支；对于开环极点 $(-1, -\mathrm{j}\sqrt{2})$ 来说，其出射角为 $\theta_{p_2}=-145°$，则位于点 $(-1, -\mathrm{j}\sqrt{2})$ 左侧的圆为根轨迹的第二个分支。

根据上述分析绘制出函数根轨迹如图 5-8 所示。

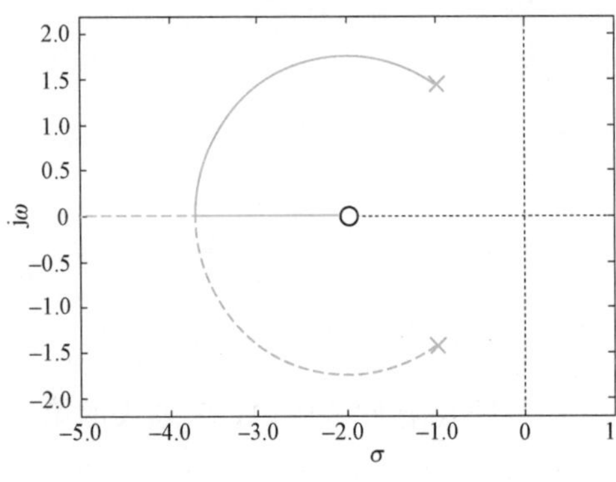

图 5-8 ［例 5-2］的根轨迹

二、参数根轨迹

以开环系统增益之外的任意参数，如开环极点、开环零点、时间常数、反馈比例系数等，作为可变参量所绘制的根轨迹，称为参数根轨迹。

参数根轨迹也是根据系统特征方程得到的，同样满足辐角条件和幅值条件，只是可变参量从开环系统增益 K 变成了别的参量，因此，只需对系统特征方程进行代数运算，就可得到参数根轨迹需要的特征方程。下面举例说明如何求解等效特征方程。

设系统开环传递函数为

$$G(s)H(s)=\frac{K}{s(s+2)+aKs}$$

式中：a 为可变参量。

系统特征方程为

$$1+G(s)H(s)=1+\frac{K}{s(s+2)+aKs}=0$$

整理后，有

$$s(s+2)+aKs+K=0$$

将上式改写为如下形式

$$1+\frac{aKs}{s(s+2)+K}=0$$

此时，等效的开环传递函数为

$$G_e(s)H_e(s)=\frac{aKs}{s(s+2)+K}$$

当 K 等于某一固定值后，就可以根据根轨迹绘图的一般规则绘制参数根轨迹。

三、零度根轨迹

1. 正反馈系统的根轨迹

图 5 - 9 所示正反馈系统的闭环传递函数为

$$\frac{Y(s)}{U(s)}=\frac{G(s)}{1-G(s)H(s)}$$

系统特征方程为 $1-G(s)H(s)=0$，于是，有

$$G(s)H(s)=1$$

由于 $G(s)H(s)$ 为复数，则上式可以写为

$$G(s)H(s)=1\angle 0°$$

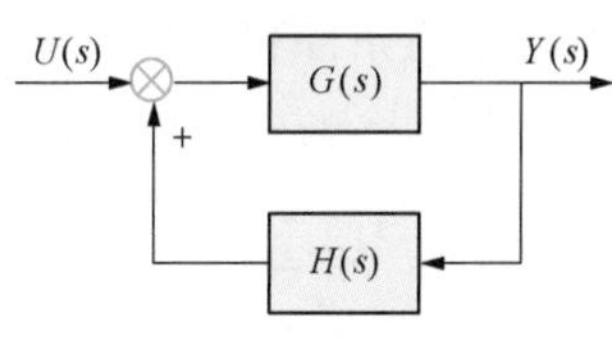

图 5 - 9 正反馈系统框图

此时，根轨迹上的点所要满足的辐角条件为

$$\angle G(s)H(s)=0°$$

幅值条件为

$$|G(s)H(s)|=1$$

由于这种根轨迹需要满足的辐角条件与普通根轨迹要满足的辐角条件不同，因此称其为零度根轨迹。在绘制零度根轨迹时，将普通根轨迹绘制规则中涉及辐角条件的规则，用 $\angle G(s)H(s)=0°$进行替换，如规则 4、规则 5、规则 6 和规则 9。具体计算过程可参考本章拓展例题中的［例 5 - 4］。

2. 增益为负值的非最小相位系统根轨迹

如果系统中所有的零、极点均位于左半 s 平面，则称系统为最小相位系统。如果系统中至少有一个零点或极点位于右半 s 平面，则称为非最小相位系统。

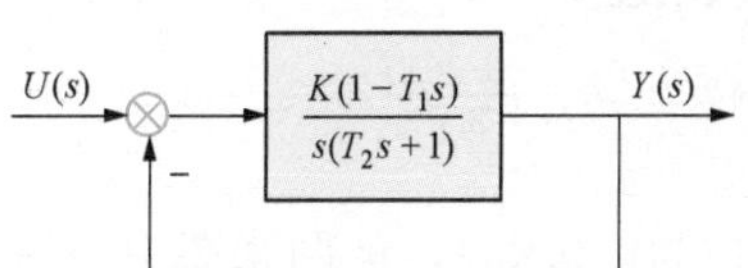

图 5 - 10 增益为负值的非最小相位系统框图

如图 5 - 10 所示的增益为负值的非最小相位系统，由于在右半 s 平面上存在一个零点，因此它是非最小相位系统，其开环传递函数为

$$G_0(s)=\frac{K(1-T_1s)}{s(T_2s+1)}=\frac{-K(T_1s-1)}{s(T_2s+1)}\qquad (T_1>0,\ T_2>0,\ K>0)$$

此时，系统开环传递函数的增益 $-K$ 为负值。系统闭环特征方程为

$$1+G_0(s)=1-\frac{K(T_1s-1)}{s(T_2s+1)}=0$$

即

$$\frac{K(T_1s-1)}{s(T_2s+1)}=1$$

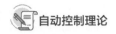

辐角条件为

$$\angle G_0(s) = \angle \frac{K(T_1 s - 1)}{s(T_2 s + 1)} = 0^\circ$$

并以 $G_e(s)=\dfrac{K(T_1 s-1)}{s(T_2 s+1)}$ 为等效开环传递函数绘制零度根轨迹。

四、 关于根轨迹图的几点说明

1. 根轨迹对应的增益 *K* 值

对于一个确定的 K 值，根轨迹上必然存在一组闭环极点与其对应，该组闭环极点一定满足幅值条件和辐角条件。因此，将这一组闭环极点代入系统特征方程，就可以确定根轨迹上的某一特定点所对应的增益 K 的值。

2. 开环零点变化对根轨迹图形的影响

系统开环传递函数的零、极点，不仅决定着根轨迹的起始和终止点，而且也决定着根轨迹图的形状。当零点发生微小变化时，也可能引起根轨迹图的重大变化，如图 5-11 所示。

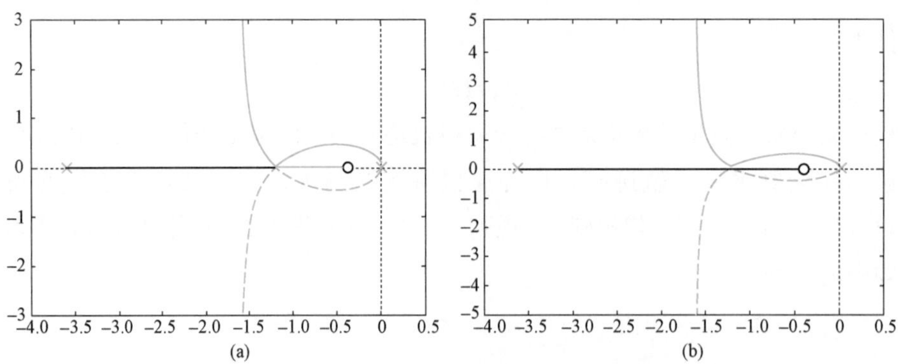

图 5-11　零点发生微小变化前后的根轨迹图

(a) 开环传递函数为 $\dfrac{10(s+0.4)}{s^2(s+3.6)}$；(b) 开环传递函数为 $\dfrac{10(s+0.401)}{s^2(s+3.6)}$

图 5-11 (a) 和 (b) 两张图中只有零点从 -0.4 变化为 -0.401，但两张图中根轨迹分支的走向发生了巨大的变化，且图 (a) 有分离点，而图 (b) 没有。因此，在绘制根轨迹时，需要求解根轨迹的曲线方程，才能有效避免“经验”带来的错误结果。

第三节　控制系统的根轨迹分析

本节首先探讨增加零、极点对二阶系统根轨迹的影响；其次，分析根轨迹与系统性能的关系。

一、增加零点或极点对二阶系统根轨迹的影响

1. 增加零点

下面采用一个示例说明增加一个零点对二阶系统根轨迹的影响。设原系统的开环传递函数为

$$G_1(s)H_1(s)=\frac{K}{(s+1)(s+2)},\ K>0$$

再设在上述系统的开环传递函数中加入一个零点 $s+z$，此时系统的开环传递函数变为

$$G_2(s)H_2(s)=\frac{K(s+z)}{(s+1)(s+2)},\ z>0$$

考虑到 z 的不同取值，可以分以下三种情况进行讨论（见图 5-12）：①情况 1，增加的零点位于两个极点的右侧，即 $z<1$；②情况 2，增加的零点位于两个极点的中间，即 $1<z<2$；③情况 3，增加的零点位于两个极点的左侧，即 $z>2$。

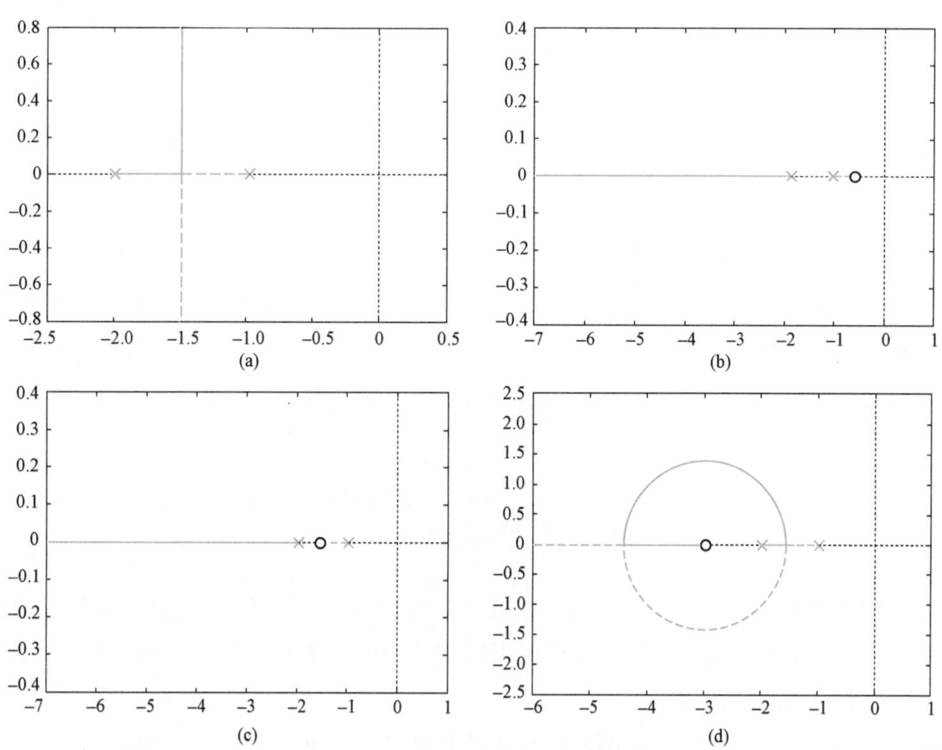

图 5-12 增加一个零点前后二阶系统的根轨迹

(a) 原二阶系统的根轨迹；(b) 情况 1 的根轨迹；(c) 情况 2 的根轨迹；(d) 情况 3 的根轨迹

在负实轴增加一个零点 $-z$ 之后，系统根轨迹分支数还是两支，但三种情况下根轨迹的图形发生了显著的变化，说明系统性能也发生了明显的变化。系统性能的计算将在后面

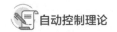

介绍。

2. 增加极点

设在开环传递函数 $G_1(s)H_1(s)$ 中增加一个开环极点，系统开环传递函数变为

$$G_3(s)H_3(s)=\frac{K}{(s+1)(s+2)(s+p)},\ p>0$$

针对 p 的不同取值，也分三种情况进行介绍（见图 5 - 13）：①情况 1，$p<1$；②情况 2，$1<p<2$；③情况 3，$p>2$。

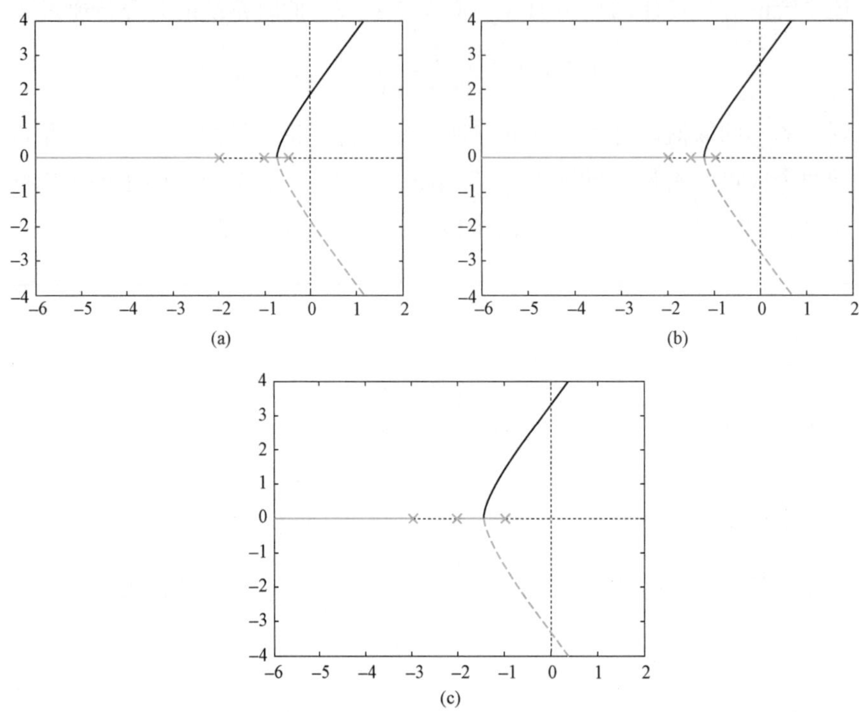

图 5 - 13　增加一个极点后二阶系统的根轨迹

（a）情况 1 的根轨迹；（b）情况 2 的根轨迹；（c）情况 3 的根轨迹

在负实轴增加一个极点 $-p$ 之后，系统根轨迹的分支数增加了一个，变为三个分支，根轨迹的图形也发生了变化，但三种情况下的根轨迹图形大致相同，说明三种情况下增加的极点，对系统性能的影响相近。

应当指出的是，由于这个示例选定系统的特殊性，增加零、极点导致根轨迹所发生的变化趋势也具有特殊性，仅仅作为示意，不具有指导意义。

二、 根轨迹与系统性能的关系

根轨迹为开环系统中某一可变参量从 0 变到 $+\infty$ 的过程中，系统闭环极点的变化轨迹。当可变参量为某一特定值时，依据根轨迹可以得到对应的系统闭环极点。再根据开环传递函数，通过代数运算，得到闭环零点及增益，从而得出系统闭环传递函数。由于闭环传递函数对系统时域性能起到决定作用，因此根轨迹中特定的可变参量对应的闭环传递函数，决定了特定条件下系统的时域性能。根轨迹曲线呈现了系统时域性能的变化趋势。

1. 根据可变参量确定闭环传递函数

这个问题可以描述为已知根轨迹图，并在指定可变参量为某一固定值的前提下，求解此时的闭环传递函数。求解过程分为确定闭环极点和确定闭环零点两部分。

进行时域性能分析的一个前提是将控制系统转换为单位反馈形式，因此下面只针对单位反馈系统进行讨论。

（1）确定闭环极点。在已知根轨迹图和可变参量固定的前提下，一般情况可根据系统特征方程确定闭环极点。具体求解过程如下：

设单位反馈控制系统的开环传递函数为

$$G_0(s)=\frac{K\prod_{j=1}^{m}(s+z_j)}{\prod_{i=1}^{n}(s+p_i)}$$

系统特征方程为

$$1+G_0(s)=1+\frac{K\prod_{j=1}^{m}(s+z_j)}{\prod_{i=1}^{n}(s+p_i)}=0$$

整理后，有
$$\prod_{i=1}^{n}(s+p_i)+K\prod_{j=1}^{m}(s+z_j)=0$$

在指定增益 K 为某一固定值时，通过求解系统特征方程的根，得到系统闭环极点。

（2）确定闭环零点和增益。系统闭环传递函数为

$$\frac{Y(s)}{U(s)}=\frac{G_0(s)}{1+G_0(s)}=\frac{\dfrac{K\prod_{j=1}^{m}(s+z_j)}{\prod_{i=1}^{n}(s+p_i)}}{1+\dfrac{K\prod_{j=1}^{m}(s+z_j)}{\prod_{i=1}^{n}(s+p_i)}}=\frac{K\prod_{j=1}^{m}(s+z_j)}{\prod_{i=1}^{n}(s+p_i)+K\prod_{j=1}^{m}(s+z_j)}$$

此时，闭环传递函数的零点和增益与开环传递函数的相同，因此可得到系统闭环传递函数。

2. 利用根轨迹判断系统的稳定性

在 s 平面上，根轨迹曲线明确地指出了各闭环极点的分布位置。根据系统所有特征根

都具有负实部的稳定判据，只要找出位于左半 s 平面上的根轨迹曲线段，就可判定运行在这些曲线段时系统是稳定的。这时最重要的工作，就是确定根轨迹曲线段端点对应的可变参量数值。具体计算可采用根轨迹与虚轴交点的计算方法。

如［例 5-1］中的根轨迹与虚轴交点为 $(0, \pm j\sqrt{2})$，将其代入系统特征方程，可求对应的可变参量 $K=6$。由根轨迹图形可以看出，K 从 0 变到 6 之前，根轨迹处于左半 s 平面上，说明 $0<K<6$ 的变化区间内，系统特征根均具有负实部，此时系统是稳定的；当 $K>6$ 时，有两个特征根具有正实部，此时系统不稳定；当 $K=6$ 时，具有两个虚数特征根，系统处于临界稳定状态。

如［例 5-2］中的根轨迹图形始终处于左半 s 平面，因此可变参量 $K\in[0, +\infty)$ 的整个变化范围内，系统都是稳定的。

值得注意的是，当可变参量在某一（或某些）区域内，而非整个变化区域时，系统处于稳定的工作状态，称为条件稳定。当工作状态发生改变时，可能导致可变参量数值处于稳定区域之外，致使系统不稳定。可通过增加适当的校正环节，消除条件稳定带来的问题。

3. 利用根轨迹判断系统的阻尼特性

对于一个稳定运行的系统，即使是条件稳定的系统，只要工作在稳定的区域内，系统的根轨迹就会分布在左半 s 平面上。如果系统可以由主导极点近似，当根轨迹处于负实轴上的分离点时，系统具有两个相等的负实数特征根，此时为临界阻尼系统；当根轨迹处于负实轴上时，且不在分离点处，系统具有两个不相等的负实数特征根，此时为过阻尼系统；当根轨迹位于左半 s 平面上时，系统具有两个复数特征根，此时为欠阻尼系统。

以［例 5-1］为例，当 $0\leqslant K<0.3849$ 时，根轨迹处于除分离点外的负实轴上，为过阻尼系统；当 $K=0.3849$ 时，根轨迹处于分离点上，为临界阻尼系统；当 $0.3849<K<6$ 时，根轨迹处于左半 s 平面上，为欠阻尼系统。

4. 根轨迹与暂态性能指标的关系

在给定可变参量数值的前提下，根据根轨迹能够得到系统闭环传递函数，进而可以得到该系统的单位阶跃响应，这是准确的时域响应。关键问题是确定可变参量的数值的依据。根轨迹曲线，或根轨迹曲线中的一段，对应的可变参量有无限多个数值，为什么单单取某一个特定的值呢？这主要是考虑系统时域性能指标的要求，如超调量的限制、稳态误差系数的限制等。这里，时域性能指标包括暂态性能指标和稳态性能指标两部分。由于暂态性能指标是针对二阶系统提出的，因此只有根轨迹达成主导极点条件时，才能根据暂态性能指标对系统进行设计与校正等工作。

（1）根据阻尼比确定根轨迹的可变参量数值。一个具有确定数值的阻尼比，在 s 平面上的分布特征为一条与负实轴夹角为β且过原点的直线。夹角β与阻尼比的关系为$\cos\beta=\zeta$。当系统闭环主导极点所在的根轨迹分支与代表阻尼比的直线相交时，交点为闭环主导极点，此时根轨迹的可变参量也同时确定了。

[例5-3] 取［例5-1］的根轨迹，当闭环主导极点的阻尼比$\zeta=0.5$时，试求闭环主导极点和可变参量数值。阻尼比与根轨迹的位置关系如图5-14所示。

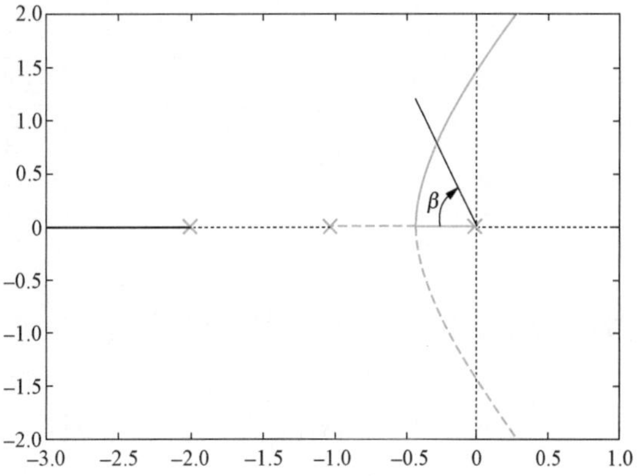

解 ［例5-1］的系统特征方程为

$$s^3+3s^2+2s+K=0$$

阻尼比$\zeta=0.5$对应的直线方程为

$$\tan(180°-60°)\cdot\sigma=\omega$$

整理后，有

$$-\sqrt{3}\sigma=\omega$$

直线$-\sqrt{3}\sigma=\omega$与根轨迹的交点，可通过下列方程组求得。

$$\begin{cases}s^3+3s^2+2s+K=0\\-\sqrt{3}\sigma=\omega\end{cases}$$

图5-14 ［例5-1］的根轨迹与阻尼比等于0.5的直线的关系

取$s=\sigma+j\omega$，并代入系统特征方程中，可得

$$\begin{aligned}s^3+3s^2+2s+K&=(\sigma+j\omega)^3+3(\sigma+j\omega)^2+2(\sigma+j\omega)+K\\&=\sigma^3+3j\sigma^2\omega-3\sigma\omega^2-j\omega^3+3\sigma^2+6j\omega\sigma-3\omega^2+2\sigma+2j\omega+K\\&=0\end{aligned}$$

分别建立实部与虚部等式，有

$$\begin{cases}\sigma^3-3\sigma\omega^2+3\sigma^2-3\omega^2+2\sigma+K=0\\3j\sigma^2\omega-j\omega^3+6j\omega\sigma+2j\omega=j\omega(3\sigma^2-\omega^2+6\sigma+2)=0\end{cases}$$

将$-\sqrt{3}\sigma=\omega$代入方程$3\sigma^2-\omega^2+6\sigma+2=0$，解得$\sigma=-\frac{1}{3}$。于是，得到$\omega=\frac{1}{\sqrt{3}}$。将$\sigma=-\frac{1}{3}$和$\omega=\frac{1}{\sqrt{3}}$代入方程$\sigma^3-3\sigma\omega^2+3\sigma^2-3\omega^2+2\sigma+K=0$，得到

$$K=\frac{28}{27}$$

验证闭环极点$s=-\frac{1}{3}\pm j\frac{1}{\sqrt{3}}$是否满足主导极点的要求。

系统特征方程为$s^3+3s^2+2s+\frac{28}{27}=0$。由于$s=-\frac{1}{3}\pm j\frac{1}{\sqrt{3}}$为此特征方程的两个根，于是，有

$$s^3+3s^2+2s+\frac{28}{27}=(s+\lambda)\left(s+\frac{1}{3}+\mathrm{j}\,\frac{1}{\sqrt{3}}\right)\left(s+\frac{1}{3}-\mathrm{j}\,\frac{1}{\sqrt{3}}\right)=(s+\lambda)\left(s^2+\frac{2}{3}s+\frac{4}{9}\right)=0$$

利用综合除法求 λ，

$$\begin{array}{r|l} & s+\frac{7}{3} \\ s^2+\frac{2}{3}s+\frac{4}{9} & s^3+3s^2+2s+\frac{28}{27} \\ & \underline{s^3+\frac{2}{3}s^2+\frac{4}{9}s} \\ & \frac{7}{3}s^2+\frac{14}{9}s+\frac{28}{27} \\ & \underline{\frac{7}{3}s^2+\frac{14}{9}s+\frac{28}{27}} \\ & 0 \end{array}$$

得到 $\lambda=\frac{7}{3}$。此时，特征方程可以写为

$$s^3+3s^2+2s+\frac{28}{27}=\left(s+\frac{7}{3}\right)\left(s+\frac{1}{3}+\mathrm{j}\,\frac{1}{\sqrt{3}}\right)\left(s+\frac{1}{3}-\mathrm{j}\,\frac{1}{\sqrt{3}}\right)=0$$

由于实数极点与复数极点实部之比等于 7，大于 5，满足主导极点的条件，说明 $\zeta=0.5$ 时得到的闭环极点 $s=-\frac{1}{3}\pm\mathrm{j}\,\frac{1}{\sqrt{3}}$ 为系统的主导极点。

从上述闭环主导极点和可变参量 K 值的求解过程中发现，当已知根轨迹和主导极点的阻尼比时，可以唯一确定可变参量数值和闭环极点，当然，这种解法只针对欠阻尼系统。在闭环极点确定之后，实际上系统的无阻尼自然振荡频率也就确定了，但不能根据给定的无阻尼自然振荡频率和根轨迹，确定阻尼比的数值。

（2）根轨迹与暂态性能指标的关系。在上升时间、峰值时间、调整时间和超调量四个暂态性能指标中，只有超调量由阻尼比一个参量就能确定，即 $M_\mathrm{p}=\mathrm{e}^{-\zeta\pi/\sqrt{1-\zeta^2}}$。由于在 $\zeta>0$ 的区间内此函数为单值函数，因此对超调量的约束可以转化为对阻尼比的约束，进而能够求取根轨迹中的闭环极点、无阻尼自然振荡频率和可变参量数值。当阻尼比和无阻尼自然振荡频率确定之后，上升时间、峰值时间、调整时间也就能够确定了。因此超调量与根轨迹的关系是关键，它决定了系统的暂态性能。

（3）根轨迹与稳态误差系数的关系。设具有单位负反馈的控制系统的开环传递函数为

$$G_0(s)=\frac{K\prod_{j=1}^{m}(s+z_j)}{\prod_{i=1}^{n}(s+p_i)}$$

系统误差传递函数为

$$\frac{E(s)}{U(s)}=\frac{1}{1+G_0(s)}$$

式中：$U(s)$ 为输入的拉普拉斯变换结果；$E(s)$ 为系统误差的拉氏变换结果。

于是，有

$$E(s)=\frac{1}{1+G_0(s)}\cdot U(s)$$

系统稳态误差为

$$e(\infty)=\lim_{t\to\infty}e(t)=\lim_{s\to 0}sE(s)=\lim_{s\to 0}s\frac{1}{1+G_0(s)}\cdot U(s)$$

1）当开环系统为 0 型时，在单位阶跃输入的作用下，系统稳态误差为

$$e(\infty)=\lim_{t\to\infty}e(t)=\lim_{s\to 0}sE(s)=\lim_{s\to 0}s\frac{1}{1+G_0(s)}\cdot U(s)=\lim_{s\to 0}s\frac{1}{1+G_0(s)}\cdot\frac{1}{s}$$

位置误差系数为

$$K_{\mathrm{p}}=\lim_{s\to 0}G_0(s)=\lim_{s\to 0}\frac{K\prod_{j=1}^{m}(s+z_j)}{\prod_{i=1}^{n}(s+p_i)}=\frac{K\prod_{j=1}^{m}z_j}{\prod_{i=1}^{n}p_i}$$

2）当开环系统为 1 型时，令 $p_1=0$，在单位斜坡输入的作用下，系统稳态误差为

$$e(\infty)=\lim_{t\to\infty}e(t)=\lim_{s\to 0}sE(s)=\lim_{s\to 0}s\frac{1}{1+G_0(s)}\cdot U(s)=\lim_{s\to 0}s\frac{1}{1+G_0(s)}\cdot\frac{1}{s^2}$$

速度误差系数为

$$K_{\mathrm{v}}=\lim_{s\to 0}sG_0(s)=\lim_{s\to 0}s\frac{K\prod_{j=1}^{m}(s+z_j)}{s\prod_{i=2}^{n}(s+p_i)}=\frac{K\prod_{j=1}^{m}z_j}{\prod_{i=2}^{n}p_i}$$

3）当开环系统为 2 型时，令 $p_1=0$ 和 $p_2=0$，在单位抛物线输入的作用下，系统稳态误差为

$$e(\infty)=\lim_{t\to\infty}e(t)=\lim_{s\to 0}sE(s)=\lim_{s\to 0}s\frac{1}{1+G_0(s)}\cdot U(s)=\lim_{s\to 0}s\frac{1}{1+G_0(s)}\cdot\frac{1}{s^3}$$

加速度误差系数为

$$K_{\mathrm{a}}=\lim_{s\to 0}s^2G_0(s)=\lim_{s\to 0}s^2\frac{K\prod_{j=1}^{m}(s+z_j)}{s^2\prod_{i=3}^{n}(s+p_i)}=\frac{K\prod_{j=1}^{m}z_j}{\prod_{i=3}^{n}p_i}$$

从上述推导过程可以看出，根轨迹中的可变参量 K 与稳态误差间存在比例关系，该比例等于开环零点之积与开环极点之积的比。当指定稳态误差系数之后，根轨迹的可变参量也就确定了，此时系统闭环极点也就确定了。

【例5-4】 以［例5-1］为例，当稳态速度误差系数为 1s^{-1}时，试求系统闭环极点、阻尼比和无阻尼自然振荡频率。

解 根据题意，$K_v=1$，由于 $K_v=\lim\limits_{s\to 0} s\dfrac{K}{s(s+1)(s+2)}=\dfrac{K}{2}$，则有 $K=2$。此时系统特征方程为

$$s^3+3s^2+2s+2=0$$

上述特征方程为一元三次方程，必然存在一个或以上个实数根，采用牛顿—拉夫逊方法求解此根。

令 $f(s)=s^3+3s^2+2s+2=0$，其导数为$\dfrac{\mathrm{d}f(s)}{\mathrm{d}s}=3s^2+6s+2$。

取迭代初值为 $s=-3$

$$f(-3)=4,\ \left.\frac{\mathrm{d}f(s)}{\mathrm{d}s}\right|_{s=-3}=11$$

过点（-3，-4）作斜率为$\left.\dfrac{\mathrm{d}f(s)}{\mathrm{d}s}\right|_{s=-3}=11$ 的一条直线，设该直线与横轴的交点为（$-x_1$，0），此直线方程为

$$\frac{x+3}{y+4}=\frac{x+x_1}{y+0}$$

整理后有

$$y=\frac{4}{3-x_1}(x+x_1)$$

由于$\dfrac{4}{3-x_1}=11$，因此，得 $x_1=\dfrac{29}{11}$，则上述直线与横轴的交点为$\left(-\dfrac{29}{11},\ 0\right)$。

取交点$\left(-\dfrac{29}{11},\ 0\right)$的横坐标为第一次迭代的初值，有

$$f\left(-\frac{29}{11}\right)=-0.7453,\ \left.\frac{\mathrm{d}f(s)}{\mathrm{d}s}\right|_{s=-\frac{29}{11}}=7.0331$$

过点$\left(-\dfrac{29}{11},\ -0.7453\right)$作斜率为 7.0331 的一条直线，设该直线与横轴的交点为（$-x_2$，0），此直线方程为

$$\frac{x+\dfrac{29}{11}}{y+0.7453}=\frac{x+x_2}{y}$$

整理后，有

$$y=\frac{0.7453}{\dfrac{29}{11}-x_2}(x+x_2)$$

由于$\dfrac{0.7453}{\dfrac{29}{11}-x_2}=7.0331$，因此得 $x_2=\dfrac{29}{11}-\dfrac{0.7453}{7.0331}=2.5304$，则过点$\left(-\dfrac{29}{11},\ -0.7453\right)$作斜

率为 7.0331 的一条直线与横轴的交点为（−2.5304，0）。

取交点（−2.5304，0）的横坐标为第二次迭代的初值，有

$$f(-2.5304)=-0.0540,\left.\frac{\mathrm{d}f(s)}{\mathrm{d}s}\right|_{s=-2.5304}=6.0264$$

过点（−2.5304，−0.0540）作斜率为 6.0264 的一条直线，设该直线与横轴交点为（$-x_3$，0），此直线方程为

$$\frac{x+2.5304}{y+0.0540}=\frac{x+x_3}{y}$$

整理后，有

$$y=\frac{0.0540}{2.5304-x_3}(x+x_3)$$

由于$\frac{0.0540}{2.5304-x_3}=6.0264$，因此得 $x_3=2.5304-\frac{0.0540}{6.0264}=2.5214$。过点（−2.5304，−0.0540）作斜率为 6.0264 的一条直线与横轴的交点为（−2.5214，0）。

取交点（−2.5214，0）的横坐标为第三次迭代的初值，即

$$f(-2.5214)=-1.2062\times10^{-4}\approx0$$

此时，数值计算的精度已经足够，停止迭代。于是，$s=-2.5214$ 为特征方程的一个实数根。

采用综合除法求特征方程的二次多项式

$$\begin{array}{r|l}
 & s^2+0.4786s+0.7933 \\
s+2.5214 & s^3+3s^2+2s+2 \\
 & \underline{s^3+2.5214s^2} \\
 & \quad 0.4786s^2+2s \\
 & \quad \underline{0.4786s^2+1.2067s} \\
 & \qquad 0.7933s+2 \\
 & \qquad \underline{0.7933s+2.0002} \\
 & \qquad\quad -0.0002
\end{array}$$

此时，特征方程可写为

$$s^3+3s^2+2s+2=(s+2.5214)(s^2+0.4786s+0.7933)=0$$

依据求根公式，可得方程 $s^2+0.4786s+0.7933=0$ 的根，为 $s=-0.2393\pm\mathrm{j}0.8579$。最终，特征方程可写为

$$s^3+3s^2+2s+2=(s+2.5214)(s+0.2393+\mathrm{j}0.8579)(s+0.2393-\mathrm{j}0.8579)=0$$

由于实数特征根与复数特征根的实部之比等于 10.54，大于 5，满足主导极点条件，说明 $s=-0.2393\pm\mathrm{j}0.8579$ 为系统的主导极点。根据主导极点 $s=-0.2393+\mathrm{j}0.8579$，可以求得与负实轴的夹角 β

$$\tan\beta=\frac{0.8579}{-0.2393}$$

于是，有

$$\beta=\arctan\left(\frac{0.8579}{-0.2393}\right)=-1.2988$$

则有

$$\zeta=\cos\beta=\cos(-1.2988)=0.2687$$

$$\omega_n=\sqrt{(-0.2393)^2+(0.8579)^2}=0.8906(\mathrm{rad/s})$$

更多的例题请扫描二维码学习。

第五章拓展例题及详解

习题

5-1 反馈控制系统的开环传递函数如下，试计算出射角和入射角。

(1) $G(s)H(s)=\dfrac{K(s+2)}{(s+1+\mathrm{j}2)(s+1-\mathrm{j}2)}$

(2) $G(s)H(s)=\dfrac{K(s+20)}{s(s+10+\mathrm{j}10)(s+10-\mathrm{j}10)}$

(3) $G(s)H(s)=\dfrac{K(s^2+2s+2)}{(s+5)(s^2+s+4)}$

(4) $G(s)H(s)=\dfrac{K(s^2+4s+8)}{s^2+4}$

5-2 反馈控制系统的开环传递函数如下，试确定分离点的坐标。

(1) $G(s)H(s)=\dfrac{K}{s(0.2s+1)(0.5s+1)}$

(2) $G(s)H(s)=\dfrac{K}{s^3(s+4)}$

(3) $G(s)H(s)=\dfrac{K(s+5)}{s(s+2)(s+3)}$

(4) $G(s)H(s)=\dfrac{K(s+1)}{s(2s+1)}$

(5) $G(s)H(s)=\dfrac{K}{s(s+4)(s^2+4s+13)}$

5-3 反馈控制系统的开环传递函数为

$$G(s)H(s)=\frac{K(s+2)}{s(s+0.5)}$$

试用辐角条件检查下述各点是否是闭环极点。

$(-1, j\sqrt{2})$，$(-0.3, j0)$，$(0.3, j0)$，$(-4, j0)$ 和 $(-5, j\sqrt{3})$

5-4　系统的开环传递函数为

$$G(s)H(s)=\frac{K}{(s+1)(s+2)(s+4)}$$

试证明 $s=-1+j\sqrt{3}$点在根轨迹上，并求出相应的 K 值。

5-5　单位反馈控制系统的开环传递函数为

$$G_0(s)=\frac{K}{s+1}$$

试判断点 $(-2, j0)$、$(0, j)$ 和 $(-3, j2)$ 是否在根轨迹上。

5-6　设单位反馈系统的开环传递函数如下，试绘制根轨迹。

(1) $G_0(s)=\dfrac{K}{s^2(s+4)}$，$K\in[0,+\infty)$

(2) $G_0(s)=\dfrac{K(s-2)}{(s+1-j2)(s+1+j2)}$，$K\in[0,+\infty)$

(3) $G_0(s)=\dfrac{K(s+2)}{s(s^2+2s+2)}$，$K\in[0,+\infty)$

(4) $G_0(s)=\dfrac{\frac{1}{4}(s+a)}{s^2(s+1)}$，$a\in[0,+\infty)$

(5) $G_0(s)=\dfrac{K(1-s)}{s(s+2)}$，$K\in[0,+\infty)$

(6) $G_0(s)=\dfrac{K(s+1)}{s(s-1)(s^2+4s+16)}$，$K\in[0,+\infty)$

5-7　如图 5-15 所示的单位反馈系统，试绘制 K 从 0 变到 $+\infty$ 时系统的根轨迹图。

5-8　设系统开环传递函数为

$$G(s)H(s)=\frac{20}{(s+4)(s+a)}$$

试绘制 a 从 0 变到 $+\infty$ 时的根轨迹图。

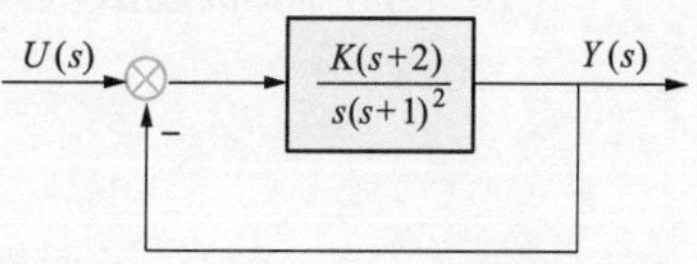

图 5-15　题 5-7 单位反馈控制系统

5-9　已知系统开环传递函数为

$$G(s)H(s)=\frac{K}{s(s+4)(s^2+2s+2)}$$

试绘制根轨迹，并确定使闭环系统稳定的 K 值范围。

5-10　设反馈控制系统的开环传递函数为

$$G(s)H(s)=\frac{K(s+1)}{s^2(s+2)(s+4)}，K\in[0,+\infty)$$

试绘制根轨迹图，并分析其稳定情况。

5-11　如图 5-16 所示控制系统，当 $K\geqslant 0$ 时，试用根轨迹法确定 K 为何值时，能使系统闭环极点阻尼比等于 0.7。

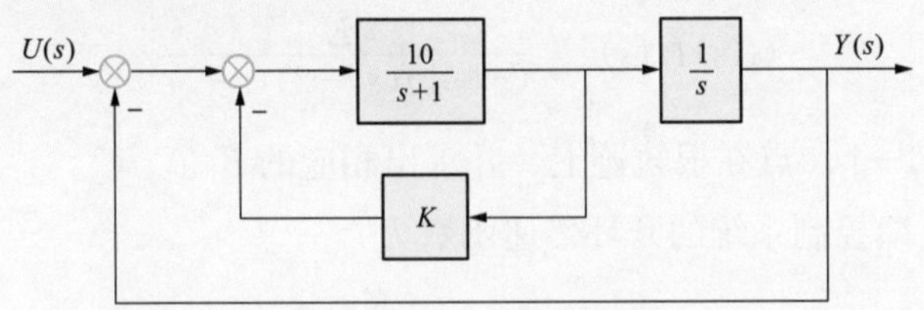

图 5-16　题 5-11 控制系统

5-12　如图 5-17 所示的单位反馈控制系统，它具有一个不稳定的前向传递函数。试绘制系统的根轨迹图，并标出闭环极点。证明虽然闭环极点位于负实轴上，并且系统是非振荡的，但是单位阶跃响应曲线仍呈现出超调。

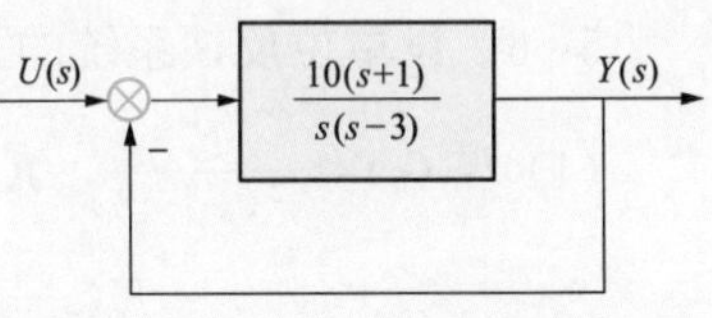

图 5-17　单位反馈控制系统

5-13　设系统开环传递函数为

$$G(s)H(s)=\frac{K}{s(s+10)}$$

试用根轨迹法确定 K 为何值时，能使系统单位阶跃响应的超调量为 16%。

5-14　试绘制 K 从 0 变到 $+\infty$ 时，下列多项式的根轨迹。

(1) $s^3+2s^2+3s+Ks+2K=0$

(2) $s^3+3s^2+(2+K)s+10K=0$

5-15　已知多项式 $A(s)=s^4+3s^3+3s^2+s+K(s+3)$，其中，$K$ 为正实数，若要求 $A(s)=0$ 的根为复数，试用根轨迹法确定 K 的取值范围。

5-16　利用根轨迹法确定多项式 $s^5+4s^4+4s^3+s^2+2s+1=0$ 的根。

第六章　频　域　分　析

在已知系统传递函数的前提下，时域分析方法能够直观、逼真地反映系统的动态性能。但是采用解析的方式求解系统的时域响应往往非常困难，因此需要借助频域分析方法另寻解决途径。

频域分析是根据频率特性研究自动控制系统的一种经典方法。这里将频率特性定义为：系统对正弦输入信号的稳态响应（称为频率响应）与正弦输入信号之间的关系。频率特性不仅能够反映系统的稳态性能，还可以用来研究系统的稳定性、稳定程度和暂态性能。频域分析法的优势在于：采用图解分析方式避免了高阶方程解析求根的难题；通过实验方法确定系统的传递函数。这两项优势对于工程设计非常重要，因此频域分析法是一种得到广泛应用的工程方法。

第一节　频　率　特　性

系统的频率特性可以直接通过传递函数求得，即令 $s=\mathrm{j}\omega$（ω 为角频率）。对于图 6 - 1 所示的线性定常系统，设它的输入为 $u(t)$，输出为 $y(t)$，系统的传递函数为 $G(s)$。

取系统输入为 $u(t)=U\sin\omega t$，输入信号的拉普拉斯变换为

$$U(s)=\frac{\omega U}{s^2+\omega^2}$$

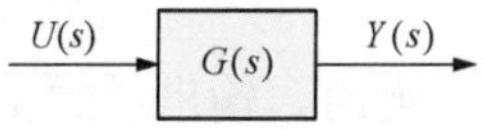

U(s)　G(s)　Y(s)

图 6 - 1　线性定常系统

令控制系统的传递函数为

$$G(s)=\frac{K(s+z_1)(s+z_2)\cdots(s+z_m)}{(s+p_1)(s+p_2)\cdots(s+p_n)}$$

则系统输出的拉普拉斯变换为

$$Y(s)=G(s)U(s)=\frac{K(s+z_1)(s+z_2)\cdots(s+z_m)}{(s+p_1)(s+p_2)\cdots(s+p_n)}\cdot\frac{\omega U}{s^2+\omega^2}$$

$Y(s)$ 的部分分式形式为

$$Y(s)=\frac{A}{s+\mathrm{j}\omega}+\frac{A^*}{s-\mathrm{j}\omega}+\frac{B_1}{s+p_1}+\frac{B_2}{s+p_2}+\cdots+\frac{B_n}{s+p_n}$$

式中：A 和 A^* 为共轭复数；A 和 $B_i(i=1,2,\cdots,n)$ 为留数。这里，有

$$A=G(s)\frac{\omega U}{s^2+\omega^2}(s+\mathrm{j}\omega)\bigg|_{s=-\mathrm{j}\omega}=G(-\mathrm{j}\omega)\frac{\omega U}{-2\mathrm{j}\omega}=-\frac{UG(-\mathrm{j}\omega)}{2\mathrm{j}}$$

$$A^*=G(s)\frac{\omega U}{s^2+\omega^2}(s-\mathrm{j}\omega)\bigg|_{s=\mathrm{j}\omega}=G(\mathrm{j}\omega)\frac{\omega U}{2\mathrm{j}\omega}=\frac{UG(\mathrm{j}\omega)}{2\mathrm{j}}$$

系统时域输出为

$$y(t)=A\mathrm{e}^{-\mathrm{j}\omega t}+A^{*}\mathrm{e}^{\mathrm{j}\omega t}+B_{1}\mathrm{e}^{-p_{1}t}+B_{2}\mathrm{e}^{-p_{2}t}+\cdots+B_{n}\mathrm{e}^{-p_{n}t}$$

对于稳定系统，它的每一个特征根都具有负实部，即 Re $(-p_i)<0$ $(i=1,2,\cdots,n)$，因此，当 $t\to\infty$时，$\mathrm{e}^{-p_i t}$趋近于零，于是有

$$y(t)=A\mathrm{e}^{-\mathrm{j}\omega t}+A^{*}\mathrm{e}^{\mathrm{j}\omega t}$$

由于 $G(\mathrm{j}\omega)$ 为复数，因此可以写成如下形式

$$G(\mathrm{j}\omega)=|G(\mathrm{j}\omega)|\cdot\mathrm{e}^{\mathrm{j}\varphi}$$

式中：$|G(\mathrm{j}\omega)|$为$G(\mathrm{j}\omega)$的模；φ为$G(\mathrm{j}\omega)$ 的相角，即 $\varphi=\angle G(\mathrm{j}\omega)=\arctan\dfrac{\mathrm{Im}[G(\mathrm{j}\omega)]}{\mathrm{Re}[G(\mathrm{j}\omega)]}$。

同理可得，$G(-\mathrm{j}\omega)=|G(-\mathrm{j}\omega)|\cdot\mathrm{e}^{-\mathrm{j}\varphi}=|G(\mathrm{j}\omega)|\cdot\mathrm{e}^{-\mathrm{j}\varphi}$。

将指数形式的 $G(\mathrm{j}\omega)$ 代入上面得到的系统稳态时域输出结果中，有

$$\begin{aligned}y(t)&=A\mathrm{e}^{-\mathrm{j}\omega t}+A^{*}\mathrm{e}^{\mathrm{j}\omega t}=-\frac{UG(-\mathrm{j}\omega)}{2\mathrm{j}}\mathrm{e}^{-\mathrm{j}\omega t}+\frac{UG(\mathrm{j}\omega)}{2\mathrm{j}}\mathrm{e}^{\mathrm{j}\omega t}\\&=U\left[G(\mathrm{j}\omega)\frac{\mathrm{e}^{\mathrm{j}\omega t}}{2\mathrm{j}}-G(-\mathrm{j}\omega)\frac{\mathrm{e}^{-\mathrm{j}\omega t}}{2\mathrm{j}}\right]=U\,|G(\mathrm{j}\omega)|\left[\frac{\mathrm{e}^{\mathrm{j}(\omega t+\varphi)}-\mathrm{e}^{-\mathrm{j}(\omega t+\varphi)}}{2\mathrm{j}}\right]\\&=U\,|G(\mathrm{j}\omega)|\sin(\omega t+\varphi)\\&=Y\sin(\omega t+\varphi)\end{aligned}$$

式中：Y 为输出量的幅值，$Y=U|G(\mathrm{j}\omega)|$。

由于 U 为输入量的幅值，因此有

$$|G(\mathrm{j}\omega)|=\frac{\text{输出量幅值}}{\text{输入量幅值}}$$

此时，输出量的相角与输入量的相角差为 $\varphi=\angle G(\mathrm{j}\omega)$。将输入量和输出量看作复数，输出量的幅值等于输入量幅值与$|G(\mathrm{j}\omega)|$之积，输出量相角等于输入量相角与 $G(\mathrm{j}\omega)$ 相角之和，即输出量等于输入量与 $G(\mathrm{j}\omega)$ 之积。

$G(\mathrm{j}\omega)$ 被定义为频率特性，$|G(\mathrm{j}\omega)|$ 被定义为幅频特性，即输出信号的幅值与输入信号幅值之比；$\angle G(\mathrm{j}\omega)$ 被定义为相频特性，即输出信号的相角与输入信号的相角之差。频率特性与幅频特性和相频特性的关系为

$$G(\mathrm{j}\omega)=|G(\mathrm{j}\omega)|\,\mathrm{e}^{\mathrm{j}\varphi}\tag{6 - 1}$$

第二节 伯 德 图

对数频率特性曲线包括对数幅频特性和对数相频特性两条曲线，是频域分析法中广泛使用的一组曲线。这两条曲线连同它们的坐标系组成了对数坐标图，又称伯德图（Bode Diagrams）。

系统频率特性的一般形式为

$$G(j\omega)=\frac{K\prod_{l=1}^{m}(1+jT_l\omega)}{\prod_{q=1}^{n}(1+jT_q\omega)}=\frac{G_K(\omega)e^{j\varphi_K}\prod_{l=1}^{m}[G_l(\omega)e^{j\varphi_l(\omega)}]}{\prod_{q=1}^{n}[G_q(\omega)e^{j\varphi_q(\omega)}]}$$

为简明起见，频率特性可简单表达为

$$G(j\omega)=\frac{G_1(\omega)e^{j\varphi_1(\omega)}}{G_2(\omega)e^{j\varphi_2(\omega)}\cdot G_3(\omega)e^{j\varphi_3(\omega)}}$$

对上述系统的频率特性求对数 $20\lg G(j\omega)$，并令 $LmG(j\omega)=20\lg G(j\omega)$，有

$$\begin{aligned}LmG(j\omega)&=Lm[G(\omega)e^{j\varphi(\omega)}]\\&=Lm[G_1(\omega)e^{j\varphi_1(\omega)}]-Lm[G_2(\omega)e^{j\varphi_2(\omega)}]-Lm[G_3(\omega)e^{j\varphi_3(\omega)}]\\&=Lm[G_1(\omega)]-Lm[G_2(\omega)]-Lm[G_3(\omega)]+jLme\cdot[\varphi_1(\omega)-\varphi_2(\omega)-\varphi_3(\omega)]\end{aligned}$$

这里

$$Lm[G(\omega)]=Lm[G_1(\omega)]-Lm[G_2(\omega)]-Lm[G_3(\omega)]$$

$$Lm[e^{j\varphi(\omega)}]=jLme\cdot[\varphi_1(\omega)-\varphi_2(\omega)-\varphi_3(\omega)]$$

依据上述推导可知，系统对数幅频特性等于每个因子对数幅频特性的代数和；系统对数相频特性等于相频特性乘以 Lme，由于 Lme 是一个确定的数值，因此系统对数相频特性可由系统相频特性替代，它等于每个因子相角的代数和。因为对数幅频特性和对数相频特性彼此独立，因此它们对应的对数幅频特性曲线和对数相频特性曲线是两条不同的曲线。

对数刻度与线性刻度的区别，如图 6-2 所示。

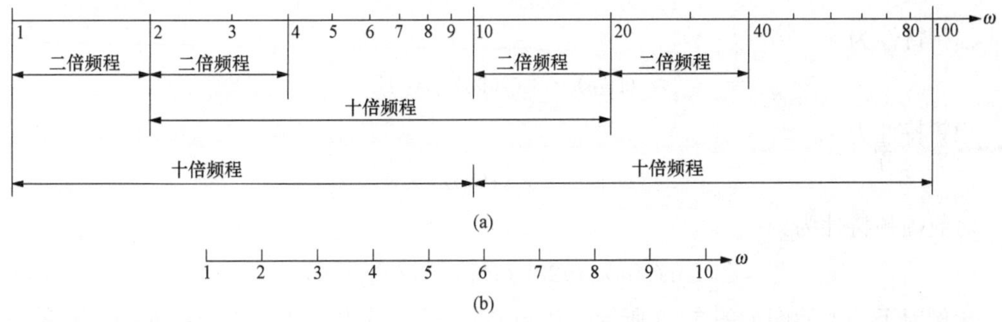

图 6-2 对数刻度与线性刻度

(a) 对数刻度；(b) 线性刻度

由图 6-2 可知，对数刻度中，对于 ω 来说是不均匀的，但是对于 $\lg\omega$ 来说却是均匀的，即每个十倍频程都是等长的。

伯德图的主要优点如下：

(1) 可以将幅值的乘除转换为加减；

(2) 可以利用渐近线的方法近似绘制对数幅频特性曲线；

(3) 根据实验数据绘制的对数频率特性曲线，能够方便地确定频率特性表达式。

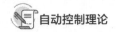

一、开环频率特性中的基本因子

系统开环频率特性的一般形式为

$$G(j\omega)=\frac{K(1+j\omega T_a)(1+j\omega T_b)\cdots(1+j\omega T_m)}{(j\omega)^N(1+j\omega T_{N+1})(1+j\omega T_{N+2})\cdots(1+j\omega T_n)}$$

这个一般性的系统由下列的基本因子构成：

(1) 比例因子；

(2) 积分因子；

(3) 一阶因子；

(4) 二阶因子。

当对上述系统的开环频率特性进行对数运算后，乘积形式的因子关系便转变成加法关系。因此，在熟悉了基本因子的对数坐标图之后，就可以逐个绘制每一个基本因子对应的曲线，相加后可得频率特性总体的对数坐标图。

二、比例因子的伯德图

比例因子的传递函数为

$$G(s)=K$$

频率特性为

$$G(j\omega)=K$$

幅频特性为

$$G(\omega)=|G(j\omega)|=K$$

相频特性为

$$\varphi(\omega)=\angle G(j\omega)=0^\circ$$

对数幅频特性为

$$LmG(\omega)=20\lg G(\omega)=20\lg K\text{dB} \tag{6-2}$$

比例因子的伯德图如图 6 - 3 所示，从图 6 - 3 可以看出，比例因子的对数幅频特性曲线是一条平行于 0dB 线的直线，该直线与 0dB 线相距 $20\lg K$dB；比例因子的对数相频特性曲线也是一条直线，它与 0°线重合。

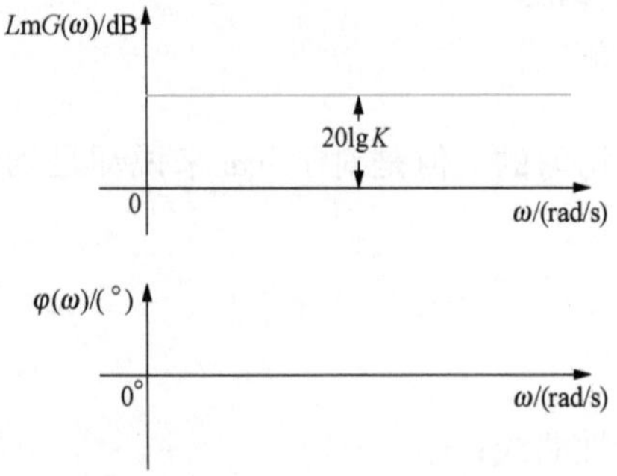

图 6 - 3　比例因子的伯德图

三、积分因子和微分因子的伯德图

1. 积分因子的伯德图

积分因子的传递函数为

$$G(s)=\frac{1}{s}$$

频率特性为

$$G(\mathrm{j}\omega)=\frac{1}{\mathrm{j}\omega}$$

幅频特性为

$$G(\omega)=|G(\mathrm{j}\omega)|=\left|\frac{1}{\mathrm{j}\omega}\right|=\frac{1}{\omega}$$

相频特性为

$$\varphi(\omega)=\angle G(\mathrm{j}\omega)=-90^{\circ}$$

对数幅频特性为

$$LmG(\omega)=20\lg|G(\mathrm{j}\omega)|=20\lg\frac{1}{\omega}=-20\lg\omega\mathrm{dB} \tag{6-3}$$

积分因子的伯德图如图 6 - 4 所示，由图可以看出，积分因子的对数幅频特性曲线是一条斜率为－20 分贝/十倍频程（记为－20dB/dec）的直线，即每增加十倍频程，幅值就会下降 20 分贝；积分因子的相频特性为一条－90°的直线。

多重积分因子的频率特性为

$$G(\mathrm{j}\omega)=\frac{1}{(\mathrm{j}\omega)^N}$$

式中：N 为积分因子的个数。

幅频特性为

$$G(\omega)=|G(\mathrm{j}\omega)|=\left|\frac{1}{(\mathrm{j}\omega)^N}\right|=\frac{1}{\omega^N}$$

相频特性为 $\varphi(\omega)=\angle G(\mathrm{j}\omega)=-N90^{\circ}$。对数幅频特性为

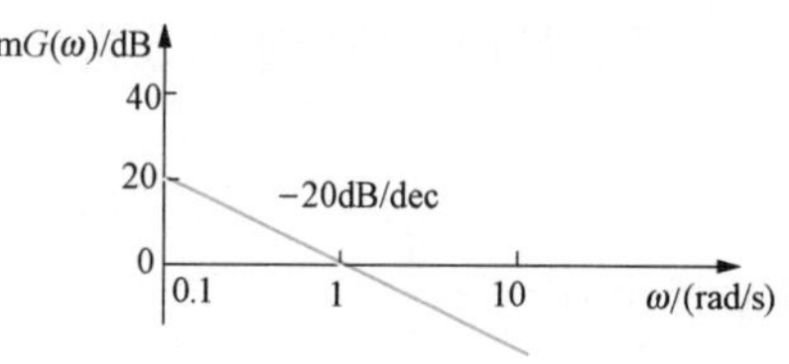

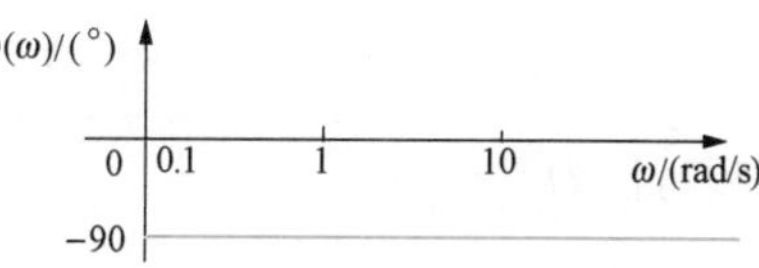

图 6 - 4 积分因子的伯德图

$$LmG(\omega)=20\lg|G(\mathrm{j}\omega)|=20\lg\left|\frac{1}{(\mathrm{j}\omega)^N}\right|=20\lg\frac{1}{\omega^N}=-20N\lg\omega\mathrm{dB} \tag{6-4}$$

根据式（6 - 4）可知，多重积分因子的对数幅频特性曲线是一条斜率为－20NdB/dec 的直线，当频率每增加 10 倍，幅值就会下降 20NdB；多重积分因子的相频特性曲线为一条－N90°的直线。

2. 微分因子的伯德图

微分因子的传递函数为

$$G(s)=s$$

频率特性为

$$G(\mathrm{j}\omega)=\mathrm{j}\omega$$

幅频特性为

$$G(\omega)=|G(\mathrm{j}\omega)|=|\mathrm{j}\omega|=\omega$$

相频特性为

$$\varphi(\omega) = \angle G(j\omega) = 90^{\circ}$$

对数幅频特性为

$$LmG(\omega) = 20\lg|G(j\omega)| = 20\lg|j\omega| = 20\lg\omega(\text{dB}) \tag{6-5}$$

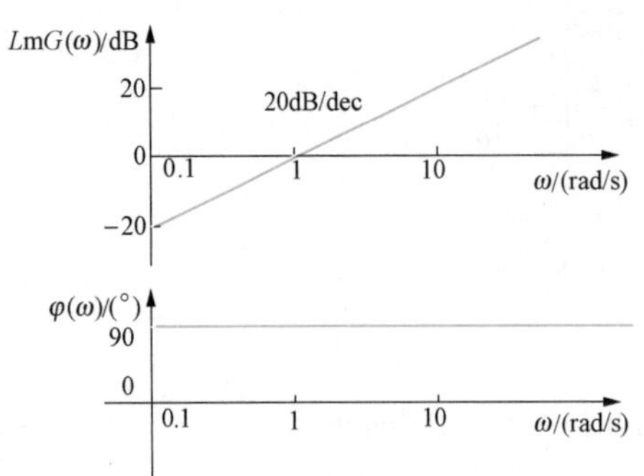

图 6-5　微分因子的伯德图

微分因子的伯德图如图 6-5 所示，由图可以看出，微分因子的对数幅频特性曲线是一条斜率为 20dB/dec 的直线，即频率每增加十倍频程，幅值就会上升 20dB；微分因子的相频特性曲线为一条 90°的直线。

四、一阶因子的伯德图

一阶因子包括一阶惯性因子和一阶比例—微分因子。下面分别介绍这两种因子的对数频率特性。

1. 一阶惯性因子的伯德图

一阶惯性因子的传递函数为

$$G(s) = \frac{1}{Ts+1}$$

频率特性为

$$G(j\omega) = \frac{1}{jT\omega+1}$$

幅频特性为

$$G(\omega) = |G(j\omega)| = \left|\frac{1}{jT\omega+1}\right| = \frac{1}{\sqrt{1+T^2\omega^2}}$$

相频特性为

$$\varphi(\omega) = \angle G(j\omega) = -\arctan\omega T$$

对数幅频特性为

$$\begin{aligned} LmG(\omega) &= 20\lg|G(j\omega)| \\ &= 20\lg\frac{1}{\sqrt{1+T^2\omega^2}} \\ &= -10\lg(1+T^2\omega^2)\text{dB} \end{aligned} \tag{6-6}$$

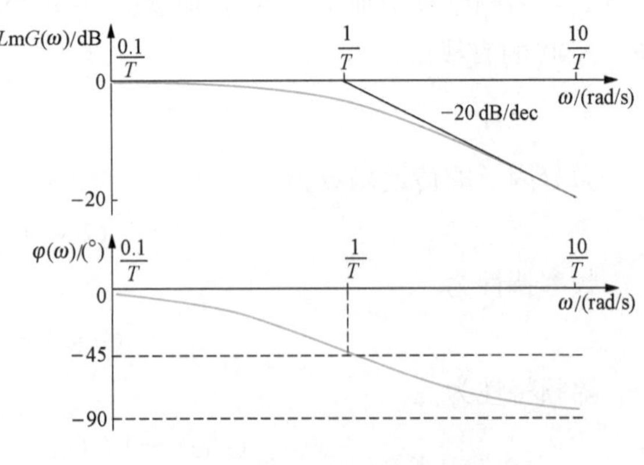

图 6-6　一阶惯性因子的伯德图

一阶惯性因子的伯德图如图 6-6 所示，图中曲线为精确的对数幅频特性，折线为渐近线，式（6-6）描述的正是精确曲线。如果能够逐点求解，将得到精确的对数幅频特性曲线，但这么做非常耗时费力，于是采用渐近线近似绘制这条曲线。

低频时，即 $\omega \ll \frac{1}{T}$，此时 $1+T^2\omega^2 \approx 1$，于是一阶惯性因子的对数幅频特性可以近似地表示为

$$LmG(\omega)=20\lg G(\omega)=20\lg|G(j\omega)|\approx -10\lg 1=0\mathrm{dB}$$

说明低频时，一阶惯性因子的对数幅频特性曲线近似为一条 0dB 直线。

高频时，即 $\omega \gg \frac{1}{T}$，此时 $1+T^2\omega^2 \approx T^2\omega^2$，于是一阶惯性因子的对数幅频特性可以近似地表示为

$$LmG(\omega)=20\lg G(\omega)=20\lg|G(j\omega)|\approx -10\lg(\omega T)^2=-20\lg\omega T\,\mathrm{dB}$$

说明高频时，一阶惯性因子的对数幅频特性曲线近似为一条斜率为−20dB/dec 的直线。

当 $\omega=\frac{1}{T}$时，对数幅频特性采用高频计算方法，有

$$LmG\left(\frac{1}{T}\right)=20\lg G\left(\frac{1}{T}\right)=20\lg\left|G\left(j\frac{1}{T}\right)\right|\approx -20\lg\left(T\times\frac{1}{T}\right)=-20\lg 1=0\mathrm{dB}$$

采用低频计算方法，又有

$$LmG(\omega)=20\lg G(\omega)=20\lg|G(j\omega)|\approx -10\lg 1=0\mathrm{dB}$$

说明，低频时的近似直线与高频时的近似直线相交，交点处的频率为 $\omega=\frac{1}{T}$。

由此可以看出，低频时的 0dB 线和高频时斜率为−20dB/dec 的两条直线，正是对数幅频特性 $-10\lg(1+T^2\omega^2)$ 的渐近线。两条渐近线交点对应的频率称为转角频率。对于一阶惯性因子$\frac{1}{jT\omega+1}$，转角频率为 $\omega=\frac{1}{T}$。转角频率将幅频特性曲线分为低频段和高频段两段。

对数幅频特性渐近线与精确曲线的误差（即图 6-6 中折线与曲线的差值）为：

低频段 $\omega<\frac{1}{T}$，误差计算公式为

$$e(\omega)=20\lg 1-20\lg\sqrt{1+\omega^2T^2}$$

取 $\omega=\frac{1}{2T}$，$e\left(\frac{1}{2T}\right)=20\lg 1-20\lg\sqrt{1+\frac{1}{4}}=-20\lg\frac{\sqrt{5}}{2}=-0.97(\mathrm{dB})$；

取 $\omega=\frac{1}{3T}$，$e\left(\frac{1}{3T}\right)=20\lg 1-20\lg\sqrt{1+\frac{1}{9}}=-20\lg\frac{\sqrt{10}}{3}=-0.46(\mathrm{dB})$；

取 $\omega=\frac{1}{10T}$，$e\left(\frac{1}{10T}\right)=20\lg 1-20\lg\sqrt{1+\frac{1}{100}}=-20\lg\frac{\sqrt{101}}{10}=-0.043(\mathrm{dB})$。

高频段 $\omega>\frac{1}{T}$，误差计算公式为

$$e(\omega)=20\lg\omega T-20\lg\sqrt{1+\omega^2T^2}$$

取 $\omega=\frac{2}{T}$，$e\left(\frac{2}{T}\right)=20\lg 2-20\lg\sqrt{1+4}=-20\lg\frac{\sqrt{5}}{2}=-0.97(\text{dB})$；

取 $\omega=\frac{3}{T}$，$e\left(\frac{3}{T}\right)=20\lg 3-20\lg\sqrt{1+9}=-20\lg\frac{\sqrt{10}}{3}=-0.46(\text{dB})$；

取 $\omega=\frac{10}{T}$，$e\left(\frac{10}{T}\right)=20\lg 10-20\lg\sqrt{1+100}=-20\lg\frac{\sqrt{101}}{10}=-0.043(\text{dB})$。

转角频率处 $\omega=\frac{1}{T}$，选用低频段误差计算公式

$$e\left(\frac{1}{T}\right)=20\lg 1-20\lg\sqrt{1+1}=-20\lg\sqrt{2}=-3.03(\text{dB})$$

根据上述计算结果，可以得出如下结论：

（1）在低于或高于转角频率两倍频程处，渐近线与精确曲线之间的误差约为 1dB；在十倍频程处，两者的误差约为 0.04dB；

（2）渐近线与精确曲线间的最大误差出现在转角频率处，误差约为 3dB。

正是由于渐近线引起的误差较小，因此可以采用渐近线近似描绘对数幅频特性曲线。

一阶惯性因子的相频特性为

$$\varphi(\omega)=\angle G(\mathrm{j}\omega)=-\arctan\omega T$$

相频特性曲线为反正切曲线。下面三个特殊的频率值，有利于绘制相频特性曲线：

（1）$\omega=0$，$\varphi(0)=0°$；

（2）$\omega=\frac{1}{T}$，$\varphi\left(\frac{1}{T}\right)=-\arctan 1=-45°$；

（3）$\omega=\infty$，$\varphi(\infty)=-90°$。

应当注意的是，$\omega=0$ 和 $\omega=\infty$ 在对数坐标系中是不存在的，但两者对应的相角值恰好给出了相频特性曲线的起始角度和终止角度。

2. 一阶比例—微分因子的伯德图

一阶比例—微分因子的传递函数为

$$G(s)=1+sT$$

频率特性为

$$G(\mathrm{j}\omega)=1+\mathrm{j}\omega T$$

幅频特性为

$$G(\omega)=|G(\mathrm{j}\omega)|=|1+\mathrm{j}\omega T|=\sqrt{1+\omega^2T^2}$$

相频特性为

$$\varphi(\omega)=\angle G(\mathrm{j}\omega)=\arctan\omega T$$

对数幅频特性为

$$LmG(\omega) = 20\lg |G(j\omega)| = 20\lg \sqrt{1+\omega^2 T^2} = 10\lg(1+\omega^2 T^2)\text{dB} \qquad (6-7)$$

一阶比例—微分因子的伯德图如图 6-7 所示，图中曲线为精确的对数幅频特性曲线，折线为渐近线。

一阶比例—微分因子的对数幅频特性 $10\lg(1+\omega^2T^2)$ 与一阶惯性因子的对数幅频特性 $-10\lg(1+\omega^2T^2)$ 只差一个负号，说明两条曲线关于 0dB 线对称；一阶比例—微分因子的相频特性 $\arctan\omega T$ 与一阶惯性因子的相频特性 $-\arctan\omega T$，也只差一个负号，说明两条曲线关于 0°线对称。

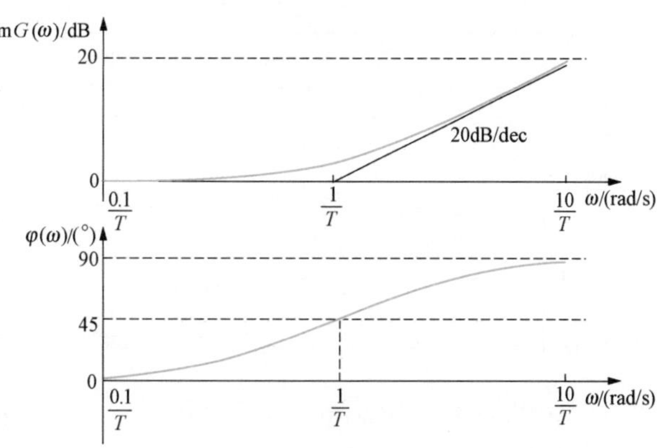

图 6-7　一阶比例—微分因子的伯德图

五、 二阶因子的伯德图

二阶因子包括二阶振荡因子和二阶超前因子，下面逐一讨论两种因子的对数频率特性。

1. 二阶振荡因子的伯德图

二阶振荡因子的传递函数为

$$G(s) = \frac{1}{1+2\zeta Ts+T^2s^2} = \frac{\omega_n^2}{s^2+2\zeta\omega_n s+\omega_n^2}, \quad 0<\zeta<1$$

频率特性为

$$G(j\omega) = \frac{1}{1+2j\zeta T\omega+(j\omega T)^2}$$

幅频特性为

$$G(\omega) = |G(j\omega)| = \left|\frac{1}{1+2j\zeta T\omega+(j\omega T)^2}\right| = \frac{1}{\sqrt{(1-\omega^2T^2)^2+(2\zeta T\omega)^2}}$$

相频特性为

$$\varphi(\omega) = \angle G(j\omega) = -\arctan\frac{2\zeta T\omega}{1-\omega^2T^2}$$

对数幅频特性为

$$LmG(\omega) = 20\lg\frac{1}{\sqrt{(1-\omega^2T^2)^2+(2\zeta T\omega)^2}} = -10\lg[(1-\omega^2T^2)^2+(2\zeta T\omega)^2] \qquad (6-8)$$

二阶振荡因子的伯德图如图 6-8 所示，图中曲线为精确的对数幅频特性曲线，折线为渐近线。

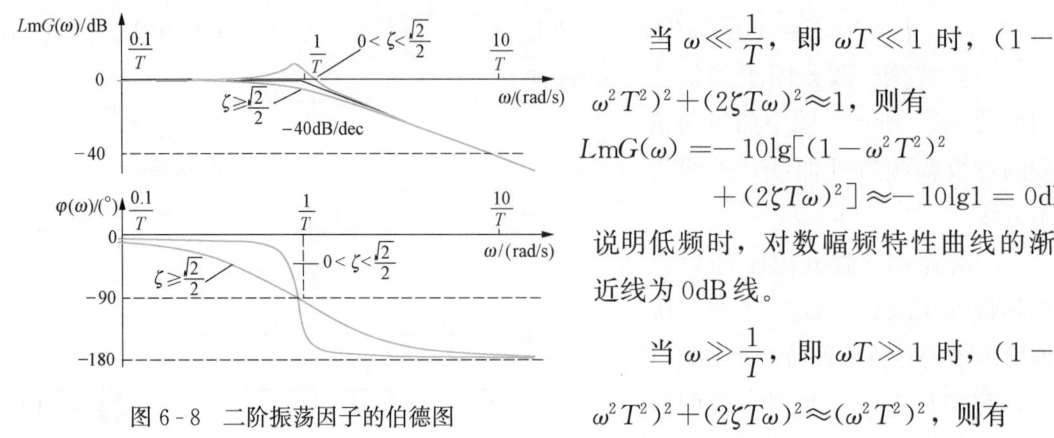

图 6-8　二阶振荡因子的伯德图

当 $\omega \ll \frac{1}{T}$，即 $\omega T \ll 1$ 时，$(1-\omega^2 T^2)^2+(2\zeta T\omega)^2 \approx 1$，则有

$$LmG(\omega)=-10\lg[(1-\omega^2T^2)^2+(2\zeta T\omega)^2]\approx -10\lg 1=0\text{dB}$$

说明低频时，对数幅频特性曲线的渐近线为 0dB 线。

当 $\omega \gg \frac{1}{T}$，即 $\omega T \gg 1$ 时，$(1-\omega^2 T^2)^2+(2\zeta T\omega)^2 \approx (\omega^2T^2)^2$，则有

$$LmG(\omega)=-10\lg[(1-\omega^2T^2)^2+(2\zeta T\omega)^2]\approx -10\lg(\omega T)^4=-40\lg\omega T\,\text{dB}$$

说明高频时，对数幅频特性曲线的渐近线是斜率为−40dB/dec 的直线。

当 $\omega=\frac{1}{T}$时，对数幅频特性采用高频渐近线计算公式，有

$$LmG\left(\frac{1}{T}\right)=-40\lg\frac{1}{T}T=-40\lg 1=0\text{dB}$$

采用低频渐近线计算公式，又有

$$LmG(\omega)\approx -10\lg 1=0\text{dB}$$

说明两条渐近线相交，交点处对应的频率为 $\omega=\frac{1}{T}$，该频率为二阶振荡因子的转角频率。

渐近线与精确曲线之间存在着误差，在转角频率处误差最大。该误差与阻尼比有关，阻尼比越小，误差越大。如果要求精确绘制对数幅频特性曲线，就需要对渐近线进行修正。

二阶振荡因子的相频特性为

$$\varphi(\omega)=\angle G(\mathrm{j}\omega)=-\arctan\frac{2\zeta T\omega}{1-\omega^2T^2}$$

二阶振荡因子的相频特性曲线为反正切图形。随着阻尼比的不同，曲线略有不同，即阻尼比越小，在转角频率处的斜率越陡。

下面三个特殊的频率值将为绘制相频特性曲线提供帮助。

(1) $\omega=0$，$\varphi(0)=0°$；

(2) $\omega=\frac{1}{T}$，$\varphi\left(\frac{1}{T}\right)=-90°$；

(3) $\omega=\infty$，$\varphi(\infty)=-180°$。

应当注意的是，$\omega=0$ 和 $\omega=\infty$在对数坐标系中是不存在的，但这两个值提供了相频特性曲线的起始点和终止点的位置。

2. 二阶超前因子的伯德图

二阶超前因子的传递函数为

$$G(s)=1+2\zeta Ts+s^2T^2,\quad 0<\zeta<1$$

频率特性为

$$G(\mathrm{j}\omega)=1+2\mathrm{j}\zeta T\omega+(\mathrm{j}\omega T)^2$$

幅频特性为

$$G(\omega)=|G(\mathrm{j}\omega)|=|1+2\mathrm{j}\zeta T\omega+(\mathrm{j}\omega T)^2|=\sqrt{(1-\omega^2T^2)^2+(2\zeta T\omega)^2}$$

相频特性为

$$\varphi(\omega)=\angle G(\mathrm{j}\omega)=\arctan\frac{2\zeta T\omega}{1-\omega^2T^2}$$

对数幅频特性为

$$LmG(\omega)=20\lg\sqrt{(1-\omega^2T^2)^2+(2\zeta T\omega)^2}=10\lg[(1-\omega^2T^2)^2+(2\zeta T\omega)^2] \quad (6-9)$$

二阶超前因子的伯德图如图 6-9 所示，图中曲线为精确的对数幅频特性曲线，折线为渐近线。由于二阶超前因子的对数幅频特性 $10\lg[(1-\omega^2T^2)^2+(2\zeta T\omega)^2]$与二阶振荡因子的对数幅频特性$-10\lg[(1-\omega^2T^2)^2+(2\zeta T\omega)^2]$只差一个负号。因此，两条对数幅频特性曲线关于 0dB 线对称。同理，二阶超前因子的相频特性曲线与二阶振荡因子的相频特性曲线关于 0°线对称。

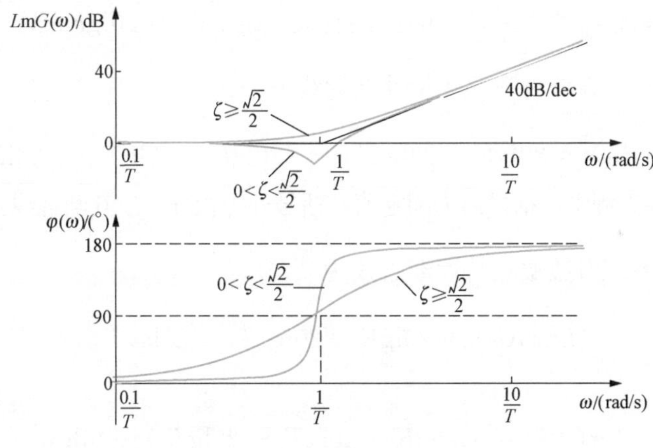

图 6-9 二阶超前因子的伯德图

六、 绘制伯德图的一般步骤

系统开环传递函数一般由多个基本因子以乘积的形式构成，因此在绘制伯德图时，要特别注意系统中各因子的增益和转角频率数值的大小，具体绘图步骤如下：

（1）将频率特性“尾 1”化；

（2）求解每个因子的转角频率；

（3）按从小到大的顺序排列转角频率及其对应的因子和斜率；

（4）根据转角频率为零的对数幅频特性方程，求解 $\omega=1$ 时的幅值，并过此点按低频段斜率绘制直线至第一个转角频率处；

（5）转角频率对应因子的斜率与该转角频率之前渐近线斜率的代数和，构成新的斜率，并以此转角频率对应的幅值为起点，以新的斜率做一条直线，直至下一个转角频率；

（6）重复步骤（5）按转角频率从小到大依次处理，直至最后一个转角频率，得到系统对数幅频特性的渐近线；

（7）针对每个因子进行修正，得到精确的对数幅频特性曲线；

（8）绘制每个因子的相频特性曲线，求和后得到系统的相频特性曲线。

步骤（5）中两个转角频率构成新的转角频率做法的理论推导如下：

设系统频率特性为 $G(\mathrm{j}\omega)=\dfrac{K}{(1+\mathrm{j}\omega T_1)(1+\mathrm{j}\omega T_2)}$，它包含两个一阶因子（当然也可以是二阶因子）$\dfrac{1}{1+\mathrm{j}\omega T_1}$ 和 $\dfrac{1}{1+\mathrm{j}\omega T_2}$，它们的转角频率分别为 $\dfrac{1}{T_1}$ 和 $\dfrac{1}{T_2}$，且 $\dfrac{1}{T_1}<\dfrac{1}{T_2}$；两个因子的渐近线斜率都是 $-20\mathrm{dB/dec}$。

当 $\omega<\dfrac{1}{T_1}$ 时，系统对数幅频特性渐近线方程为

$$LmG(\omega)=20\lg K$$

在此频率段，对数幅频特性为平行 0dB 线的直线，距 0dB 线 $20\lg K$dB。

当 $\dfrac{1}{T_1}<\omega<\dfrac{1}{T_2}$ 时，系统对数幅频特性渐近线方程为

$$LmG(\omega)=20\lg K-20\lg\omega T_1=(20\lg K-20\lg T_1)-20\lg\omega$$

在这个对数幅频特性方程中，括号内为固定值，括号外为积分，故其渐近线斜率为 $-20\mathrm{dB/dec}$。

当 $\omega>\dfrac{1}{T_2}$ 时，系统对数幅频特性渐近线为

$$LmG(\omega)=20\lg K-20\lg\omega T_1-20\lg\omega T_2$$

将上式整理后，有

$$LmG(\omega)=(20\lg K-20\lg T_1-20\lg T_2)-40\lg\omega$$

在这个对数幅频特性方程中，括号内为固定数值，括号外为二重积分，它的渐近线斜率为 $-40\mathrm{dB/dec}$。在第二个转角频率处，渐近线的斜率是两个一阶因子对应斜率的和。于是，可以得到这样一个推论：略大于转角频率处的渐近线斜率，等于此频率前所有因子斜率的代数和。

［例 6-1］ 已知系统的频率特性为

$$G(\mathrm{j}\omega)=\frac{10(\mathrm{j}\omega+3)}{\mathrm{j}\omega(\mathrm{j}\omega+2)[(\mathrm{j}\omega)^2+\mathrm{j}\omega+2]}$$

试绘制系统的伯德图。

解 对系统频率特性进行“尾 1”化处理，有

$$G(\mathrm{j}\omega)=\frac{7.5\left(\frac{\mathrm{j}\omega}{3}+1\right)}{\mathrm{j}\omega\left(\frac{\mathrm{j}\omega}{2}+1\right)\left[\left(\frac{\mathrm{j}\omega}{\sqrt{2}}\right)^2+\frac{\mathrm{j}\omega}{2}+1\right]}$$

按照各因子转角频率由小到大的顺序列写如下：

转角频率	因子	斜率
0	7.5	0
0	$\frac{1}{\mathrm{j}\omega}$	−20dB/dec
$\sqrt{2}$	$\frac{1}{\left(\frac{\mathrm{j}\omega}{\sqrt{2}}\right)^2+\frac{\mathrm{j}\omega}{2}+1}$	−40dB/dec
2	$\frac{1}{\frac{\mathrm{j}\omega}{2}+1}$	−20dB/dec
3	$\frac{\mathrm{j}\omega}{3}+1$	20dB/dec

低频段（$0<\omega\leqslant\sqrt{2}$）对数幅频特性的渐近线方程为

$$LmG(\omega)=20\lg 7.5-20\lg\omega$$

为一条斜率为−20dB/dec的直线段。取$\omega=1$，有

$$LmG(1)=20\lg 7.5-20\lg 1=20\lg 7.5=17.5(\mathrm{dB})$$

说明渐近线的低频段通过点（1，17.5dB）。该直线段与直线$\omega=\sqrt{2}$的交点为渐近线低频段终止点。低频段渐近线的终止点的幅值为

$$LmG(\sqrt{2})=20\lg 7.5-20\lg\sqrt{2}=14.5(\mathrm{dB})$$

求得低频段终止点坐标为（$\sqrt{2}$，14.5dB）。渐近线的低频段起始于纵轴，终止于（$\sqrt{2}$，14.5dB）点。

渐近线的第二段（$\sqrt{2}\leqslant\omega\leqslant 2$），此段的渐近线方程为

$$LmG(\omega)=20\lg 7.5-20\lg\omega-40\lg\frac{\omega}{\sqrt{2}}$$

是一条过点（$\sqrt{2}$，14.5dB），斜率为−60dB/dec的直线段。这条直线段终止于与直线$\omega=2$的交点，该终止点幅值为

$$LmG(2)=20\lg 7.5-20\lg 2-40\lg\frac{2}{\sqrt{2}}=5.5(\mathrm{dB})$$

第二段渐近线终止点的坐标为（2，5.5dB）。

渐近线的第三段（$2\leqslant\omega\leqslant 3$），此段的渐近线方程为

$$LmG(\omega)=20\lg 7.5-20\lg\omega-40\lg\frac{\omega}{\sqrt{2}}-20\lg\frac{\omega}{2}$$

为一条过（2，5.5dB）点，斜率为－80dB/dec 的直线段。此直线段终止于与直线 $\omega=3$ 的交点，该终止点幅值为

$$LmG(3)=20\lg 7.5-20\lg 3-40\lg\frac{3}{\sqrt{2}}-20\lg\frac{3}{2}=-8.6(\mathrm{dB})$$

第三段渐近线的终止点的坐标为（3，－8.6dB）。

渐近线的第四段（$\omega\geqslant 3$），此段的渐近线方程为

$$LmG(\omega)=20\lg 7.5-20\lg\omega-40\lg\frac{\omega}{\sqrt{2}}-20\lg\frac{\omega}{2}+20\lg\frac{\omega}{3}$$

为一条起始于（3，－8.6dB）点，斜率为－60dB/dec 的射线。

于是，得到系统整体的对数幅频特性渐近线，如图 6-10（a）所示。逐一绘出积分因子、一阶惯性因子、一阶比例—微分因子和二阶振荡因子的相频特性曲线，然后将这四条曲线相加，可得到系统相频特性曲线，如图 6-10（b）中最下面的曲线为上面四条曲线的合成曲线。

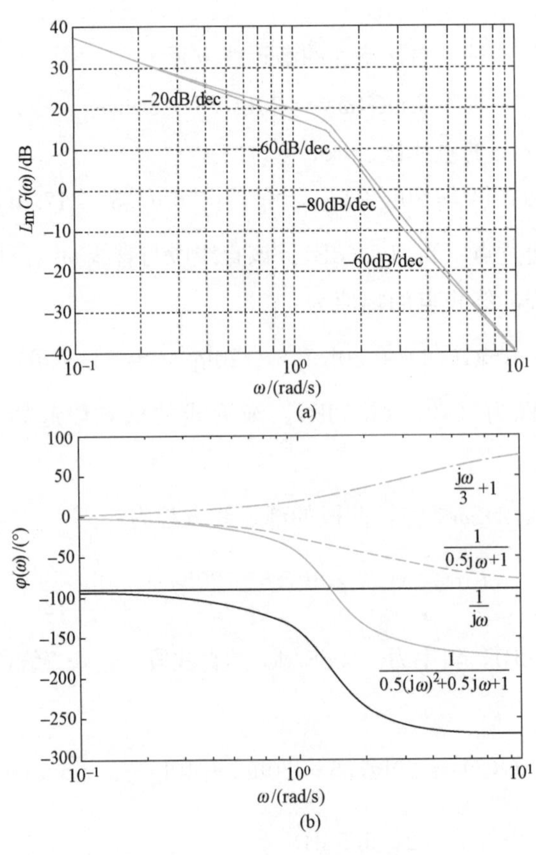

图 6-10 ［例 6-1］的伯德图

（a）对数幅频特性曲线；（b）相频特性曲线

这种作图方法的优点是渐近线段与对数幅频特性方程一一对应，缺点是需要多次计算转角频率处的幅值。为了简便绘图，下面介绍另一种绘制伯德图的方法。

系统频率特性为

$$G(\mathrm{j}\omega)=\frac{7.5\left(\frac{\mathrm{j}\omega}{3}+1\right)}{\mathrm{j}\omega\left(\frac{\mathrm{j}\omega}{2}+1\right)\left[\left(\frac{\mathrm{j}\omega}{\sqrt{2}}\right)^2+\frac{\mathrm{j}\omega}{2}+1\right]}$$

按照各因子转角频率由小到大的顺序列写如下：

转角频率	因子	斜率	累计斜率
0	7.5	0	0
0	$\frac{1}{\mathrm{j}\omega}$	−20dB/dec	−20dB/dec
$\sqrt{2}$	$\frac{1}{\left(\frac{\mathrm{j}\omega}{\sqrt{2}}\right)^2+\frac{\mathrm{j}\omega}{2}+1}$	−40dB/dec	−60dB/dec
2	$\frac{1}{\frac{\mathrm{j}\omega}{2}+1}$	−20dB/dec	−80dB/dec
3	$\frac{\mathrm{j}\omega}{3}+1$	20dB/dec	−60dB/dec

低频段（$0\leqslant\omega\leqslant\sqrt{2}$）对数幅频特性的渐近线方程为

$$LmG(\omega)=20\lg 7.5-20\lg\omega$$

取 $\omega=1$，有

$$LmG(1)=20\lg 7.5-20\lg 1=20\lg 7.5=17.5(\mathrm{dB})$$

由于此段渐近线方程中只有一个积分器，故这段渐近线的斜率为−20dB/dec。过（1，17.5dB）点，作斜率为−20dB/dec 的直线。这条直线达到第一个转角频率时（$\omega=\sqrt{2}$），变为斜率是−60dB/dec 的直线。当该直线到达第二个转角频率时（$\omega=2$），变为斜率是−80dB/dec的直线。当该直线到达第三个转角频率时（$\omega=3$），变为斜率是−60dB/dec 的射线。利用这种作图方法，一样可以获得图 6 - 10（a）所示的幅频特性渐近线。在图 6 - 10（a）中，折线表示幅频特性渐近线，曲线表示精确的幅频特性曲线。

七、稳态误差系数与对数幅频特性曲线的关系

设图 6 - 11 所示单位反馈控制系统的开环传递函数为

$$G_0(s)=\frac{K(1+T_as)(1+T_bs)\cdots(1+T_ms)}{s^N(1+T_{N+1}s)(1+T_{N+2}s)\cdots(1+T_ns)}$$

频率特性为

$$G_0(\mathrm{j}\omega)=\frac{K(1+\mathrm{j}T_a\omega)(1+\mathrm{j}T_b\omega)\cdots(1+\mathrm{j}T_m\omega)}{(\mathrm{j}\omega)^N(1+\mathrm{j}T_{N+1}\omega)(1+\mathrm{j}T_{N+2}\omega)\cdots(1+\mathrm{j}T_n\omega)}$$

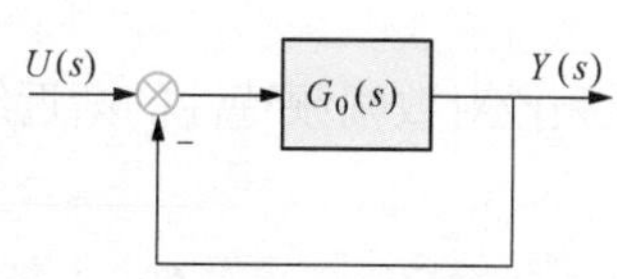

图 6 - 11　单位反馈控制系统框图

1. 位置误差系数

取 $N=0$，上述系统变为 0 型系统，其传递函数变为

$$G_0(s)=\frac{K(1+T_a s)(1+T_b s)\cdots(1+T_m s)}{(1+T_1 s)(1+T_2 s)\cdots(1+T_n s)}$$

在单位阶跃输入的作用下，系统的稳态误差为

$$e(\infty)=\lim_{t\to\infty}e(t)=\lim_{s\to 0}sE(s)=\lim_{s\to 0}s\cdot\frac{1}{1+G_0(s)}\cdot\frac{1}{s}=\frac{1}{1+\lim\limits_{s\to 0}G_0(s)}$$

位置误差系数为 $K_p=\lim\limits_{s\to 0}G_0(s)=K$

系统开环频率特性为

$$G_0(j\omega)=\frac{K(1+jT_a\omega)(1+jT_b\omega)\cdots(1+jT_m\omega)}{(1+jT_1\omega)(1+jT_2\omega)\cdots(1+jT_n\omega)}$$

当 $\omega\to 0$ 时，有 $\lim\limits_{\omega\to 0}G_0(j\omega)=K$。此时，开环幅频特性为

$$\lim_{\omega\to 0}G_0(\omega)=|K|=K=K_p$$

对数幅频特性为

$$\lim_{\omega\to 0}LmG_0(\omega)=20\lg|K|=20\lg K_p$$

说明 0 型开环系统的对数幅频特性曲线的低频段是一条幅值为 $20\lg K_p$ 的水平直线，如图 6-12 所示。

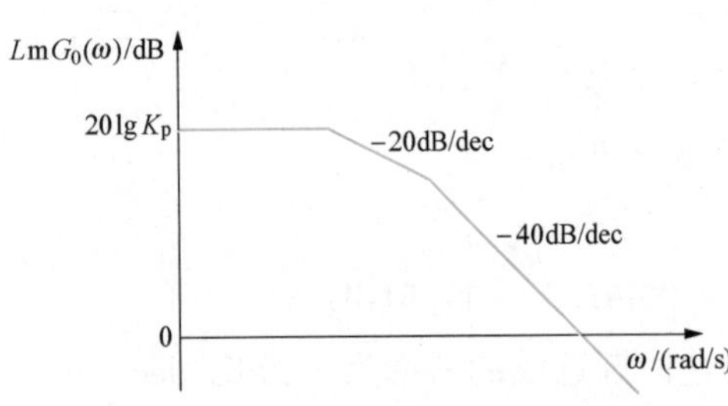

图 6-12　0 型系统的对数幅频特性曲线

2. 速度误差系数

取 $N=1$，上述系统变为 1 型系统，其传递函数变为

$$G_0(s)=\frac{K(1+T_a s)(1+T_b s)\cdots(1+T_m s)}{s(1+T_2 s)(1+T_3 s)\cdots(1+T_n s)}$$

在单位斜坡输入的作用下，系统的稳态误差为

$$e(\infty)=\lim_{t\to\infty}e(t)=\lim_{s\to 0}sE(s)=\lim_{s\to 0}s\cdot\frac{1}{1+G_0(s)}\cdot\frac{1}{s^2}=\frac{1}{\lim\limits_{s\to 0}sG_0(s)}$$

速度误差系数为 $K_v=\lim\limits_{s\to 0}s\,G_0(s)=K$

系统开环频率特性为

$$G_0(j\omega)=\frac{K(1+jT_a\omega)(1+jT_b\omega)\cdots(1+jT_m\omega)}{j\omega(1+jT_2\omega)(1+jT_3\omega)\cdots(1+jT_n\omega)}$$

低频段对数幅频特性的渐近线方程为

$$LmG(\omega)=20\lg K-20\lg\omega$$

取 $LmG(\omega)=0$，则有

$$20\lg K-20\lg\omega=0$$

即 $\omega=K=K_v$。

说明 1 型系统的对数幅频特性渐近线低频段是一条斜率为 -20dB/dec 的直线，如图 6-13 所示。这条直线或者其延长线与 0dB 线的交点对应的频率为 K_v。

3. 加速度误差系数

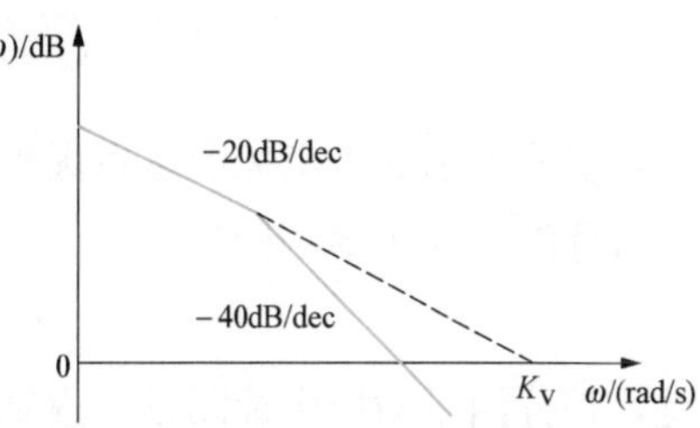

图 6-13 1 型系统的对数幅频特性曲线

取 $N=2$，上述系统变为 2 型系统，其传递函数变为

$$G_0(s)=\frac{K(1+T_a s)(1+T_b s)\cdots(1+T_m s)}{s^2(1+T_3 s)(1+T_4 s)\cdots(1+T_n s)}$$

在单位加速度输入的作用下，系统的稳态误差为

$$e(\infty)=\lim_{t\to\infty}e(t)=\lim_{s\to 0}sE(s)=\lim_{s\to 0}s\cdot\frac{1}{1+G_0(s)}\cdot\frac{1}{s^3}=\frac{1}{\lim\limits_{s\to 0}s^2G_0(s)}$$

加速度误差系数为 $K_a=\lim\limits_{s\to 0}s^2G_0(s)=K$

系统开环频率特性为

$$G_0(\mathrm{j}\omega)=\frac{K(1+\mathrm{j}T_a\omega)(1+\mathrm{j}T_b\omega)\cdots(1+\mathrm{j}T_m\omega)}{(\mathrm{j}\omega)^2(1+\mathrm{j}T_3\omega)(1+\mathrm{j}T_4\omega)\cdots(1+\mathrm{j}T_n\omega)}$$

低频段对数幅频特性的渐近线方程为

$$LmG(\omega)=20\lg K-20\lg\omega^2$$

取 $LmG(\omega)=0$，则有

$$20\lg K-20\lg\omega^2=0$$

即 $\omega=\sqrt{K}=\sqrt{K_a}$。

说明 2 型系统对数幅频特性渐近线低频段的是一条斜率为 -40dB/dec 的直线，如图 6-14 所示。该直线或其延长线与 0dB 线的交点对应的频率为 $\sqrt{K_a}$。

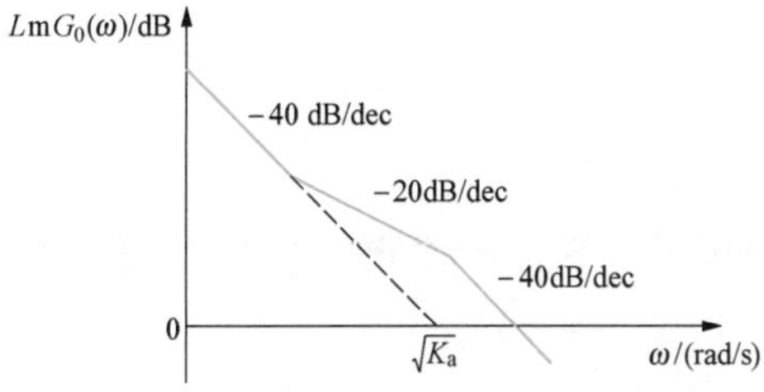

图 6-14 2 型系统的对数幅频特性曲线

第三节 频率特性的极坐标图

频率特性的极坐标图是当 ω 从 0 变到 $+\infty$ 时矢量 $G(\mathrm{j}\omega)$ 的轨迹，又称奈奎斯特图（Nyquist 图）。应当注意的是，在极坐标系中，正相角定义为从正实轴开始逆时针旋转的角度。

采用极坐标图的优点是能够在一幅图上表示出系统在整个频率范围内的频率响应特性，缺点是不能清楚地体现系统中每个因子对系统的具体影响。

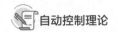

一、积分因子和微分因子的极坐标图

积分因子的频率特性为

$$G(j\omega)=\frac{1}{j\omega}=\frac{1}{\omega}\angle-90^{\circ} \tag{6-10}$$

于是，积分因子的极坐标图是负虚轴，如图 6-15（a）所示。

微分因子的频率特性为

$$G(j\omega)=j\omega=\omega\angle 90^{\circ} \tag{6-11}$$

于是，积分因子的极坐标图是正虚轴，如图 6-15（b）所示。

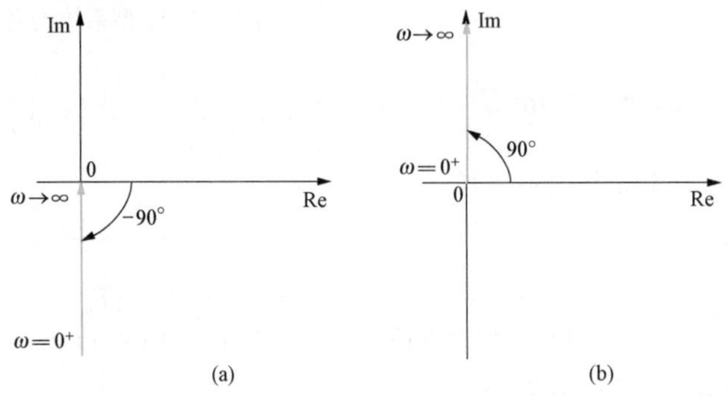

图 6-15　积分和微分因子的极坐标图

（a）积分因子；（b）微分因子

二、一阶因子的极坐标图

一阶因子包括一阶惯性因子和一阶比例—微分因子。下面分别介绍这两个因子的极坐标图。

1. 一阶惯性因子的极坐标图

一阶惯性因子的频率特性为

$$G(j\omega)=\frac{1}{1+j\omega T}=\frac{1}{\sqrt{1+\omega^{2}T^{2}}}\angle-\arctan\omega T \tag{6-12}$$

根据式（6-12），可以选取几个特殊频率值进行计算。当 $\omega=0$ 时，$G(j0)=1\angle 0^{\circ}$，说明极坐标图起始于正实轴（1，j0）点；当 $\omega=\frac{1}{T}$时，$G\left(j\frac{1}{T}\right)=\frac{1}{\sqrt{2}}\angle-45^{\circ}$，说明极坐标图通过（0.5，j0.5）这一点；当 $\omega\rightarrow\infty$时，$\lim\limits_{\omega\rightarrow\infty}G(j\omega)=0\angle-90^{\circ}$，说明极坐标图从$-90^{\circ}$方向终止于原点。

上面计算了极坐标图的起始点、终止点和一个中间点，但并不知道极坐标图的具体形状。接下来，采用数学方法证明一阶惯性因子的极坐标图是一个半圆。

由于 $G(\mathrm{j}\omega)$ 是一个复数，因此，$G(\mathrm{j}\omega)$ 可以写成 $G(\mathrm{j}\omega)=X+\mathrm{j}Y$ 的形式。根据频率特性可知

$$G(\mathrm{j}\omega)=\frac{1}{1+\mathrm{j}\omega T}=\frac{1-\mathrm{j}\omega T}{1+\omega^2T^2}$$

于是，有

$$\begin{cases} X=\dfrac{1}{1+\omega^2T^2} \\ Y=\dfrac{-\omega T}{1+\omega^2T^2} \end{cases}$$

$$X^2+Y^2=\left(\frac{1}{1+\omega^2T^2}\right)^2+\left(\frac{-\omega T}{1+\omega^2T^2}\right)^2=\frac{1}{1+\omega^2T^2}=X$$

整理后，有

$$\left(X-\frac{1}{2}\right)^2+Y^2=\left(\frac{1}{2}\right)^2$$

这是一个圆的方程，圆心为$\left(\frac{1}{2}，\mathrm{j}0\right)$，半径为$\frac{1}{2}$。

当 ω 从 0 变到 $+\infty$ 时，X 为正实数，Y 为负实数，因此一阶惯性因子的极坐标图为圆 $\left(X-\frac{1}{2}\right)^2+Y^2=\left(\frac{1}{2}\right)^2$ 的下半部分。当 ω 从 0 变到 $-\infty$ 时，对应的极坐标图为该圆的上半部分。

一阶惯性因子的极坐标图如图 6 - 16 所示。

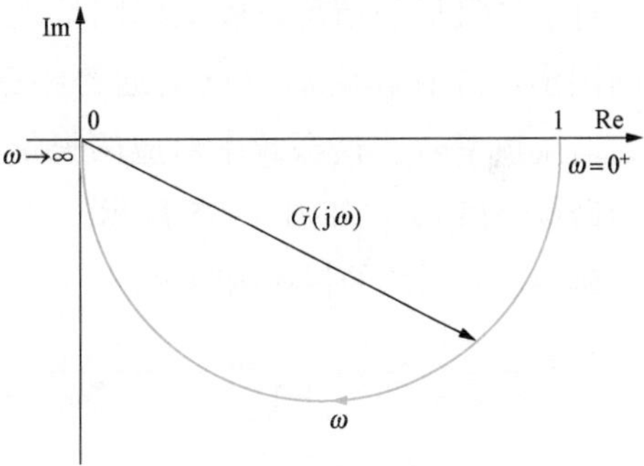

图 6 - 16　一阶惯性因子的极坐标图

2. 一阶比例微分因子的极坐标图

一阶比例微分因子的频率特性为

$$G(\mathrm{j}\omega)=1+\mathrm{j}\omega T$$

当 $\omega=0$ 时，$G(\mathrm{j}0)=1$；

当 $\omega=\frac{1}{T}$时，$G\left(\mathrm{j}\,\frac{1}{T}\right)=1+\mathrm{j}$；

当 $\omega=\frac{2}{T}$时，$G\left(\mathrm{j}\,\frac{2}{T}\right)=1+\mathrm{j}2$；

当 $\omega=\frac{3}{T}$时，$G\left(\mathrm{j}\,\frac{3}{T}\right)=1+\mathrm{j}3$；

⋮

当 $\omega=\infty$时，$G(\mathrm{j}\infty)=1+\mathrm{j}\infty$。

说明一阶比例微分因子的极坐标图是通过复平面（1，j0）点且平行于虚轴的一条直线。

一阶比例微分因子的极坐标图如图 6 - 17 所示。

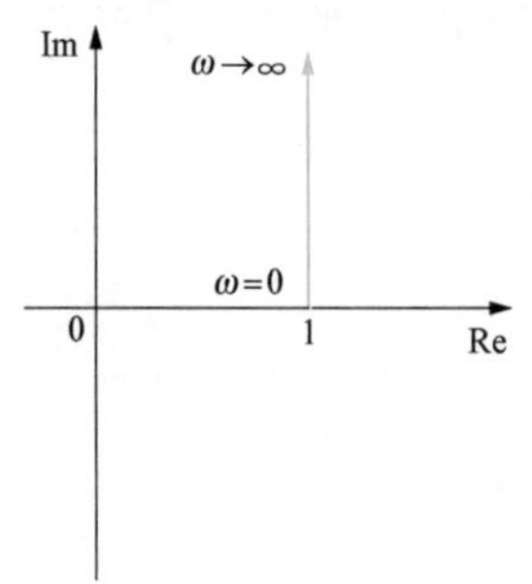

图 6-17　一阶比例微分因子的极坐标图

三、二阶因子的极坐标图

二阶因子包括二阶振荡因子和二阶超前因子。

1. 二阶振荡因子的极坐标图

二阶振荡因子的频率特性为

$$G(j\omega)=\frac{1}{T^2\ (j\omega)^2+2jT\zeta\omega+1}$$

幅频特性为

$$G(\omega)=|G(j\omega)|=\frac{1}{\sqrt{(1-T^2\omega^2)^2+(2T\zeta\omega)^2}}$$

相频特性为

$$\varphi(\omega)=\angle G(j\omega)=-\arctan\frac{2T\zeta\omega}{1-T^2\omega^2}$$

当 $\omega=0$ 时，$G(j0)=1\angle 0°$，说明极坐标图起始于正实轴（1，j0）点；当 $\omega\to\infty$时，$\lim\limits_{\omega\to\infty}G(j\omega)=0\angle-180°$，说明极坐标图从$-180°$方向终止于原点；当 $\omega=\frac{1}{T}$时，$G\left(j\frac{1}{T}\right)=\frac{1}{2\zeta}\angle-90°$，说明极坐标图与虚轴相交，交点处对应的频率为无阻尼自然振荡频率 ω_n。

二阶振荡因子的极坐标图的精确形状与阻尼比 ζ 有关。不过对于欠阻尼和过阻尼两种情况，极坐标图的大致形状是相同的。

对于欠阻尼的情况，极坐标图呈现近似半圆图形，并存在距离原点最远的频率点，称为谐振频率 ω_r。谐振频率对应的矢量幅值称为谐振峰值 M_r，如图 6-18 所示。

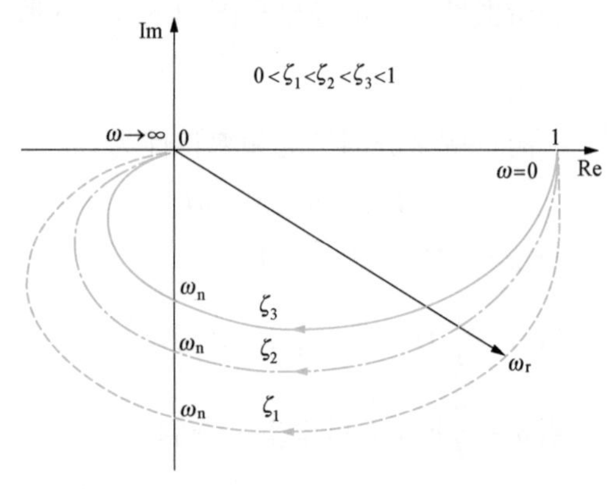

图 6-18　欠阻尼二阶振荡因子的极坐标图

典型二阶系统的传递函数为

$$G(s)=\frac{1}{T^2s^2+2T\zeta s+1}=\frac{\omega_n^2}{s^2+2\zeta\omega_n s+\omega_n^2}$$

$$=\frac{1}{\frac{s^2}{\omega_n^2}+2\zeta\frac{s}{\omega_n}+1}$$

频率特性为

$$G(j\omega)=\frac{1}{T^2\ (j\omega)^2+2j\omega T\zeta+1}=\frac{\omega_n^2}{(j\omega)^2+2j\omega\zeta\omega_n+\omega_n^2}=\frac{1}{\frac{(j\omega)^2}{\omega_n^2}+2\zeta\frac{j\omega}{\omega_n}+1}$$

幅频特性为

$$G(\omega)=|G(j\omega)|=\frac{1}{\sqrt{\left(1-\frac{\omega^2}{\omega_n^2}\right)^2+\left(2\zeta\frac{\omega}{\omega_n}\right)^2}}$$

如果$|G(j\omega)|$在某一频率上具有峰值，那么该频率为谐振频率。由于$|G(j\omega)|$的分子为常数，因此当函数

$$g(\omega)=\left(1-\frac{\omega^2}{\omega_n^2}\right)^2+\left(2\zeta\frac{\omega}{\omega_n}\right)^2$$

达到最小值时，$|G(j\omega)|$将达到最大值。上式函数可以写为

$$g(\omega)=\left[\frac{\omega^2-\omega_n^2(1-2\zeta^2)}{\omega_n^2}\right]^2+4\zeta^2(1-\zeta^2)$$

取$\dfrac{dg(\omega)}{d\omega}=0$，则有$\omega=\omega_n\sqrt{1-2\zeta^2}$。此时，函数$g(\omega)$达到最小值，因此谐振频率为$\omega_r=\omega_n\sqrt{1-2\zeta^2}$，为了保证谐振频率为正实数，需要取$0\leqslant\zeta\leqslant\dfrac{\sqrt{2}}{2}$。

将$\omega_r=\omega_n\sqrt{1-2\zeta^2}$代入幅频特性方程，有

$$M_r=|G(j\omega_r)|=\frac{1}{2\zeta\sqrt{1-\zeta^2}},\quad 0\leqslant\zeta\leqslant\frac{\sqrt{2}}{2} \tag{6-13}$$

式（6-13）表明，阻尼比处于$0\leqslant\zeta\leqslant\sqrt{2}/2$的系统，在其谐振频率处被激励而振荡。这里，谐振频率是系统固有的，阻尼比的取值范围是激发谐振的前提条件，而谐振峰值则是谐振的表现形式。当阻尼比ζ趋近于零时，谐振峰值M_r将趋近无穷大。这表明，当无阻尼系统在其自然振荡频率处被激励而振荡时，系统频率特性的幅值将变成无穷大。当$\zeta>\sqrt{2}/2$时，不满足系统激发谐振的前提，因此闭环系统不会产生谐振现象，此时$M_r=1$。这一点可以通过实测的方式得以证实。

对于过阻尼情况，$G(j\omega)$的轨迹趋近于半圆，如图 6-19 所示。

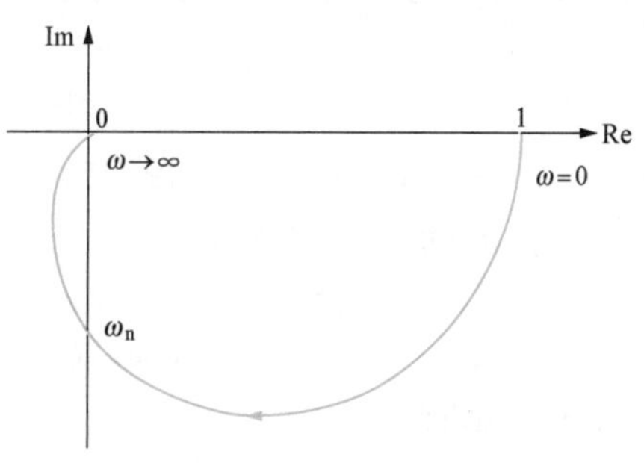

图 6-19　过阻尼二阶系统的极坐标图

2. 二阶超前因子的极坐标图

二阶超前因子的频率特性为

$$G(j\omega)=T^2(j\omega)^2+2jT\zeta\omega+1=(1-T^2\omega^2)+2jT\zeta\omega$$

当$\omega=0$时，$G(j0)=1\angle0°$，说明极坐标图起始于正实轴（1，j0）点；当$\omega\to\infty$时，$\lim\limits_{\omega\to\infty}G(j\omega)=\infty\angle180°$，说明极坐标图从180°方向终止于无穷远处；当$\omega=\dfrac{1}{T}$时，$G\left(j\dfrac{1}{T}\right)=j2\zeta=2\zeta\angle90°$，说明极坐标图与虚轴相交，交点为（0，j2ζ）。

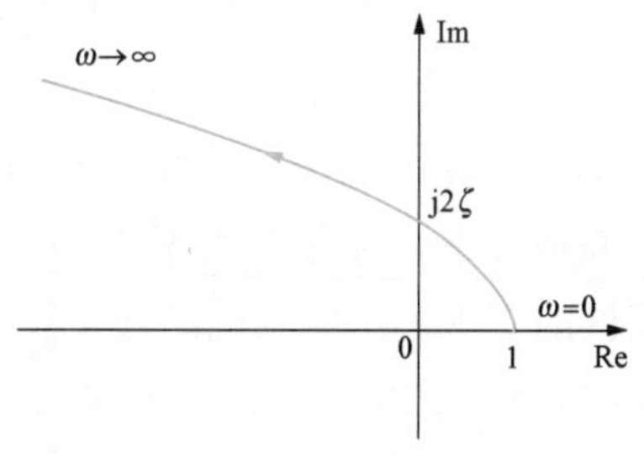

图 6-20　二阶超前因子极坐标图

由于当$\omega>0$时，$G(j\omega)$的虚部为正且单调增加，$G(j\omega)$的实部由1开始单调减小，因此，$G(j\omega)$的极坐标图的一般形状如图 6-20 所示，相角范围为0°～180°。

四、 极坐标图的一般形状

对于一般的控制系统，它的传递函数（或频率特性）要比前面讲的几种因子要复杂。对于绘制这样系统的极坐标图，一般要遵循以下的原则。

系统开环频率特性为

$$G_0(\mathrm{j}\omega)=\frac{K(1+\mathrm{j}T_a\omega)(1+\mathrm{j}T_b\omega)\cdots(1+\mathrm{j}T_m\omega)}{(\mathrm{j}\omega)^N(1+\mathrm{j}T_{N+1}\omega)(1+\mathrm{j}T_{N+2}\omega)\cdots(1+\mathrm{j}T_n\omega)}$$

或

$$G_0(\mathrm{j}\omega)=\frac{b_0\ (\mathrm{j}\omega)^m+b_1\ (\mathrm{j}\omega)^{m-1}+\cdots+b_{m-1}(\mathrm{j}\omega)+b_m}{a_0\ (\mathrm{j}\omega)^n+a_1\ (\mathrm{j}\omega)^{n-1}+\cdots+a_{N-1}\ (\mathrm{j}\omega)^{N+1}+a_N\ (\mathrm{j}\omega)^N}$$

一般情况下 $m\leqslant n$。下面针对不同的 N 值和 $n-m$ 值，讨论极坐标图的图形。

1. 低频段极坐标图

低频段的频率范围是 $\omega\to 0$，用于描述极坐标图的起始形态。取有理式形式的开环频率特性作为研究低频段的数学模型，即

$$G_0(\mathrm{j}\omega)=\frac{K(1+\mathrm{j}T_a\omega)(1+\mathrm{j}T_b\omega)\cdots(1+\mathrm{j}T_m\omega)}{(\mathrm{j}\omega)^N(1+\mathrm{j}T_{N+1}\omega)(1+\mathrm{j}T_{N+2}\omega)\cdots(1+\mathrm{j}T_n\omega)}$$

当 $N=0$ 时，为 0 型系统，系统开环频率特性为

$$G_0(\mathrm{j}\omega)=\frac{K(1+\mathrm{j}T_a\omega)(1+\mathrm{j}T_b\omega)\cdots(1+\mathrm{j}T_m\omega)}{(1+\mathrm{j}T_1\omega)(1+\mathrm{j}T_2\omega)\cdots(1+\mathrm{j}T_n\omega)}$$

取 $\omega=0$，则有 $G_0(\mathrm{j}0)=K$，说明极坐标图起始于正实轴的（K，j0）点。

当 $N\neq 0$ 时，系统为 1、2、3 型，系统开环频率特性为

$$G_0(\mathrm{j}\omega)=\frac{K(1+\mathrm{j}T_a\omega)(1+\mathrm{j}T_b\omega)\cdots(1+\mathrm{j}T_m\omega)}{(\mathrm{j}\omega)^N(1+\mathrm{j}T_{N+1}\omega)(1+\mathrm{j}T_{N+2}\omega)\cdots(1+\mathrm{j}T_n\omega)}$$

取 $\omega\to 0$，则有

$$G_0(\mathrm{j}\omega)\big|_{\omega\to 0}=\frac{K}{(\mathrm{j}\omega)^N}\bigg|_{\omega\to 0}=\frac{K}{\omega^N}\bigg|_{\omega\to 0}\cdot\frac{1}{\mathrm{j}^N}=\infty\angle-90^\circ\times N \tag{6-14}$$

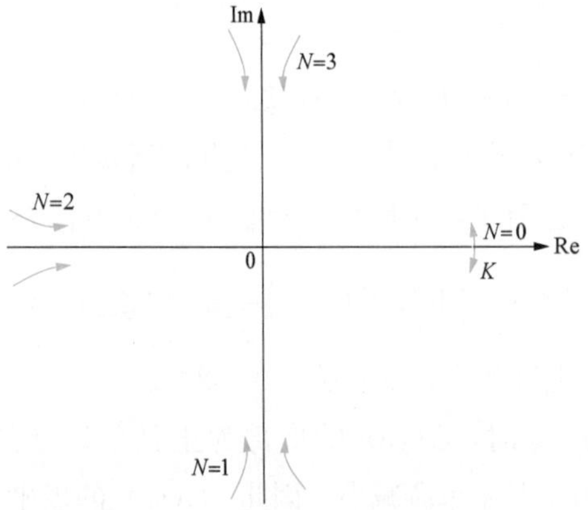

当 $N=1$ 时，有 $G_0(\mathrm{j}0)=\infty\angle-90^\circ$，说明 1 型系统的极坐标图起始于 -90° 方向的无穷远处；当 $N=2$ 时，有 $G_0(\mathrm{j}0)=\infty\angle-180^\circ$，说明 2 型系统的极坐标图起始于 -180° 方向的无穷远处；当 $N=3$ 时，有 $G_0(\mathrm{j}0)=\infty\angle-270^\circ$，说明 3 型系统的极坐标图起始于 -270° 方向的无穷远处。一般情况下，N 不会大于 3，这是由于系统稳定性的要求。一般系统的低频段极坐标图如图 6 - 21 所示，图中给出了不同 N 值时极坐标图的起始位置。但是对于每个 N 值，

图 6 - 21　一般系统的低频段极坐标图

都有两个起始方向，具体选哪一个，需要根据中频段的计算结果最终确定。

2. 高频段极坐标图

高频段的频率范围是 $\omega\to\infty$，用于描述极坐标图的终止形态。选取多项式形式的开环频率特性作为研究高频段极坐标图的数学模型，即

$$G_0(j\omega)=\frac{b_0(j\omega)^m+b_1(j\omega)^{m-1}+\cdots+b_{m-1}(j\omega)+b_m}{a_0(j\omega)^n+a_1(j\omega)^{n-1}+\cdots+a_{N-1}(j\omega)^{N+1}+a_N(j\omega)^N}$$

当 $\omega\to\infty$时，上述数学模型可以简化为

$$G_0(j\omega)\big|_{\omega\to\infty}=\frac{b_0(j\omega)^m}{a_0(j\omega)^n}\bigg|_{\omega\to\infty}=\frac{b_0}{a_0}\left(\frac{1}{j\omega}\right)^{n-m}\bigg|_{\omega\to\infty}\tag{6 - 15}$$

由于 N 只体现在分母多项式的低阶项，因此在简化过程中被忽略。接下来，只需介绍不同 $n-m$ 值对极坐标图的影响。

当 $n-m=0$ 时

$$G_0(j\omega)\big|_{\omega\to\infty}=\frac{b_0}{a_0}\left(\frac{1}{j\omega}\right)^0\bigg|_{\omega\to\infty}=\frac{b_0}{a_0}\tag{6 - 16}$$

说明极坐标图终止于实轴$\left(\frac{b_0}{a_0},\ j0\right)$点。

当 $n-m\neq0$ 时

$$G_0(j\omega)\big|_{\omega\to\infty}=\frac{b_0(j\omega)^m}{a_0(j\omega)^n}\bigg|_{\omega\to\infty}=\frac{b_0}{a_0}\left(\frac{1}{j\omega}\right)^{n-m}\bigg|_{\omega\to\infty}=0\angle-(n-m)\times90^\circ\tag{6 - 17}$$

说明极坐标图从$-(n-m)\times90^\circ$方向终止于原点。具体 $n-m$ 值的表述如下：

取 $n-m=1$，有

$$G_0(j\omega)\big|_{\omega\to\infty}=\frac{b_0}{a_0}\left(\frac{1}{j\omega}\right)^1\bigg|_{\omega\to\infty}=0\angle-90^\circ$$

说明，当分母多项式阶次高于分子多项式阶次 1 阶时，极坐标图从-90°方向终止于原点。

取 $n-m=2$，有

$$G_0(j\omega)\big|_{\omega\to\infty}=\frac{b_0}{a_0}\left(\frac{1}{j\omega}\right)^2\bigg|_{\omega\to\infty}=0\angle-180^\circ$$

说明，当分母多项式阶次高于分子多项式阶次 2 阶时，极坐标图从-180°方向终止于原点。

取 $n-m=3$，有

$$G_0(j\omega)\big|_{\omega\to\infty}=\frac{b_0}{a_0}\left(\frac{1}{j\omega}\right)^3\bigg|_{\omega\to\infty}=0\angle-270^\circ$$

说明，当分母多项式阶次高于分子多项式阶次 3 阶时，极坐标图从-270°方向终止于原点。

取 $n-m=4$，有

$$G_0(j\omega)\big|_{\omega\to\infty}=\frac{b_0}{a_0}\left(\frac{1}{j\omega}\right)^4\bigg|_{\omega\to\infty}=0\angle-360^\circ$$

说明，当分母多项式阶次高于分子多项式阶次 4 阶时，极坐标图从-360°方向终止于

原点。

一般系统高频段的极坐标图如图 6-22 所示。图 6-22 中，每个 $n-m$ 值都对应两个终止方向，具体是哪一个方向，需要根据中频段计算结果最终确定。

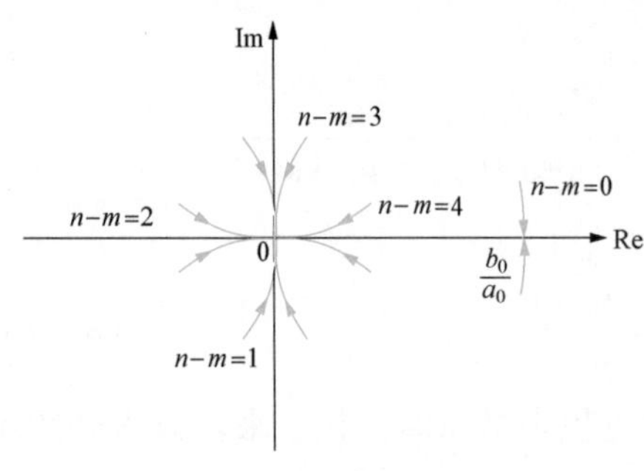

图 6-22 一般系统的高频段极坐标图

3. 中频段极坐标图

中频段的频率范围介于低频段与高频段之间。在此段内，$G(j\omega)$ 的轨迹变化较为丰富，可以根据 $G(j\omega)$ 轨迹与实轴和虚轴的交点，大致描绘这段曲线。

[例 6-2] 已知系统的开环频率特性为

$$G_0(j\omega)=\frac{10}{j\omega(1+0.2j\omega)(1+0.05j\omega)}$$

试绘制系统的极坐标图（奈奎斯特图）。

解 开环频率特性中包含一个积分因子，即 $N=1$。

开环频率特性的分子多项式阶次为零，即 $m=0$；分母多项式阶次为 3，即 $n=3$，则有 $n-m=3$。

低频段（$\omega\to 0$）：近似频率特性为

$$G_0(j\omega)\big|_{\omega\to 0}=\frac{10}{j\omega}\bigg|_{\omega\to 0}=\frac{10}{\omega}\bigg|_{\omega\to 0}\cdot\frac{1}{j}=\infty\angle-90^\circ$$

说明奈奎斯特曲线起始于-90°方向的无穷远处。

高频段（$\omega\to+\infty$）：近似频率特性为

$$G_0(j\omega)\big|_{\omega\to+\infty}=\frac{10}{0.01\,(j\omega)^3}\bigg|_{\omega\to+\infty}=\frac{10}{0.01\omega^3}\bigg|_{\omega\to+\infty}\cdot\frac{1}{j^3}=0\angle-270^\circ$$

说明奈奎斯特曲线从-270°方向终止于原点。

中频段（$0<\omega<\infty$）：近似频率特性为

$$G_0(j\omega)=\frac{10}{-0.25\omega^2+j\omega(1-0.01\omega^2)}=\frac{10[-0.25\omega^2-j\omega(1-0.01\omega^2)]}{(-0.25\omega^2)^2+[\omega(1-0.01\omega^2)]^2}$$

当 $\omega=0^+$ 时，$G_0(j\omega)$ 的实部与虚部均为负值，表明奈奎斯特曲线起始于第三象限。

取 $\mathrm{Im}[G_0(j\omega)]=0$，求奈奎斯特曲线与实轴的交点，有

$$1-0.01\omega^2=0$$

则 $\omega=10\mathrm{rad/s}$。

与实轴交点

$$\mathrm{Re}[G_0(j10)]=\frac{10}{-0.25\omega^2}\bigg|_{\omega=10}=-0.4$$

取 $\mathrm{Re}[G_0(j\omega)]=0$，求奈奎斯特曲线与虚轴的交点，有 $\omega=\infty$。由于 $\omega=\infty$不在中频段内，故舍去。

以上分析表明在中频段奈奎斯特曲线只与实轴相交，交点为（−0.4，j0）。

当ω从0变到$+\infty$时，奈奎斯特曲线起始于第三象限−90°方向的无穷远处，从−270°方向终止于原点，其间奈奎斯特曲线只与实轴在（−0.4，j0）点处相交，鉴于这三点信息，可以绘制大致的极坐标图（奈奎斯特图），如图6-23所示。

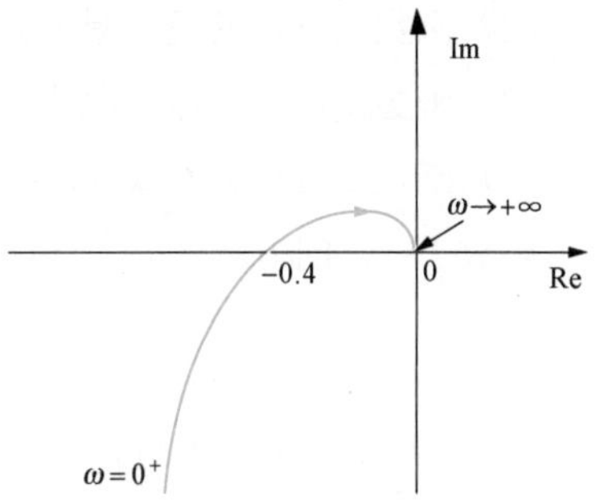

图6-23 ［例6-2］的奈奎斯特图

第四节 奈奎斯特稳定判据

对于图6-24所示闭环控制系统，它的闭环传递函数为

$$\frac{Y(s)}{U(s)}=\frac{G(s)}{1+G(s)H(s)}$$

系统特征方程为

$$1+G(s)H(s)=0$$

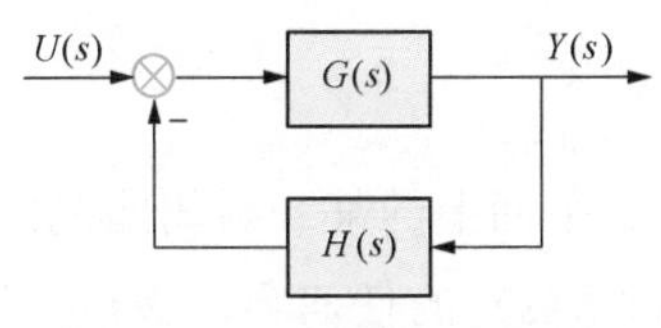

图6-24 闭环控制系统框图

如果所有特征根都具有负实部，那么这个闭环系统是稳定的。但是求根并不是一项轻松的工作。于是，奈奎斯特提出将开环频率特性$G(\mathrm{j}\omega)H(\mathrm{j}\omega)$与系统特征方程在右半$s$平面的零、极点数联系起来的判据。由于闭环系统稳定性可以由开环频率特性曲线来确定，无须解析求解特征根，因此这种稳定判据在控制工程领域中得到了广泛的应用。

一、预备知识

系统开环传递函数为

$$G(s)H(s)=\frac{K_1(s+z_1)(s+z_2)\cdots(s+z_m)}{(s+p_1)(s+p_2)\cdots(s+p_n)},\quad m\leqslant n$$

取$F(s)=1+G(s)H(s)$，有

$$\begin{aligned}F(s)&=1+\frac{K_1(s+z_1)(s+z_2)\cdots(s+z_m)}{(s+p_1)(s+p_2)\cdots(s+p_n)}\\&=\frac{(s+p_1)(s+p_2)\cdots(s+p_n)+K_1(s+z_1)(s+z_2)\cdots(s+z_m)}{(s+p_1)(s+p_2)\cdots(s+p_n)}\\&=\frac{(s+\lambda_1)(s+\lambda_2)\cdots(s+\lambda_n)}{(s+p_1)(s+p_2)\cdots(s+p_n)}\end{aligned}$$

函数$F(s)$具有以下的特点：

(1) 函数$F(s)$的零点是闭环极点；

(2) 函数 $F(s)$ 的极点是开环极点；

(3) 函数 $F(s)$ 的零、极点个数相同；

(4) 函数 $F(s)$ 和 $G(s)H(s)$ 只差常数 1。

函数 $F(s)$ 的方程为

$$F(s)=\frac{(s+\lambda_1)(s+\lambda_2)\cdots(s+\lambda_n)}{(s+p_1)(s+p_2)\cdots(s+p_n)}$$

其中，s 可在整个平面上取值。

除有限奇点之外，函数 $F(s)$ 为解析函数，即单值、连续的正则函数。此时，对于 s 的每个取值，函数 $F(s)$ 都有唯一值与之对应。函数 $F(s)$ 的值域也构成了一个复平面，称为 $F(s)$ 平面。而 s 平面上所有零点都映射到 $F(s)$ 平面的原点；s 平面上所有极点都映射到 $F(s)$ 平面的无穷远点。在 s 平面上，不通过任何奇点的一条曲线上顺序取两个点 s_a 和 s_b，先 s_a 而后 s_b，那么，在 $F(s)$ 平面上的映射轨迹也是从 $F(s_a)$ 到 $F(s_b)$ 的曲线。这样，对于 s 平面上给定的一条不通过任何奇点的连续封闭曲线，在 $F(s)$ 平面上必然存在一条封闭曲线与之对应。$F(s)$ 平面上的原点被封闭曲线包围的次数和包围的方向具有特别的意义，正是这个原因才和稳定性联系了起来。

二、 映射定理

设 P 为 $F(s)$ 的极点数，Z 为 $F(s)$ 的零点数，它们位于 s 平面上的某一封闭曲线内，且存在多重极点和多重零点的情况。又设上述封闭曲线不通过 $F(s)$ 的任何零、极点。于是，s 平面上的这条封闭曲线映射到 $F(s)$ 平面上，也是一条封闭曲线。当变量 s 顺时针通过整个封闭曲线时，在 $F(s)$ 平面上，相应的轨迹包围 $F(s)$ 平面的原点的总次数 N 等于 $Z-P$，即

$$N=Z-P \tag{6-18}$$

式中：N 为正整数，说明映射曲线顺时针方向包围原点 N 次；N 为负整数，说明映射曲线逆时针方向包围原点 N 次。

应当注意的是，在 s 平面上的封闭曲线是沿着顺时针方向运行的，则在 $F(s)$ 平面上的映射曲线的运动方向可能是顺时针的，也可能是逆时针的，它取决于函数 $F(s)$ 的特性。

下面采用柯西定理和留数定理证明映射定理。

首先介绍柯西定理和留数定理及其他相关定理的内容。

柯西定理：如果 $F(s)$ 在封闭曲线内和封闭曲线上解析，则 $F(s)$ 沿 s 平面上任意封面曲线的积分等于零，即

$$\oint F(s)\mathrm{d}s=0$$

留数定理：设 D 是在复平面上的一个有界区域，其边界是一条或有限条简单闭曲线

C。设函数 $F(s)$ 在 D 内除去孤立奇点 s_1，s_1，…，s_n 外，在每一点都解析，并且它在 C 上每一点也解析，那么，有

$$\int_C F(s)\mathrm{d}s = 2\mathrm{j}\pi\sum_{k=1}^{n}\mathrm{Res}(F,s_k)$$

亚纯函数：设在某一区域内，函数 $F(s)$ 除去有若干极点外，在其他每一点解析。那么 $F(s)$ 称为在有关区域内的亚纯函数。

辐角定理：设 D 是在复平面上的一个有界区域，其边界是一条或有限条简单闭曲线 C。又设函数 $F(s)$ 是 D 内的亚纯函数；它在 C 上每一点解析，并且在 C 上没有零点和极点，那么

$$\frac{1}{2\mathrm{j}\pi}\int_C \frac{F'(s)}{F(s)}\mathrm{d}s = Z - P$$

式中：Z 和 P 分别表示 $F(s)$ 在 D 内的零点和极点的数量，而且每个 k 阶零点或极点分别当作 k 个零点或极点。

接下来，给出映射定理的证明过程。

设在 D：$0<|s-s_0|<R\leqslant+\infty$ 内，函数 $F(s)$ 解析，不恒等于常数；而 $s=s_0$ 是 $F(s)$ 的零点或极点，于是在 D 内，$F(s)$ 可以写为

$$F(s) = (s-s_0)^k\varphi(s)$$

其中，$\varphi(s)$ 在 $|s-s_0|<R$ 内解析，并且不等于零，而 k 是一个不为零的整数。当 s_0 是函数 $F(s)$ 的 n 阶零点时，$k=n$；当 s_0 是函数 $F(s)$ 的 n 阶极点时，$k=-n$。在 D 内，有

$$\frac{F'(s)}{F(s)} = \frac{[(s-s_0)^k\varphi(s)]'}{(s-s_0)^k\varphi(s)} = \frac{k}{s-s_0} + \frac{\varphi'(s)}{\varphi(s)}$$

显然，$\frac{F'(s)}{F(s)}$在 D 内解析，在 s_0 处有一个极点，并且有

$$\mathrm{Res}\left(\frac{F'(s)}{F(s)},s_0\right) = k$$

当 s_0 是 $F(s)$ 的 n 阶零点时，$\mathrm{Res}\left(\frac{F'(s)}{F(s)},\ s_0\right)=n$；当 s_0 是 $F(s)$ 的 n 阶极点时，$\mathrm{Res}\left(\frac{F'(s)}{F(s)},\ s_0\right)=-n$。

由于 $F(s)$ 在 D 内只有有限个零点和极点，于是设它们分别为 $z_1,z_2,\cdots,z_m$ 和 $p_1,p_2,\cdots,p_n$，并且设它们的阶数分别为 $k_1,k_2,\cdots,k_m$ 和 $l_1,l_2,\cdots,l_n$。

设 $F(s)=(s-s_0)^k\varphi(s)=(s-s_0)^k\frac{N(s)}{P(s)}$，则有

$$F'(s) = k(s-s_0)^{k-1}\frac{N(s)}{P(s)} + (s-s_0)^k\frac{N'(s)P(s)-N(s)P'(s)}{P^2(s)}$$

$$\frac{F'(s)}{F(s)} = \frac{k(s-s_0)^{k-1}N(s)P(s)+(s-s_0)^k[N'(s)P(s)-N(s)P'(s)]}{(s-s_0)^kN(s)P(s)}$$

说明函数$\frac{F'(s)}{F(s)}$在 D 内有极点 $n+m$ 个，分别是 $z_1,z_2,\cdots,z_m,p_1,p_2,\cdots,p_n$，而在这些点的留数分别为 $k_1,k_2,\cdots,k_m,-l_1,-l_2,\cdots,-l_n$。

显然，在 D 内其他各点以及在 C 上，函数$\frac{F'(s)}{F(s)}$解析。依留数定理，有

$$\frac{1}{2j\pi}\int_C \frac{F'(s)}{F(s)}ds=\sum_{p=1}^{m}\mathrm{Res}\left(\frac{F'(s)}{F(s)},z_p\right)+\sum_{q=1}^{n}\mathrm{Res}\left(\frac{F'(s)}{F(s)},P_q\right)=\sum_{p=1}^{m}k_p-\sum_{q=1}^{n}l_g=Z-P$$

根据上面方程有等式$\int_C \frac{F'(s)}{F(s)}ds=2j\pi(Z-P)$ 成立。

由于 $F(s)$ 是一个复数，因此可以写为指数形式，即

$$F(s)=|F(s)|\cdot e^{j\theta}=|F|\cdot e^{j\theta}$$

于是，有

$$\frac{F'(s)}{F(s)}=\frac{d\ln|F|}{ds}+j\frac{d\theta}{ds}$$

如果 s 平面上的封闭曲线在 $F(s)$ 平面上的映射是封闭曲线 Γ，则

$$\oint\frac{F'(s)}{F(s)}ds=\oint_\Gamma d\ln|F|+j\oint_\Gamma d\theta=j\int d\theta=2j\pi(Z-P)$$

由于在封闭曲线 Γ 的起点和终点上，$\ln|F|$ 的大小相等，所以积分$\oint_\Gamma d\ln|F|=0$，因此得到

$$\frac{\theta_2-\theta_1}{2\pi}=Z-P$$

此时，角 θ 的最终值与最初值之差，等于 s 平面上的变量 s 沿封闭曲线运动时，$\frac{F'(s)}{F(s)}$相角的变化总量。令 N 是顺时针包围 $F(s)$ 平面上原点的次数，而 $\theta_2-\theta_1$ 等于零或者等于 2π 弧度的倍数，于是，有

$$\frac{\theta_2-\theta_1}{2\pi}=N$$

因此，$N=Z-P$。

三、 奈奎斯特稳定判据

1. 基本思路

为了采用映射定理判定系统的稳定性，可构造一条封闭曲线包围整个右半 s 平面。这条曲线由整个 $j\omega$ 轴（从 $-j\infty$ 到 $+j\infty$）和右半 s 平面上半径为无穷大的半圆构成，如图 6-25 所示。该封闭曲线称为奈奎斯特轨迹（或奈奎斯特回线），轨迹行进方向为顺时针。因为奈奎斯特轨迹包围了整个右半 s 平面，所以它必然包围了函数 $F(s)=1+G(s)H(s)$的所有具有正实部的零、极点。

在奈奎斯特轨迹不通过任何奇点的前提下，变量 s 顺时针方向通过奈奎斯特轨迹，将映射定理应用于函数 $F(s)=1+G(s)H(s)$，则

$$N=Z-P$$

式中：N 为函数 $F(s)$ 的映射曲线包围原点的次数；P 为 $F(s)$在右半 s 平面内的极点数；Z 为 $F(s)$ 在右半 s 平面内的零点数。

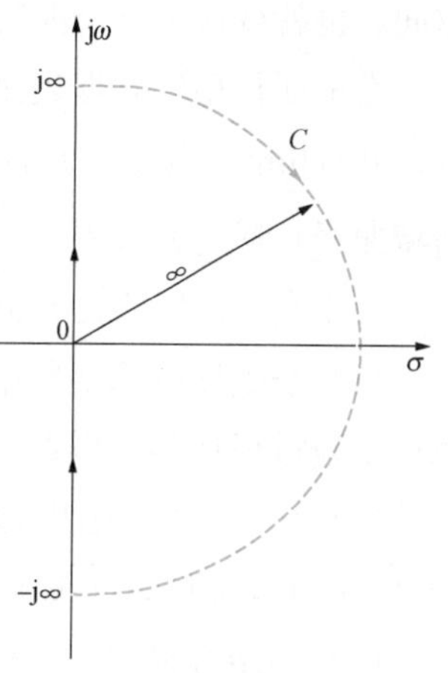

图 6 - 25 包围右半 s 平面的封闭曲线

当所有特征根都具有负实部时，系统稳定，此时，$Z=0$。若 $N=-P$，对应于 $Z=0$，说明系统稳定；若 $N\neq-P$，对应于 $Z\neq0$，说明系统不稳定。这样，判定闭环系统稳定性问题，转化为映射曲线包围原点次数和包围方向与开环传递函数在右半 s 平面上极点个数的等式判定问题。考虑到开环传递函数是已知的，即开环传递函数在右半 s 平面上极点个数已知，于是映射曲线及其特性成为接下来的主要研究对象。

2. 奈奎斯特轨迹与函数 $F(s)$ 映射曲线的关系

由于系统开环传递函数的零、极点的实部与虚部均为有界数，因此系统特征多项式的极限为

$$\lim_{s\to\infty}[1+G(s)H(s)]=1+\lim_{s\to\infty}G(s)H(s)=1+\lim_{s\to\infty}\frac{K\prod_{i=1}^{m}(s+z_i)}{s^N\prod_{j=N+1}^{n}(s+p_j)}$$

当 $n>m$ 时，$\lim\limits_{s\to\infty}[1+G(s)H(s)]=1$；当 $n=m$ 时，$\lim\limits_{s\to\infty}[1+G(s)H(s)]=1+K$，由于 K 有界，因此$\lim\limits_{s\to\infty}[1+G(s)H(s)]$ 必为有界数。于是，有

$$\lim_{s\to\infty}[1+G(s)H(s)]=\text{常数} \tag{6-19}$$

式（6 - 19）表明：当 s 沿半径为无穷大的半圆运动时，函数 $F(s)=1+G(s)H(s)$为恒定常数。因此，$1+G(s)H(s)$的轨迹是否包围了 $F(s)$ 平面的原点，只需考虑 s 平面封闭曲线的一部分，即只需考虑 jω 轴来确定。如果在 jω 轴上不存在零、极点，则 $F(s)$ 平面的映射曲线对原点的包围，仅发生在当变量 s 沿 jω 轴从$-$j∞运动到$+$j∞的过程中。

3. 函数 $F(s)$ 的映射曲线与奈奎斯特曲线的关系

对于函数 $F(s)=1+G(s)H(s)$，当 ω 从 $-\infty$ 变到 $+\infty$ 时，所得到的曲线为 $1+G(j\omega)H(j\omega)$。由于 $1+G(j\omega)H(j\omega)$是单位向量与 $G(j\omega)H(j\omega)$的向量和，因此 $1+G(j\omega)H(j\omega)$对应的曲线与 $G(j\omega)H(j\omega)$对应的曲线完全一致，只是向右平移了一个单位。于是，当 ω 从$-\infty$变到$+\infty$时，函数 $F(s)=1+G(s)H(s)$的映射曲线，就变成了函数 $G(s)H(s)$的映射曲线，即奈奎斯特曲线。函数 $F(s)=1+G(s)H(s)$的映射曲线对原点的包围次数与

方向，也就变成了奈奎斯特曲线对（−1，j0）点的包围次数与包围方向。

奈奎斯特稳定判据表述如下：如果开环传递函数 $G(s)H(s)$ 在右半 s 平面内有 k 个极点，并且 $\lim\limits_{s\to\infty}[1+G(s)H(s)]=$ 常数，当 ω 从 $-\infty$ 变到 $+\infty$ 时，$G(j\omega)H(j\omega)$ 的轨迹（奈奎斯特曲线）逆时针包围（−1，j0）点 k 次，那么闭环系统稳定。

关于奈奎斯特稳定判据的几点说明：

（1）奈奎斯特稳定判据的应用前提是，s 平面顺时针包围整个右半 s 平面的奈奎斯特轨迹不通过任何零、极点；

（2）$P=0$ 时，说明开环传递函数 $G(s)H(s)$ 没有在右半 s 平面内的极点，当 ω 从 $-\infty$ 变到 $+\infty$ 时，$G(j\omega)H(j\omega)$ 轨迹（奈奎斯特曲线）不包围（−1，j0）点，闭环系统稳定；

（3）利用方程 $Z=N+P$ 可求不稳定特征根的个数。

［例 6-3］ 设系统开环传递函数为

$$G(s)H(s)=\frac{10}{(s+1)(s+2)}$$

试绘制系统的奈奎斯特图，并确定系统的稳定性。

解 系统的开环频率特性为

$$G(j\omega)H(j\omega)=\frac{10}{(j\omega+1)(j\omega+2)}=\frac{10}{(j\omega)^2+3j\omega+2}$$

低频段（$\omega\to0$）

$$G(j\omega)H(j\omega)\big|_{\omega\to0}=\left.\frac{10}{(j\omega)^2+3j\omega+2}\right|_{\omega\to0}=5$$

表明奈奎斯特曲线起始于（5，j0）点。

高频段（$\omega\to+\infty$）

$$G(j\omega)H(j\omega)\big|_{\omega\to+\infty}=\left.\frac{10}{(j\omega)^2}\right|_{\omega\to+\infty}=\left.\frac{10}{\omega^2}\right|_{\omega\to+\infty}\cdot\frac{1}{j^2}=0\angle-180^\circ$$

表明奈奎斯特曲线从 -180° 方向终止于原点。

中频段（$0<\omega<\infty$）

$$G(j\omega)H(j\omega)=\frac{10}{2-\omega^2+3j\omega}=\frac{10(2-\omega^2-3j\omega)}{(2-\omega^2)^2+(3\omega)^2}$$

当 $\omega=0^+$ 时，$G(j\omega)H(j\omega)$ 的实部为正值，虚部为负值，说明奈奎斯特曲线起始于第四象限。

取 $\mathrm{Im}[G(j\omega)H(j\omega)]=0$，求奈奎斯特曲线与实轴的交点，有 $\omega=\infty$。由于 $\omega=\infty$ 不在中频段内，故舍去。

取 $\mathrm{Re}[G(j\omega)H(j\omega)]=0$，求奈奎斯特曲线与虚轴的交点，有

$$2-\omega^2=0,\ \omega=\sqrt{2}\,\mathrm{rad/s}$$

将 $\omega=\sqrt{2}\,\mathrm{rad/s}$ 代入开环频率特性，有

$$\mathrm{Im}[G(\mathrm{j}\sqrt{2})H(\mathrm{j}\sqrt{2})]=-\frac{10}{3\sqrt{2}}=-2.357$$

表明奈奎斯特曲线在中频段只与虚轴相交，交点为（0，$-\mathrm{j}2.357$）。

利用这三个频段的分析结果可以得到，当ω从0变到$+\infty$时，$G(\mathrm{j}\omega)H(\mathrm{j}\omega)$的大致轨迹。由于$\omega$从$-\infty$变到0时，$G(\mathrm{j}\omega)H(\mathrm{j}\omega)$的轨迹与上面得到的轨迹关于实轴对称，因此可以根据对称原则进行作图。于是，当ω从$-\infty$变到$+\infty$时，系统的奈奎斯特图为如图6-26所示的封闭曲线，曲线方向为顺时针。

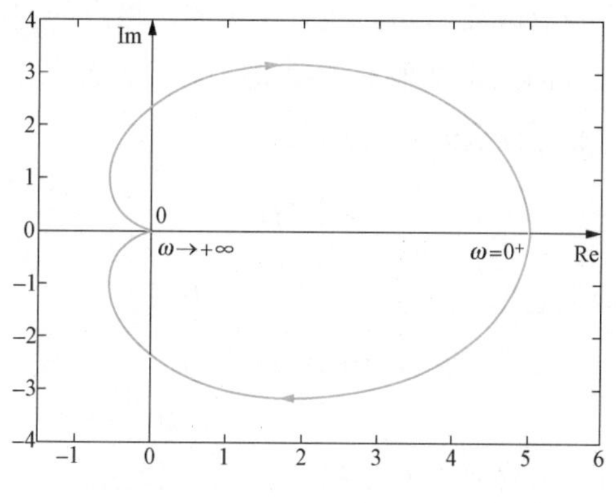

图6-26 ［例6-3］的奈奎斯特图

由于开环系统稳定，则$P=0$；奈奎斯特曲线不包围（-1，j0）点，则$N=0$；于是，有

$$Z=N+P=0$$

故闭环系统稳定。

四、虚轴上存在极点的奈奎斯特图

前面讲述的奈奎斯特图绘制方法，存在一个前提条件，就是系统开环传递函数在s平面的原点处无极点。只有0型系统符合这样的条件，但实际系统也可能是1型、2型或3型的。接下来，讨论开环传递函数中含有位于$\mathrm{j}\omega$轴的极点的情况下奈奎斯特图的画法，又称增补线的绘制方法。

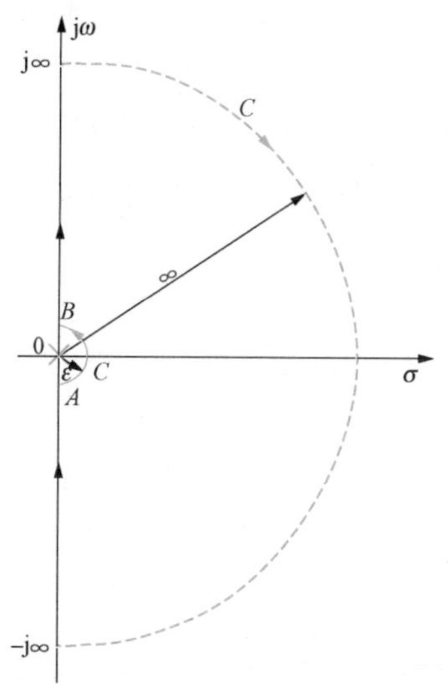

图6-27 绕行原点的封闭曲线C

由于位于s平面上的奈奎斯特轨迹不能通过开环传递函数的零点或极点，因此，如果开环传递函数有位于原点的零点或极点，那么，就必须改变s平面上封闭曲线的形状。具体作法是：在原点附近，采用具有无限小半径的半圆绕行原点的办法，对原有的封闭曲线进行修改，如图6-27所示。

在这种情况下，变量s沿着负$\mathrm{j}\omega$轴从$-\mathrm{j}\infty$运动到$\mathrm{j}0^-$，也就是图6-27中的A点；经过C点运动到$\mathrm{j}0^+$，也就是B点，在此绕行段变量s沿着半径为ε的半圆运动；再沿着正$\mathrm{j}\omega$轴从$\mathrm{j}0^+$运动到$\mathrm{j}\infty$；此后，变量s从$\mathrm{j}\infty$沿半径为无穷大的半圆运动到$-\mathrm{j}\infty$。变量s在整个运动过程中的轨迹为顺时

针方向。

由于绕行原点的小半圆的半径趋近于零，该小半圆的面积也趋近于零，因此，系统中位于右半 s 平面内的极点和零点仍然被这条封闭曲线所包围。说明针对奈奎斯特轨迹的修改并没有改变封闭曲线对系统零、极点的包围情况，为此，采用奈奎斯特稳定判据对系统稳定性的判定结果不会发生改变。下面，介绍小半圆映射曲线的求解方法。

设系统开环传递函数为

$$G(s)H(s)=\frac{K(1+T_a s)(1+T_b s)\cdots(1+T_m s)}{s^N(1+T_{N+1}s)(1+T_{N+2}s)\cdots(1+T_n s)}$$

为简便起见，取 $G_0(s)=G(s)H(s)$。

绕行原点的小半圆的方程为

$$s=\varepsilon \mathrm{e}^{\mathrm{j}\theta},\ \varepsilon\rightarrow 0,\ \theta\in[-90°,90°]$$

由于小半圆的半径 ε 趋近于 0，因此系统开环传递函数可以近似为

$$G_0(s)=\frac{K}{s^N}$$

则小半圆的映射方程为

$$G_0(s)=\frac{K}{\varepsilon^N}\mathrm{e}^{-\mathrm{j}N\theta}$$

由于 ε 趋近于 0，因此 $\frac{K}{\varepsilon^N}$ 趋近于无穷大。

考虑到在 s 平面上，变量 s 沿封闭曲线顺时针绕行，在小半圆上的运动时，起始于 A 点，经过 C 点到达 B 点，那么映射后，在 $G_0(s)$ 平面上的映射曲线（增补线）也应该从 G_A［A 点映射到 $G_0(s)$ 平面上的点］起，顺时针运动到 G_C［C 点映射到 $G_0(s)$ 平面上的点］，再到达 G_B［B 点映射到 $G_0(s)$ 平面上的点］。

将增补线的起点 G_A 与奈奎斯特曲线的 $\omega=0^-$ 对应的点相连，增补线的终点 G_B 与奈奎斯特曲线的 $\omega=0^+$ 对应的点相连，构成封闭的奈奎斯特曲线。据此，可以采用奈奎斯特稳定判据判断在 s 平面的原点处具有开环极点系统的稳定性。

[例 6-4] 已知系统开环传递函数为

$$G_0(s)=\frac{2(s+2)}{s^2}$$

试绘制系统的奈奎斯特图，并确定闭环系统的稳定性。

解 系统开环频率特性为

$$G_0(\mathrm{j}\omega)=\frac{2(\mathrm{j}\omega+2)}{(\mathrm{j}\omega)^2}=-\frac{2(\mathrm{j}\omega+2)}{\omega^2}$$

低频段（$\omega\rightarrow 0$）：近似开环频率特性为

$$G_0(\mathrm{j}\omega)\big|_{\omega\rightarrow 0}=\frac{4}{(\mathrm{j}\omega)^2}\bigg|_{\omega\rightarrow 0}=\frac{4}{\omega^2}\bigg|_{\omega\rightarrow 0}\cdot\frac{1}{\mathrm{j}^2}=\infty\angle-180°$$

表明奈奎斯特曲线起始于$-180°$方向的无穷远处。

高频段（$\omega\to+\infty$）：近似开环频率特性为

$$G_0(\mathrm{j}\omega)\big|_{\omega\to+\infty}=\frac{2\mathrm{j}\omega}{(\mathrm{j}\omega)^2}\bigg|_{\omega\to+\infty}=\frac{2}{\omega}\bigg|_{\omega\to+\infty}\cdot\frac{1}{\mathrm{j}}=0\angle-90°$$

表明奈奎斯特曲线从$-90°$方向终止于原点。

中频段（$0<\omega<\infty$）：开环频率特性为

$$G_0(\mathrm{j}\omega)=-\frac{2(\mathrm{j}\omega+2)}{\omega^2}$$

当$\omega=0^+$时，$G_0(\mathrm{j}\omega)$的实部与虚部均为负值，说明奈奎斯特曲线起始于第三象限。

取$\mathrm{Im}[G_0(\mathrm{j}\omega)]=0$，求奈奎斯特曲线与实轴的交点，有$-\frac{2\mathrm{j}\omega}{\omega^2}=0$，即$\omega=\infty$；

取$\mathrm{Re}[G_0(\mathrm{j}\omega)]=0$，求奈奎斯特曲线与虚轴的交点，有$-\frac{2}{\omega^2}=0$，即$\omega=\infty$。由于$\omega=\infty$不在中频段内，故舍去。

表明奈奎斯特曲线在中频段内与实轴和虚轴均不相交。

由于开环传递函数中包含积分因子，说明s平面的原点处存在开环极点，奈奎斯特轨迹必须绕行原点，因此需要绘制增补线。

绕行原点的小半圆方程为

$$s=\varepsilon\mathrm{e}^{\mathrm{j}\theta},\ \varepsilon\to0,\ \theta\in[-90°,90°]$$

由于小半圆的半径ε趋近于0，因此系统开环传递函数可以近似为

$$G_0(s)=\frac{4}{s^2}$$

则小半圆的映射方程为

$$G_0(s)=\frac{4}{\varepsilon^2}\mathrm{e}^{-\mathrm{j}2\theta}$$

小半圆的起始点A，对应角度为$\theta_{\mathrm{A}}=-90°$，映射结果为

$$G_{\mathrm{A}}=\frac{4}{\varepsilon^2}\mathrm{e}^{-\mathrm{j}2\theta_{\mathrm{A}}}=\frac{4}{\varepsilon^2}\mathrm{e}^{\mathrm{j}180°}=\infty\angle180°$$

小半圆的终止点B，对应角度为$\theta_{\mathrm{B}}=90°$，映射结果为

$$G_{\mathrm{B}}=\frac{4}{\varepsilon^2}\mathrm{e}^{-\mathrm{j}2\theta_{\mathrm{B}}}=\frac{4}{\varepsilon^2}\mathrm{e}^{-\mathrm{j}180°}=\infty\angle-180°$$

小半圆与实轴的交点C，对应角度为$\theta_{\mathrm{C}}=0°$，映射结果为

$$G_{\mathrm{C}}=\frac{4}{\varepsilon^2}\mathrm{e}^{-\mathrm{j}2\theta_{\mathrm{C}}}=\frac{4}{\varepsilon^2}\mathrm{e}^{\mathrm{j}0°}=\infty\angle0°$$

增补线（图6-28中的虚线）起始于G_{A}，沿顺时针方向经过G_{C}到达G_{B}。G_{A}与奈奎斯特曲线的$\omega=0^-$对应的点相连，增补线的终点G_{B}与奈奎斯特曲线的$\omega=0^+$对应的点相连，构成封闭曲线。

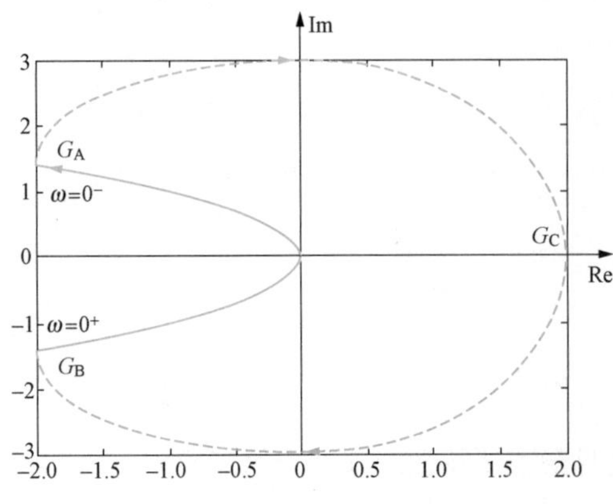

图 6-28　[例 6-4] 的奈奎斯特曲线

开环系统稳定，$P=0$；奈奎斯特曲线不包围（−1，j0）点，$N=0$；于是，有

$$Z=P+N=0$$

故闭环系统稳定。

五、非最小相位系统的增补线绘制方法

前面讲述的增补线绘制方法，是以最小相位系统为对象，但实际中存在非最小相位系统。接下来，针对一个具体的例子来介绍非最小相位系统的奈奎斯特图的绘制方法。

[例 6-5] 已知单位反馈控制系统的开环传递函数为

$$G_0(s)=\frac{0.5(s+3)}{s(s-1)}$$

试绘制系统的奈奎斯特图，并确定闭环系统的稳定性。

解 开环系统的频率特性为

$$G_0(\mathrm{j}\omega)=\frac{0.5(\mathrm{j}\omega+3)}{\mathrm{j}\omega(\mathrm{j}\omega-1)}=\frac{0.5\mathrm{j}\omega+1.5}{(\mathrm{j}\omega)^2-\mathrm{j}\omega}$$

低频段（$\omega\to 0$）：近似开环频率特性为

$$G_0(\mathrm{j}\omega)\big|_{\omega\to 0}=-\frac{1.5}{\mathrm{j}\omega}\bigg|_{\omega\to 0}=-\frac{1.5}{\omega}\bigg|_{\omega\to 0}\cdot\frac{1}{\mathrm{j}}=\infty\angle(-90^\circ+180^\circ)=\infty\angle 90^\circ$$

表明奈奎斯特曲线起始于 90°方向的无穷远处。

高频段（$\omega\to+\infty$）：近似开环频率特性为

$$G_0(\mathrm{j}\omega)\big|_{\omega\to+\infty}=\frac{0.5\mathrm{j}\omega}{(\mathrm{j}\omega)^2}\bigg|_{\omega\to+\infty}=\frac{0.5}{\omega}\bigg|_{\omega\to+\infty}\cdot\frac{1}{\mathrm{j}}=0\angle-90^\circ$$

表明奈奎斯特曲线从−90°方向终止于原点。

中频段（$0<\omega<\infty$）：开环频率特性为

$$G_0(\mathrm{j}\omega)=\frac{0.5\mathrm{j}\omega+1.5}{(\mathrm{j}\omega)^2-\mathrm{j}\omega}=-\frac{0.5}{\omega}\cdot\frac{(3+\mathrm{j}\omega)(\omega-\mathrm{j})}{\omega^2+1}=\frac{0.5[-4\omega+\mathrm{j}(3-\omega^2)]}{\omega(\omega^2+1)}$$

当 $\omega=0^+$ 时，$G_0(\mathrm{j}\omega)$ 的实部为负值，虚部为正值，奈奎斯特曲线起始于第二象限。

取 $\mathrm{Im}[G_0(\mathrm{j}\omega)]=0$，求奈奎斯特曲线与实轴的交点，有

$$3-\omega^2=0,\quad \omega=\sqrt{3}\,\mathrm{rad/s}$$

$$\mathrm{Re}[G_0(\mathrm{j}\sqrt{3})]=\frac{0.5(-4\omega)}{\omega(\omega^2+1)}\bigg|_{\omega=\sqrt{3}}=-0.5$$

奈奎斯特曲线与实轴相交，交点为（−0.5，j0）。

取 $\mathrm{Re}[G_0(\mathrm{j}\omega)]=0$，求奈奎斯特曲线与虚轴的交点，有 $\omega=\infty$。由于 $\omega=\infty$ 不在中频

段内，故舍去。

表明奈奎斯特曲线在中频段内只与实轴相交，交点为（-0.5，j0）。

由于开环传递函数中包含积分因子，说明 s 平面的原点处存在开环极点，奈奎斯特轨迹必须绕行原点，因此需要绘制增补线。

绕行原点的小半圆方程为

$$s=\varepsilon e^{j\theta},\ \varepsilon\to 0,\ \theta\in[-90°,90°]$$

由于小半圆的半径 ε 趋近于 0 时，因此开环传递函数可以近似为

$$G_0(s)=-\frac{1.5}{s}$$

则小半圆的映射方程为

$$G_0(s)=-\frac{1.5}{\varepsilon}e^{-j\theta}$$

小半圆的起始点 A，对应角度为 $\theta_A=-90°$，映射结果为

$$G_A=-\frac{1.5}{\varepsilon}e^{-j\theta_A}=-\frac{1.5}{\varepsilon}e^{j90°}=\infty\angle 270°$$

小半圆的终止点 B，对应角度为 $\theta_B=90°$，映射结果为

$$G_B=-\frac{1.5}{\varepsilon}e^{-j\theta_B}=-\frac{1.5}{\varepsilon}e^{-j90°}=\infty\angle 90°$$

小半圆与实轴的交点 C，对应角度为 $\theta_C=0°$，映射结果为

$$G_C=-\frac{1.5}{\varepsilon}e^{-j\theta_C}=-\frac{1.5}{\varepsilon}e^{j0°}=\infty\angle 180°$$

增补线起始于 G_A，沿顺时针方向经过 G_C 到达 G_B。G_A 与奈奎斯特曲线的 $\omega=0^-$ 对应的点相连，增补线的终点 G_B 与奈奎斯特曲线的 $\omega=0^+$ 对应的点相连，构成封闭的奈奎斯特曲线。

开环系统不稳定，在右半 s 平面上有一个极点，$P=1$；奈奎斯特曲线顺时针包围（-1，j0）点 1 次，$N=1$；于是，有

$$Z=P+N=2\neq 0$$

故闭环系统不稳定。

从［例 6-5］可以看出，非最小相位系统的奈奎斯特曲线的低频段和增补线的相角比最小相位系统的相角增加了 180°，这是由于函数 $G_0(s)=-\frac{1.5}{s}$ 所致。由于该函数中包含一个负号，当采用模值与辐角形式表示复数时，模值必须为正，此时负号只能由辐角产生，由于 $j^2=-1$，因此产生了 180°的相移。

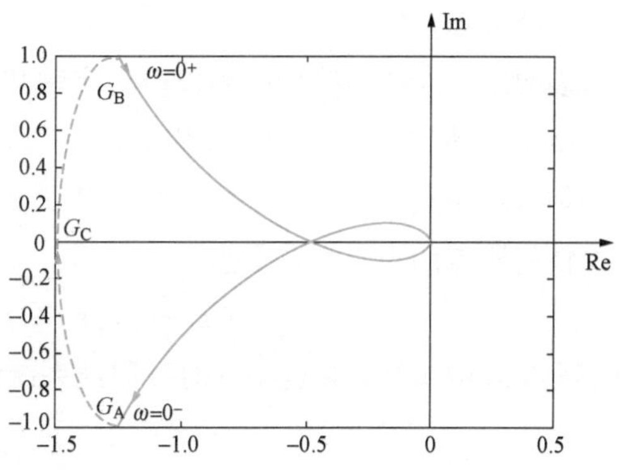

图 6-29 ［例 6-5］的奈奎斯特曲线

如果非最小相位系统含有多个右半 s 平面上的零点和极点，在采用上述方法绘制奈奎斯特曲线的低频段和增补线时，会发现这样一个现象：当开环传递函数在右半 s 平面上的零点和极点数总和为奇数时，会产生 180°的相移；当开环传递函数在右半 s 平面上的零点和极点数总和为偶数时，不会产生相移。

［例 6-6］ 已知闭环系统的开环传递函数为

$$G_0(s)=\frac{2(s-3)}{s(s-1)}$$

试绘制系统的奈奎斯特图，并确定闭环系统的稳定性，同时给出不稳定的闭环极点个数。

解 开环系统的频率特性为

$$G_0(\mathrm{j}\omega)=\frac{2(\mathrm{j}\omega-3)}{\mathrm{j}\omega(\mathrm{j}\omega-1)}=\frac{2\mathrm{j}\omega-6}{(\mathrm{j}\omega)^2-\mathrm{j}\omega}$$

低频段（$\omega\to0$）：近似开环频率特性为

$$G_0(\mathrm{j}\omega)\big|_{\omega\to0}=\frac{6}{\mathrm{j}\omega}\bigg|_{\omega\to0}=\frac{6}{\omega}\bigg|_{\omega\to0}\cdot\frac{1}{\mathrm{j}}=\infty\angle-90^\circ$$

表明奈奎斯特曲线起始于-90°方向的无穷远处。

高频段（$\omega\to+\infty$）：近似开环频率特性为

$$G_0(\mathrm{j}\omega)\big|_{\omega\to+\infty}=\frac{2\mathrm{j}\omega}{(\mathrm{j}\omega)^2}\bigg|_{\omega\to+\infty}=\frac{2}{\omega}\bigg|_{\omega\to+\infty}\cdot\frac{1}{\mathrm{j}}=0\angle-90^\circ$$

表明奈奎斯特曲线从-90°方向终止于原点。

中频段（$0<\omega<\infty$）：近似开环频率特性为

$$G_0(\mathrm{j}\omega)=\frac{2\mathrm{j}\omega-6}{(\mathrm{j}\omega)^2-\mathrm{j}\omega}=\frac{2}{\omega}\cdot\frac{(3-\mathrm{j}\omega)(\omega-\mathrm{j})}{\omega^2+1}=\frac{2[2\omega-\mathrm{j}(3+\omega^2)]}{\omega(\omega^2+1)}$$

当 $\omega=0^+$ 时，$G_0(\mathrm{j}\omega)$ 的实部为正值，虚部为负值，奈奎斯特曲线起始于第四象限。

取 $\mathrm{Im}[G_0(\mathrm{j}\omega)]=0$，求奈奎斯特曲线与实轴的交点，有

$$3+\omega^2=0，\ \omega=\mathrm{j}\sqrt{3}，\ 舍去$$

取 $\mathrm{Re}[G_0(\mathrm{j}\omega)]=0$，求奈奎斯特曲线与虚轴的交点，有 $\omega=\infty$。由于 $\omega=\infty$不在中频段内，故舍去。

表明奈奎斯特曲线在中频段内与实轴和虚轴均不相交。

由于开环传递函数中包含积分因子，说明 s 平面的原点处存在开环极点，奈奎斯特轨迹必须绕行原点，因此，需要绘制增补线。

绕行原点的小半圆方程为

$$s=\varepsilon\mathrm{e}^{\mathrm{j}\theta}，\ \varepsilon\to0，\ \theta\in[-90^\circ,90^\circ]$$

由于小半圆的半径 ε 趋近于 0 时，因此系统开环传递函数可以近似为

$$G_0(s)=\frac{6}{s}$$

则小半圆的映射方程为

$$G_0(s)=\frac{6}{\varepsilon}e^{-j\theta}$$

小半圆的起始点 A，对应角度为 $\theta_A=-90°$，映射结果为

$$G_A=\frac{6}{\varepsilon}e^{-j\theta_A}=\frac{6}{\varepsilon}e^{j90°}=\infty\angle 90°$$

小半圆的终止点 B，对应角度为 $\theta_B=90°$，映射结果为

$$G_B=\frac{6}{\varepsilon}e^{-j\theta_B}=\frac{6}{\varepsilon}e^{-j90°}=\infty\angle -90°$$

小半圆与实轴的交点 C，对应角度为 $\theta_C=0°$，映射结果为

$$G_C=\frac{6}{\varepsilon}e^{-j\theta_C}=\frac{6}{\varepsilon}e^{j0°}=\infty\angle 0°$$

如图 6-30 所示，增补线起始于 G_A，沿顺时针方向，经过 G_C 到达 G_B。G_A 与奈奎斯特曲线的 $\omega=0^-$ 对应的点相连，增补线的终点 G_B 与奈奎斯特曲线的 $\omega=0^+$ 对应的点相连，构成封闭的奈奎斯特曲线。

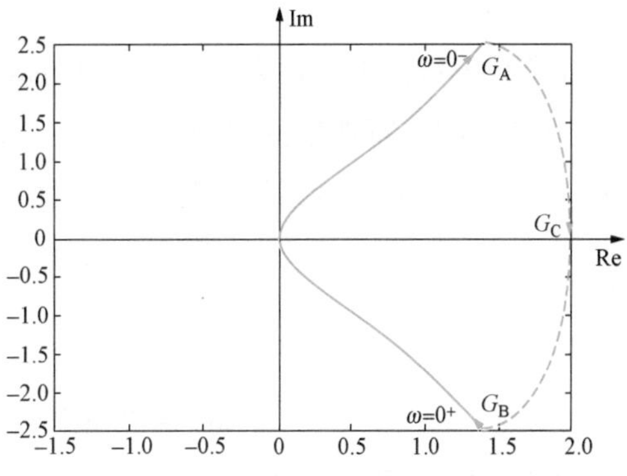

图 6-30 ［例 6-6］的奈奎斯特曲线

开环系统不稳定，在右半 s 平面上有一个极点，$P=1$；奈奎斯特曲线不包围（-1，j0）点 1 次，$N=0$；于是，有

$$Z=P+N=1\neq 0$$

故闭环系统不稳定，由于 $Z=1$，因此具有一个不稳定的闭环极点。

第五节 系统的相对稳定性和稳定裕量

在设计控制系统时，要求系统是稳定的，同时还要求系统必须具备适当的相对稳定性。奈奎斯特稳定判据不仅可以定性地判别系统的稳定性，而且可以定量地反映系统的稳定程度，即相对稳定性。

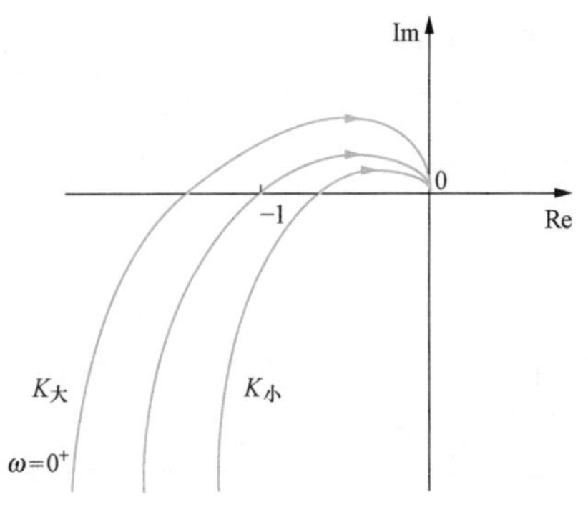

图 6-31 三种不同开环增益的奈奎斯特曲线

图 6-31 所示为三种不同开环增益的奈奎斯特图（开环系统为最小相位系统）。由于开环系统稳定，因此只有在奈奎斯特曲线不包围（-1，j0）点的条件下，闭环系统才是稳定的。当开环增益 K 取大值时，奈奎斯特曲线包围（-1，j0）点，此时系统不稳定；当 K 取值适中时，奈奎斯特曲线正好通过（-1，j0）点，此时系统处于临界稳定状态；当

K 取小值时，奈奎斯特曲线不包围（−1，j0）点，此时系统稳定。因此，系统开环频率特性曲线靠近（−1，j0）点的程度，表征了系统的相对稳定性。在 K 取小值一侧，奈奎斯特曲线离（−1，j0）点越远，闭环系统的相对稳定性越高。通常以相位裕量和增益裕量的形式表示这种靠近的程度。

在剪切频率处，使系统达到不稳定边缘所需要的额外相位滞后量，称为相位裕量。剪切频率是指开环频率特性的幅值等于 1 时的频率，记作 ω_c，也称为增益交界频率。设开环频率特性在剪切频率处的相角为 $\varphi(\omega_c)$，则相位裕量为

$$r = 180° + \varphi(\omega_c) \tag{6-20}$$

开环频率特性的相角为−180°时对应的频率称为相位交界频率或相位穿越频率（记为 ω_g），其开环频率特性幅值的倒数称为增益裕量，记为 K_g 或 GM，其中 $GM=20\lg K_g$，单位为 dB。令 $G_0(j\omega)$ 为系统开环频率特性，有

$$K_g = \frac{1}{|G_0(j\omega)|} \tag{6-21}$$

或

$$GM = 20\lg K_g = -20\lg|G_0(j\omega)|\,\text{dB} \tag{6-22}$$

当增益裕量以对数形式表示时，如果 $GM>1$，则增益裕量为正值；如果 $GM<1$，则增益裕量为负值。K_g 的具体含义为：如果系统开环传递函数的增益增大到原来的 K_g 倍，那么系统处于临界稳定状态。可以通过改变系统的开环增益达到调整 K_g 大小的目的。

只用增益裕量或者相位裕量，都不足以说明系统的相对稳定性，为了确定系统的相对稳定性，必须同时给出这两个量。对于最小相位系统，只有当相位裕量和增益裕量都是正值时，系统才是稳定的，负的裕量表示不稳定。当增益裕量 K_g 大于 1 时，或 GM 为正值时，认定增益裕量为正值。图 6-32 所示为稳定系统和不稳定系统的频率特性，并标明了它们的相位裕量和增益裕量。

适当的相位裕量和增益裕量可以防止系统中参数变化造成的影响。为了得到满意的暂态响应，相位裕量应当在 30°与 60°之间，增益裕量应当大于 6dB。对于最小相位系统，开环幅频特性和相频特性存在唯一的对应关系，上述相位裕量意味着，系统开环幅频特性曲线在剪切频率处的斜率应大于−40dB/dec，实际中常取−20dB/dec。

对于具有两个或两个以上个剪切频率的稳定系统，如图 6-33 所示。相位裕量应按最高的剪切频率（增益交界频率）进行计算。图 6-33 所示为某一最小相位系统的奈奎斯特图，由于奈奎斯特曲线不包围（−1，j0）点，故闭环系统稳定。图中有三个剪切频率，且 $\omega_1<\omega_2<\omega_3$，因此取 $\omega_c=\omega_3$，此时相位裕量为

$$\varphi(\omega_3) = 180° + \angle G_0(j\omega_3)$$

式中：$G_0(j\omega)$ 为系统开环频率特性。

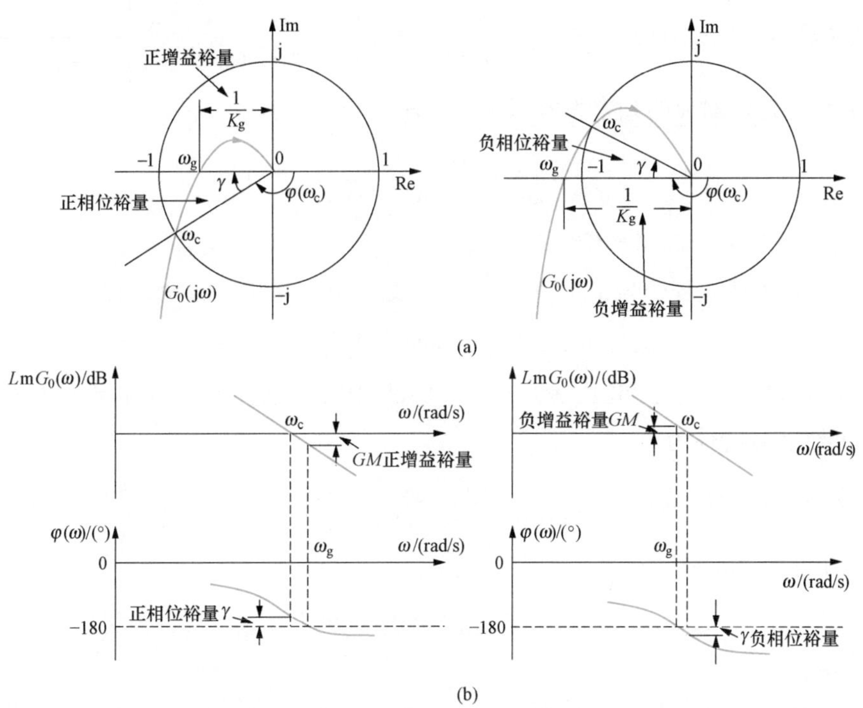

图 6-32 稳定系统和不稳定系统的频率特性

（a）奈奎斯特图；（b）伯德图

［例 6-7］ 如图 6-34 所示的反馈控制系统，试求当 $K=10$ 和 $K=100$ 时，系统的相位裕量和增益裕量。

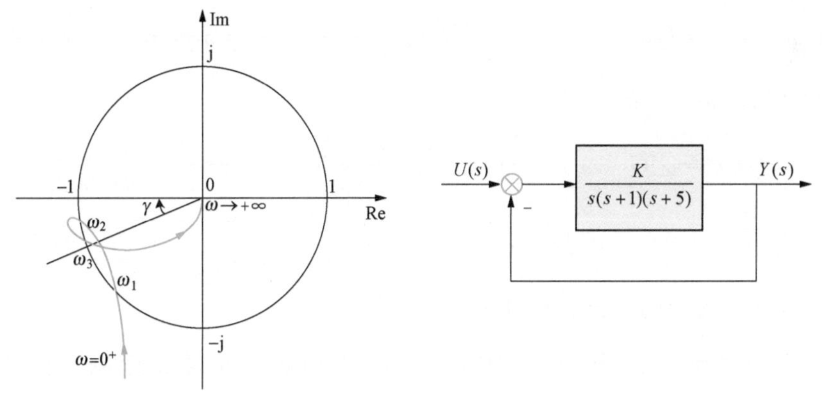

图 6-33 多个剪切频率的奈奎斯特图　　　　图 6-34 反馈控制系统框图

解 开环系统频率特性为

$$G_0(\mathrm{j}\omega)=\frac{K}{\mathrm{j}\omega(\mathrm{j}\omega+1)(\mathrm{j}\omega+5)}=\frac{K}{(\mathrm{j}\omega)^3+6(\mathrm{j}\omega)^2+5\mathrm{j}\omega}$$

开环幅频特性为

$$G_0(\omega)=|G_0(j\omega)|=\left|\frac{K}{-6\omega^2+j\omega(5-\omega^2)}\right|=\frac{K}{\sqrt{(-6\omega^2)^2+[\omega(5-\omega^2)]^2}}$$

取 $G_0(\omega_c)=1$，此时对应的频率为剪切频率，有

$$\frac{K}{\sqrt{(-6\omega_c^2)^2+[\omega(5-\omega_c^2)]^2}}=1$$

整理后，有 $\omega_c^6+26\omega_c^4+25\omega_c^2-K^2=0$。

令 $x=\omega_c^2$，上述方程变为 $x^3+26x^2+25x-K^2=0$。当 $K=10$ 时，有

$$x^3+26x^2+25x-100=0$$

解得 $x_1=1.5057$，$x_2=-2.6746$ 舍，$x_3=-24.8310$ 舍，则有 $\omega_c=\sqrt{x_1}=1.2271\text{rad/s}$。

开环系统相频特性为

$$\varphi(\omega)=\angle G_0(j\omega)=\angle\frac{10[-6\omega^2-j\omega(5-\omega^2)]}{(-6\omega^2)^2+[\omega(5-\omega^2)]^2}=\arctan\frac{-\omega(5-\omega^2)}{-6\omega^2}$$

取 $\omega=\omega_c=1.2271\text{rad/s}$，有

$$\varphi(\omega_c)=\angle G_0(j\omega_c)=\arctan\frac{-\omega_c(5-\omega_c^2)}{-6\omega_c^2}=\arctan\frac{-4.2878}{-9.0346}$$

由于 $\varphi(\omega_c)$ 为第三象限角，因此有 $\varphi(\omega_c)=\arctan\dfrac{-4.2878}{-9.0346}-180°=25°-180°$。于是 $K=10$时，相位裕量为 $\gamma=\varphi(\omega_c)+180°=25°$。

当 $K=100$ 时，$x^3+26x^2+25x-100^2=0$

$$x_1=15.2668,\quad x_{2,3}=-20.6334\pm j15.1419(\text{舍})$$

则有 $\omega_c=\sqrt{x_1}=3.9073\text{rad/s}$。开环系统相频特性为

$$\varphi(\omega)=\angle G_0(j\omega)=\angle\frac{100[-6\omega^2-j\omega(5-\omega^2)]}{(-6\omega^2)^2+[\omega(5-\omega^2)]^2}=\arctan\frac{-\omega(5-\omega^2)}{-6\omega^2}$$

取 $\omega=\omega_c=3.9073\text{rad/s}$，有

$$\varphi(\omega_c)=\angle G_0(j\omega_c)=\arctan\frac{-\omega_c(5-\omega_c^2)}{-6\omega_c^2}=\arctan\frac{40.1162}{-91.6020}$$

由于 $\varphi(\omega_c)$ 为第二象限角，因此有 $\varphi(\omega_c)=\arctan\dfrac{40.1162}{-91.6020}+180°=-24°+180°$。于是 $K=100$ 时，相位裕量为 $\gamma=\varphi(\omega_c)+180°=-24°$。

取$\angle G_0(j\omega_g)=-180°$，有 $5-\omega_g^2=0$，即 $\omega_g=\sqrt{5}\text{rad/s}$，正是奈奎斯特曲线与实轴交点对应的频率。

当 $K=10$ 时，有 $G_0(\sqrt{5})=\left|G_0(j\sqrt{5})\right|=\left|\dfrac{10}{-6(\sqrt{5})^2+j\omega[5-(\sqrt{5})^2]}\right|=\dfrac{10}{30}=\dfrac{1}{3}$

增益裕量为

$$GM=20\lg K_g=20\lg\frac{1}{G_0(\omega_g)}=-20\lg G_0(\sqrt{5})=-20\lg\frac{1}{3}=9.5(\text{dB})$$

当 $K=100$ 时，有

$$G_0(\sqrt{5}) = |G_0(\mathrm{j}\sqrt{5})| = \left|\frac{100}{-6(\sqrt{5})^2 + \mathrm{j}\omega[5-(\sqrt{5})^2]}\right| = \frac{100}{30} = \frac{10}{3}$$

增益裕量为

$$GM = 20\lg K_g = 20\lg\frac{1}{G_0(\omega_g)} = -20\lg G_0(\sqrt{5}) = -20\lg\frac{10}{3} = -10.5(\mathrm{dB})$$

因此，当 $K=10$ 时，相位裕量 $\gamma=25°$ 为正，增益裕量 $GM=9.5\mathrm{dB}$ 为正，则闭环系统稳定；当 $K=100$ 时，相位裕量 $\gamma=-24°$ 为负，增益裕量 $GM=-10.5\mathrm{dB}$ 为负，则闭环系统不稳定。

第六节　闭环频率特性

图 6-35 所示一个稳定的单位反馈闭环控制系统，它的闭环传递函数为

$$G(s) = \frac{Y(s)}{U(s)} = \frac{G_0(s)}{1+G_0(s)}$$

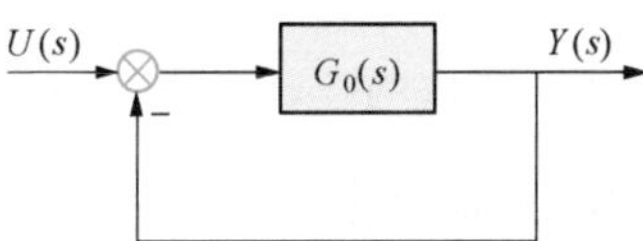

图 6-35　单位反馈闭环控制系统框图

闭环频率特性为

$$G(\mathrm{j}\omega) = \frac{G_0(\mathrm{j}\omega)}{1+G_0(\mathrm{j}\omega)}$$

可以不直接求解闭环频率特性，而是采用开环频率特性来确定闭环频率特性。

如图 6-36 所示，开环频率特性曲线上一点 A，它的频率特性值为 $G_0(\mathrm{j}\omega_1)$，可由向量 $\overrightarrow{OA}$ 表示，其中 ω_1 为 A 点对应的频率，向量 $\overrightarrow{OA}$ 的长度为 $|G_0(\mathrm{j}\omega_1)|$，向量 $\overrightarrow{OA}$ 的相角为 $\varphi(\omega_1)=\angle G_0(\mathrm{j}\omega_1)$。从（$-1$，j0）点到 A 点的向量为 $\overrightarrow{PA}$，$\overrightarrow{PA}=1+G_0(\mathrm{j}\omega_1)$。因此，闭环频率特性等于 $\overrightarrow{OA}$ 与 $\overrightarrow{PA}$ 之比，即

$$\frac{Y(\mathrm{j}\omega_1)}{X(\mathrm{j}\omega_1)} = \frac{G_0(\mathrm{j}\omega_1)}{1+G_0(\mathrm{j}\omega_1)} = \frac{\overrightarrow{OA}}{\overrightarrow{PA}} \tag{6-23}$$

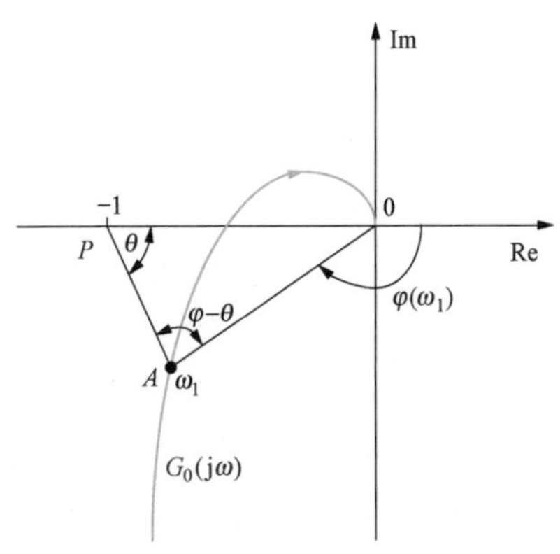

图 6-36　开环频率特性与闭环频率特性的关系

闭环频率特性的方程表明：闭环频率特性的幅值为向量 $\overrightarrow{OA}$ 与向量 $\overrightarrow{PA}$ 的幅值比；闭环频率特性的相角为向量 $\overrightarrow{OA}$ 和向量 $\overrightarrow{PA}$ 之间的夹角，即 $\varphi-\theta$。只要测量出不同频率处向量的大小和相角，就可以求出闭环频率特性的曲线。

下面介绍采用等幅值轨迹和等相角轨迹，附加奈奎斯特曲线确定闭环频率特性的方法。

设闭环频率特性的幅值为 M，相角为 α，此时的闭环频率特性为

$$\frac{Y(\mathrm{j}\omega)}{X(\mathrm{j}\omega)} = M\mathrm{e}^{\mathrm{j}\alpha} \tag{6-24}$$

一、等幅值轨迹（等 M 圆）

令开环频率特性为

$$G_0(\mathrm{j}\omega) = X + \mathrm{j}Y$$

式中：X 为 $G_0(\mathrm{j}\omega)$ 的实部；Y 为 $G_0(\mathrm{j}\omega)$ 的虚部。

闭环幅频特性为

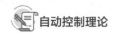

$$M = \left|\frac{Y(\mathrm{j}\omega)}{X(\mathrm{j}\omega)}\right| = \left|\frac{G_0(\mathrm{j}\omega)}{1+G_0(\mathrm{j}\omega)}\right| = \left|\frac{X+\mathrm{j}Y}{1+X+\mathrm{j}Y}\right|$$

整理后，有

$$M^2 = \frac{X^2+Y^2}{(1+X)^2+Y^2} \tag{6-25}$$

当 $M=1$ 时，式（6-25）变为 $X=-\frac{1}{2}$，是一条通过 $\left(-\frac{1}{2}, 0\right)$ 点且平行于 Y 轴的直线。当 $M\neq 1$ 时，式（6-25）可变为

$$\left(X+\frac{M^2}{M^2-1}\right)^2 + Y^2 = \frac{M^2}{(M^2-1)^2} \tag{6-26}$$

式（6-26）为圆，圆心为 $\left(-\frac{M^2}{M^2-1}, 0\right)$，半径为 $\left|\frac{M}{M^2-1}\right|$。这是一簇圆，如图 6-37 所示。对于一个给定的 M 值，就能得到圆心和半径。

当 $M>1$ 时，随着 M 值的增大，M 圆逐渐减小，最后收敛到（-1，0）点，此时 M 圆的圆心位于（-1，0）点的左侧；当 $M<1$ 时，随着 M 值的减小，M 圆逐渐减小，最后收敛到原点，此时 M 圆的圆心位于原点的右侧。

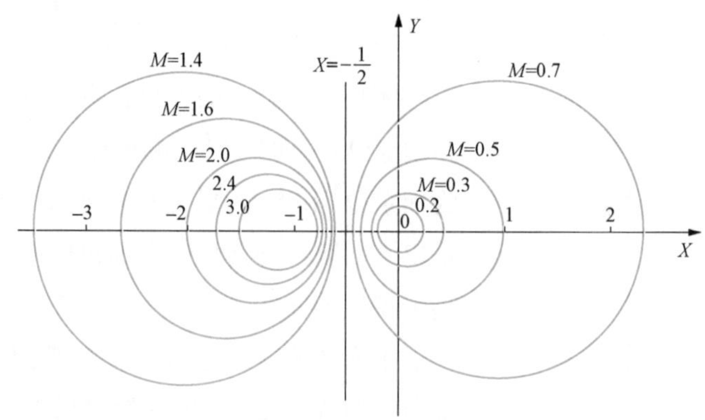

图 6-37　等 M 圆

二、等相角轨迹（等 N 圆）

闭环频率特性的相角为

$$\angle\frac{Y(\mathrm{j}\omega)}{X(\mathrm{j}\omega)}=\angle\frac{X+\mathrm{j}Y}{1+X+\mathrm{j}Y}=\angle(X+\mathrm{j}Y)-\angle(1+X+\mathrm{j}Y)=\arctan\frac{Y}{X}-\arctan\frac{Y}{1+X}$$

令 $\alpha=\arctan\frac{Y}{X}-\arctan\frac{Y}{1+X}$，设 $N=\tan\alpha$

$$N=\tan\left[\arctan\frac{Y}{X}-\arctan\frac{Y}{1+X}\right]=\frac{\frac{Y}{X}-\frac{Y}{1+X}}{1+\frac{Y}{X}\cdot\frac{Y}{1+X}}=\frac{Y}{X^2+X+Y^2}$$

整理后，有

$$\left(X+\frac{1}{2}\right)^2+\left(Y-\frac{1}{2N}\right)^2=\frac{1}{4}+\left(\frac{1}{2N}\right)^2 \tag{6-27}$$

式（6-27）为圆，圆心位于$\left(-\frac{1}{2}，\frac{1}{2N}\right)$，半径为$\sqrt{\frac{1}{4}+\left(\frac{1}{2N}\right)^2}$。

N 圆是一簇圆，如图 6-38 所示。不管 N 取何值，每一个圆都通过原点和（−1，0）点。应当注意的是，当 $\alpha=\alpha_1$ 和 $\alpha=\alpha_1+180°n$，$(n=1,2,\cdots)$ 时，N 圆是相同的，说明 N 圆是多值的，应用时一定要恰当地选取 α 的值。

三、闭环频率特性的图解方法

利用等 M 圆和等 N 圆，根据开环频率特性，可以直接求出全部闭环频率特性，而不必计算闭环传递函数在每一个频率上的幅值和相角。

1. 闭环幅频特性曲线

闭环幅频特性曲线的具体绘制步骤如下：

（1）将等 M 圆与开环频率特性曲线叠加在一张图上。

（2）开环频率特性曲线与等 M 圆产生一系列交点，对于每一个交点，对应的 M 值已知，根据

$$M_i=\left|\frac{G_0(\mathrm{j}\omega_i)}{1+G_0(\mathrm{j}\omega_i)}\right|$$

可求 ω_i 的值。

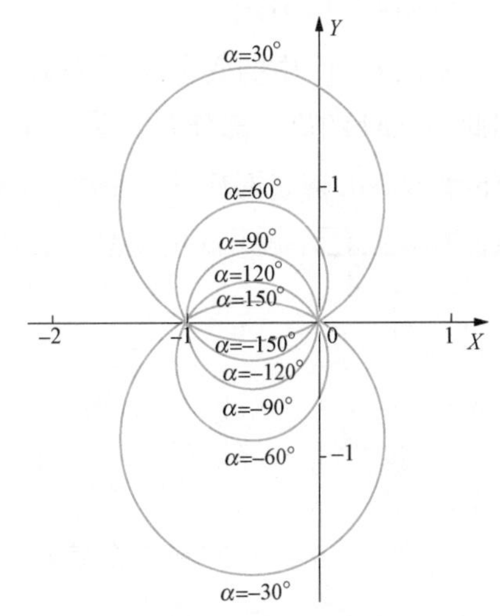

图 6-38　等 N 圆

（3）采用均匀刻度坐标系绘制闭环频率特性曲线。

对应于开环频率特性曲线与等 M 圆相切的情况，且有最小半径的 M 圆上的 M 值，就是谐振峰值，如图 6-39 所示。开环频率特性曲线与 $M=2.2$ 的圆相切，该点对应的频率

为 ω_5，因此闭环频率特性曲线中频率 ω_5 对应的幅值，就是谐振峰值。

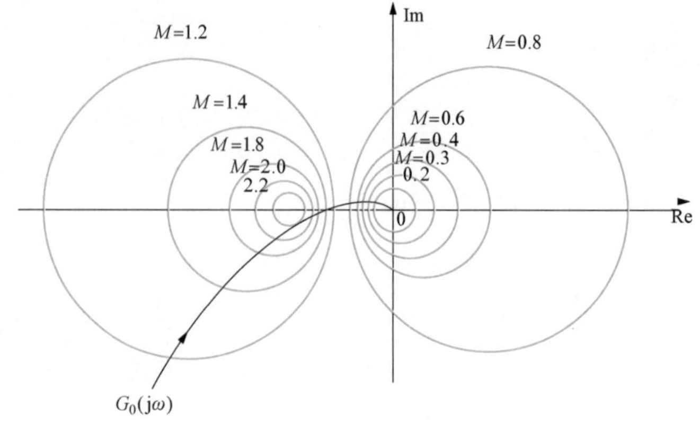

图 6-39　叠加奈奎斯特曲线的等 M 圆

图 6-39 中，随着开环频率特性曲线向原点的趋近，开环频率特性曲线不断地与等 M 圆相交，共有 14 个交点，对应有 14 个频率点，这些交点频率对应的幅值都大于零，最大的幅值出现在第五个交点（即 ω_5）处，谐振峰值为 $M=2.2$。

将等 M 圆与开环频率特性曲线交点处对应的频率 ω_i 逐一解出，再将（ω_i，M_i）点在均匀刻度坐标系中标出，利用一条光滑曲线将这些点连接起来，就得到了闭环频率特性曲线，如图 6-40 所示。

对图 6-40 中的变量 M 求对数 $20\lg M$，由于图中的 M 值处于 $0.2\leqslant M\leqslant 2.2$ 的范围内，因此 $20\lg M$ 的值一部分大于零，另一部分小于零，如图 6-41 所示。当闭环频率特性曲线下降到 -3dB 时，对应的频率称为截止频率，记为 ω_b。闭环系统将高于截止频率的信号分量滤掉，而允许低于截止频率的信号分量通过。

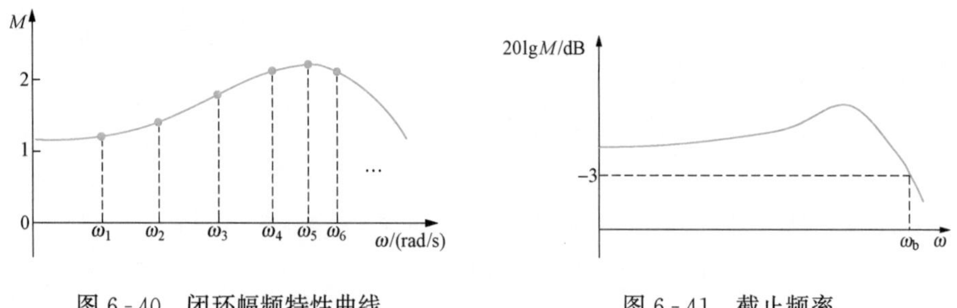

图 6-40　闭环幅频特性曲线　　　图 6-41　截止频率

在闭环系统的幅频特性曲线不低于 -3dB 的条件下，对应的频率范围 $0\leqslant\omega\leqslant\omega_b$ 称为系统的带宽。

对带宽的要求取决于下列因素：

（1）重现输入信号的能力：带宽越大，被滤掉的信号分量就越少，也就能更好地重现输入信号。

（2）对高频噪声过滤性的要求：从滤除高频噪声的角度来看，系统的带宽不宜过宽。

对输入信号的重现能力和对高频噪声过滤性要求，这两点相互矛盾，在设计中需要折中考虑。

剪切率是闭环对数幅频特性曲线在截止频率附近的斜率。剪切率表征了系统从噪声中辨识信号的能力。

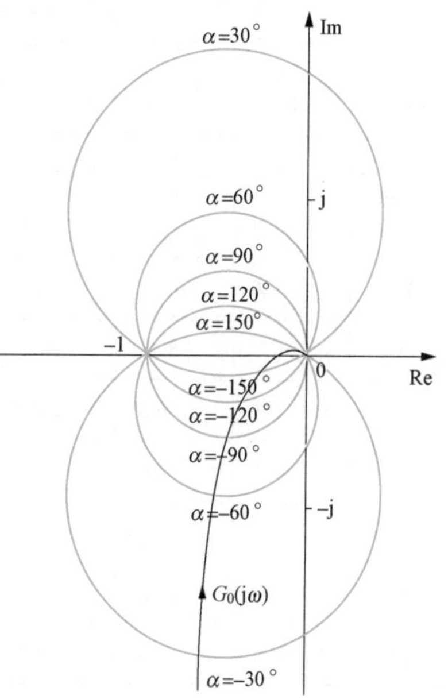

图 6-42 叠加奈奎斯特图的等 N 圆

2. 闭环相频特性曲线

闭环相频特性曲线的具体绘制步骤如下：

（1）将等 N 圆与开环频率特性曲线叠加在一张图中，如图 6-42 所示。

（2）开环频率特性曲线与等 N 圆产生一系列交点，由于每一个交点的 N 值已知，可根据 $\alpha_i=\angle\dfrac{G_0(j\omega_i)}{1+G_0(j\omega_i)}$ 求解 ω_i 的值。

（3）在均匀刻度坐标系中，将（ω_i，α_i）点标出，利用一条光滑曲线将这些点连接起来，得出闭环相频特性曲线，如图 6-43 所示。

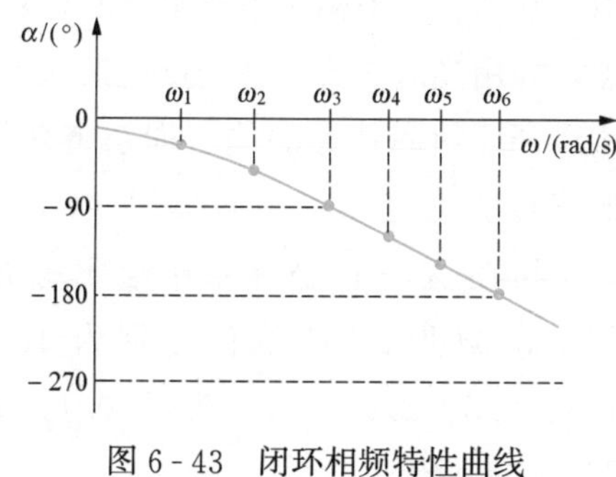

图 6-43 闭环相频特性曲线

[例 6-8] 已知单位反馈控制系统的开环频率特性为

$$G_0(j\omega)=\frac{10}{j\omega(1+0.2j\omega)(1+0.05j\omega)}$$

试绘制闭环频率特性曲线。

解 系统开环频率特性为

$$G_0(j\omega)=\frac{10}{-0.25\omega^2+j\omega(1-0.01\omega^2)}$$

$$=\frac{10[-0.25\omega^2-j\omega(1-0.01\omega^2)]}{(-0.25\omega^2)^2+[\omega(1-0.01\omega^2)]^2}$$

令 $G_0(j\omega)=X+jY$，这里，有

$$X=\frac{-2.5\omega^2}{(-0.25\omega^2)^2+[\omega(1-0.01\omega^2)]^2}$$

$$Y=\frac{-10\omega(1-0.01\omega^2)}{(-0.25\omega^2)^2+[\omega(1-0.01\omega^2)]^2}$$

ω 从 0^+ 开始取值，根据上面得到的 X 和 Y 表达式，计算每一个频率对应的曲线坐标值。该曲线的坐标见表 6-1。

表 6-1　　开环频率特性曲线的坐标值与频率的对应表

ω	2.05	2.1	2.5	3	3.6	4	4.5	4.8	5
X	−2.12	−2.1	−1.97	−1.8	−1.6	−1.47	−1.32	−1.23	−1.18
Y	−3.98	−3.86	−2.97	−2.2	−1.55	−1.25	−0.951	−0.799	−0.709
ω	5.9	6	6.3	6.4	6.5	6.7	6.8	6.9	7
X	−0.963	−0.944	−0.886	−0.864	−0.844	−0.806	−0.787	−0.772	−0.756
Y	−0.429	−0.41	−0.35	−0.328	−0.308	−0.268	−0.249	−0.238	−0.226
ω	7.5	8	9	9.6	9.7	9.9	10	10.5	11
X	−0.679	−0.607	−0.494	−0.437	−0.43	−0.414	−0.4	−0.363	−0.329
Y	−0.165	−0.111	−0.0454	−0.0176	−0.0147	−0.0081	0	0.0125	0.0241
ω	12	13	14	15	16	17	20	30	44
X	−0.278	−0.229	−0.194	−0.162	−0.139	−0.118	−0.0735	−0.0208	−0.0055
Y	0.0369	0.0469	0.0504	0.053	0.0521	0.0512	0.0441	0.0222	0.0091

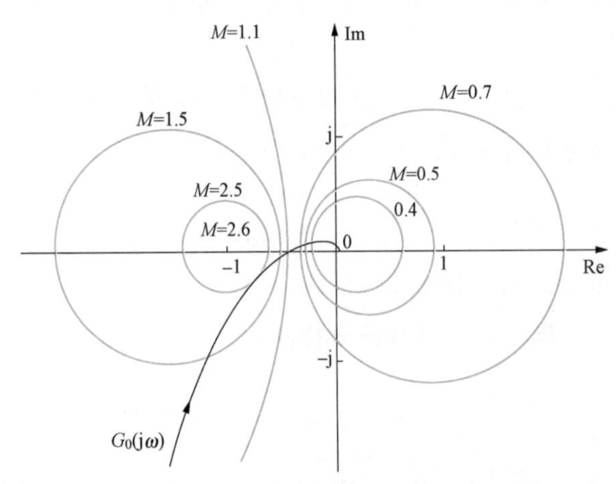

图 6-44　叠加奈奎斯特曲线的等 M 圆

根据表 6-1 中 X 轴和 Y 轴的坐标值，在 $X—Y$ 坐标系中标出（X_i，Y_i）点，并用光滑曲线将这些点连接起来，构成开环频率特性曲线（即奈奎斯特曲线）。

再在 $X—Y$ 坐标系中绘出等 M 圆。等 M 圆的 M 取值分别为 1.1、1.5、2.5、2.6、0.7、0.5、0.4，如图 6-44 所示。

奈奎斯特曲线与 M 圆的交点见表 6-2。由于部分交点处对应的频率值处于表 6-1 给出的频率值之间，需要进行差值处理。

表 6-2　　等 M 圆与奈奎斯特曲线交点及对应的频率

M 值	交点坐标	频率值 ω
M=1.1	(−2.1，−3.86)	读数 2.1
	(−0.533，−0.0679)	差值结果 8.6570
M=1.5	(−1.43，−1.17)	差值结果 4.1067
	(−0.604，−1.09)	读数 8

续表

M值	交点坐标	频率值 ω
M=2.5	(−0.958，−0.424)	读数 5.95
	(−0.787，−0.25)	读数 6.8
M=2.6	(−0.865，−0.329)	读数 6.4
M=0.7	(−0.422，−0.00113)	读数 9.85
M=0.5	(−0.335，0.0227)	差值结果 10.9397
M=0.4	(−0.292，0.0335)	差值结果 11.7344

关于M值的插值计算（采用线性插值算法）：

（1）当$M=1.1$时，等M圆与奈奎斯特曲线的交点为（−0.533，−0.0679），处于两个已知开环频率特性曲线的坐标（−0.494，−0.0454）和（−0.607，−0.111）之间。为了比较准确地计算交点处的频率值，采用以下的线性插值计算方法计算交点。计算过程的图形关系如图 6-45（a）所示。

$$\frac{0.111-0.0679}{x}=\frac{0.111-0.0454}{9-8}$$

解得$x=0.6750$，则有$\omega=8+x=8.6750$。

（2）当$M=1.5$时，如图6-45（b）所示，等M圆与奈奎斯特曲线的交点（−1.43，−1.17）处对应的频率为

$$\frac{1.55-1.17}{x-3.6}=\frac{1.55-1.25}{4-3.6}$$

$$x=3.6+0.4\times\frac{1.55-1.17}{1.55-1.25}=4.1067$$

则有$\omega=x=4.1067$。

（3）当$M=0.5$时，如图 6-45（c）所示，等M圆与奈奎斯特曲线的交点（−0.335，0.0227）处对应的频率为

$$\frac{0.0227-0.0125}{x}=\frac{0.0241-0.0125}{11-10.5}$$

解得$x=0.4397$，则有$\omega=10.5+x=10.9397$。

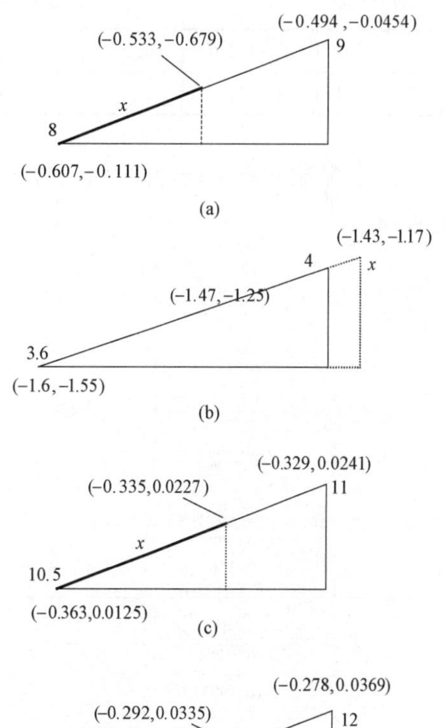

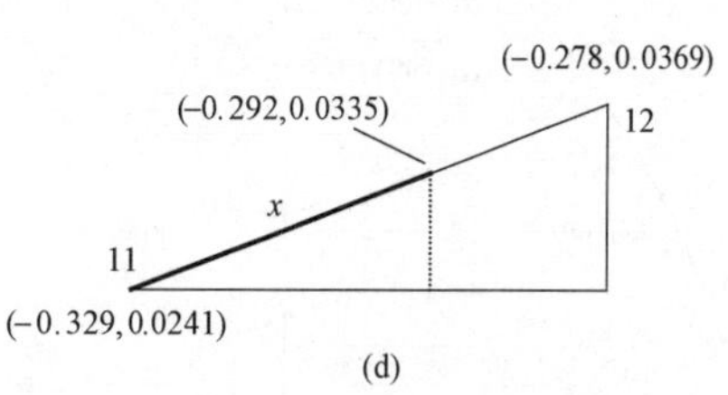

图 6-45 ［例 6-8］奈奎斯特曲线与等M圆交点的线性插值图示

（a）$M=1.1$；（b）$M=1.5$；（c）$M=0.5$；（d）$M=0.4$

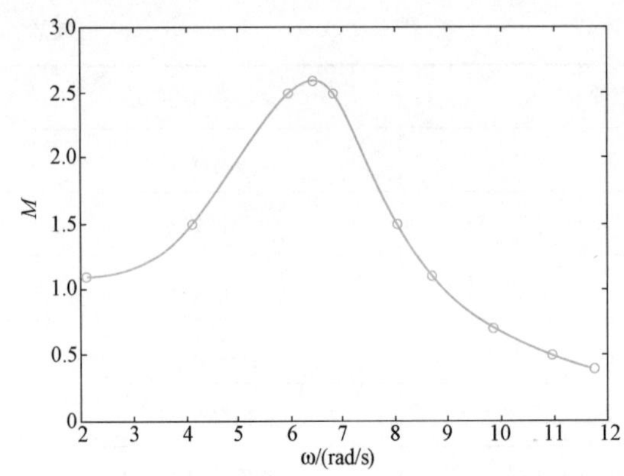

图 6-46 ［例 6-8］的闭环幅频特性曲线

（4）当 $M=0.4$ 时，如图 6-45（d）所示，等 M 圆与奈奎斯特曲线的交点（−0.292，0.0335）处对应的频率为

$$\frac{0.0335-0.0241}{x}=\frac{0.0369-0.0241}{12-11}$$

解得 $x=0.7344$，则有 $\omega=11+x=11.7344$。

奈奎斯特曲线与等 M 圆交点如图 6-46 所示。对 M 取不同值，共得到 10 组（ω_i，M_i）坐标，见表 6-3。

表 6-3　奈奎斯特曲线与等 *M* 圆的交点

ω	2.1	4.107	5.95	6.4	6.8	8	8.66	9.85	10.94	11.73
M	1.1	1.5	2.5	2.6	2.5	1.5	1.1	0.7	0.5	0.4

将等 N 圆和奈奎斯特曲线叠加在一张图中，如图 6-47 所示，并取交点，具体数据见表 6-4。

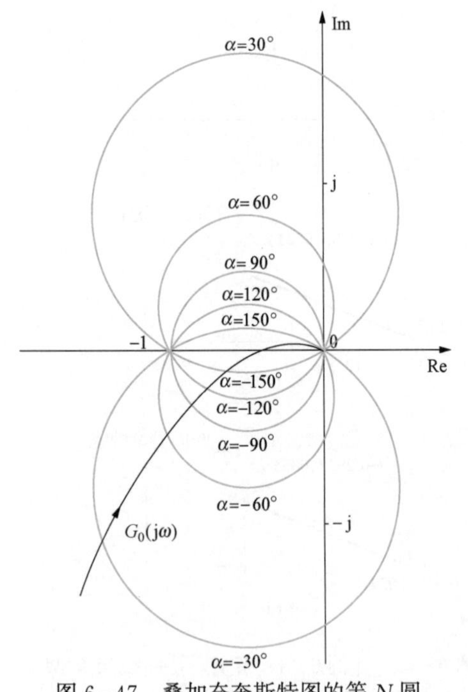

图 6-47　叠加奈奎斯特图的等 N 圆

表 6-4　奈奎斯特曲线与等 *N* 圆的交点坐标及频率值

α	X	Y	ω
−30°	−1.45	−1.22	读数 4
−60°	−1.04	−0.526	差值结果 5.6525
−90°	−0.883	−0.347	读数 6.3
−120°	−0.765	−0.233	读数 6.95
−150°	−0.633	−0.129	差值结果 7.833
−180°	−0.402	−0.00309	读数 10
−210°	−0.101	0.049	读数 18
−240°	−0.00539	0.00903	读数 44

关于 N 值的插值计算（采用线性插值算法）：

当 $\alpha=-60°$ 时，如图 6-48（a）所示，奈奎斯特曲线与等 N 圆的交点（−1.04，−0.526）处于奈奎斯特曲线两个点（−1.18，−0.790）和（−0.963，−0.429）之间，

不能直接读取该交点对应的频率值，必须通过差值方式，获得较为精确的频率值，有

$$\frac{0.709-0.526}{x}=\frac{0.709-0.429}{5.9-5}$$

解得 $x=0.6525$，则有 $\omega=5+x=5.6525$。

当 $\alpha=-150°$ 时，如图 6-48（b）所示，奈奎斯特曲线与等 N 圆的交点（-0.633，-0.129）处于奈奎斯特曲线上（-0.679，-0.165）和（-0.607，-0.111）两点之间，需要用差值方法求取交点处的频率，有

$$\frac{0.165-0.129}{x}=\frac{0.165-0.111}{8-7.5}$$

解得 $x=0.3333$，则有 $\omega=7.5+x=7.8333$。

共得到 8 组（ω_i，α_i）坐标数据，见表 6-5。将上述数据使用光滑曲线拟合后，得到闭环系统的相频特性曲线，如图 6-49 所示。

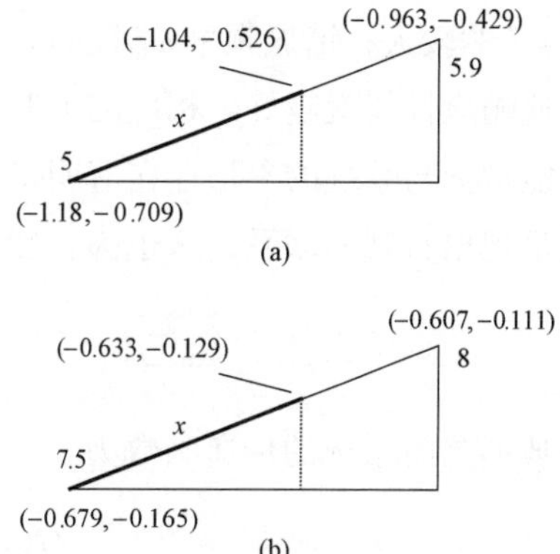

图 6-48 奈奎斯特曲线与等 N 圆交点的线性插值图示

（a）$\alpha=-60°$；（b）$\alpha=-150°$

表 6-5 **［例 6-8］的闭环相频特性曲线数据**

ω	4	5.65	6.3	6.95	7.83	10	18	44
α	$-30°$	$-360°$	$-90°$	$-120°$	$-150°$	$-180°$	$-210°$	$-240°$

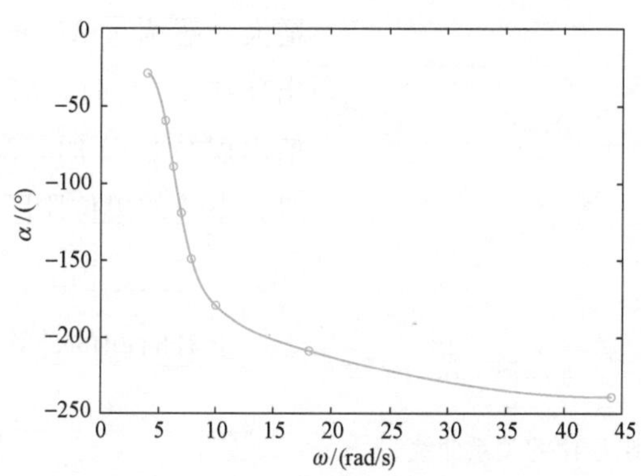

图 6-49 ［例 6-8］的闭环相频特性曲线

第七节 频域性能指标与时域性能指标的关系

系统的频域性能指标包括开环频率性能指标和闭环频率性能指标。开环频率性能指标有相位裕量、增益裕量和剪切频率；闭环频率性能指标有谐振频率、谐振峰值和

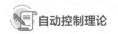

带宽。

系统的频域性能指标与时域性能指标之间必然存在某种联系。对于一般系统而言，很难用解析的方式来描述这种联系。只能粗略地认为，系统的谐振峰值 M_r 较大，则超调量 M_p 也必然较大；谐振频率 ω_r 较高，则对应的上升时间 t_r 会较小；带宽 ω_b 越宽，则系统的快速响应性能就越好，相应的上升时间 t_r 就会越短。但是，对于二阶系统而言，它的频域性能指标与系统的参量存在着明确的解析关系，使系统的频域性能指标与时域性能指标之间呈现出直观的联系。这也为一般系统提供了可靠的指引。

一、典型二阶系统时域性能指标与阻尼比的关系

典型二阶系统的传递函数为

$$G(s)=\frac{\omega_n^2}{s^2+2\zeta\omega_n s+\omega_n^2}$$

对此系统施加单位阶跃输入信号后，可以得到上升时间 t_r、峰值时间 t_p、调整时间 t_s 和超调量 M_p 这四个时域性能指标。下面逐一讨论每个性能指标与阻尼比的关系。

1. 超调量与阻尼比的关系

超调量可以由下列方程式描述

$$M_p=e^{-\frac{\zeta\pi}{\sqrt{1-\zeta^2}}}$$

上式表明：超调量 M_p 只与阻尼比 ζ 有关。

从图 6 - 50 可以看出，随着阻尼比 ζ 的增大，超调量 M_p 逐渐减小。M_p 的最大值出现在 $\zeta=0$ 时，M_p 的值为 1；M_p 的最小值出现在 $\zeta=1$ 时，M_p 的值为 0，说明 $\zeta\geqslant1$ 时，系统的单位阶跃响应不出现超调现象。

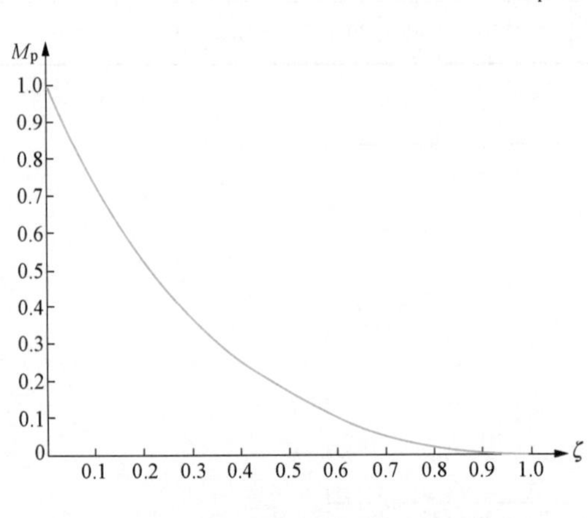

图 6 - 50 超调量与阻尼比的关系曲线

2. 上升时间与阻尼比的关系

上升时间的计算公式如下

$$t_r=\frac{\pi-\arctan\dfrac{\sqrt{1-\zeta^2}}{\zeta}}{\omega_n\sqrt{1-\zeta^2}}$$

上式表明：上升时间 t_r 与无阻尼自然振荡频率 ω_n 和阻尼比 ζ 两个系统参量有关。从图 6 - 51 可以看出，不同的 ω_n 值（$\omega_{n1}<\omega_{n2}$）对应的 $t_r-\zeta$ 曲线总体趋势不变。当 ω_n 一定时，t_r 随着 ζ 的增大而增大。

3. 峰值时间与阻尼比的关系

峰值时间的计算公式为

$$t_p = \frac{\pi}{\omega_n \sqrt{1-\zeta^2}}$$

上式表明：峰值时间 t_p 与无阻尼自然振荡频率 ω_n 和阻尼比 ζ 两个系统参量有关。从图 6 - 52 可以看出，不同的 ω_n 值（$\omega_{n1}<\omega_{n2}$）对应的 $t_p-\zeta$ 曲线总体趋势不变。当 ω_n 一定时，t_p 随着 ζ 的增大而增大。

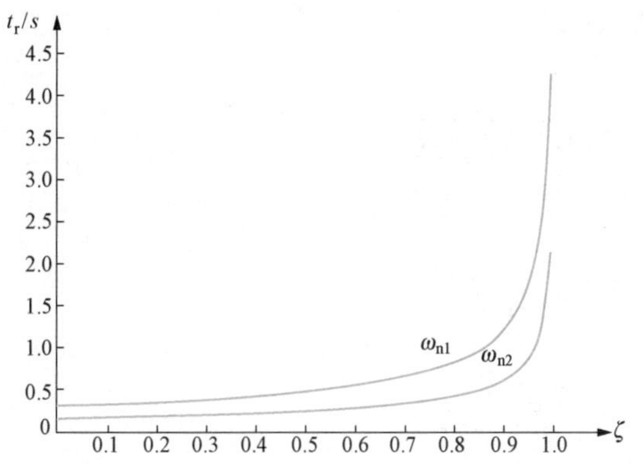

图 6 - 51　上升时间与阻尼比的关系曲线

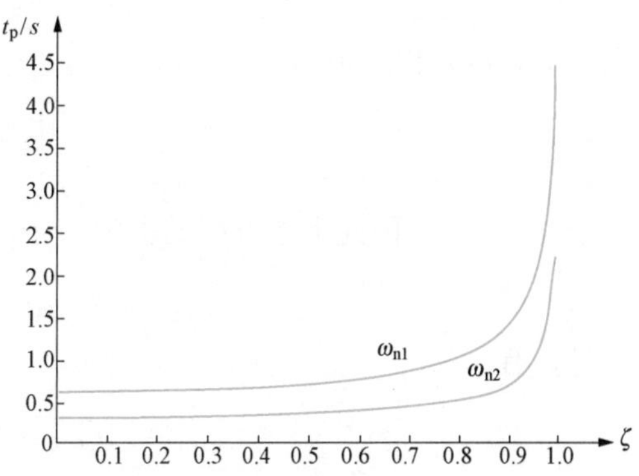

图 6 - 52　峰值时间与阻尼比的关系曲线

4. 调整时间与阻尼比的关系

调整时间的计算公式如下

$$t_s = \frac{3}{\zeta\omega_n}\left(\text{或 } t_s = \frac{4}{\zeta\omega_n}\right)$$

上式表明：调整时间 t_s 与无阻尼自然振荡频率 ω_n 和阻尼比 ζ 两个系统参量有关。从图 6 - 53 可以看出，不同的 ω_n 值（$\omega_{n1}<\omega_{n2}$）对应的 $t_s-\zeta$ 曲线总体趋势不变。当 ω_n 一定时，t_s 随着 ζ 的增大而减小。

二、 典型二阶系统中频域性能指标与时域性能指标的关系

1. 相位裕量与时域性能指标的关系

典型二阶系统的开环传递函数为

$$G_0(s) = \frac{\omega_n^2}{s(s+2\zeta\omega_n)}$$

根据相位裕量的定义，有

$$\gamma = 180^\circ + \angle G_0(j\omega_c)$$

由于剪切频率 ω_c 为开环频率特性曲线与单位圆交点处的频率，于是，有

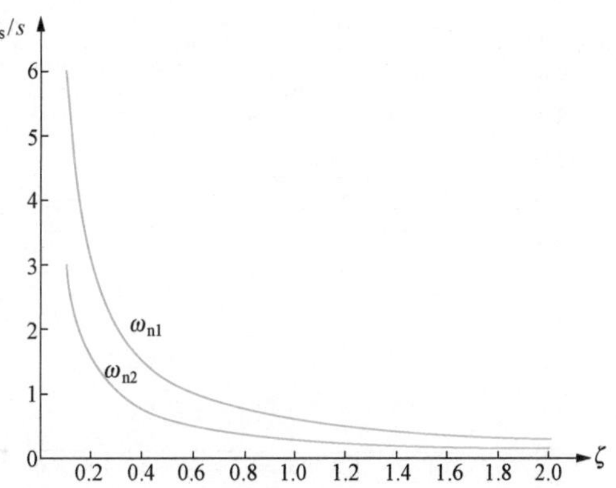

图 6 - 53　调整时间与阻尼比的关系曲线

$$|G_0(j\omega_c)| = 1$$

即
$$\left|\frac{\omega_n^2}{j\omega_c(j\omega_c+2\zeta\omega_n)}\right|=\frac{\omega_n^2}{\omega_c}\cdot\frac{1}{\sqrt{\omega_c^2+4\zeta^2\omega_n^2}}=1$$

整理后，得

$$\omega_c^4+4\zeta^2\omega_n^2\omega_c^2-\omega_n^4=0$$

令 $x=\omega_c^2$，上式变为

$$x^2+4\zeta^2\omega_n^2x-\omega_n^4=0$$

求解上式得方程的根为

$$x_{1,2}=\frac{-4\zeta^2\omega_n^2\pm\sqrt{16\zeta^4\omega_n^4+4\omega_n^4}}{2}$$

由于 $0<\zeta<1$，因此上述方程的根为

$$x=\omega_n^2(\sqrt{4\zeta^4+1}-2\zeta^2)$$

于是，有

$$\omega_c=\sqrt{x}=\omega_n\sqrt{\sqrt{4\zeta^4+1}-2\zeta^2}$$

将求解出的 ω_c 代入相角 $\angle G_0(j\omega_c)$ 中，有

$$\angle G_0(j\omega_c)=-\angle j\omega_c-\angle(2\zeta\omega_n+j\omega_c)=-90°-\arctan\frac{\omega_c}{2\zeta\omega_n}$$

$$=-90°-\arctan\frac{\sqrt{\sqrt{4\zeta^4+1}-2\zeta^2}}{2\zeta}$$

相位裕量为

$$\gamma=180°-90°-\arctan\frac{\sqrt{\sqrt{4\zeta^4+1}-2\zeta^2}}{2\zeta}=\arctan\frac{2\zeta}{\sqrt{\sqrt{4\zeta^4+1}-2\zeta^2}} \quad (6-28)$$

根据式（6-28）可以绘制相位裕量 γ 与阻尼比 ζ 的关系曲线，如图 6-54 所示。当 $0\leqslant\zeta\leqslant0.6$ 时，相位裕量与阻尼比之间的关系近似直线，即

$$\zeta=\frac{\gamma}{100} \quad (6-29)$$

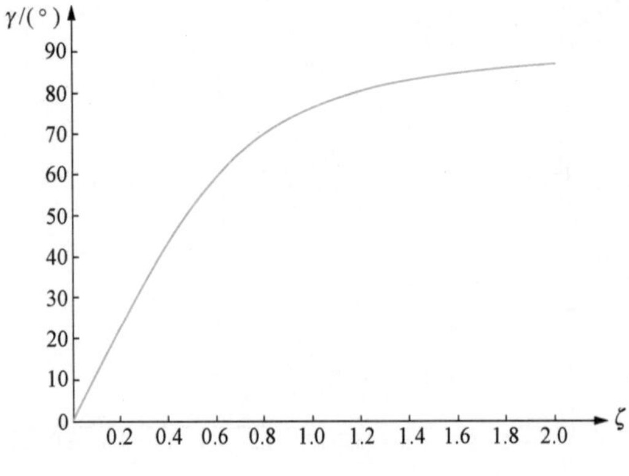

图 6-54　相位裕量与阻尼比的关系曲线

因此，60°的相位裕量相当于阻尼比为 0.6。

由于相位裕量的取值范围在 30°到 60°之间，因此这个区间内的相位裕量可等同于阻尼比。此时，相位裕量 γ 越小，超调量 M_p 越大；当无阻尼自然振荡频率 ω_n 一定时，相位裕量 γ 越小，上升时间 t_r 越短，峰值时间 t_p 越小，调整时间 t_s 越长。

2. 谐振峰值与时域性能指标的关系

谐振峰值的计算公式为

$$M_{\mathrm{r}} = \frac{1}{2\zeta\sqrt{1-\zeta^2}}, \quad 0 \leqslant \zeta \leqslant \frac{\sqrt{2}}{2} \tag{6-30}$$

上式表明：谐振峰值 M_{r} 只与阻尼比 ζ 有关。谐振峰值与阻尼比的关系曲线如图 6-55 所示。由图可知，随着 ζ 的减小，M_{r} 值将增大，当 $\zeta=0$ 时，M_{r} 为无穷大；当 $\zeta=\sqrt{2}/2$ 时，$M_{\mathrm{r}}=0$。对比图 6-50 和图 6-55 可以发现，$M_{\mathrm{p}}-\zeta$ 和 $M_{\mathrm{r}}-\zeta$ 两条曲线的变化趋势非常相似，因此可以说，当 ζ 越小时，M_{p} 和 M_{r} 的值越大，但当 $\zeta=0$ 时，$M_{\mathrm{p}}=1$ 而 $M_{\mathrm{r}}=\infty$。

因为 $\zeta=\cos\beta$，因此根据图 6-56，有

$$\zeta = \sin\theta$$

将 $\zeta=\sin\theta$ 代入上面谐振峰值计算公式中，有

$$M_{\mathrm{r}} = \frac{1}{\sin 2\theta}$$

式中：θ 为 s 平面上表示阻尼比 ζ 的直线与虚轴的夹角，也可以说是主导极点与虚轴的距离。

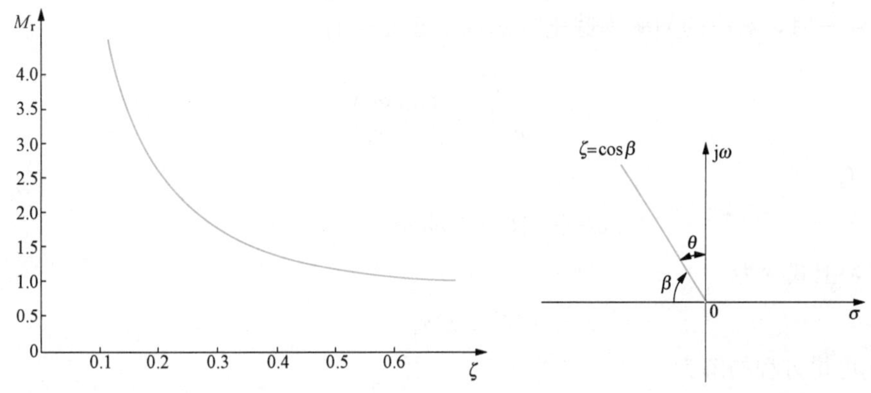

图 6-55 谐振峰值与阻尼比的关系曲线　　图 6-56 s 平面上表示阻尼比的直线

较大的 M_{r} 值表示系统存在一对闭环主导极点，而且具有小的阻尼比，即 θ 值小；较小的 M_{r} 值表示系统存在一对闭环主导极点，且具有较大的阻尼比，即 θ 值较大，说明系统具有良好的阻尼。这也说明，M_{r} 值表征系统的相对稳定性。需要指出的是，在实际设计过程中，通常采用相位裕量和增益裕量表征系统的阻尼程度，而不是谐振峰值的幅值。

3. 谐振频率与时域性能指标的关系

谐振频率的计算公式为

$$\omega_{\mathrm{r}} = \omega_{\mathrm{n}}\sqrt{1-2\zeta^2}$$

上式表明，谐振频率 ω_{r} 与无阻尼自然振荡频率 ω_{n} 和阻尼比 ζ 两个系统参量有关。由图 6-57

可以看出，不同的 ω_n 值（$\omega_{n1}<\omega_{n2}$）对应的 $\omega_r-\zeta$ 曲线总体趋势不变，即随着 ζ 增大，ω_r 值不断减小，当 $\zeta=\sqrt{2}/2$ 时，$\omega_r=0$。

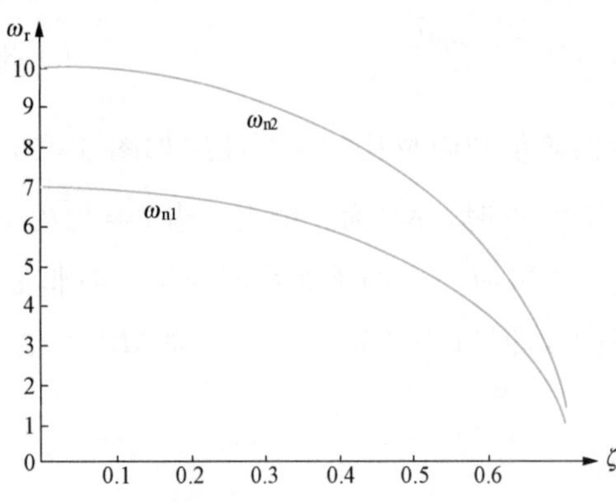

图 6-57　谐振频率与阻尼比的关系曲线

考虑到 $\zeta=\sin\theta$，则有

$$\omega_r=\omega_n\sqrt{\cos 2\theta} \tag{6-31}$$

而系统的阻尼振荡频率为

$$\omega_d=\omega_n\sqrt{1-\zeta^2}=\omega_n\cos\theta \tag{6-32}$$

当 ζ 值很小时，ω_r 和 ω_d 的值几乎相同（ω_d 只用于描述暂态性能）。因此，对于小的 ζ 值，ω_r 表征了系统暂态响应的速度，即 ω_r 越大，系统暂态响应速度越快。

4. 带宽与时域性能指标的关系

典型二阶系统的幅频特性为

$$G(\omega)=\frac{1}{\sqrt{\left(1-\frac{\omega^2}{\omega_n^2}\right)^2+\left(2\zeta\frac{\omega}{\omega_n}\right)^2}}$$

当 $G(\omega)=\frac{1}{\sqrt{2}}$时，对应的频率为截止频率 ω_b。于是，有

$$\left(1-\frac{\omega^2}{\omega_n^2}\right)^2+\left(2\zeta\frac{\omega}{\omega_n}\right)^2=2$$

整理后，有

$$\omega^4+(4\zeta^2-2)\omega_n^2\omega^2-\omega_n^4=0$$

令 $x=\omega^2$，上式变为

$$x^2+(4\zeta^2-2)\omega_n^2x-\omega_n^4=0$$

求解上式可得方程的解为

$$x_{1,2}=\frac{-(4\zeta^2-2)\omega_n^2\pm\sqrt{[(4\zeta^2-2)\omega_n^2]^2+4\omega_n^4}}{2}=\frac{-(4\zeta^2-2)\omega_n^2\pm\omega_n^2\sqrt{(4\zeta^2-2)^2+4}}{2}$$

考虑到 x 必须为正值，因此

$$x=\frac{-(4\zeta^2-2)\omega_n^2+\omega_n^2\sqrt{(4\zeta^2-2)^2+4}}{2}=\omega_n^2[(1-2\zeta^2)+\sqrt{4\zeta^4-4\zeta^2+2}]$$

则有

$$\omega_b=\sqrt{x}=\omega_n\sqrt{(1-2\zeta^2)+\sqrt{4\zeta^4-4\zeta^2+2}} \tag{6-33}$$

根据方程（6-33）可以绘制带宽与阻尼比的关系曲线，如图 6-58 所示。从图 6-58 可以看出，不同的 ω_n 值（$\omega_{n1}<\omega_{n2}$）对应的 $\omega_b-\zeta$ 曲线总体趋势不变，即带宽 ω_b 随着 ζ 的增加而减小。在 ω_n 一定的前提下，带宽越宽，阻尼比 ζ 越小，上升时间 t_r 就越短。

三、一般系统中频域性能指标与时域性能指标的关系

对于二阶系统，可以得到系统阶跃响应与频率特性之间的数学关系；根据闭环频率特性中的 M_r 和 ω_r 值，也可以准确地推算出二阶系统的暂态特性。对于高阶系统，它们之间关系相对复杂，不能根据频率特性推导出暂态特性。即便花费大量精力进行相关的理论推导，但实际意义不大。

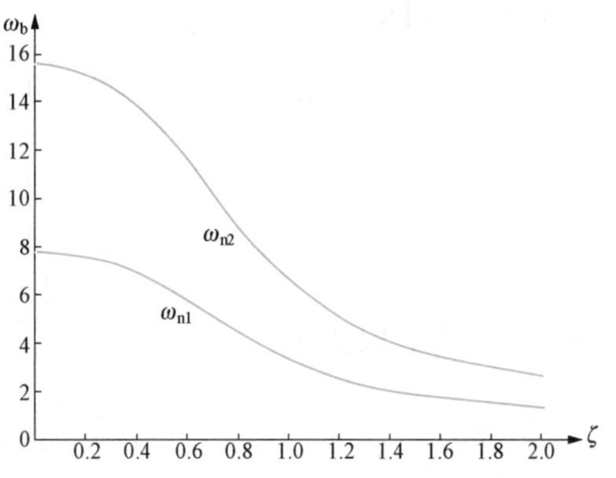

图 6-58 带宽与阻尼比的关系曲线

如果高阶系统的频率特性由一对共轭复数闭环极点支配，那么二阶系统的暂态响应与频率特性之间的关系，就可以推广到高阶系统。此时，系统阶跃响应与频率特性之间通常存在下列关系：

（1）M_r 表征了系统的相对稳定性。如果 $1<M_r<1.4$（即 $0\text{dB}<M_r<3\text{dB}$），相当于有效阻尼比在 $0.4<\zeta<0.7$ 的范围内，通常可以获得满意的暂态性能。

（2）ω_r 表征了暂态响应速度。ω_r 值越大，响应时间就越短。

（3）对于弱阻尼系统，ω_r 和 ω_d 很接近。

（4）带宽表征了系统响应的快速性。带宽越宽，系统响应时间越短，跟踪输入信号的能力越强。

（5）剪切率表征了系统的稳定裕量。当闭环频率特性具有锐截止特性时，系统可能具有很大的谐振峰值，这意味着系统具有比较小的稳定裕量。

从工程角度来看，希望有一些简便的估算方法，以便初步设计使用。对于一般的高阶系统而言，这类估算方法无须建立频域指标与时域指标的精确模型，而是通过大量的实践经验积累，总结出频域指标与时域指标的近似关系。它虽不够精确，但简便易行，具体估算公式由［例 6-9］给出。

［例 6-9］ 对于高阶系统，若要求时域指标为 $M_p=36\%$，$t_s=0.05\text{s}$，试将其转换成频域指标。

解 经验公式为

$$\begin{cases} M_p=0.16+0.4(M_r-1) \\ K_0=2+1.5(M_r-1)+2.5\,(M_r-1)^2 \\ t_s=\dfrac{K_0\pi}{\omega_c} \\ M_r=\dfrac{1}{\sin\gamma} \\ 1\leqslant M_r\leqslant 1.8 \end{cases}$$

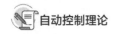

依上述公式，可得

$$M_r = \frac{M_p - 0.16}{0.4} + 1 = \frac{0.36 - 0.16}{0.4} + 1 = 1.5$$

$$K_0 = 2 + 1.5(M_r - 1) + 2.5\,(M_r - 1)^2 = 3.375$$

$$\omega_c = \frac{K_0 \pi}{t_s} = 212.06\text{rad/s}$$

由于 $\sin\gamma = \frac{1}{M_r}$，因此有

$$\gamma = \arcsin\frac{1}{M_r} = 41.8°$$

转换后频域指标为：剪切频率 ω_c=212.06rad/s 和相位裕量 γ=41.8°。

第八节　频率特性的实验确定方法

控制系统的设计与分析是从确定被研究系统的数学模型开始的，一般采用解析法或实验法来确定数学模型。当采用解析法建模遇到困难时，可以采用实验的方法来确定数学模型。频域分析方法的重要意义在于，可以通过简单的频率响应实验，确定被控对象的传递函数。

1. 频率特性的测量原理

根据频率特性定义可知，幅频特性为输出信号幅值与输入信号幅值之比；相频特性为输出信号的相角与输入信号相角的差值。设计两条独立的信号传输通道，一条输送输入信号，另一条输送系统的输出信号，测量原理如图 6-59 所示。在对被测系统施加正弦输入信号后，输入信号和输出信号分别通过各自的传输通道送至记录仪，由记录仪记录输入信号 u_i 和输出信号 u_o 的波形。u_o 和 u_i 的幅值比为幅频特性；u_o 和 u_i 的相角差为相频特性。绘制对数幅频特性曲线和相频特性曲线。将实验得到的对数幅频特性曲线用斜率为 0dB、±20dB 和±40dB 等直线近似，得到对数幅频特性曲线的渐近线，进而写出被测对象的传递函数。需要指出的是，在整个实验过程中，系统一直处于稳态运行状态，这使得测量系统易于构建。

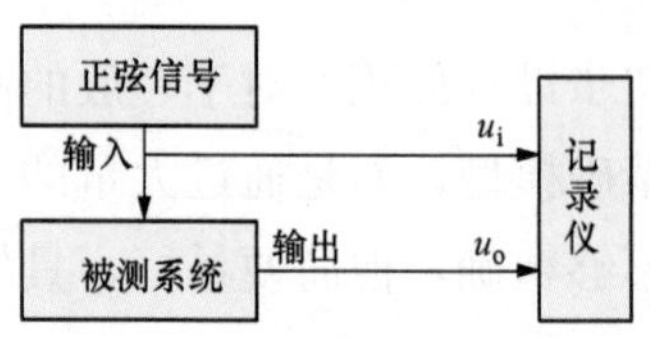

图 6-59　频率特性实验测量原理

2. 采用相关分析法的频率特性测量原理

采用实验方法确定系统频率特性的关键是测试精度。由于被测系统本身具有的非线性，或产生参数漂移，或受到噪声干扰，尽管输入为正弦信号，但输出信号中仍可能含有直流分量、谐波分量和干扰分量，使输出信号的波形产生畸变。相关分析法能从被测系统的输出信号中检出基波，同时抑制直流分量、高次谐波和噪声。

假设线性系统的频率特性为

$$G(\mathrm{j}\omega)=X(\omega)+\mathrm{j}Y(\omega)=A(\omega)\mathrm{e}^{\mathrm{j}\varphi(\omega)}$$

式中：$X(\omega)$ 为系统频率特性 $G(\mathrm{j}\omega)$ 的实部；$Y(\omega)$ 为系统频率特性 $G(\mathrm{j}\omega)$ 的虚部；$A(\omega)$ 为幅频特性；$\varphi(\omega)$ 为相频特性。

$$X(\omega)=A(\omega)\cos\varphi(\omega)$$

$$Y(\omega)=A(\omega)\sin\varphi(\omega)$$

$$A(\omega)=\sqrt{X^2(\omega)+Y^2(\omega)}$$

$$\varphi(\omega)=\arctan\frac{Y(\omega)}{X(\omega)}$$

采用相关分析法测试系统频率特性的原理如图 6 - 60 所示。

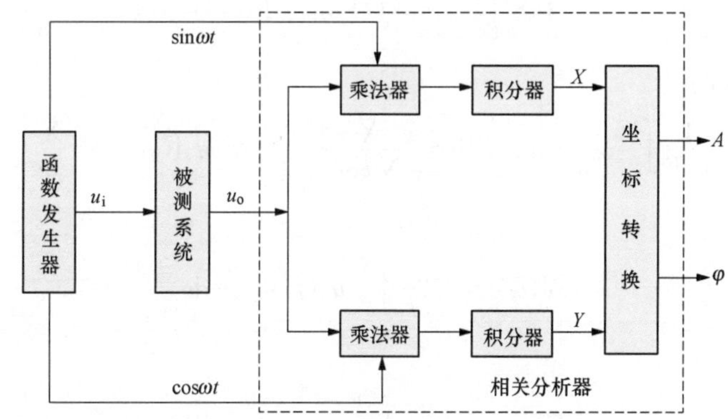

图 6 - 60　采用相关分析法测试系统频率特性的原理图

系统输入信号为 $u_i=U\sin\omega t$，被测系统的输出信号为

$$u_o(t)=A_0+A\sin(\omega t+\varphi)+\sum_{n=2}^{\infty}A_n\sin(n\omega t+\varphi_n)+\varepsilon(t)$$

$$=A_0+X\sin\omega t+Y\cos\omega t+\sum_{n=2}^{\infty}(X_n\sin n\omega t+Y_n\cos n\omega t)+\varepsilon(t)$$

式中：A_0 为输出信号的直流分量；$\varepsilon(t)$ 为输出信号的噪声分量；$A\sin(\omega t+\varphi)$ 为输出信号的基波分量；$A_n\sin(n\omega t+\varphi_n)$ 为输出信号的高次谐波分量。

若以幅值为 1 的基波信号 $\sin\omega t$ 和 $\cos\omega t$ 分别与输出信号 $u_o(t)$ 相乘，再在基波的整倍数周期内积分并求平均值，则可得到基波分量的实部和虚部，输出信号中其他分量则被滤除，此为相关滤波原理。

设输入信号的频率为 f，周期为 T，取整数倍周期为 NT，相关值为

$$\frac{1}{NT}\int_0^{NT}u_o(t)\sin\omega t\,\mathrm{d}t=\frac{1}{NT}\cdot\frac{1}{\omega}\int_0^{2N\pi}u_o(t)\sin\omega t\,\mathrm{d}(\omega t)$$

$$=\frac{1}{NT\omega}\left[\int_0^{2N\pi}A_0\sin\omega t\,\mathrm{d}(\omega t)+\int_0^{2N\pi}(X\sin\omega t+Y\cos\omega t)\sin\omega t\,\mathrm{d}(\omega t)+\right.$$

$$\sum_{n=2}^{\infty}\int_{0}^{2N\pi}(X_n\sin n\omega t+Y_n\cos n\omega t)\sin\omega t\,\mathrm{d}(\omega t)+\omega\int_{0}^{NT}\varepsilon(t)\sin\omega t\,\mathrm{d}t\Big]$$

由于

$$\int_{0}^{2N\pi}\sin\omega t\,\mathrm{d}(\omega t)=0$$

$$\int_{0}^{2N\pi}\cos n\omega t\sin\omega t\,\mathrm{d}(\omega t)=0$$

$$\int_{0}^{2N\pi}\sin n\omega t\sin\omega t\,\mathrm{d}(\omega t)=0,\quad n\neq 1$$

根据相关理论知识可知，一个信号与另一个随机信号之间的相关值，将随所取积分时间增加而降低，即有

$$\lim_{N\to\infty}\frac{1}{NT}\int_{0}^{NT}\varepsilon(t)\sin\omega t\,\mathrm{d}t=0$$

故当 N 的取值较大时

$$\frac{1}{NT}\int_{0}^{NT}u_o(t)\sin\omega t\,\mathrm{d}t=\frac{X}{NT\omega}\int_{0}^{2N\pi}\sin^2\omega t\,\mathrm{d}(\omega t)=\frac{X}{2}$$

或写成

$$X(\omega)=\frac{2}{NT}\int_{0}^{NT}u_o(t)\sin\omega t\,\mathrm{d}t \tag{6-34}$$

同理可求

$$Y(\omega)=\frac{2}{NT}\int_{0}^{NT}u_o(t)\cos\omega t\,\mathrm{d}t \tag{6-35}$$

此时，得到的被测系统频率特性的实部与虚部，已经滤除了输出信号中的直流分量、高次谐波分量和噪声分量。为了保证计算精度，一般取 $N>5$。

更多的例题请扫描二维码学习。

第六章拓展例题及详解

习 题

6-1 若系统单位阶跃响应为

$$y(t)=1-1.8\mathrm{e}^{-4t}+0.8\mathrm{e}^{-9t},\quad t\geqslant 0$$

试求系统的频率特性。

6-2 控制系统如图 6-61 所示，试求输入信号为 $\sin 2t$ 时，系统的稳态输出和稳态误差。

6-3　控制系统如图6-62所示，当输入为$u(t)=2\sin t$时，测得输出为$y(t)=4\sin(t-45°)$，试确定系统的参数ζ和ω_n。

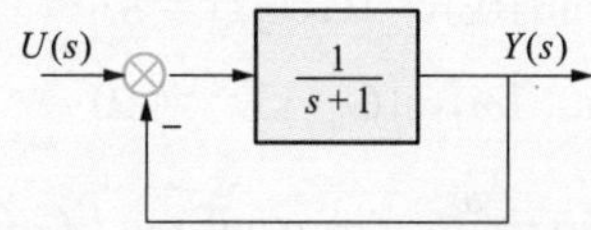

图6-61　题6-2的控制系统框图

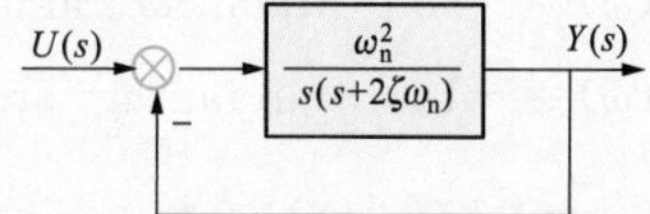

图6-62　题6-3的控制系统框图

6-4　设控制系统的开环传递函数如下：

(1) $G_0(s)=\dfrac{4}{(2s+1)(8s+1)}$

(2) $G_0(s)=\dfrac{100(2s+1)}{s(5s+1)(s^2+s+1)}$

(3) $G_0(s)=\dfrac{50}{s^2(6s+1)(s^2+s+1)}$

(4) $G_0(s)=\dfrac{20(3s+1)}{s^2(6s+1)(s^2+4s+25)(10s+1)}$

(5) $G_0(s)=\dfrac{0.8(10s+1)}{s(s^2+s+1)(s^2+4s+25)(s+0.2)}$

试绘制系统的伯德图，其中对数幅频特性只要求画出渐近线。

6-5　设控制系统的开环传递函数如下：

(1) $G_0(s)=\dfrac{10}{s(0.5s+1)(0.1s+1)}$

(2) $G_0(s)=\dfrac{75(0.2s+1)}{s(s^2+16s+100)}$

(3) $G_0(s)=\dfrac{2083(s+3)}{s(s^2+20s+625)}$

(4) $G_0(s)=\dfrac{300}{s^2(0.2s+1)(0.02s+1)}$

试绘制系统的对数幅频特性渐近线，并确定剪切频率的值。

6-6　设控制系统的开环传递函数如下：

(1) $G_0(s)=\dfrac{10}{s(0.5s+1)(0.1s+1)}$

(2) $G_0(s)=\dfrac{75(0.2s+1)}{s(s^2+16s+100)}$

(3) $G_0(s)=\dfrac{2083(s+3)}{s(s^2+20s+625)}$

(4) $G_0(s)=\dfrac{300}{s^2(0.2s+1)(0.02s+1)}$

试精确计算剪切频率的值。

6-7 试根据如下的幅值和相角确定最小相位系统的开环传递函数 $G_0(s)$。

(1) $\varphi(\omega)=-90°-\arctan 2\omega+\arctan 0.5\omega-\arctan 10\omega$，$|G_0(j)|=3$

(2) $\varphi(\omega)=-180°+\arctan 5\omega-\arctan\omega-\arctan 0.1\omega$，$|G_0(j5)|=10$

(3) $\varphi(\omega)=-180°+\arctan 0.2\omega-\arctan\dfrac{\omega}{1-\omega^2}+\arctan\dfrac{\omega}{1-3\omega^2}-\arctan 10\omega$，$|G_0(j10)|=1$

(4) $\varphi(\omega)=-90°-\arctan\omega+\arctan\dfrac{\omega}{3}-\arctan 10\omega$，$|G_0(j5)|=2$

6-8 最小相位系统的开环对数幅频特性渐近线如图 6-63 所示。试确定系统的开环传递函数 $G_0(s)$。

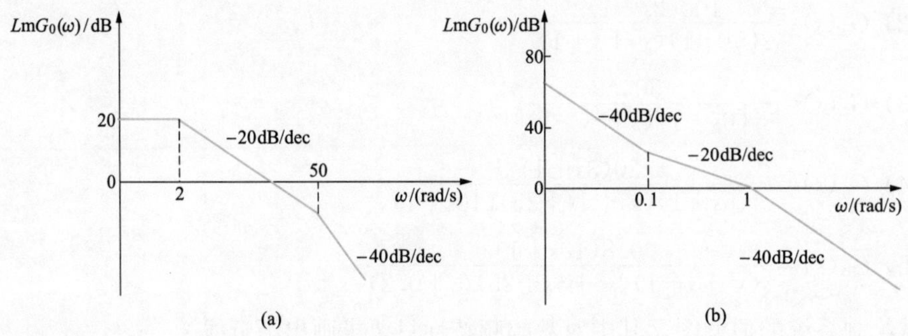

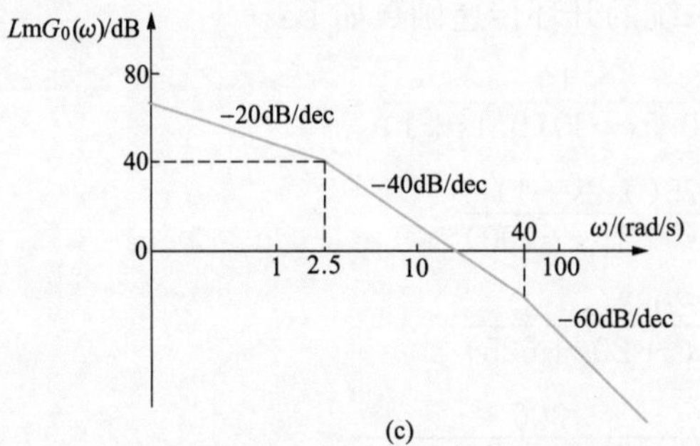

图 6-63 题 6-8 的渐近对数幅频特性曲线

6-9 设单位反馈控制系统的开环传递函数如下：

(1) $G_0(s)=\dfrac{1000}{(0.2s+1)(0.5s+1)(s+1)}$

(2) $G_0(s)=\dfrac{1000(0.1s+1)}{(0.2s+1)(0.5s+1)(s+1)}$

(3) $G_0(s)=\dfrac{100}{s(0.1s+1)(0.5s+1)}$

(4) $G_0(s)=\frac{100(0.5s+1)}{s^2(0.1s+1)}$

(5) $G_0(s)=\frac{10}{s(0.2s+1)(s-1)}$

(6) $G_0(s)=\frac{5(1-0.5s)}{s(0.1s+1)(0.2s-1)}$

试绘制极坐标图，并用奈奎斯特稳定判据判别闭环系统的稳定性，同时确定不稳定的闭环极点个数。

6-10 单位反馈控制系统的开环传递函数为

$$G_0(s)=\frac{12(s^2+s+0.5)}{s(s+1)(s+10)}$$

试绘制系统的奈奎斯特图，并确定相位裕量和判定系统的稳定性。

6-11 已知单位反馈控制系统的开环传递函数为

$$G_0(s)=\frac{K(s^2-2s+5)}{(s+2)(s-0.5)},\ K>0$$

试根据奈奎斯特稳定判据判断闭环系统的稳定性。

6-12 已知单位反馈控制系统的开环传递函数为

$$G_0(s)=\frac{K}{s\ (0.2s+1)^2}$$

为了使其相位裕量 $\gamma>45°$，增益裕量 $K_g>6\text{dB}$，试确定最大允许的开环放大倍数。

6-13 已知单位反馈控制系统的开环传递函数为

$$G_0(s)=\frac{3500}{s(s^2+10s+70)}$$

试绘制系统伯德图，若要求系统相位裕量 $\gamma=30°$，试求开环放大倍数 3500 应降到多少。

6-14 单位反馈控制系统的开环传递函数为

$$G_0(s)=\frac{K}{s(0.2s+1)}$$

试确定使 $\angle G_0(j\omega)=-135°$ 和 $|G_0(j\omega)|=1$ 同时成立的 K 值。

6-15 已知系统的开环奈奎斯特曲线如图 6-64 所示。图中，$P_{右}$ 代表系统开环传递函数在右半 s 平面上的极点数，其他零、极点均位于左半 s 平面，系统增益为正实数，试判断它们的稳定性。

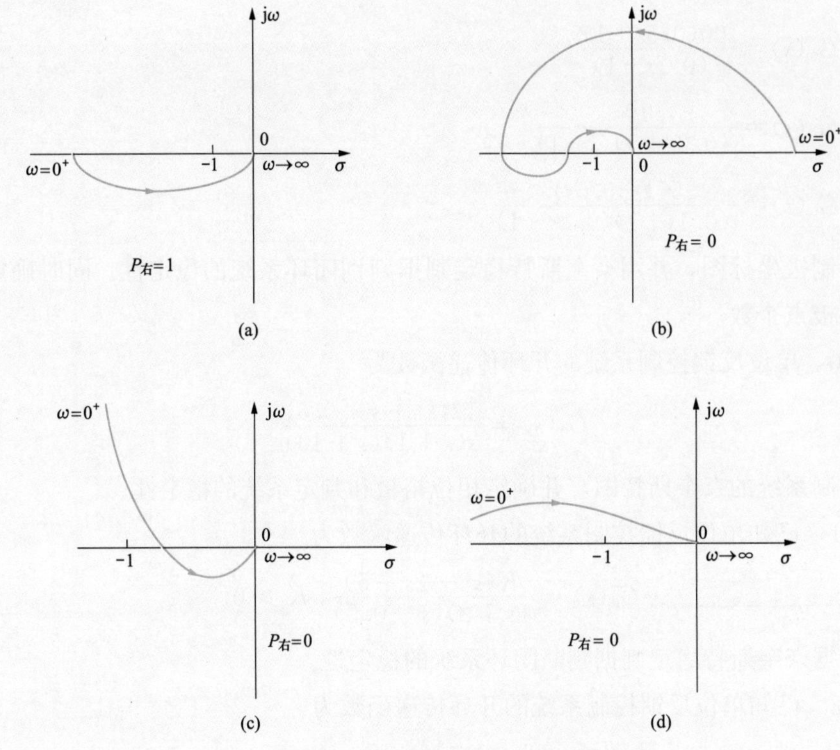

图 6-64　题 6-15 系统开环奈奎斯特曲线

第七章　反馈控制系统的校正方法

本章主要介绍单输入单输出线性定常系统的校正方法和步骤。这是一种通过引入附加装置使控制系统的性能得以改善，并满足特定技术要求的方法。常使用的校正方法有基于频率响应的校正方法、根轨迹校正方法和状态空间的校正方法，本章将针对前两种方法进行介绍。

第一节　控制系统校正概述

一、系统的性能指标

对控制系统的要求，一般以性能指标的形式给出。系统的性能指标分为时域性能指标和频域性能指标。时域性能指标包括暂态性能指标和稳态性能指标，它们分别是延迟时间、上升时间、峰值时间、调整时间和超调量，以及位置误差系数、速度误差系数和加速度误差系数。频域性能指标包括开环性能指标和闭环性能指标，它们分别为相位裕量、增益裕量和剪切频率，以及谐振峰值、谐振频率和带宽。这些性能指标分别用于描述系统的动态响应性能、稳定能力和精确程度。然而一些性能指标间存在矛盾，又由于控制系统的设计目的是为了完成某种特定的工作，因而在控制系统的设计和校正过程中，需要在众多性能指标中进行折中。例如，要求稳态精度的系统，就不要对暂态响应的性能指标提出过分严格的要求。需要指出的是，明确工作目标对应的指标是控制系统设计和校正最重要的环节。

二、校正方案

采用校正方式调整反馈控制系统性能时，经常使用串联和反馈两种方案将校正装置接入系统。

1. 串联校正方案

将校正装置与被控对象串联连接，这种方案称为串联校正方案，如图 7 - 1 所示。

图 7 - 1 中，$G_c(s)$ 为校正装置，$G(s)$ 为被控对象，$H(s)$ 为反馈增益。串联校正前，系统闭环传递函数为

$$\frac{Y(s)}{U(s)}=\frac{G(s)}{1+G(s)H(s)} \tag{7-1}$$

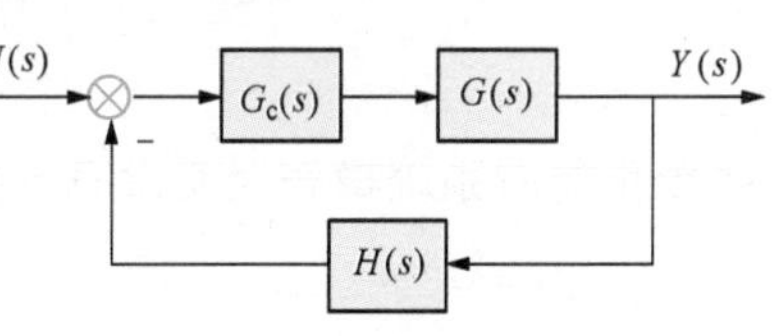

图 7 - 1　串联校正框图

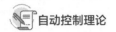

串联校正后，系统闭环传递函数为

$$\frac{Y(s)}{U(s)}=\frac{G_c(s)G(s)}{1+G_c(s)G(s)H(s)} \tag{7-2}$$

串联校正后，系统闭环传递函数的零、极点都发生了变化。其中，闭环传递函数的零点为校正装置的零点与被控对象零点之积，这种校正方式有利于系统进行相位调整。

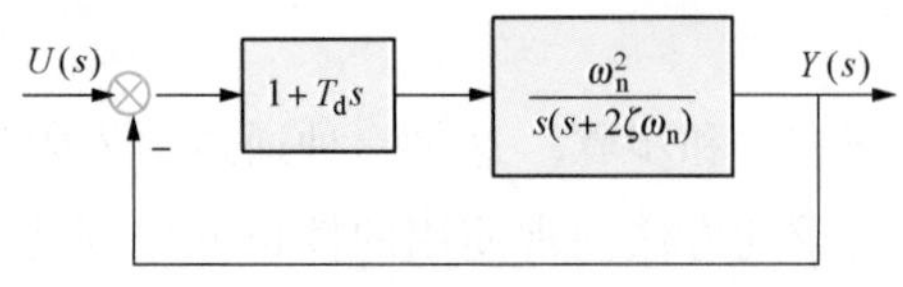

图 7 - 2　二阶系统中串联一阶比例—微分因子框图

对于二阶系统而言，串联超前装置还能增加系统的阻尼。校正系统的结构如图 7 - 2 所示。图 7 - 2 中，$1+T_{d}s$ 是作为校正装置的一阶比例—微分因子。

校正前系统的闭环传递函数为

$$\frac{Y(s)}{U(s)}=\frac{\omega_n^2}{s^2+2\zeta\omega_n s+\omega_n^2},\quad 0<\zeta<1 \tag{7-3}$$

校正后，系统闭环传递函数为

$$\frac{Y(s)}{U(s)}=\frac{(1+T_d s)\omega_n^2}{s^2+(2\zeta\omega_n+T_d\omega_n^2)s+\omega_n^2} \tag{7-4}$$

令 ζ_e 为等效阻尼比，$\zeta_e=\zeta+\frac{T_d}{2}\omega_n$。由于 $T_d>0$，因此有 $\zeta_e>\zeta$。说明二阶系统中串联超前装置可以达到增加阻尼的目的。接下来，观察校正前后系统稳态误差的变化情况。

校正前，系统偏差为

$$E(s)=\frac{1}{1+\frac{\omega_n^2}{s(s+2\zeta\omega_n)}}U(s)=\frac{s(s+2\zeta\omega_n)}{s(s+2\zeta\omega_n)+\omega_n^2}U(s)$$

当输入为单位斜坡函数时，系统的稳态误差为

$$e(\infty)=\lim_{t\to\infty}e(t)=\lim_{s\to 0}sE(s)=\lim_{s\to 0}\frac{1}{s}\cdot\frac{s(s+2\zeta\omega_n)}{s(s+2\zeta\omega_n)+\omega_n^2}=\frac{2\zeta}{\omega_n} \tag{7-5}$$

校正后，系统偏差为

$$E(s)=\frac{1}{1+\frac{(1+T_d s)\omega_n^2}{s(s+2\zeta\omega_n)}}U(s)=\frac{s(s+2\zeta\omega_n)}{s(s+2\zeta\omega_n)+(1+T_d s)\omega_n^2}U(s)$$

当输入为单位斜坡函数时，系统的稳态误差为

$$e(\infty)=\lim_{t\to\infty}e(t)=\lim_{s\to 0}sE(s)=\lim_{s\to 0}\frac{1}{s}\cdot\frac{1}{1+\frac{(1+T_d s)\omega_n^2}{s(s+2\zeta\omega_n)}}=\frac{2\zeta}{\omega_n}$$

说明校正前后系统稳态误差没有发生变化。

2. 反馈校正方案

在反馈回路内设置校正装置，这样的校正方案称为反馈校正，又称并联校正。图 7 - 3

所示系统为校正前的反馈控制系统，其闭环传递函数为

$$\frac{Y(s)}{U(s)}=\frac{G_1(s)G_2(s)}{1+G_1(s)G_2(s)H(s)} \tag{7-6}$$

增加局部反馈后，系统如图 7-4 所示。此时，系统的闭环传递函数为

$$\frac{Y(s)}{U(s)}=\frac{G_1(s)G_2(s)}{1+G_2(s)G_c(s)+G_1(s)G_2(s)H(s)} \tag{7-7}$$

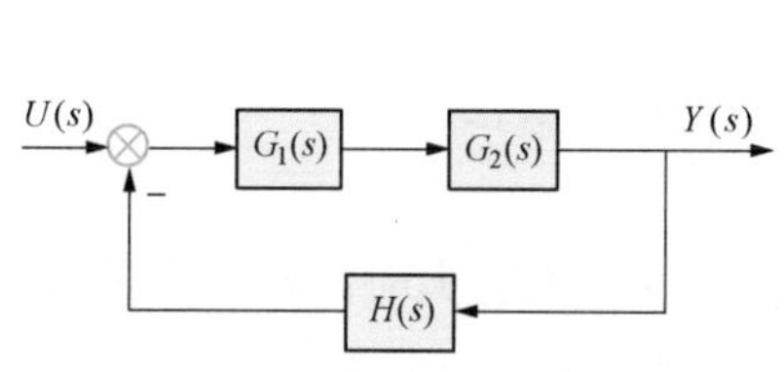

图 7-3　校正前反馈控制系统框图

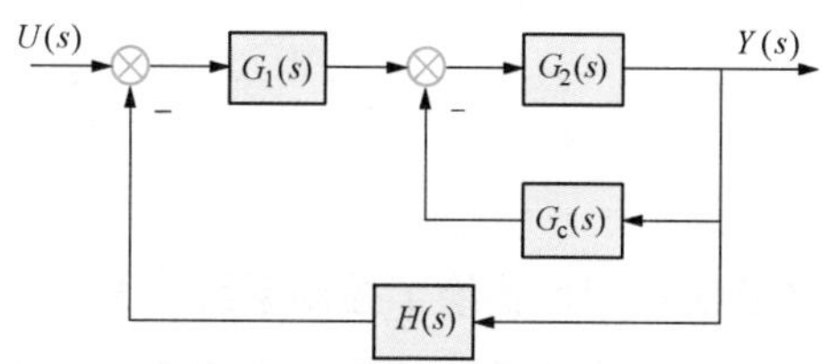

图 7-4　增加局部反馈后校正系统框图

从校正前后两个系统的闭环传递函数来看，系统的零点没有变化，而系统的极点发生了变化。这种校正方案通过改变系统特征根的方式对系统性能进行调整。

对于二阶系统而言，局部反馈校正能够增加系统的阻尼。典型二阶系统如图 7-5 所示，系统闭环传递函数为

$$\frac{Y(s)}{U(s)}=\frac{\omega_n^2}{s^2+2\zeta\omega_n s+\omega_n^2} \tag{7-8}$$

加入局部校正后的系统如图 7-6 所示。

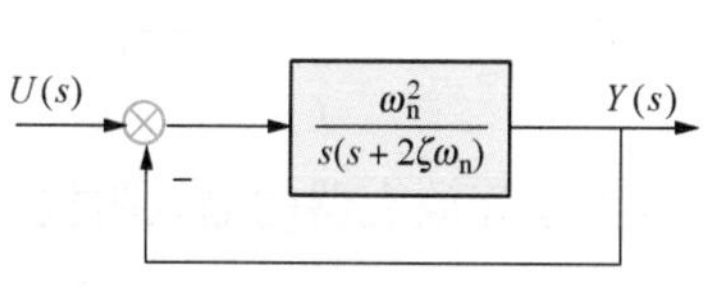

图 7-5　典型二阶系统框图

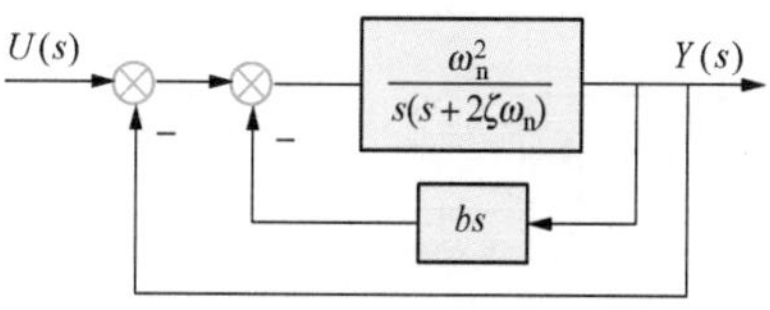

图 7-6　加入局部校正后的系统框图

校正后，系统的闭环传递函数为

$$\frac{Y(s)}{U(s)}=\frac{\omega_n^2}{s^2+(2\zeta\omega_n+\omega_n^2 b)s+\omega_n^2} \tag{7-9}$$

令系统的等效阻尼比为 ζ_e，则有

$$2\zeta\omega_n+\omega_n^2 b=2\zeta_e\omega_n$$

即 $\zeta_e=\zeta+\frac{\omega_n b}{2}$。由于 $\omega_n>0$，且 $b>0$，因此有 $\zeta_e>\zeta$。说明二阶系统中加入局部反馈装置可以达到增加阻尼的目的。接下来，观察校正前后稳态误差的变化情况。

校正后系统偏差为

$$E(s)=\frac{1}{1+\frac{\omega_n^2}{s(s+2\zeta\omega_n+\omega_n^2 b)}}U(s)=\frac{s(s+2\zeta\omega_n+\omega_n^2 b)}{s(s+2\zeta\omega_n+\omega_n^2 b)+\omega_n^2}U(s)$$

当输入为单位斜坡函数时，系统稳态误差为

$$e(\infty)=\lim_{t\to\infty}e(t)=\lim_{s\to 0}sE(s)=\lim_{s\to 0}\frac{1}{s}\cdot\frac{s(s+2\zeta\omega_n+\omega_n^2 b)}{s(s+2\zeta\omega_n+\omega_n^2 b)+\omega_n^2}$$

$$=\frac{2\zeta}{\omega_n}+b \tag{7-10}$$

局部反馈校正后系统稳态误差比式（7-5）所示的校正前系统的稳态误差要大一些。

第二节　根轨迹校正方法

根轨迹法用图形描绘了控制系统中某一参数从零变到无穷大时闭环极点的迁移情况，该方法清楚地描述了参数变化对系统性能的影响。当调整可变增益无法使系统达到性能要求时，就需要通过引入校正装置的方式，对根轨迹的形状进行调整。

一、根轨迹法的超前校正

1. 超前校正装置的实现

实现超前校正的方法有很多，如 *RC* 网络、运算放大器电路和弹簧—阻尼器系统等。在实践中，经常采用由运算放大器构成的超前电路，如图 7-7 所示。

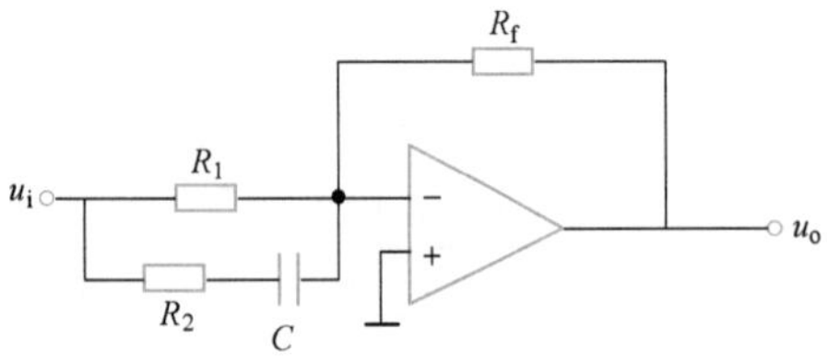

图 7-7　由运算放大器构成的超前电路

将图 7-7 所示电路中参数转化为复阻抗，并令

$$z_2=R_2+\frac{1}{Cs}=\frac{R_2Cs+1}{Cs}$$

于是，可得运算放大器的输入阻抗为

$$\frac{1}{z_i}=\frac{1}{R_1}+\frac{1}{z_2}=\frac{R_2Cs+1+R_1Cs}{R_1(R_2Cs+1)}$$

节点电流平衡方程为

$$\frac{U_o}{R_f}+\frac{U_i}{z_i}=0$$

解得系统传递函数

$$\frac{U_o(s)}{U_i(s)}=-\frac{R_f}{z_i}=-\frac{R_f}{R_1}\cdot\frac{C(R_1+R_2)s+1}{CR_2s+1}=-k\left[1+\frac{T_1s}{1+T_2s}\right]=G_c(s)$$

该运算放大器构成的超前电路又称为 PD 调节器。将 $G_c(s)$ 变化一个形式，有

$$G_c(s)=-\frac{R_f}{R_1}\cdot\frac{C(R_1+R_2)s+1}{CR_2s+1}=k\frac{\beta T_1s+1}{T_1s+1}\quad\left(\beta=\frac{R_1+R_2}{R_2}>1,\ T_1=CR_2\right) \tag{7-11}$$

超前装置的零、极点分布如图 7-8 所示。$G_c(s)$ 又可以写为如下形式

$$G_c(s) = k_c \frac{T_1 s + 1}{\alpha T_1 s + 1},\ 0 < \alpha < 1 \tag{7 - 12}$$

2. 采用根轨迹法的超前校正步骤

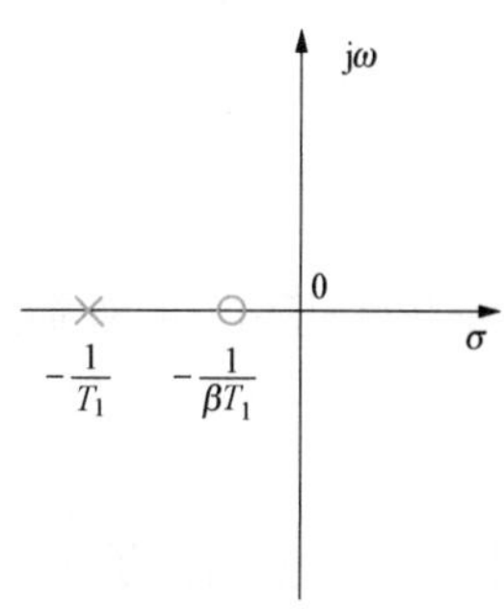

图 7 - 8　超前装置的零、极点分布

当给出时域性能指标时，采用根轨迹法进行设计和校正是很有效的。如果原系统不稳定或者暂态响应不理想，可以采用在反馈控制系统的前向传递函数中串联一个适当的超前装置予以解决。超前校正的核心思想是，将超前校正装置的零、极点配置在原系统根轨迹左侧的适当位置，提高系统的相位裕量与剪切频率，从而减小系统的超调量，使之达到性能指标的要求。具体校正步骤如下：

（1）根据性能指标确定闭环主导极点的希望位置；

（2）判断只调整增益是否能够产生希望的闭环极点，若不能，计算出辐角缺额；

（3）选定超前装置，其传递函数为 $G_c(s) = k_c \frac{\beta T s + 1}{T s + 1}$；

（4）确定超前装置的零、极点位置；

（5）确定校正装置的增益。

超前校正的具体过程结合［例 7 - 1］进行详细介绍。

［例 7 - 1］　试设计一个串联校正装置，使图 7 - 9 所示反馈控制系统的无阻尼自然振荡频率为 $\omega_n = 4\text{rad/s}$，同时阻尼比 $\zeta = 0.5$ 保持不变。

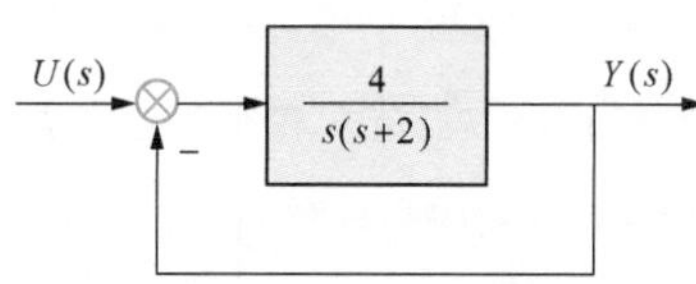

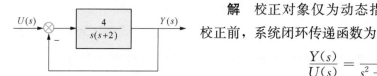

图 7 - 9　反馈控制系统框图

解　校正对象仅为动态指标，因此选定超前校正。校正前，系统闭环传递函数为

$$\frac{Y(s)}{U(s)} = \frac{4}{s^2 + 2s + 4}$$

故可得 $\omega_n = 2\text{rad/s}$，$\zeta = 0.5$。

希望的无阻尼自然振荡频率为 $\omega_n = 4\text{rad/s}$，阻尼比为 $\zeta = 0.5$，那么希望的闭环极点对应的特征方程为

$$\Delta(s) = s^2 + 2\zeta\omega_n s + \omega_n^2 = s^2 + 4s + 16 = 0$$

解得 $s = -2 \pm \text{j}2\sqrt{3}$，此为希望的闭环极点。

将原系统中开环传递函数的增益变成 K，则系统特征方程变为

$$\Delta(s) = 1 + \frac{K}{s(s+2)} = 0$$

$$K = -(s^2 + 2s)$$

将 $s = -2 + \text{j}2\sqrt{3}$ 代入 $K = -(s^2 + 2s)$，有

$$K\big|_{s=-2+\text{j}2\sqrt{3}} = -(s^2 + 2s)\big|_{s=-2+\text{j}2\sqrt{3}} = 12 + \text{j}4\sqrt{3}$$

此时 K 不为正实数，说明（-2，$\mathrm{j}2\sqrt{3}$）点不在原系统的根轨迹上。这表明只调节增益 K，不能使根轨迹曲线通过希望的闭环极点，需要引入校正装置。校正装置的传递函数为

$$G_c(s)=k_c\frac{\beta Ts+1}{Ts+1},\ \beta>1$$

希望的闭环极点的辐角为

$$\angle\frac{4}{s(s+2)}\bigg|_{s=-2+\mathrm{j}2\sqrt{3}}=-210^\circ$$

说明校正装置必须提供 $\phi=30^\circ$ 的辐角，才能使得校正后的系统在（-2，$\mathrm{j}2\sqrt{3}$）处的辐角等于 $\pm180^\circ$，即校正后系统的根轨迹通过希望的闭环极点。

采用作图的方式求解校正装置的零极点位置。具体步骤如下：

（1）通过希望的闭环极点 P，画一条水平直线，用 PA 表示；

（2）P 与坐标原点连线，得到直线段 PO；

（3）做一条直线，将 $\angle APO$ 等分，该直线与坐标横轴的交点为 B；

（4）在直线段 PB 两侧分别做夹角为 $\phi/2$ 的两条直线，它们与横轴的交点为 C 和 D；

（5）C 点为校正装置的零点位置，D 点为校正装置的极点位置，如图 7-10 所示。

由于复数 $-2+\mathrm{j}2\sqrt{3}$ 的相角为 120°，则 $\angle APO=120^\circ$，$\angle POB=60^\circ$。PB 为 $\angle APO$ 的角平分线，故 $\angle BPO=60^\circ$，可知 $\angle PBO=60^\circ$。过 P 点作垂线与横轴交点为 E，得直角三角形 $\triangle BPE$，于是 $\angle CPE=15^\circ$。故线段 CE 的长度为

$$|CE|=|PE|\times\tan15^\circ=2\sqrt{3}\times\tan15^\circ=0.9282$$

式中：直线段 CE 和 PE 的长度分别为 $|CE|$ 和 $|PE|$。

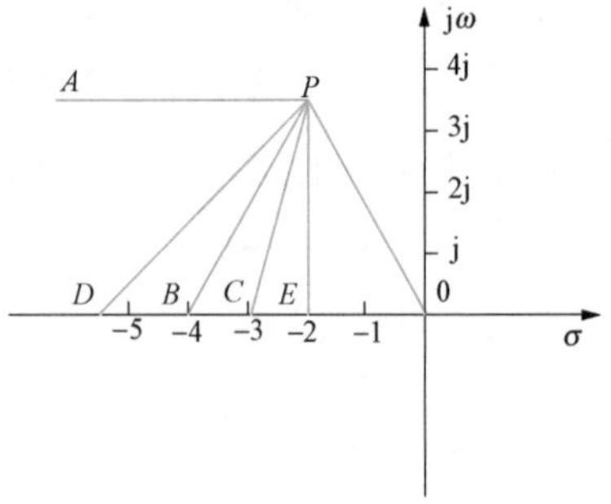

图 7-10　作图法确定校正装置的零极点

由此可得 C 点坐标为（-2.9282，$\mathrm{j}0$）。三角形 $\triangle DPE$ 也为直角三角形，且 $\angle DPE=45^\circ$，则

$$|DE|=|PE|\times\tan45^\circ=2\sqrt{3}\times\tan45^\circ=3.4641$$

式中：直线段 DE 的长度为 $|DE|$。

于是可得 D 点坐标为（-5.4641，$\mathrm{j}0$）。

根据图 7-8 可知，$\dfrac{1}{T}=5.4641$ 和 $\dfrac{1}{\beta T}=2.9282$，解得 $T=0.1830$，$\beta=1.8662$。校正后，系统开环传递函数为

$$G_c(s)G_0(s)=k_c\frac{0.3415s+1}{0.183s+1}\cdot\frac{4}{s(s+2)}$$

系统特征方程为 $1+G_c(s)G_0(s)=1+k_c\dfrac{0.3415s+1}{0.183s+1}\cdot\dfrac{4}{s(s+2)}=0$，解得

$$k_c = -\frac{s(s+2)(0.183s+1)}{4(0.3415s+1)}$$

将希望的闭环极点 $s=-2+j2\sqrt{3}$代入上式中，可得

$$k_c\big|_{s=-2+j2\sqrt{3}} = -\frac{s(s+2)(0.183s+1)}{4(0.3415s+1)}\bigg|_{s=-2+j2\sqrt{3}} = 2.5359$$

于是，得到超前校正装置的传递函数为

$$G_c(s) = 2.5359 \times \frac{0.3415s+1}{0.183s+1}$$

校正后系统开环传递函数为

$$G_c(s)G_0(s) = 2.5359 \times \frac{0.3415s+1}{0.183s+1} \cdot \frac{4}{s(s+2)}$$

校正前后的根轨迹如图 7-11 所示。

图 7-11 中，超前校正的作用是将原来的根轨迹向左侧进行拉伸，使得校正后的根轨迹可以通过希望的闭环极点。

校正后系统闭环特征方程为

$$1+G_c(s)G_0(s) = 1+2.5359 \times \frac{0.3415s+1}{0.183s+1} \cdot \frac{4}{s(s+2)} = 0$$

$$s^3+7.4641s^2+29.8573s+55.4282 = 0$$

$$(s+2+j2\sqrt{3})(s+2-j2\sqrt{3})(s+3.4641) = 0$$

由于校正后系统闭环传递函数中存在零点 $s=-2.9282$，与极点 $s=-3.4641$ 的距离很近，两者作用近似抵消，故系统可以由主导极点 $s=-2\pm j2\sqrt{3}$近似描述。

图 7-12 所示为串联超前校正前后系统的单位阶跃响应曲线。由图可以看出，超前校正后，系统的响应速度得到了明显提升，调整时间明显缩短，最大超调量略有提高，但不会对系统产生严重的影响。

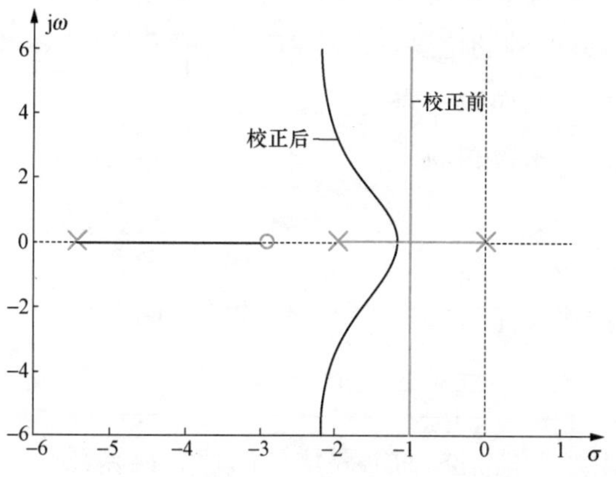

图 7-11 串联超前校正前后的根轨迹

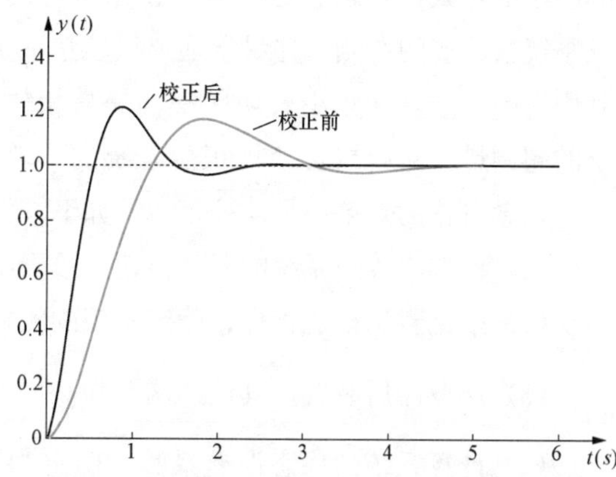

图 7-12 串联超前校正前后系统的单位阶跃响应曲线

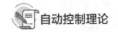

二、根轨迹法的滞后校正

1. 滞后装置的实现

采用运算放大器构成的滞后电路如图 7-13 所示。

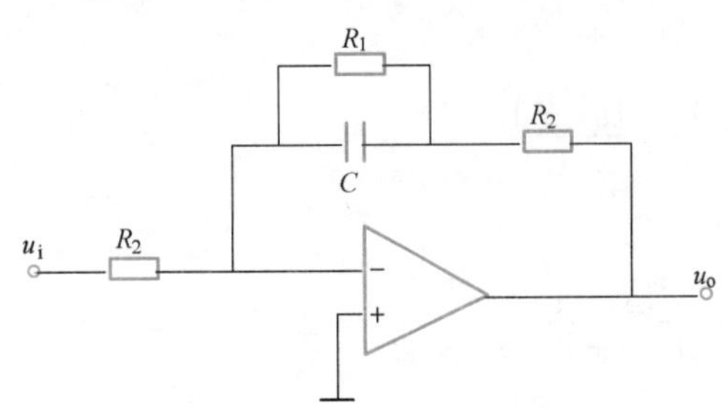

图 7-13　采用运算放大器构成的滞后电路

反馈回路中并联的电阻和电容的等效阻抗为

$$\frac{1}{z_1}=Cs+\frac{1}{R_1}=\frac{R_1Cs+1}{R_1}$$

反馈回路等效阻抗为

$$z_f=z_1+R_2=\frac{R_1}{R_1Cs+1}+R_2$$

节点电流平衡方程为

$$\frac{U_i}{R_2}+\frac{U_o}{z_f}=0$$

于是，解得系统的传递函数为

$$\frac{U_o}{U_i}=-\frac{z_f}{R_2}=-\frac{\frac{R_1}{R_1Cs+1}+R_2}{R_2}=-\frac{R_1+R_2}{R_2}\cdot\frac{\frac{R_2}{R_1+R_2}R_1Cs+1}{R_1Cs+1}=-\frac{1}{\alpha}\cdot\frac{1+\alpha Ts}{1+Ts},\quad 0<\alpha<1$$

用 $G_c(s)$ 表示滞后装置的传递函数，有

$$G_c(s)=k_c\frac{1}{\alpha}\cdot\frac{1+\alpha Ts}{1+Ts}\tag{7-13}$$

滞后装置的零、极点分布如图 7-14 所示。

2. 采用根轨迹法的滞后校正步骤

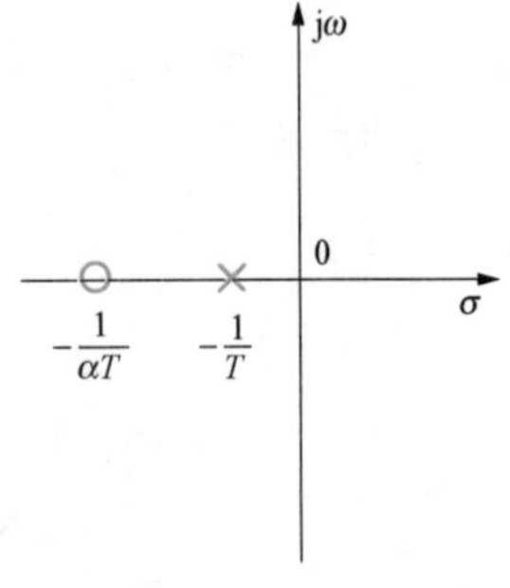

图 7-14　滞后装置的零、极点分布图

滞后校正的作用是改善系统的稳态精度，但会减慢系统的响应速度，其核心思想是将滞后校正装置的零极点配置在待校正系统根轨迹的右侧，并尽量远离根轨迹而又靠近虚轴的位置，利用高频衰减特性减小剪切频率，提高相位裕量，从而减小系统的超调量。滞后校正使校正后系统的根轨迹较原系统根轨迹产生略微右移的效果。具体校正步骤如下：

（1）根据未校正系统的开环传递函数画出根轨迹；

（2）根据暂态性能指标，确定希望的闭环主导极点；

（3）选取滞后装置，其传递函数为 $G_c(s)=k_c\frac{1}{\alpha}\cdot\frac{1+\alpha Ts}{1+Ts}$；

（4）计算系统的稳态误差系数，确定为了满足性能指标而需要增加的稳态误差系数数值；

（5）确定滞后装置的零、极点位置；

(6) 绘制校正后系统的根轨迹；

(7) 确定校正装置的增益。

[例7-2] 如图 7-15 所示反馈控制系统的开环传递函数为

$$G_0(s)=\frac{1.06}{s(s+1)(s+2)}$$

试设计一个校正装置，使系统的稳态速度误差系数增大到约 $5\mathrm{s}^{-1}$，且保持闭环主导极点的位置不发生明显的变化。

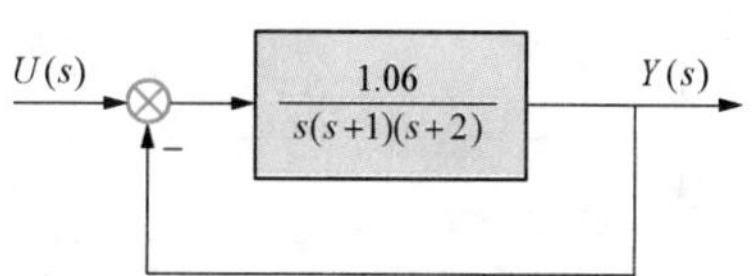

图 7-15 反馈控制系统框图

解 由于是对系统稳态误差进行校正，因此选用滞后校正方法。校正前系统闭环传递函数为

$$\frac{Y(s)}{U(s)}=\frac{G_0(s)}{1+G_0(s)}=\frac{1.06}{s^3+3s^2+2s+1.06}$$

$$=\frac{1.06}{(s+0.3307+\mathrm{j}0.5864)(s+0.3307-\mathrm{j}0.5864)(s+2.3386)}$$

闭环主导极点为 $s=-0.3307\pm\mathrm{j}0.5864$。闭环主导极点对应的系统特征方程为

$$(s+0.3307+\mathrm{j}0.5864)(s+0.3307-\mathrm{j}0.5864)=s^2+0.6614s+0.4532$$

解得系统的阻尼比和自然振荡频率为 $\zeta=0.4912$，$\omega_n=\sqrt{0.4532}=0.6732\mathrm{rad/s}$，以及 2% 误差标准的调整时间为 $t_s=12.0956\mathrm{s}$。稳态速度误差系数为

$$K_v=\lim_{s\to0}sG_0(s)=\lim_{s\to0}s\cdot\frac{1.06}{s(s+1)(s+2)}=0.53\mathrm{s}^{-1}$$

为使稳态速度误差系数达到 $5\mathrm{s}^{-1}$，即将系统稳态速度误差系数增大到 10 倍，选择 $\alpha=0.1$，并取 $\frac{1}{T}=0.005$，则有 $\frac{1}{\alpha T}=0.05$。于是，得到校正装置的传递函数为

$$G_c(s)=K'_c\frac{1+20s}{1+200s}=K_c\frac{s+0.05}{s+0.005}$$

校正后系统开环传递函数为

$$G_c(s)G_0(s)=K_c\frac{s+0.05}{s+0.005}\cdot\frac{1.06}{s(s+1)(s+2)}=\frac{K(s+0.05)}{s(s+0.005)(s+1)(s+2)}$$

于是，可以绘制校正前后的根轨迹，分别如图 7-16 和图 7-17 所示。从图 7-16 和图 7-17 可以看出，滞后校正是将系统的根轨迹略微地向右侧进行了平移。

校正前后系统闭环主导极点位置未发生明显变化，可以认为阻尼比不变。因为 $\cos\beta=\zeta$，故 $\beta=60.5805°$，于是对应的直线方程为 $\omega=-\tan60.5805°\cdot\sigma=-1.7733\sigma$。依据表示阻尼比的直线，可以从图 7-16 中得到校正后系统的闭环主导极点为 $s=-0.31\pm\mathrm{j}0.55$。

校正后闭环系统特征方程为

$$1+G_c(s)G_0(s)=1+\frac{K(s+0.05)}{s(s+0.005)(s+1)(s+2)}=0$$

$$K=-\frac{s(s+0.005)(s+1)(s+2)}{s+0.05}$$

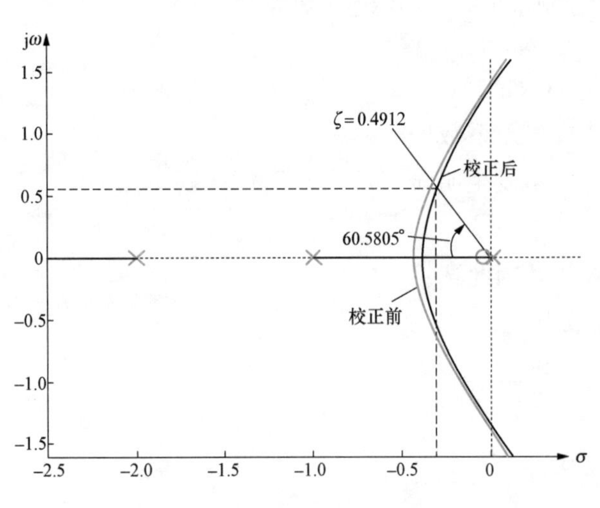

图 7 - 16　滞后校正前后的根轨迹图

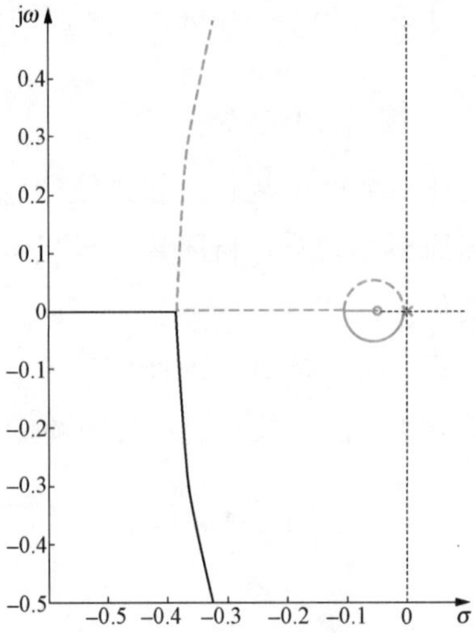

图 7 - 17　校正后的原点附近根轨迹

将 $s=-0.31+\mathrm{j}0.55$ 代入方程 $K=-\dfrac{s(s+0.005)(s+1)(s+2)}{s+0.05}$ 中，有

$$K\big|_{s=-0.31+\mathrm{j}0.55}=-\frac{s(s+0.005)(s+1)(s+2)}{s+0.05}\bigg|_{s=-0.31+\mathrm{j}0.55}=1.0235$$

由于 $K=1.06K_c$，因此 $K_c=\dfrac{K}{1.06}=\dfrac{1.0235}{1.06}=0.9656$。滞后校正装置的传递函数为

$$G_c(s)=0.9656\times\frac{s+0.05}{s+0.005}$$

校正后系统开环传递函数为

$$G_c(s)G_0(s)=0.9656\times\frac{s+0.05}{s+0.005}\cdot\frac{1.06}{s(s+1)(s+2)}=\frac{1.0235(s+0.05)}{s(s+0.005)(s+1)(s+2)}$$

稳态速度误差系数为

$$K_v=\lim_{s\to 0}sG_c(s)G_0(s)=\lim_{s\to 0}s\cdot\frac{1.0235(s+0.05)}{s(s+0.005)(s+1)(s+2)}=5.1175\mathrm{s}^{-1}$$

校正后系统闭环传递函数为

$$\frac{Y(s)}{U(s)}=\frac{G_c(s)G_0(s)}{1+G_c(s)G_0(s)}=\frac{10.2351(20s+1)}{200(s^4+3.005s^3+2.015s^2+1.034s+0.05118)}$$

$$=\frac{1.02351(s+0.05)}{(s+0.3122+\mathrm{j}0.5508)(s+0.3122-\mathrm{j}0.5508)(s+2.3259)(s+0.0549)}$$

系统中存在一对偶极子，又因为极点 $s=-2.3259$ 离虚轴过远，因此，$s=-0.3122\pm\mathrm{j}0.5508$ 成为系统的闭环主导极点，与原系统的闭环主导极点 $s=-0.3307\pm\mathrm{j}0.5864$ 变化不大，满足设计要求。

依据校正后闭环主导极点可得特征方程为

$$(s+0.3122+j0.5506)(s+0.3122-j0.5506)=s^2+0.6244s+0.4008$$

系统的阻尼比和无阻尼自然振荡频率为 $\zeta=0.4931$，$\omega_n=0.6331\text{rad/s}$，以及 2% 误差标准的调整时间为 $t_s=12.8121\text{s}$。校正前后系统的参数非常接近，因此会有相近的响应特性，校正前后系统的单位阶跃响应如图 7 - 18 所示。由图 7 - 18 可知，校正前后系统单位阶跃响应曲线形状近似，校正后系统超调量和调整时间略大于校正前。

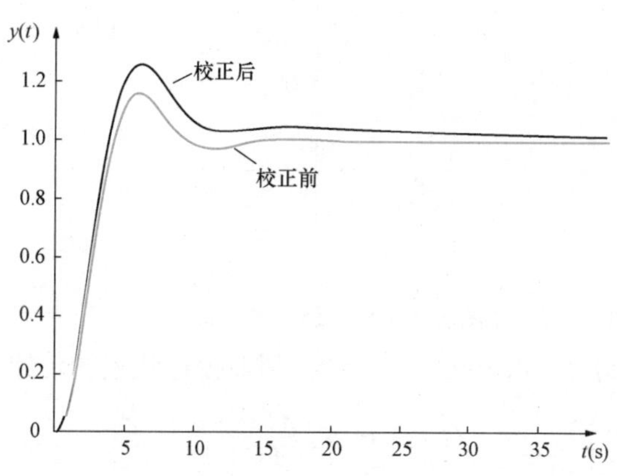

图 7 - 18　滞后校正前后系统的单位阶跃响应曲线

[例 7 - 3]　如图 7 - 19 所示反馈控制系统的开环传递函数为

$$G_0(s)=\frac{4}{s(s+0.5)}$$

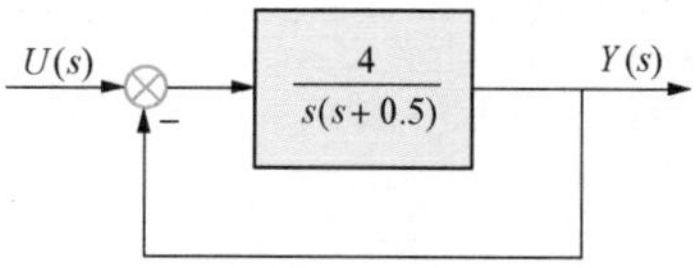

试设计一个适当的校正装置，使系统闭环主导极点的阻尼比等于 0.5，无阻尼自然振荡频率增加到 5rad/s，稳态速度误差系数增大到 80s^{-1}。

图 7 - 19　反馈控制系统框图

解　校正前系统的闭环传递函数为

$$\frac{Y(s)}{U(s)}=\frac{4}{s^2+0.5s+4}$$

此时，系统的无阻尼自然振荡频率为 $\omega_n=2\text{rad/s}$，阻尼比为 $\zeta=0.125$。希望达到的无阻尼自然振荡频率为 $\omega_n=5\text{rad/s}$，阻尼比为 $\zeta=0.5$，此时对应的闭环系统特征方程为

$$\Delta(s)=s^2+2\zeta\omega_n s+\omega_n^2=s^2+5s+25=0$$

解得希望的闭环主导极点为 $s=-2.5\pm j4.3301$。将 $s=-2.5+j4.3301$ 代入原系统，得到辐角为

$$\angle G_0(s)\big|_{s=-2.5+j4.3301}=\angle\frac{4}{s(s+0.5)}\bigg|_{s=-2.5+j4.3301}=-234.7916^\circ\approx-235^\circ$$

需要超前校正装置提供 $\phi=55^\circ$ 的辐角。但按常规的校正方法，所得系统不能用主导极点近似描述系统，因此可采用零极点对消的方法进行超前校正。具体做法是，取 $s=-0.5$ 作为超前校正装置的零点，以抵消原系统中 $s=-0.5$ 极点的作用。按作图法可以求解超前校正装置的零极点位置。

在图 7 - 20 中，由于校正装置的零点已经确定，因此 C 点坐标为（-0.5，$j0$），则可以得到

$$\angle EPC=\arctan\frac{2}{4.3301}=24.7914^\circ$$

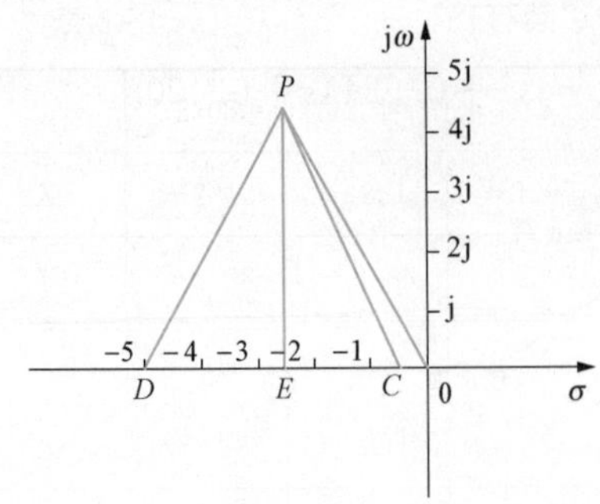

图 7-20　作图法确定校正装置的零极点

因为$\angle DPC=55°$，所以$\angle DPE=55°-24.7914°=30.2086°$。于是，可得

$$|DE|=|PE|\tan 30.2086°=4.3301\tan 30.2086°=2.5210$$

故 D 点坐标为（-5.021，j0）。由于

$$\begin{cases}\dfrac{1}{T}=5.021\\ \dfrac{1}{\beta T}=0.5\end{cases}$$

可得 $T=0.1992$，$\beta T=2$。超前校正装置的传递函数为

$$G_c(s)=K_c\frac{\beta Ts+1}{Ts+1}=K_c\frac{2s+1}{0.1992s+1}=10.042K_c\frac{s+0.5}{s+5.021}$$

超前校正后，系统开环传递函数为

$$G_c(s)G_0(s)=10.042K_c\frac{s+0.5}{s+5.021}\cdot\frac{4}{s(s+0.5)}=\frac{40.168K_c}{s(s+5.021)}$$

系统闭环特征方程为

$$1+G_c(s)G_0(s)=1+\frac{40.168K_c}{s(s+5.021)}=0$$

$$K_c=-\frac{s(s+5.021)}{40.168}$$

将 $s=-2.5+j4.3301$ 代入上式中，有

$$K_c\big|_{s=-2.5+j4.3301}=-\frac{s(s+5.021)}{40.168}\bigg|_{s=-2.5+j4.3301}=0.6237$$

超前校正后，系统开环传递函数为

$$G_c(s)G_0(s)=10.042\times0.6237\times\frac{s+0.5}{s+5.021}\cdot\frac{4}{s(s+0.5)}=\frac{25.0528}{s(s+5.021)}$$

系统闭环特征方程为

$$\frac{Y(s)}{U(s)}=\frac{G_c(s)G_0(s)}{1+G_c(s)G_0(s)}=\frac{25.0528}{s^2+5.021s+25.0528}$$

系统闭环主导极点为 $s=-2.5105\pm j4.3301$，无阻尼自然振荡频率为 $\omega_n=5.0053\text{rad/s}$，阻尼比为 $\zeta=0.5016$。系统稳态速度误差系数为

$$K_v=\lim_{s\to0}sG_c(s)G_0(s)=\lim_{s\to0}s\frac{25.0528}{s(s+5.021)}=4.9896\text{s}^{-1}$$

要求系统稳态速度误差系数为 80s^{-1}，是现行系统的 16.0333 倍，故需要进行滞后校正。

取 $\alpha=\dfrac{1}{16.03333}$，$\dfrac{1}{T}=0.001$，则有滞后装置的传递函数为

$$G_c'(s)=K_c'\frac{s+\dfrac{1}{\alpha T}}{s+\dfrac{1}{T}}=K_c'\frac{s+0.0160333}{s+0.001}$$

滞后校正后，系统的开环传递函数为

$$G'_c(s)G_c(s)G_0(s)=K'_c\frac{s+0.0160333}{s+0.001}\cdot\frac{25.0528}{s(s+5.021)}$$

校正前后的根轨迹如图 7 - 21 所示。

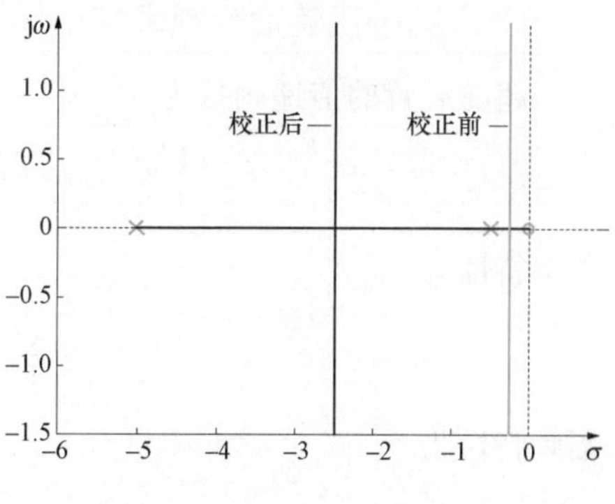

图 7 - 21 超前—滞后校正前后系统的根轨迹

系统稳态速度误差系数为

$$\begin{aligned}K_v&=\lim_{s\to 0}sG'_c(s)G_c(s)G_0(s)\\&=\lim_{s\to 0}sK'_c\frac{s+0.0160333}{s+0.001}\cdot\frac{25.0528}{s(s+5.021)}\\&=79.998K'_c=80\mathrm{s}^{-1}\end{aligned}$$

故 $K'_c=1$。于是，得到校正后系统的闭环传递函数为

$$\begin{aligned}\frac{Y(s)}{U(s)}&=\frac{G'_c(s)G_c(s)G_0(s)}{1+G'_c(s)G_c(s)G_0(s)}=\frac{25.0528(s+0.0160333)}{s^3+5.022s^2+25.06s+0.4017}\\&=\frac{25.0528(s+0.0160333)}{(s+2.503+\mathrm{j}4.326)(s+2.503-\mathrm{j}4.326)(s+0.0161)}\end{aligned}$$

闭环系统出现偶极子，系统可以用主导极点 $s=-2.503\pm \mathrm{j}4.326$ 近似描述。该主导极点的相角为$\angle(-2.503+\mathrm{j}4.326)=120.0534°\approx120°$，对应的阻尼比为 0.5，无阻尼自然振荡频率为 4.998rad/s，完全满足设计要求。这个例题说明，可以通过超前和滞后两次校正操作，实现对控制系统的滞后—超前校正。

第三节 系统设计的频率响应法

频率响应能够间接地给出控制系统中的暂态响应特性，例如，用相位裕量、增益裕量和谐振峰值可以粗略地估计系统阻尼比，用剪切频率、谐振频率和带宽粗略地估计暂态响应速度。虽然频率响应和暂态响应之间只存在间接关系，但频域指标可以方便地通过伯德图予以表达。频率响应的低频段对应于时域响应的稳态部分，频率响应的中频段代表相对稳定性，频率响应的高频段对应于时域响应的快速性。超前校正通常用于增加系统的稳定性，因此将其设计在频率特性的中频段；滞后校正通常用来提高系统的稳态精度，所以将其设计在频率特性的低频段。

一、 频率响应法的超前校正

超前校正的特点是，通过相角的超前特性提高系统的相位裕量，从而减小系统的超调量，能够有效地提高系统响应的快速性，改善系统的动态性能，但抗干扰能力较弱。这种校正方法适用于系统稳态精度和噪声要求不高，但超调量和调整时间不满足要求的系统。

1. 超前校正装置的频率特性

超前装置的传递函数为

$$\frac{U_o(s)}{U_i(s)} = k\frac{\beta Ts+1}{Ts+1},\ \beta = \frac{R_1+R_2}{R_2} > 1$$

频率特性为

$$\frac{U_o(j\omega)}{U_i(j\omega)} = k\frac{\beta Tj\omega+1}{Tj\omega+1}$$

幅频特性为

$$M(\omega) = \sqrt{\frac{1+(\beta T\omega)^2}{1+(T\omega)^2}}$$

相频特性为

$$\varphi(\omega) = \arctan\frac{T\omega(\beta-1)}{1+\beta T^2\omega^2}$$

令$\frac{d\varphi(\omega)}{d\omega}=0$，可求校正装置提供的最大相位角时的频率$\omega_m$。

$$\frac{d\varphi(\omega)}{d\omega} = \frac{1}{1+\left[\frac{T\omega(\beta-1)}{1+\beta T^2\omega^2}\right]^2}\cdot\frac{d}{d\omega}\left[\frac{T\omega(\beta-1)}{1+\beta T^2\omega^2}\right]$$

考虑到$\frac{1}{1+\left[\frac{T\omega(\beta-1)}{1+\beta T^2\omega^2}\right]^2}\neq 0$，于是，有

$$\begin{aligned}\frac{d}{d\omega}\left[\frac{T\omega(\beta-1)}{1+\beta T^2\omega^2}\right] &= \frac{[T\omega(\beta-1)]'(1+\beta T^2\omega^2)-T\omega(\beta-1)[1+\beta T^2\omega^2]'}{(1+\beta T_1^2\omega^2)^2}\\ &= \frac{1}{(1+\beta T^2\omega^2)^2}\cdot[T(\beta-1)](1+\beta T^2\omega^2)-T\omega(\beta-1)2\beta T^2\omega]\\ &= \frac{T}{(1+\beta T^2\omega^2)^2}\cdot[\beta-1-\beta^2T^2\omega^2+\beta T^2\omega^2]\\ &= \frac{T}{(1+\beta T^2\omega^2)^2}\cdot[(\beta-1)(1-\beta T^2\omega^2)]=0\end{aligned}$$

由于$\beta\neq 1$，则必有$1-\beta T^2\omega^2=0$，因此，可得

$$\omega_m = \frac{1}{T\sqrt{\beta}} \tag{7 - 14}$$

于是得到最大相位角为

$$\varphi(\omega_m) = \arctan\frac{T\omega_m(\beta-1)}{1+\beta T^2\omega_m^2} = \arctan\frac{T\frac{1}{T\sqrt{\beta}}(\beta-1)}{1+\beta T^2\left(\frac{1}{T\sqrt{\beta}}\right)^2} = \arctan\frac{\beta-1}{2\sqrt{\beta}}$$

令$\tan\alpha=\frac{\beta-1}{2\sqrt{\beta}}=\frac{\sin\alpha}{\cos\alpha}=\frac{\sin\alpha}{\sqrt{1-\sin^2\alpha}}$，则

$$(1-\sin^2\alpha)\tan^2\alpha = \sin^2\alpha$$

于是，有

$$\sin^2\alpha = \frac{\tan^2\alpha}{1+\tan^2\alpha} = \frac{\left(\frac{\beta-1}{2\sqrt{\beta}}\right)^2}{1+\left(\frac{\beta-1}{2\sqrt{\beta}}\right)^2} = \frac{(\beta-1)^2}{4\beta+(\beta-1)^2} = \frac{(\beta-1)^2}{(\beta+1)^2}$$

可得

$$\sin\alpha = \frac{\beta-1}{\beta+1}$$

最大相位角为

$$\varphi(\omega_m) = \arctan\frac{\beta-1}{2\sqrt{\beta}} = \alpha = \sin^{-1}\frac{\beta-1}{\beta+1} \tag{7-15}$$

最大相位角处的幅值为

$$M(\omega_m) = \sqrt{\frac{1+\left(\beta T\frac{1}{T\sqrt{\beta}}\right)^2}{1+\left(T\frac{1}{T\sqrt{\beta}}\right)^2}} = \sqrt{\beta} \tag{7-16}$$

2. 超前装置的对数频率特性

超前装置的频率特性为

$$\frac{U_o(j\omega)}{U_i(j\omega)} = k\frac{\beta Tj\omega+1}{Tj\omega+1}$$

对数幅频特性的渐近线方程为

$$LmG_c(\omega) = 20\lg k + 20\lg\beta T\omega - 20\lg T\omega$$

取 $k=1$，有

$$LmG_c(\omega) = 20\lg\beta T\omega - 20\lg T\omega$$

此时，校正装置有两个转角频率 $\frac{1}{\beta T}$ 和 $\frac{1}{T}$，且 $\frac{1}{\beta T}<\frac{1}{T}$。于是，当 $\omega<\frac{1}{\beta T}$ 时，校正装置的幅频特性为 0dB/dec 的直线；当 $\frac{1}{\beta T}<\omega<\frac{1}{T}$，校正装置的幅频特性为斜率是 20dB/dec 的直线；当 $\omega>\frac{1}{T}$ 时，校正装置的幅频特性为平行 0dB/dec线的直线。超前校正装置的伯德图如图 7-22 所示。

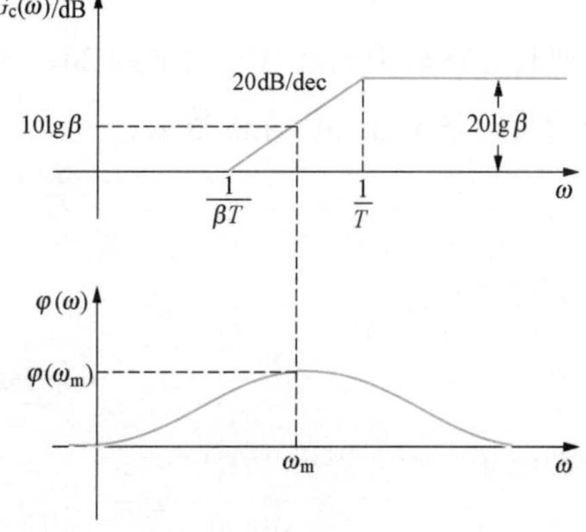

图 7-22 超前校正装置的伯德图

超前校正装置的相频特性为一阶比例—微

分因子与一阶惯性因子的相频特性之和，由于一阶比例—微分因子的转角频率小于一阶惯性因子的转角频率，因此整个装置的相频特性曲线位于0°线上方，呈现相位超前特征。

3. 超前校正的步骤

（1）根据静态误差要求，确定超前校正装置的增益；

（2）根据已经确定的增益，绘制系统伯德图；

（3）确定需要对系统增加的相位超前角 ϕ_m；

（4）利用 $\beta=\dfrac{1+\sin\phi_m}{1-\sin\phi_m}$ 确定校正装置零点转角频率中的 β 值；

（5）根据 β 和最大超前相位角对应的频率 ω_m 确定校正环节的时间常数；

（6）检查增益裕量，确认它是否满足要求。

需要注意的是，超前校正装置一般配置在原系统剪切频率附近。由于超前校正装置在最大超前相位角对应的频率处的增益为 $\sqrt{\beta}$ 或 $10\lg\beta$，因此需要取原系统对数幅频特性数值为 $-10\lg\beta$ dB 对应的频率作为校正后系统的剪切频率。

［例 7-4］ 单位反馈系统的开环传递函数为

$$G_0(s)=\frac{4}{s(s+2)}$$

试设计一个如图 7-23 所示的串联校正系统。使系统满足如下要求：

（1）系统的稳态速度误差系数为 20s^{-1}；

（2）相位裕量不小于 50°。

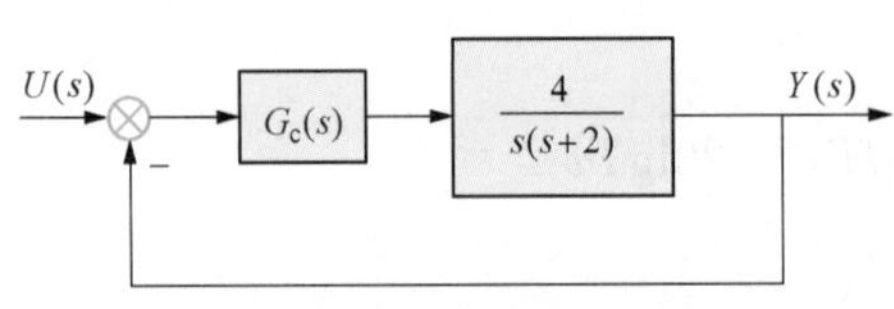

图 7-23　串联校正系统框图

解　校正前系统开环传递函数为

$$G_0(s)=\frac{4}{s(s+2)}=\frac{2}{s(0.5s+1)}$$

此时，系统的稳态速度误差系数为

$$K_v=\lim_{s\to 0}sG_0(s)=\lim_{s\to 0}s\cdot\frac{2}{s(0.5s+1)}=2\text{s}^{-1}$$

需要将开环放大倍数从 2 增加到 20，才能达到稳态速度误差系数的要求。令增大开环放大倍数后的系统开环传递函数为

$$G_0'(s)=\frac{20}{s(0.5s+1)}$$

其频率特性为

$$G_0'(j\omega)=\frac{20}{j\omega(0.5j\omega+1)}$$

对数幅频特性方程为

$$LmG_0'(\omega)=20\lg 20-20\lg\omega-20\lg\sqrt{(0.5\omega)^2+1}$$

取 $LmG_0'(\omega_c)=0$，有 $20\lg 20-20\lg\omega_c-20\lg\sqrt{(0.5\omega_c)^2+1}=0$，解得 $\omega_c=6.1685\text{rad/s}$。

该系统的相频特性为

$$\varphi'(\omega) = \angle\frac{1}{j\omega} + \angle\frac{1}{0.5j\omega+1} = -90^\circ - \arctan 0.5\omega$$

则有

$$\varphi'(\omega_c) = -90^\circ - \arctan 0.5\omega_c = -162^\circ$$

系统相位裕量为 $\gamma=180^\circ-162^\circ=18^\circ<50^\circ$，需要对系统进行超前校正。

采用串联超前校正方式。超前校正装置的传递函数为

$$G_c(s) = k\frac{\beta Ts+1}{Ts+1}$$

令校正后系统的开环传递函数为

$$G_1(s) = G_c(s)G_0(s) = k\frac{\beta Ts+1}{Ts+1}\cdot\frac{4}{s(s+2)}$$

稳态速度误差系数为

$$K_v = \lim_{s\to 0} sG_1(s) = \lim_{s\to 0} s\left[k\frac{\beta Ts+1}{Ts+1}\cdot\frac{4}{s(s+2)}\right] = 2k = 20\mathrm{s}^{-1}$$

于是，可得 $k=10$。

再令

$$G_2(s) = kG_0(s) = \frac{4k}{s(s+2)} = \frac{20}{s(0.5s+1)}$$

$G_2(j\omega)$ 的对数幅频特性渐近线方程为

$$LmG_2(\omega) = 20\lg 20 - 20\lg\omega - 20\lg 0.5\omega$$

取 $LmG_2(\omega_c)=0$ 解得剪切频率，有

$$LmG_2(\omega_c) = 20\lg 20 - 20\lg\omega_c - 20\lg 0.5\omega_c = 0$$

可得 $\omega_c=\sqrt{40}=6.3246\mathrm{rad/s}$。

剪切频率处 $G_2(j\omega)$ 的相位为

$$\varphi(\omega_c) = \angle\frac{1}{j\omega} - \angle\frac{1}{0.5j\omega+1} = -90^\circ - \arctan 0.5\omega_c = -162^\circ$$

系统的相位裕量为 $\gamma=180^\circ+\varphi(\omega_c)=18^\circ$，与要求的相位裕量相比，需要增加 32°超前相位。考虑到校正后幅频特性曲线的偏移，增加 5°相位偏移量，即超前校正环节的最大相位为 37°。

最大相位为 $\sin\varphi_m=\frac{\beta-1}{\beta+1}$，可得 $\beta=\frac{1+\sin\phi_m}{1-\sin\phi_m}=4.0228$。校正装置在最大相位处时对应的幅值为

$$\left|\frac{1+j\beta T\omega}{1+jT\omega}\right|_{\omega=\frac{1}{T\sqrt{\beta}}} = \sqrt{\beta} = 2.0057$$

其对数幅频特性数值为 $20\lg 2.0057=6.05\mathrm{dB}$。

由于校正后，校正装置的最大相位对应系统的剪切频率，此时校正装置提供的幅值为 6.05dB，因此校正前系统在此频率处的对数幅频特性数值为 $20\lg|G_2(j\omega)|=-6.05\text{dB}$，即

$$20\lg20-20\lg\omega-20\lg0.5\omega=-6.05$$

解得 $\omega=9\text{rad/s}$，即 $\omega_m=9\text{rad/s}$。

对于超前校正装置，根据 $\omega_m=\dfrac{1}{T\sqrt{\beta}}$，故可得 $T=\dfrac{1}{\omega_m\sqrt{\beta}}=0.0554\text{s}$，进而可得 $\beta T=0.2229$。于是得到超前校正环节的传递函数为

$$G_c(s)=10\frac{0.2229s+1}{0.0554s+1}$$

校正后，系统开环传递函数为

$$G_1(s)=G_c(s)G_o(s)=10\frac{0.2229s+1}{0.0554s+1}\cdot\frac{4}{s(s+2)}=\frac{20(0.2229s+1)}{s(0.0554s+1)(0.5s+1)}$$

校正前后系统的伯德图如图 7 - 24 所示。

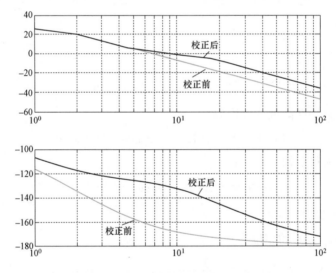

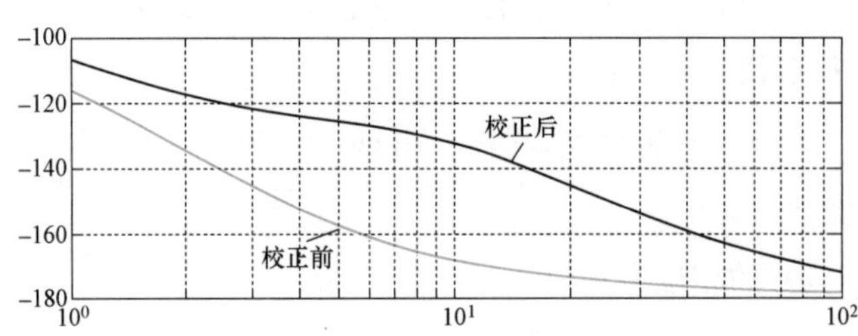

图 7 - 24 串联超前校正前后系统伯德图

稳态速度误差系数为

$$K_v=\lim_{s\to0}sG_1(s)=\lim_{s\to0}s\left[\frac{20(0.2229s+1)}{s(0.0554s+1)(0.5s+1)}\right]=20\text{s}^{-1}$$

由图 7 - 24 中可知，系统相位裕量为 50°，满足设计要求。下面进行解析验证。

校正后，系统开环频率特性的相频特性为

$$\begin{aligned}\angle G_1(j\omega)&=\angle(0.2229j\omega+1)+\angle\frac{1}{j\omega}+\angle\frac{1}{0.0554j\omega+1}+\angle\frac{1}{0.5j\omega+1}\\&=\arctan0.2229\omega-90^\circ-\arctan0.0554\omega-\arctan0.5\omega\end{aligned}$$

剪切频率 $\omega_c=9\text{rad/s}$ 处系统的相位为

$$\begin{aligned}\angle G_1(\text{j}9) &= \arctan 0.2229\times 9-90^\circ-\arctan 0.0554\times 9-\arctan 0.5\times 9\\ &= 64^\circ-90^\circ-27^\circ-77^\circ\\ &=-130^\circ\end{aligned}$$

相位裕量为 $\gamma=180^\circ-130^\circ=50^\circ$，稳态速度误差系数为 $K_v=20\text{s}^{-1}$，满足要求。

二、 频率响应法的滞后校正

滞后校正的特点是，利用高频衰减特性减小剪切频率，提高相位裕量，从而减小过调量，有利于抑制噪声，但不利于系统响应的快速性。滞后校正可有效地提高系统的稳态精度，适用于动态性能满足要求，稳态精度需要提高的系统。

1. 滞后校正装置的频率特性

滞后校正装置的传递函数为

$$G_c(s)=k_c\frac{1}{\alpha}\cdot\frac{1+\alpha Ts}{1+Ts},\quad \alpha<1$$

频率特性为

$$G_c(\text{j}\omega)=k_c\frac{1}{\alpha}\cdot\frac{1+\alpha T\text{j}\omega}{1+T\text{j}\omega}$$

取 $\frac{k_c}{\alpha}=1$ 时，滞后校正装置的对数频率特性如图 7 - 25 所示。

从图 7 - 25 所示的图形可以看出，滞后装置的对数频率特性曲线与超前装置的对数频率特性曲线呈现对称关系。

2. 滞后校正的步骤

（1）根据稳态误差系数确定增益。

（2）依据相位裕量要求确定校正后的剪切频率。

（3）将滞后校正装置的零、极点配置在明显低于新的剪切频率处，校正装置零点的转角频率选取范围为 $\omega=\frac{1}{\alpha T}\approx$（0.1—0.2）$\omega_c$。

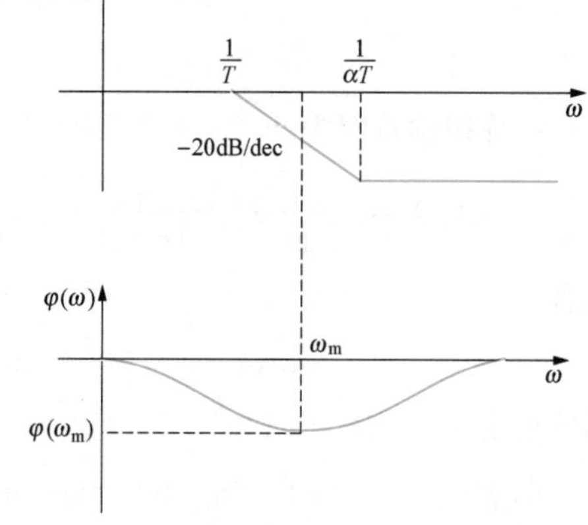

图 7 - 25 滞后装置的对数频率特性曲线

（4）利用校正后系统的剪切频率确定校正前系统的幅值，进而得到 α 值。

（5）求解校正环节的时间常数 T。

（6）最终得到校正后系统开环增益，并设计出滞后校正环节。

［例 7 - 5］ 单位反馈系统的开环传递函数为

$$G_0(s)=\frac{1}{s(s+1)(0.5s+1)}$$

试设计一个校正装置，使系统满足如下要求：

（1）系统稳态速度误差系数 $K_v=5s^{-1}$；

（2）相位裕量不小于 40°；

（3）增益裕量不小于 10dB。

解 校正前系统的稳态速度误差系数为

$$K_v=\lim_{s\to 0}sG_0(s)=\lim_{s\to 0}s\cdot\frac{1}{s(s+1)(0.5s+1)}=1$$

将开环放大倍数从 1 增加到 5，才能满足稳态速度误差系数的要求。令增加开环放大倍数后的系统开环传递函数为

$$G_0'(s)=\frac{5}{s(s+1)(0.5s+1)}$$

其频率特性为

$$G_0'(j\omega)=\frac{5}{j\omega(j\omega+1)(0.5j\omega+1)}$$

对数幅频特性方程为

$$LmG_0'(\omega)=20\lg 5-20\lg\omega-20\lg\sqrt{\omega^2+1}-20\lg\sqrt{\left(\frac{\omega}{2}\right)^2+1}$$

取 $LmG_0'(\omega_c)=0$，有 $20\lg 5-20\lg\omega_c-20\lg\sqrt{\omega_c^2+1}-20\lg\sqrt{\left(\frac{\omega_c}{2}\right)^2+1}=0$，解得

$$\omega_c=1.8022\text{rad/s}$$

系统相频特性为

$$\varphi(\omega)=\angle\frac{1}{j\omega}+\angle\frac{1}{j\omega+1}+\angle\frac{1}{0.5j\omega+1}=-90^\circ-\arctan\omega-\arctan 0.5\omega$$

则有

$$\varphi(\omega_c)=-90^\circ-\arctan\omega_c-\arctan 0.5\omega_c=-193^\circ$$

相位裕量为 $\gamma=180^\circ-193^\circ=-13^\circ$。

取 $\varphi(\omega_g)=-180^\circ$，有 $-90^\circ-\arctan\omega_g-\arctan 0.5\omega_g=-180^\circ$

$$90^\circ=\arctan\omega_g+\arctan 0.5\omega_g$$

$$\frac{\omega_g+0.5\omega_g}{1-\omega_g\cdot 0.5\omega_g}=\infty$$

$$1-0.5\omega_g^2=0$$

$$\omega_g=\sqrt{2}\text{rad/s}$$

将 $\omega_g=\sqrt{2}$ 代入对数幅频特性方程，有

$$LmG_0'(\omega_g)=20\lg5-20\lg\omega_g-20\lg\sqrt{\omega_g^2+1}-20\lg\sqrt{\left(\frac{\omega_g}{2}\right)^2+1}=4.4370\text{dB}$$

增益裕量为

$$K_g=-LmG_0'(\omega_g)=-4.4370\text{dB}$$

说明开环放大倍数太高了，需要调低该参数，因而选取滞后校正。

采用串联滞后校正，滞后校正环节的传递函数为

$$G_c(s)=k_c\frac{1}{\alpha}\cdot\frac{1+\alpha Ts}{1+Ts}$$

校正后，系统的开环传递函数为

$$G_1(s)=G_c(s)G_0(s)=k_c\frac{1}{\alpha}\cdot\frac{1+\alpha Ts}{1+Ts}\cdot\frac{1}{s(s+1)(0.5s+1)}$$

系统稳态速度误差系数为

$$K_v=\lim_{s\to0}sG_1(s)=\lim_{s\to0}s\left[k_c\frac{1}{\alpha}\cdot\frac{1+\alpha Ts}{1+Ts}\cdot\frac{1}{s(s+1)(0.5s+1)}\right]=\frac{k_c}{\alpha}=k=5$$

取 $G_2(s)=kG_0(s)=\frac{k}{s(s+1)(0.5s+1)}=\frac{5}{s(s+1)(0.5s+1)}$，则 $G_2(s)$ 的频率特性为

$$G_2(j\omega)=\frac{5}{j\omega(j\omega+1)(0.5j\omega+1)}$$

$G_2(j\omega)$ 的对数幅频特性渐近线方程为

$$LmG_2(\omega)=20\lg5-20\lg\omega-20\lg\omega-20\lg0.5\omega$$

取 $LmG_2(\omega_c)=0$，可得剪切频率 ω_c

$$LmG_2(\omega_c)=20\lg5-20\lg\omega_c-20\lg\omega_c-20\lg0.5\omega_c=0$$

解得 $\omega_c=\sqrt[3]{10}=2.1544\text{rad/s}$。剪切频率处系统相位为

$$\begin{aligned}\angle G_2(j\omega_c)&=-90°-\arctan\omega_c-\arctan0.5\omega_c\\&=-90°-\arctan2.1544-\arctan2.1544/2=-201°\end{aligned}$$

相位裕量为

$$\gamma=180°+\angle G_2(j\omega_c)=180°-201°=-21°$$

校正前系统不稳定。校正前系统对数频率特性曲线如图 7-26 所示。

由于要求校正后系统相位裕量大于 40°，再考虑校正对相位的影响，需要额外加上 12°，因此相位裕量变为 52°。于是，有

$$\begin{aligned}&-90°-\arctan\omega-\arctan0.5\omega\\&=52°-180°=-128°\end{aligned}$$

$$\arctan\omega-\arctan0.5\omega=38°$$

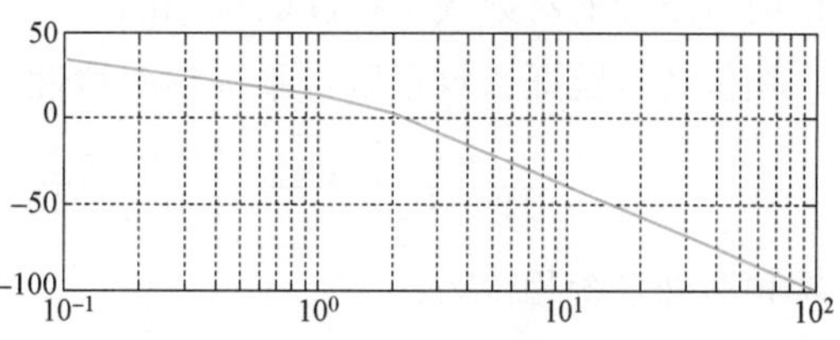

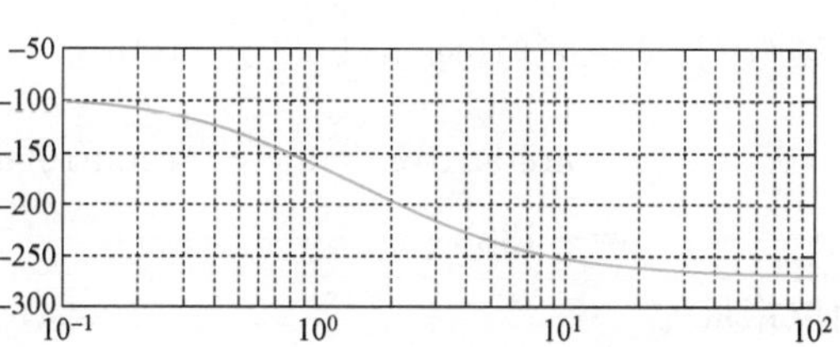

图 7-26 校正前系统的伯德图

等式两端同求正切，可得

$$\tan[\arctan\omega-\arctan0.5\omega]=\tan38^\circ$$

$$\frac{\omega+0.5\omega}{1-0.5\omega^2}=0.7813$$

$$0.7813\omega^2+3\omega-1.5626=0$$

解得 $\omega=0.4646\text{rad/s}$ 和 $\omega=-4.3044\text{rad/s}$（舍）。校正后的系统剪切频率为 $\omega_c=0.4646\text{rad/s}$。

校正装置零点的转角频率选取范围为 $\omega\approx(0.1-0.2)\omega_c$，本题取 $\omega=0.2\omega_c$。校正装置的零点转角频率为 $\omega=\frac{1}{\alpha T}$，可得

$$\frac{1}{\alpha T}=0.2\omega_c\approx0.1$$

根据图 7 - 26 可知，当 $\omega=0.4646\text{rad/s}$ 时，校正前系统的幅值约为 20dB。校正后，系统在此频率处的幅值为 0dB，说明校正装置自身下降了 20dB，即

$$20\lg\alpha=-20$$

可得 $\alpha=0.1$ 和 $T=100$。

系统稳态速度误差系数为

$$K_v=\lim_{s\to0}sG_1(s)=\lim_{s\to0}s\left[k_c\frac{1}{\alpha}\cdot\frac{1+\alpha Ts}{1+Ts}\cdot\frac{1}{s(s+1)(0.5s+1)}\right]=\frac{k_c}{\alpha}=k=5$$

可得 $k_c=\alpha\times5=0.5$。校正环节的传递函数为

$$G_c(s)=k_c\frac{1}{\alpha}\cdot\frac{1+\alpha Ts}{1+Ts}=\frac{5(10s+1)}{100s+1}$$

校正后系统开环传递函数为

$$G_1(s)=G_c(s)G_0(s)=\frac{5(10s+1)}{100s+1}\cdot\frac{1}{s(s+1)(0.5s+1)}$$

校正前后系统的对数频率特性曲线如图 7 - 27 所示。解析验证如下。

相位裕量验证：校正后，系统频率特性为

$$G_1(\mathrm{j}\omega)=\frac{5(10\mathrm{j}\omega+1)}{100\mathrm{j}\omega+1}\cdot\frac{1}{\mathrm{j}\omega(\mathrm{j}\omega+1)(0.5\mathrm{j}\omega+1)}$$

剪切频率处系统相位为

$$\begin{aligned}\angle G_1(\mathrm{j}\omega_c)&=\angle(10\mathrm{j}\omega_c+1)-\angle(100\mathrm{j}\omega_c+1)+\angle\frac{1}{\mathrm{j}\omega_c}-\angle(\mathrm{j}\omega_c+1)-\angle(0.5\mathrm{j}\omega_c+1)\\&=\arctan10\omega_c-90^\circ-\arctan100\omega_c-\arctan\omega_c-\arctan0.5\omega_c\\&=-138^\circ\end{aligned}$$

相位裕量为

$$\gamma=180^\circ+\angle G_1(\mathrm{j}\omega_c)=42^\circ>40^\circ$$

增益裕量验证：校正后，系统频率特性为

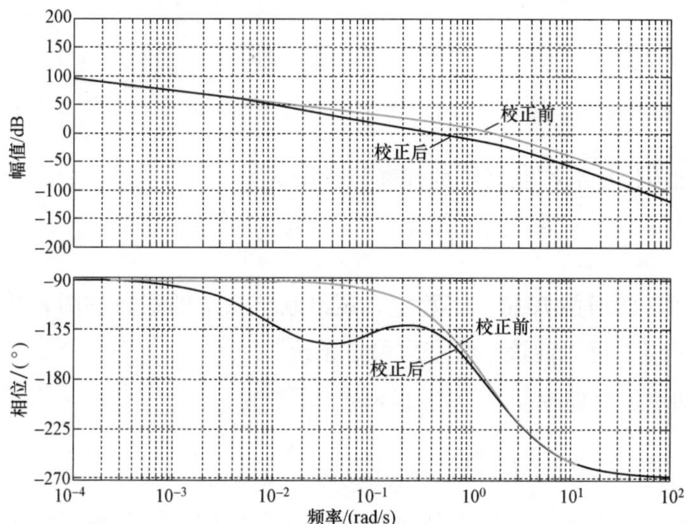

图 7-27 滞后校正前后的伯德图

$$G_1(j\omega)=\frac{5(10j\omega+1)}{100j\omega+1}\cdot\frac{1}{j\omega(j\omega+1)(0.5j\omega+1)}$$

$$=\frac{-5j\omega(10j\omega+1)(1-100j\omega)(1-j\omega)(1-0.5j\omega)}{\omega^2[(100\omega)^2+1][(\omega)^2+1][(0.5\omega)^2+1]}$$

$$=\frac{-5j\omega[(1000\omega^2+1)(1-0.5\omega^2)-1.5\times90\omega^2]-5\omega^2[1.5(1000\omega^2+1)-90(1-0.5\omega^2)]}{\omega^2[(100\omega)^2+1][(\omega)^2+1][(0.5\omega)^2+1]}$$

取虚部为零，有

$$(1000\omega^2+1)(1-0.5\omega^2)-1.5\times90\omega^2=0$$

$$-500\omega^4+864.5\omega^2+1=0$$

解得 $\omega_g=1.1469\text{rad/s}$。由于 $\omega_g=1.1469\text{rad/s}$ 接近转角频率 $\omega=1$，对数幅频特性渐近线会产生较大误差，因此采用下面精确方法计算此频率处的幅值。

$$LmG_1(\omega)=20\lg5-20\lg\omega-20\lg\sqrt{(100\omega)^2+1}+20\lg\sqrt{(10\omega)^2+1}$$

$$-20\lg\sqrt{\omega^2+1}-20\lg\sqrt{(0.5\omega)^2+1}$$

于是，有 $LmG_1(\omega_g)=-12.0594\text{dB}$。增益裕量为

$$K_g=-20\lg|G_1(j\omega_g)|=12.0594\text{dB}>10\text{dB}$$

相位裕量和增益裕量均大于零，系统稳定，满足校正要求。

更多的例题请扫描二维码学习。

第七章拓展例题及详解

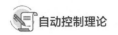

习 题

7-1 已知单位反馈控制系统的开环传递函数为

$$G_0(s)=\frac{K}{s^2(s+1)}$$

该系统对于任何正的增益 K 值均不稳定，试绘制该系统的根轨迹图，并证明增加一个位于负实轴的零点，可以使该系统变成稳定系统。

7-2 已知单位反馈控制系统的开环传递函数为

$$G_0(s)=\frac{1}{10000(s^2-1.1772)}$$

是一个不稳定的被控对象。试用根轨迹法设计一个比例—微分校正装置，使得闭环系统的阻尼比 $\zeta=0.7$，无阻尼自然振荡频率 $\omega_n=0.5\text{rad/s}$。

7-3 已知单位反馈控制系统的开环传递函数为

$$G_0(s)=\frac{10}{s(s+4)}$$

试设计一个串联滞后校正装置，使得系统稳态速度误差系数 $K_v=50\text{s}^{-1}$，且系统闭环极点不发生明显的变化。

7-4 已知单位反馈控制系统的开环传递函数为

$$G_0(s)=\frac{K}{s(s+1)}$$

试设计一个适合的校正装置，使得校正后系统的阻尼比 $\zeta=0.7$，调整时间 $t_s=1.4\text{s}$，稳态速度误差系数 $K_v=2\text{s}^{-1}$。

7-5 已知单位反馈控制系统的开环传递函数为

$$G_0(s)=\frac{5}{s(0.5s+1)}$$

试设计串联超前校正装置，使闭环主导极点位于 $s=-2\pm j2\sqrt{3}$。

7-6 已知单位反馈控制系统的开环传递函数为

$$G_0(s)=\frac{1}{s^2}$$

试设计串联超前校正装置，使系统根轨迹通过（−1，j）点。

7-7 已知单位反馈控制系统的开环传递函数为

$$G_0(s)=\frac{820}{s(s+10)(s+20)}$$

试设计串联校正装置，使系统跟踪斜坡输入的稳态误差减少到原来的 1/10，但闭环主导极点的位置不会发生明显的变化。

7-8 如图 7-28 所示的单位反馈控制系统，为了使系统的相位裕量等于 60°，试确定增益 K 的值。

7-9 设单位反馈控制系统的开环传递函数为

$$G_0(s)=\frac{200}{s(0.1s+1)}$$

试设计一个超前校正装置，使系统的相位裕量不小于 45°，剪切频率不低于 50rad/s。

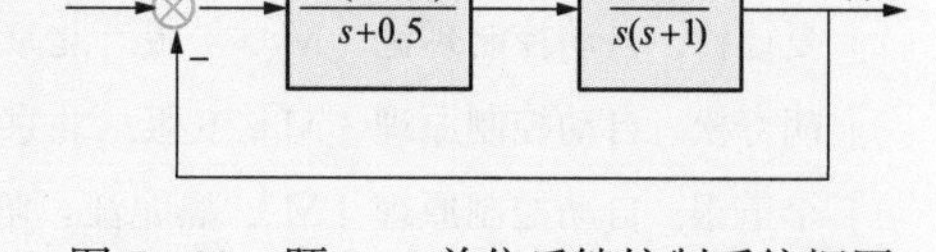

图 7-28 题 7-8 单位反馈控制系统框图

7-10 设单位反馈控制系统的开环传递函数为

$$G_0(s)=\frac{K}{s^2(0.2s+1)}$$

试设计串联校正装置，使系统的稳态加速度误差系数 $K_a=10s^{-2}$，相位裕量 $\gamma\geqslant 35°$。

7-11 设单位反馈控制系统的开环传递函数为

$$G_0(s)=\frac{7}{s\left(\frac{s}{2}+1\right)\left(\frac{s}{6}+1\right)}$$

试设计一个串联滞后校正装置，使校正后系统的相位裕量为 40°±4°，增益裕量不低于 10dB，开环增益保持不变，剪切频率不低于 1rad/s。

7-12 设单位反馈控制系统的开环传递函数为

$$G_0(s)=\frac{3}{s(s+1)(0.5s+1)}$$

试设计一个滞后校正装置，使系统的相位裕量 $\gamma=45°$。

7-13 已知单位负反馈控制系统的开环传递函数为

$$G_0(s)=\frac{1}{s(s+1)(s+5)}$$

试设计一个校正装置，使系统的稳态速度误差系数 $K_v=20s^{-1}$，相位裕量 $\gamma=60°\pm1°$，增益裕量不小于 8dB。

7-14 已知单位反馈控制系统的开环传递函数为

$$G_0(s)=\frac{2s+0.1}{s(s^2+0.1s+4)}$$

试设计一个串联校正装置，使系统稳态速度误差系数为 $K_v=4s^{-1}$，相位裕量为 $\gamma=50°$。

参 考 文 献

[1] Katsuhiko Ogata. 现代控制工程 [M]. 3 版. 卢伯英，于海勋，译. 北京：电子工业出版社，2000.

[2] 夏德钤. 自动控制理论 [M]. 4 版. 北京：机械工业出版社，2015.

[3] 胡寿松. 自动控制原理 [M]. 6 版. 北京：科学出版社，2013.

[4] 李道银. 自动控制原理 [M]. 黑龙江：哈尔滨工业大学出版社，2013.

[5] 刘豹. 现代控制理论 [M]. 3 版. 北京：机械工业出版社，2017.

[6] 胡寿松，沈程智. 自动控制理论习题集 [M]. 北京：国防工业出版社，2001.

[7] 王诗宓，杜继宏，窦曰轩. 自动控制理论例题习题集 [M]. 北京：清华大学出版社，2003.

[8] 余家荣. 复变函数 [M]. 5 版. 北京：高等教育出版社，2014.

[9] 张元林. 工程数学－积分变换 [M]. 6 版. 北京：高等教育出版社，2019.

[10] 金忆丹，尹永成. 复变函数与拉普拉斯变换 [M]. 3 版. 浙江：浙江大学出版社，2015.

[11] 符云锦. 拉普拉斯变换及其应用 [M]. 黑龙江：哈尔滨工业大学出版社，2015.